高职高专教育法律类专业教学改革试点与推广教材 | 总主编　金川

浙江省“十一五”重点教材

安全防范技术应用

付萍　刘桂芝　主编

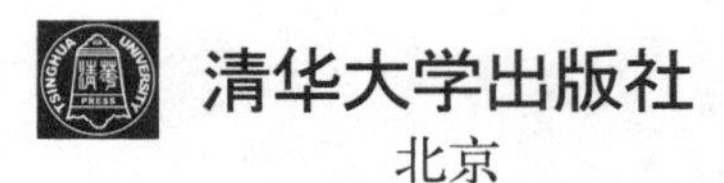

北京

中国·武汉

内容简介

本书系统地介绍了安全防范技术的基本概念、系统组成、设备原理及应用，全书共分四个模块11个项目。重点介绍了入侵报警系统、视频监控系统、出入口控制系统、楼宇对讲系统、停车场管理系统、安全检查系统等。

本书可作为高职高专安全防范技术专业及相关专业的教材和教学参考书，亦可作为从事安全防范工程设计和施工的工程技术人员参考用书。

图书在版编目（CIP）数据

安全防范技术应用／付萍，刘桂芝主编．—武汉：华中科技大学出版社，2011.3

ISBN 978-7-5609-6924-4

Ⅰ．①安…　Ⅱ．①付…②刘…　Ⅲ．①安全装置—电子设备—系统工程—高等学校：技术学校—教材　Ⅳ．①TM925.91

中国版本图书馆CIP数据核字（2011）第016847号

安全防范技术应用　　付　萍　刘桂芝　主编

Anquan Fangfan Jishu Yingyong

策划编辑： 王京图
责任编辑： 王京图
封面设计： 傅瑞学
责任校对： 北京书林瀚海文化发展有限公司
责任监印： 朱　玢
出版发行： 华中科技大学出版社（中国·武汉）　电话：（027）81321913
武汉市东湖新技术开发区华工科技园　邮编：430223
录　　排： 北京楠竹文化发展有限公司
印　　刷： 武汉华工鑫宏印务有限公司
开　　本： 710mm×1000mm　1/16
印　　张： 23.75
字　　数： 439千字
版　　次： 2018年2月第1版第7次印刷
定　　价： 59.00元

总 序

我国高等职业教育已进入了一个以内涵式发展为主要特征的新的发展时期。高等法律职业教育作为高等职业教育的重要组成部分，也正经历着一个不断探索、不断创新、不断发展的过程。

2004 年 10 月，教育部颁布《普通高等学校高职高专教育指导性专业目录(试行)》，将法律类专业作为一大独立的专业门类，正式确立了高等法律职业教育在我国高等职业教育中的重要地位。2005 年 12 月，受教育部委托，司法部牵头组建了全国高职高专教育法律类专业教学指导委员会，大力推进高等法律职业教育的发展。

为了进一步推动和深化高等法律职业教育的改革，促进我国高等法律职业教育的类型转型、质量提升和协调发展，全国高职高专教育法律类专业教学指导委员会于 2007 年 6 月，确定浙江警官职业学院为全国高等法律职业教育改革试点与推广单位，要求该校不断深化法律类专业教育教学改革，勇于创新并及时总结经验，在全国高职法律教育中发挥示范和辐射带动作用。为了更好地满足政法系统和社会其他行业部门对高等法律职业人才的需求，适应高职高专教育法律类专业教育教学改革的需要，该校经过反复调研、论证、修改，根据重新确定的法律类专业人才培养目标及其培养模式要求，以先进的课程开发理念为指导，联合有关高职院校，组织授课教师和相关行业专家，合作共同编写了"高职高专教育法律类专业教学改革试点与推广教材"。这批教材紧密联系与各专业相对应的一线职业岗位（群）之任职要求（标准）及工作过程，对教学内容进行了全新的整合，即从预设职业岗位（群）之就业者的学习主体需求视角，以所应完成的主要任务及所需具备的工作能力要求来取舍所需学习的基本理论知识和实践操作技能，并尽量按照工作过程或执法工作环节及其工作流程，以典型案件、执法项目、技术应用项目、工程项目、管理现场等为载体，重新构建各课程学习内容、设计相关学习情境、安排相应教学进程，突出培养学生一线职业岗位所必需的应用能力，体现了课程学习的理论必需性、职业针对性和实践操作性要求。

这批教材无论是形式还是内容，都以崭新的面目呈现在大家面前，它在不同层面上代表了我国高等法律职业教育教材改革的最新成果，也从一个角度集中反映了当前我国高职高专教育法律类专业人才培养模式、教学模式及其教材建设改革的新趋势。我们深知，我国高等法律职业教育举办的时间不长，可资借鉴的经验和成果还不多，教育教学改革任务艰巨；我们深信，任何一项改革都是一种探索、一种担当、一种奉献，改革的成果值得我们大家去珍惜和分享；我们期待，有越来越多的院校选用这批教材，在使用中及时提出建议和意见，同时也能借鉴并继续深化各院校的教育教学改革，在教材建设等方面不断取得新的突破、获得新的成果、作出新的贡献。

全国高职高专教育法律类专业教学指导委员会

2008年9月

前　言

由于我国社会经济转型进程加快，经济发展不平衡，诱发和滋生犯罪的消极因素大量存在，犯罪手段日益多样化、专业化和智能化，加之国际恐怖势力的影响，社会治安形势严峻。安全需求的强劲增长，使得安防行业发展非常迅猛。

“安全防范技术应用”是高职安全防范类专业的一门重要专业基础课，它可以为后续专业课程的学习奠定一定的基础。它所涉及的内容同时也是从事安全防范相关工作的工程技术人员必备的专业基础知识。本书以典型安全防范技术系统为载体，介绍构成入侵报警系统、视频安防监控系统、出入口控制系统等系统的基本设备的工作原理、性能参数及应用要求。教材内容的组织结合安全防范设计评估师职业标准（三级）基础知识要求，按照系统规模从小到大、从简单到复杂的原则安排，知识的学习紧扣项目要求，同时结合技能训练让学生在做中学，在学中做。

本书共分 4 个模块：模块一为入侵探测报警系统，模块二为视频安防监控系统，模块三为出入口控制系统，模块四为安全检查系统，其中楼宇对讲系统、停车场管理系统也是控制人或车的进出，因此也放在模块三中介绍。

模块一包括三个项目：常用入侵探测器、本地局域入侵报警系统、远程入侵报警系统，主要介绍各种入侵报警系统的基本配置，设备的基本原理、性能指标及应用要求。

模块二包括四个项目：小型视频安防监控系统、硬盘录像机系统、矩阵控制系统及数字视频监控系统，主要介绍各种不同规模视频监控系统的设备配置以及设备的基本原理、性能参数、应用。

模块三包括三个项目：门禁控制系统、楼宇对讲系统、停车场管理系统，主要介绍各系统的工作原理、设备性能参数及应用。

模块四为安全检查系统，主要介绍 X 射线安全检查技术、金属探测技术及其他安全检查技术。

参加本书编写工作的有：付萍（编写绪论、模块二中项目一、二）、刘桂芝（编写模块二中项目三、四）、孙宏（编写模块一中项目二、三）、李志（编写模块一中项目一）、王淑萍（编写模块四）、钱静蛟（编写模块三）。全书由付萍统稿。

本书在编写的过程中也参考了大量专题文献和内部资料，有的未知来源，所以没有一一列于书后，在此我们一并表示感谢。

由于我们的学识和经验有限，教材中难免有不足之处，恳请各界读者给予批评指正。

编者

2010 年 9 月

目　录

绪论 …… 1

模块一　入侵探测报警系统 …… 4
项目一　常用入侵探测器 …… 6
任务一　点控制型探测器的原理与应用 …… 8
任务二　线控制型探测器的原理与应用 …… 16
任务三　面控制型探测器的原理与应用 …… 27
任务四　空间控制型探测器的原理与应用 …… 33
项目二　本地局域入侵报警系统 …… 60
任务一　专用线传输的原理与应用 …… 60
任务二　小型报警控制器的原理与应用 …… 73
任务三　大型报警控制器的原理与应用 …… 83
项目三　远程入侵报警系统 …… 95
任务一　远程信号的传输方式 …… 95
任务二　远程联网报警系统的应用 …… 102

模块二　视频安防监控系统 …… 114
项目一　小型视频安防监控系统 …… 114
任务一　摄像机的原理与应用 …… 115
任务二　镜头的原理及应用 …… 135
任务三　监视器的原理与应用 …… 145
任务四　视频信号的传输 …… 151
任务五　前端辅助设备的原理与应用 …… 157
任务六　云台的原理及应用 …… 165
任务七　云镜控制器的原理及应用 …… 171
任务八　视频切换器的原理及应用 …… 179
项目二　硬盘录像机系统 …… 182
任务一　解码器的原理与应用 …… 182
任务二　视频分配器的原理与应用 …… 190
任务三　数字硬盘录像机的原理及应用 …… 192

项目三　矩阵控制系统 …… 206
任务一　模拟矩阵主机的原理与应用 …… 207
任务二　数字矩阵主机的原理与应用 …… 220
项目四　数字视频监控系统 …… 225
任务一　数字视频监控系统的发展 …… 225
任务二　基于 DVR 的网络视频监控系统 …… 234
任务三　基于视频服务器的数字视频监控系统 …… 244
任务四　网络摄像机的原理与应用 …… 260

模块三　出入口控制系统 …… 281
项目一　门禁控制系统 …… 281
任务一　出入凭证与识别 …… 281
任务二　门禁控制系统结构原理 …… 295
任务三　门禁控制系统主要性能及设备选配 …… 304
项目二　楼宇对讲系统 …… 315
任务一　楼宇对讲系统结构原理 …… 315
任务二　楼宇对讲系统解决方案 …… 318
项目三　停车场管理系统 …… 323
任务一　停车场管理系统结构原理 …… 323
任务二　停车场管理系统的主要设备 …… 332

模块四　安全检查系统 …… 341
项目一　安全检查系统 …… 341
任务一　安全检查技术概述 …… 341
任务二　X 射线安全检查技术 …… 343
任务三　金属探测技术 …… 363
任务四　其他安全检查技术 …… 368

参考文献 …… 371

绪　论

安全防范是社会公共安全行业的一个分支。它是预防和制止盗窃、抢劫、爆炸等治安事件的活动。

一、安全防范的手段、要素与技术

1. 安全防范手段

安全防范是包括人力防范（personnel protection）、物理防范（physical peotection，也称为实体防范）和技术防范（technical protection）三方面的综合防范体系。

（1）人力防范（人防）。人防是指依靠以人为主体的治安保卫力量，采取值班、守卫、巡逻、检查等保卫措施，保卫内部安全，是最早出现的一种传统保卫手段。

（2）实体防范（物防）。物防是一种主要依靠具有防范功能的物质组成的屏障，用以抵御外来侵害的手段。它也是一种传统的防范手段，近年来，随着科学技术的发展，实体防范的技术含量不断提高，与安全技术防范的结合日益紧密。

（3）技术防范（技防）。技防是将近代科学技术用于安全防范领域，并逐渐形成一种独立防范手段的过程中产生的一种新的防范概念。利用高新技术产品和技术系统来构筑安全防范系统是当前安全防范的一个主要趋势，是科技进步和发展的必然，也是不断上升的安全需求和治安形势的要求。

在实际的应用中，这三种防范手段不是孤立的，它们是互为基础、相互补充、融为一体的。技防系统的设计是以实体防范为基础环境的，技防系统的效能发挥又受到人的反应能力的限定。事实上，一个好的安全防范体系，一定是人防、物防、技防相结合，系统的建设与系统的运行管理并重的体系。

2. 安全防范要素

安全防范有三个基本防范要素，即探测、延迟和反应。探测是感知显性和隐性风险事件的发生并发出报警。延迟是延长和推迟风险事件发生的进程。反应是组织力量为制止风险事件的发生所采取的快速行动。要实现防范的最终目的，就要围绕探测、延迟、反应这三个基本防范要素开展工作，采取措施，以预防和阻止风险事件的发生。

基础的人防手段，是利用人们自身的感觉器官（眼、耳等）进行探测，发现妨害或破坏安全的目标，利用警告、恐吓、设障、武器还击等手段来延迟或阻止危险的发生，在自身力量不足时还要发出救援信号，以期做出进一步的反应，制止危险的发生或处理已发生的危险。

实体防范的主要作用在于推迟危险的发生，为“反应”提供足够的时间。但现代的实体防范，已不是单纯物质屏障的被动防范，而是越来越多地采用高科技的手段，一方面使实体屏障被破坏的可能性变小，延迟时间增长，另一方面也使实体屏障本身增加探测和反应的功能。

安全技术防范手段可以说是人力防范手段的功能延伸和加强，是对人防和物防在技术手段上的补充和强化。安全技术防范要融入人力防范和实体防范之中，使人力防范和实体防范在探测、延迟、反应三个基本要素中不断地增加高科技的含量，不断提高探测能力，使防范手段真正起到作用，达到预期目的。

探测、延迟、反应三个基本要素之间是相互联系、缺一不可的。一方面，探测要准确无误，延迟时间长短要合适，反应要迅速；另一方面，探测、反应、延迟的时间必须满足以下关系：

$$T_{\text{探测}}+T_{\text{反应}}\leqslant T_{\text{延迟}}$$

3. 安全防范技术

安全防范技术是指在安全防范系统中采用的基本技术。它作为社会公共安全科学技术的一个分支，具有其独立的技术内容和专业体系。根据我国安全防范的技术内容和专业体系，结合我国安全防范行业的技术现状和未来发展趋势，可以将安全防范技术按照学科专业、产品属性和应用领域的不同粗略地分为：入侵探测与防盗报警技术、视频安防监控技术、出入口目标识别与控制技术、报警信息传输技术、移动目标反劫防盗报警技术、实体防护技术、防爆安检技术、安全防范网络与系统集成技术、安全防范工程设计与施工技术等。

二、安全防范系统

安全防范系统是以安全防范为目的，人防、物防、技防手段相结合，探测、延迟、反应组成要素相协调，具有预防、制止违法犯罪行为和重大治安事件，维护社会安全功能的有机整体。安全防范系统通过安全防范技术的应用，以及人防、物防、技防的有机结合，使人防功能大大延伸，物防阻滞力大大增强，进而使整体防范能力大大提高。

安全技术防范系统是安全防范技术综合运用的平台。它是由安全防范产品和其他相关产品所构成的入侵报警系统、视频安防监控系统、出入口控制系统、防爆安全检查系统等，或由这些系统为子系统组合或集成的电子系统或网络。

常用的安全技术防范系统有：

（1）入侵报警系统（IAS）：它是指利用传感技术和电子信息技术探测并指示非法进入或试图非法进入设防区域的行为、处理报警信息、发出报警信息的电子系统或网络。

（2）视频安防监控系统（VSCS）：它是指利用视频技术探测、监视设防区域并实时显示、记录现场图像的电子系统或网络。

（3）出入口控制系统（ACS）：是指利用自定义符识别或/和模式识别技术对出入口目标进行识别并控制出入口执行机构启闭的电子系统或网络。

（4）防爆安全检查系统：是指检查有关人员、行李、货物是否携带爆炸物、武器或其他违禁品的电子设备系统或网络。

（5）电子巡查系统：是指对保安巡查人员的巡查路线、方式及过程进行管理和控制的电子系统。

（6）停车库（场）管理系统：是指对进、出停车库（场）的车辆进行自动登录、监控和管理的电子系统或网络。

（7）安全管理系统（SMS）：是指对入侵报警、视频安防监控、出入口控制等子系统进行组合或集成，实现对各子系统的有效联动、管理或监控的电子系统。

安全技术防范系统的构建往往根据具体建筑物的特点和治安环境的需要将上述子系统有机整合在一起，使各子系统既发挥各自特有功能，又相互联系，充分体现出系统的整体功能。

模块一　入侵探测报警系统

利用传感技术和电子信息技术探测并指示非法入侵或试图非法入侵设防区域的行为、处理报警信息、发出报警信号的电子系统或网络，叫入侵报警系统。

一、入侵探测报警系统的基本组成

入侵探测报警系统由入侵探测器（简称探测器）、传输部分和报警控制器三部分组成。图1-1是最简单的入侵报警系统组成。

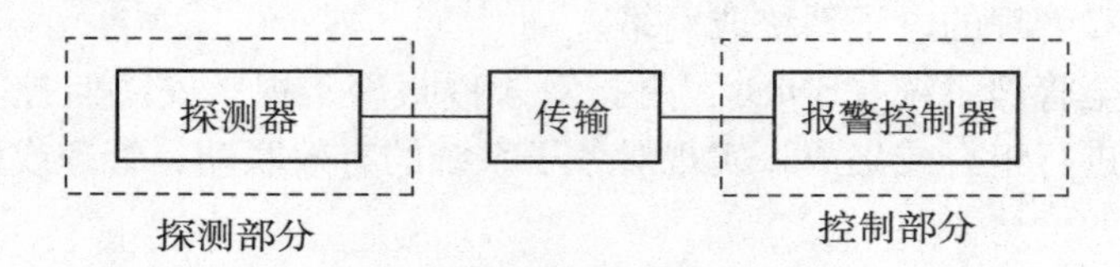

图1-1　入侵报警系统组成框图

（一）探测器

探测器是指在需要防范的场所安装的能探测出非正常情况的设备。探测器通常由传感器和前置信号处理器两部分组成。

传感器是探测器的核心，它的作用是把由于出现危险情况引起的一些物理量等的变化转换成原始电信号。例如，盗贼进入房间盗窃时，会发出声响，可以为声音传感器接收放大，并转换成原始电信号。前置信号处理器将原始电信号进行处理，如放大等，使之成为可以在信道中传输的电信号，就是探测电信号。

（二）传输部分

传输部分是传输探测电信号和巡检控制信号的通道。传输的种类很多，概括起来可以分为有线传输和无线传输两种方式。

（三）控制部分

报警控制器也叫报警主机，是整个报警系统的核心，它接收探测区送出的报警信号，并对此信号进行进一步处理，判断出有无危险情况出现。当有危险情况出现时，立即发出声光报警信号，引起人们的警觉，以便采取相应的行动，并显示报警部位。

一个完善而有效的技术防范配合人力防范的入侵探测与报警技术系统的组

成通常如图 1-2 所示。

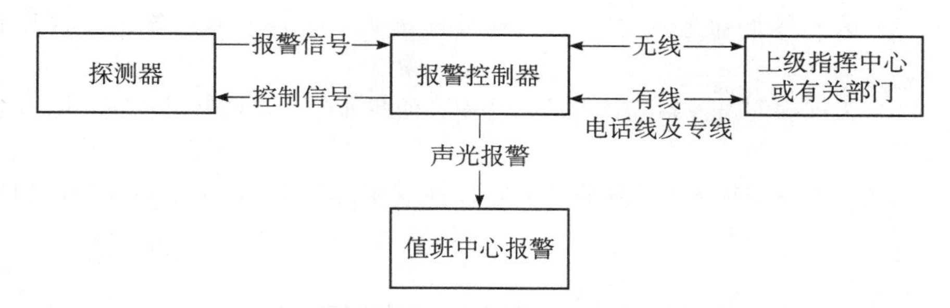

图 1-2　技防配合人防的入侵探测报警系统的基本组成

该系统主要是由报警探测器、报警控制器、传输系统、通信系统及保安警卫力量所组成。

一般来说，一个报警系统要分成多个防区，每个防区通过地址码模块将报警信号送至报警控制器。入侵探测报警系统的最基本组成如图 1-3 所示。

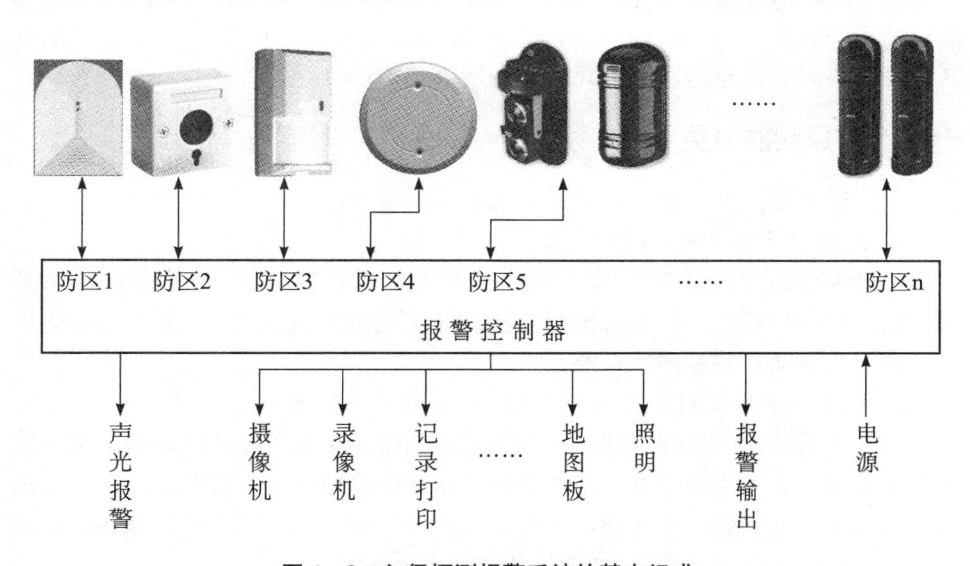

图 1-3　入侵探测报警系统的基本组成

二、入侵探测报警系统在安全技术防范工作中的作用

入侵探测报警系统则是安防技术防范系统中极其重要的一个组成部分，它在技术防范工作中起到了举足轻重的作用，是打击和预防犯罪（特别是盗窃犯罪）的有力武器。

（1）入侵探测报警系统的应用范围十分广泛，已经从早期的金融系统、文博系统广泛应用到学校、医院、社区及家庭等场所。

(2) 入侵探测报警系统具有快速反应能力，可及时发现案情，提高破案率。

(3) 入侵探测报警系统具有威慑作用，使犯罪分子不敢轻易作案，减少了发案率。

(4) 入侵探测报警系统协助人防担任警戒和报警任务，可节省人力、物力和财力。

项目一　常用入侵探测器

入侵探测器安装于需要防范的场所，专门用来探测防范区域内的移动目标，又称为入侵报警探头。

入侵探测器是报警系统的前端部分，也是整个报警系统的关键部分，它在很大程度上决定着报警系统的性能、用途和报警系统的可靠性，是降低误报和漏报的决定因素，因为报警控制器是根据探测器的输出信号来发出报警信号的。各种不同的探测器利用不同的原理来探测移动目标。

一、入侵探测器分类

入侵探测器的种类繁多，分类方式也有很多种。

1. 按用途或使用的场所不同来分

可分为户内型入侵探测器（如双技术探测探测器）、户外型入侵探测器（如墙式微波探测器）、周界入侵探测器（如主动红外探测器）、重点物体防盗探测器（如微动开关探测器）等。

2. 按探测器的探测原理不同或应用的传感器不同来分

可分为雷达式微波探测器、微波墙式探测器、主动式红外探测器、被动式红外探测器、开关式探测器、超声波探测器、声控探测器、振动探测器、玻璃破碎探测器、电场感应式探测器、电容变化探测器、视频探测器、微波-被动红外双技术探测器、超声波-被动红外双技术探测器等。

3. 按探测器的警戒范围来分

可分为点控制型探测器、线控制型探测器、面控制型探测器及空间控制型探测器。

点控制类型探测器的警戒范围是一个点，线控制类型探测器的警戒范围是一条线，面控制类型探测器的警戒范围是一个面，空间控制类型探测器的警戒范围是一个空间。具体请参看表 1－1。

表1-1　按探测器的警戒范围分类表

警戒类型	探测器种类
点控制型	开关探测器
线控制型	主动红外探测器、激光探测器
面控制型	振动探测器、声控-振动型双技术探测器
空间控制型	雷达式微波探测器、微波墙式探测器、微波-被动红外双技术探测器、被动红外探测器、声控探测器、声控型单技术玻璃破碎探测器、次声波-高频声响双技术玻璃破碎探测器、泄露电缆探测器、振动电缆探测器等

4. 按探测器的工作方式来分

可分为主动式探测器与被动式探测器。

主动式探测器在工作时探测器本身要向防范现场不断发出某种形式的能量，如红外光、超声波和微波等能量，被接收传感器接收，当此信号被破坏，即发出声、光报警信号。

被动式探测器在工作时，探测器本身不需要向防范现场发出能量，而是依靠直接接收被探测目标本身发出或产生的某种形式的能量，如振动、红外能量等，当所接收的信号稳定性被破坏，即发出声、光报警信号，起到警示作用。

二、入侵探测器的主要技术性能指标

在选购、安装、使用入侵探测器时，必须对各种类型探测器的技术性能指标有所了解，否则必然会给使用带来很大的盲目性，以致达不到有效的安全防范的目的。

1. 探测率和漏报率

入侵探测器在探测到入侵目标时实际报警的次数占应报警次数的百分比就是探测率。

入侵探测器在探测到有入侵目标时应该发出报警信号，但是由于种种原因可能发生漏报警的情况。漏报的次数占应当报警次数的百分比就是漏报率。

探测率与漏报率的和为100%。这就是说明探测率越高，漏报率越低，反之亦然。

2. 误报率

当没有入侵目标出现，探测器不应该报警却发出报警信号的现象称为误报警。《安全防范工程技术规范》（GB50348—2004）中将误报警定义为：“由于意外触动手动报警装置、自动报警装置对未设计的报警状态做出响应、部件的错误动作或损坏、操作人员失误等而发出的报警”叫误报警。单位时间内出现的误报警的次数就是误报率。

3. 探测范围

探测范围即探测器所防范的区域，又称为工作范围。通常有以下几种表示方法：

（1）探测距离，如红外探测器的探测距离为150m。

（2）探测视场角，如被动红外探测器的探测范围的水平视场角为120°，垂直视场角为43°。

（3）探测面积或体积，如某一被动红外探测器的探测范围为一立体扇形空间区域，表示成：探测距离≥15m，水平视场角为120°，垂直视场角为43°。

4. 报警传送方式，最大传输距离

报警传送方式是指有线或无线的传送方式。最大传输距离是指在探测器发挥正常警戒功能的条件下，从探测器到报警控制器之间的最大有线或无线的传输距离。

5. 探测灵敏度

探测灵敏度是指能使探测器发出报警信号的最低门限信号或最小输入探测信号。该指标反映了探测器对入侵目标产生报警的反应能力。在实际工程中，探测灵敏度的调整非常重要，空间控制型探测器的灵敏度（主要指被动红外、双技术和多普勒微波探测器）一般按照下列方法测试和调整：以正常着装人体为参考目标，双臂交叉在胸前，以0.3～3m/s的速度在探测区内横向行走，连续运动3m，探测器应报警。

6. 系统响应时间

入侵报警系统的响应时间应符合下列要求：

（1）分线制、总线制和无线传输的入侵报警系统不大于2s。

（2）基于市话网电话线传输的入侵报警系统不大于20s。

7. 记录

入侵报警系统应能存储最近250条独立事件，并且用正常或非正常手段均不能改变记录的内容，在交、直流电源全部失电时，设置参数和事件记录应能最少30天内不丢失。事件记录应能打印。

8. 供电与备用电源

入侵报警控制器应能提供12～15V工作电压，在满载条件下，电压波纹系数小于1%。入侵报警系统应有备用电源，容量至少应保证系统正常工作8小时以上。

任务一　点控制型探测器的原理与应用

学习目标

了解常用点控制型探测器的组成及基本类型，掌握点控制型探测器的原理及应用。

任务引入

作为点控制型的探测器，开关探测器在门、窗等处防范效果非常有效。

【相关知识】

开关式探测器是一种结构比较简单，使用也比较方便、经济的探测器。它是通过各种类型开关的闭合或断开来控制电路的通和断，从而触发报警的。

开关式探测器的基本工作原理如图 1-4 所示。

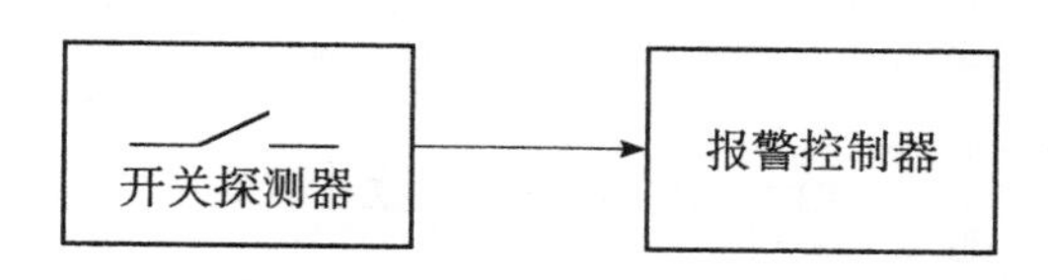

图 1-4　开关式探测器的基本工作原理

常用的开关式传感器：磁控开关、微动开关、紧急报警开关、压力垫或用金属丝、金属条、金属箔等来代用的多种类型的开关。它们可以将压力或磁场力或位移等物理量的变化转换为电压或电流的变化。

启动报警控制器发出报警信号的方式有两种：一种是开路报警方式；另一种是短路报警方式。

开关式探测器通常属于点控制型探测器。

以下介绍几种常用的开关式探测器。

一、磁控开关探测器

（一）磁控开关的组成及基本工作原理

磁控开关探测器俗称磁开关或者门磁，由永久磁铁及干簧管（又称磁簧管或磁控管）两部分组成的。外形如图 1-5 所示。

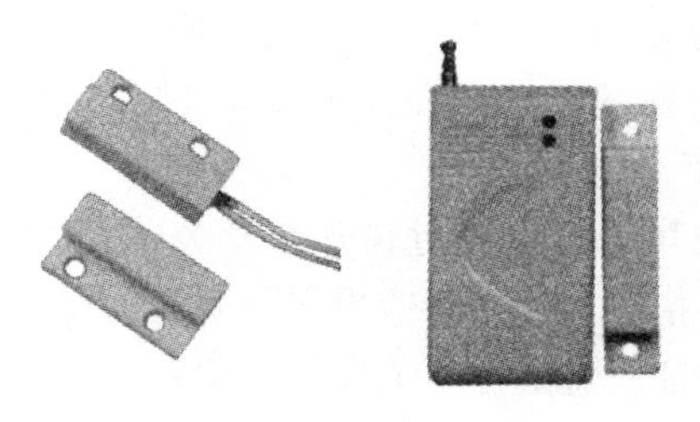

图 1-5　磁控开关探测器外形图

干簧管是磁开关探测器的核心部件，是一个内部充有惰性气体（如氮气）的玻璃管，其内装有两个金属簧片，形成触点 A 和 B，如图 1-6 所示。当永磁铁相对于干簧管移开至一定距离时，能引起开关状态发生变化，控制电路发出报警信号。入侵探测报警系统主要使用常开式（闭路警戒）干簧管。磁控开关触点工作的可靠性和寿命非常高，一般其可靠通断的次数可达 10^8 次以上。

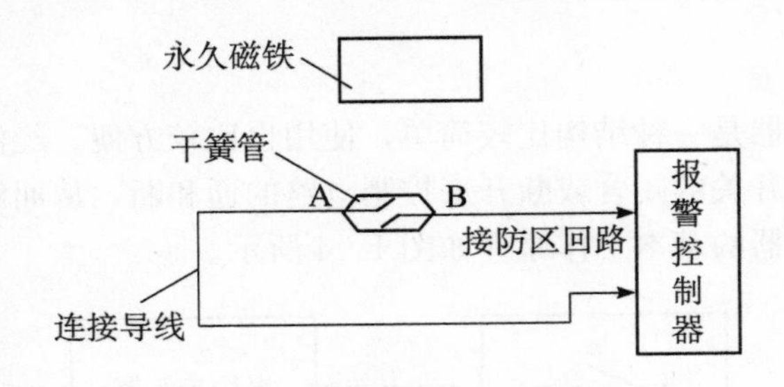

图 1-6　磁控开关的工作原理

当需要用磁控开关去警戒多个门、窗时，可采用如图 1-7 所示的连接方式。

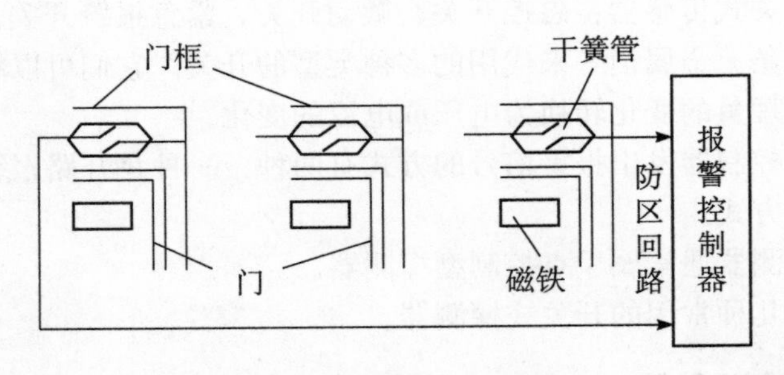

图 1-7　磁控开关的串联使用

（二）磁控开关探测器的应用

1. 设备选择。

根据人员流动性大小选择不同安装方式的磁控开关。在人员流动大的场合，应该选择安装磁控开关，并将其嵌入门、窗框内，再将引线适当伪装，可有效防止不法分子行窃前的破坏；在人员流动小的场合，则可以选择明装磁控开关，以减少施工麻烦。

分隔间隙（永磁铁与干簧管相对移开至开关状态发生变化时的距离）的选择是选择磁开关的重要指标。使用者应根据所安装门窗缝隙的大小，选择不同类别的产品。原则是：保证所选磁控开关在门、窗被打开缝前报警。磁开关按照分隔间隙将产品分为三类。A 类（大于 20mm）、B 类（大于 40mm）、C 类（大于 60mm）。A 类、B 类和 C 类不是产品质量的分级，只是产品的技术参数。

2. 安装使用的注意事项。

开关状态检查。检查磁控开关状态及是否正常工作，最简单的方法就是将磁铁紧贴干簧管部分，用万用表低阻挡点接引线（因干簧管接触电阻仅为0.2Ω，长时间接触会打坏万用表的表针），对常开式磁控开关来说，表针大幅度摆动，则工作状态正常；若万用表表针不动，说明磁控开关已坏。

安装磁控开关时，一定将磁铁与干簧管部分平行对准。开关盒安装在固定的门、窗的框上，磁铁安装在活动的门、窗上。安装在距离门、窗拉手边150mm处，木质门、窗两者间距在5mm左右，金属门、窗两者间距在3mm左右。

3. 要经常注意检查永久磁铁的磁性是否减弱，否则会导致开关失灵。

4. 一般普通的磁控开关不宜在钢、铁物体上直接安装，这样会使磁性削弱，缩短磁铁的使用寿命。

5. 由于磁控开关的体积小、耗电少、使用方便、价格便宜，动作灵敏（接点的释放与吸合时间约在1ms左右），抗腐蚀性能又好，比其他机械触点的开关寿命要长，因此得以广泛应用。

二、微动开关

这种开关做成一个整体部件，需要靠外部的作用力通过传动部件带动，将内部簧片的接点接通或断开。其外形如图1－8所示。

图1－8　微动开关外形图

最简单的一种是如图1－9（a）所示的两个接点的按钮开关。只要按钮被压下，A、B两点间即可接通，压力去除，A、B两点间断开。

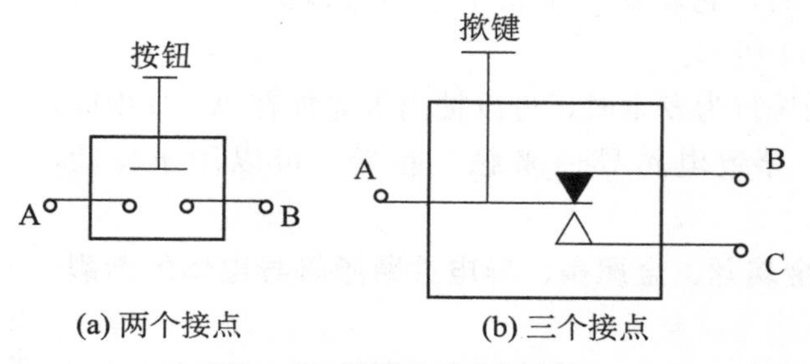

图1－9　微动开关工作原理

还有如图 1 - 9（b）所示的三个接点的撳键开关。A、B 两点间为常闭接触；A、C 两点间为常开。

微动开关的优点是：结构简单、安装方便、价格便宜、防震性能好、触点可承受较大的电流，而且可以安装在金属物体上。

缺点是抗腐蚀性及动作灵敏程度不如前述的磁控开关。

三、紧急报警开关

当在银行、家庭、机关、工厂等各种场合出现入室抢劫、盗窃等险情或其他异常情况时，往往需要采用人工操作来实现紧急报警。这时，就可采用紧急报警按钮开关和脚挑式或脚踏式开关。紧急报警开关如图 1 - 10 所示。

图 1 - 10 紧急按钮外形图

一般来讲，紧急报警按钮因为是人为触发，所以紧急报警信号的优先级最高。对于紧急报警开关的安装要做到：

（1）要能使工作人员触手可及，能很快地触发报警。

（2）保护人身安全，要安装隐蔽。

一般情况下，紧急报警开关应带有防误触发装置。

四、其他开关探测器

（一）带有开关的防抢钱夹

从外表上看，它就是一个很平常的可以夹钞票的钱夹子，如图 1 - 11 所示。

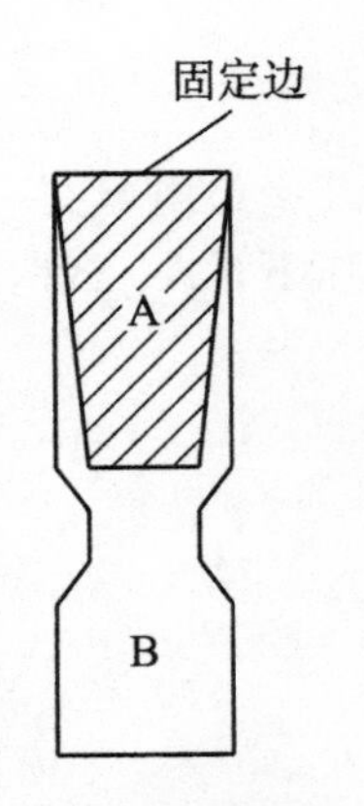

图 1 - 11 带有开关的防抢钱夹

当有抢劫等行为发生时，可以抽出事先加在 A、B 中间的钱或纸片，导致电路导通来触发报警。可以用于保险柜中。

（二）用金属丝、金属条、导电性薄膜等导电体的断裂来代替开关

其工作原理是利用上述物体原先的导电性，当断裂时相

当于不导电，即产生了开关的变化状态，所以可以作为简单的开关。

（三）压力垫

压力垫是由两条平行放置的具有弹性的金属带构成，中间有几处用很薄的绝缘材料（如泡沫塑料等）将两块金属条支撑着绝缘隔开，如图 1－12 所示。两块金属条分别接到报警电路中，相当于一个接点断开的开关。

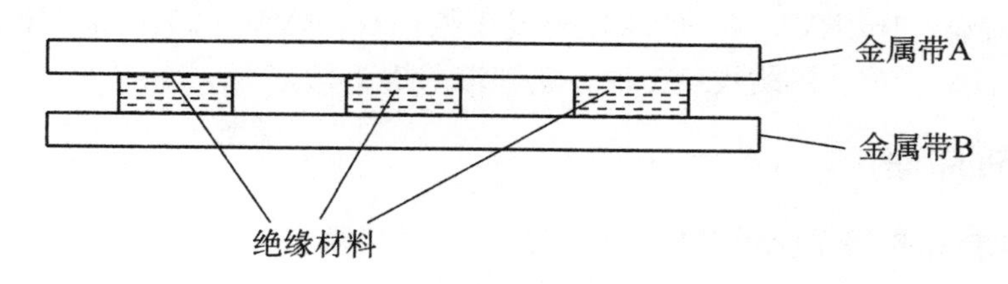

图 1－12　压力垫基本结构

压力垫通常放在窗户、楼梯和保险柜周围的地毯下面。当入侵者踏上地毯时，人体的压力会使两根金属带相通，使终端电阻被短路，从而触发报警，如图 1－13 所示。

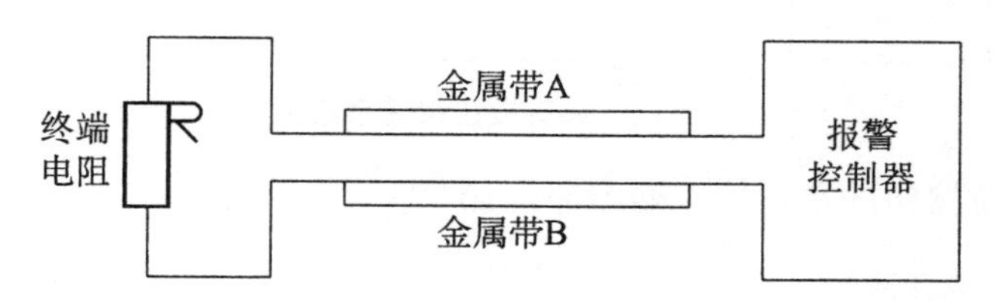

图 1－13　压力垫工作原理

开关式探测器结构简单、稳定可靠、抗干扰性强、易于安装维修、价格低廉，从而获得广泛的应用。

【技能训练】

开关探测器的原理及应用

开关探测器不是严格意义上由传感器和处理器组成的入侵探测器，其实质只是一个机械开关。开关探测器依靠人为（故意）或入侵（无意）机械动作改变开关的闭合或断开状态，控制电路的导通或闭合来触发报警。紧急按钮是典型的开关探测器，其应用原理是所有入侵探测器的基础。

一、实训目的

1. 认识紧急按钮开关的组成结构。
2. 熟悉紧急按钮开关的工作原理。

3. 掌握紧急按钮开关的连接方法。

二、实训器材

1. 设备：紧急按钮开关、闪光报警灯、直流12V电源。

2. 工具：万用表1只、6″十字螺丝刀1把、6″一字螺丝刀1把。

3. 材料：1m RVV（2×0.5）导线1根，1m RVV（3×0.5）导线1根，0.2m红、绿、黄、黑跳线各1根，实训端子排1只。

三、实训原理

紧急按钮报警系统模型如图1-14。

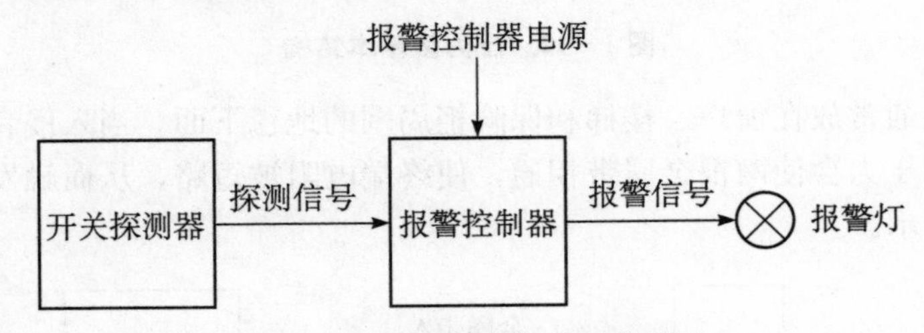

图1-14 紧急按钮报警系统模型

（1）紧急按钮的常开接点输出原理如图1-15所示。

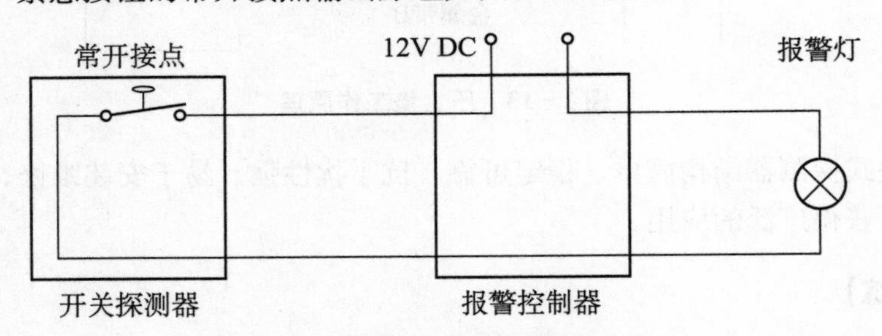

图1-15 紧急按钮常开接点原理图

（2）紧急按钮的常闭接点输出原理如图1-16所示。

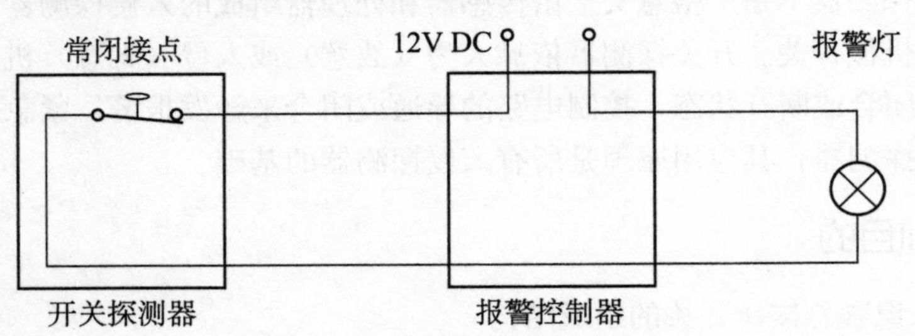

图1-16 紧急按钮常闭接点原理图

四、实训步骤

1. 关闭实训操作台电源开关。

2. 拆开紧急按钮开关探测器外壳，辨认报警输出状态信号的公共端 C、常开端 NO、常闭端 NC。

3. 用万用表导通挡测量常开接点端子（红表棒接 C 端，黑表棒接 NO）、常闭接点端子（红表棒接 C 端，黑表棒接 NC）。紧急按钮基本连接图参照图1－17。

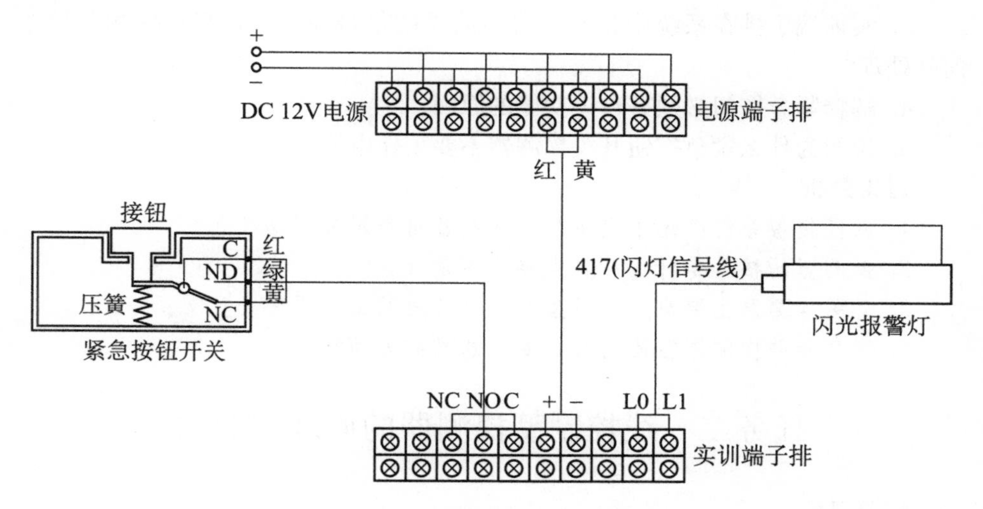

图 1－17　紧急按钮基本连接图

4. 按图 1－18 完成实训端子排上侧端子的接线，闭合紧急按钮开关探测器外壳。

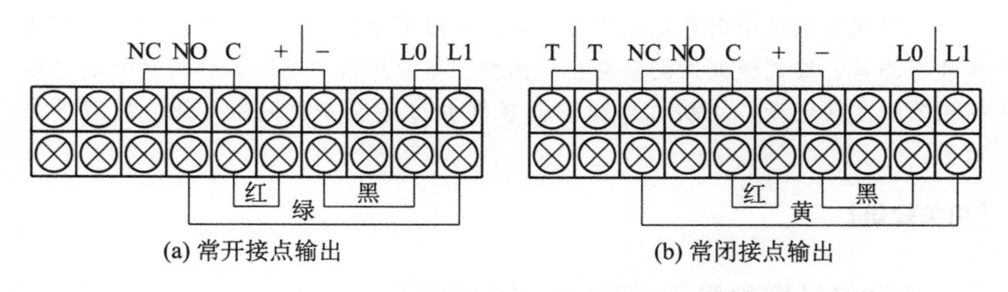

图 1－18　紧急按钮常开、常闭连接图

5. 通过实训端子排下侧的端子，利用短接线按图分别完成常开接点输出、常闭接点输出各项实训内容。

注：每项实训内容的接线完成，检查无误方可接通电源。按下紧急按钮及

用专用钥匙复位紧急按钮，分别观察闪光报警灯的情况，并作记录。每项实训内容结束后，必须关断电源。

五、思考题

1. 紧急按钮常开接点输出时，其开关状态与警戒状态和报警状态是什么关系？报警灯是如何对应的？

2. 紧急按钮常闭接点输出时，其开关状态与警戒状态和报警状态是什么关系？报警灯是如何对应的？

3. 实训端子排在系统中相当一台最简单的报警控制器，它对探测信号作何种处理？

4. 解释紧急按钮必须有自锁功能的原因。

5. 说明为什么紧急按钮开关探测器不要工作电源。

讨论分析

1. 入侵报警系统的基本组成是什么？各自作用分别是什么？

2. 探测器的核心是什么？其主要作用是什么？

3. 开关探测器主要有几种类型？门磁开关的工作原理是什么？

4. 紧急开关探测器在使用时需要注意哪些方面？

任务二　线控制型探测器的原理与应用

学习目标

了解常用线型探测器的种类及组成，掌握常用线型探测器的工作原理及应用。

任务引入

入侵报警系统中周界防范非常重要，一般常用的有主动红外探测器和墙式微波探测器，墙式微波探测器将在空间控制型探测器中阐述。作为线控制类型探测器的主要代表，主动红外探测器在周界防范等方面应用广泛，防范效果明显。

【相关知识】

一、主动红外探测器

（一）主动式红外探测器的组成及基本工作原理

1. 红外线在电磁波谱中的位置

红外线是电磁波谱中的一个波段，它处于微波波段与可见光波段之间。凡波长长于 0.78μm，直至 100μm 的电磁波都属于红外波段。由于其波长比可见光中的红光波长要长，是处于可见光红色光谱外侧的位置，故有红外线之称。如图 1－19 所示。

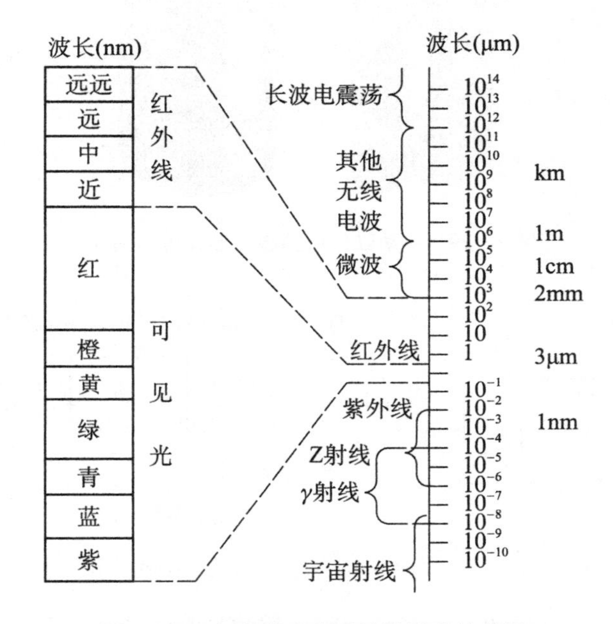

图 1－19　红外光在电磁波波谱中的位置

一般可把电磁波谱的不同波段划分为三个区。

无线电区，包括微波和其他无线电波。波长从 1mm 至 10^6m。

射线区，包括 X 射线、γ 射线和宇宙射线。波长从 10^{-10}μm 至 10^{-2}μm。

光学区，包括红外线、可见光和紫外线这三个波段。波长从 10^{-2}μm 至 1mm。

根据红外线的波长不同，又可将红外波段分为近红外、中红外、远红外、远远红外这样几个分波段。

红外探测器依据工作原理的不同，可分为主动式红外探测器与被动式红外探测器两种类型。被动红外探测器是空间控制型探测器，将在后面进行阐述，下面主要介绍的是主动红外探测器。

2. 主动红外探测器的组成及工作原理

主动红外探测器由主动红外发射机和主动红外接收机组成，当发射机和接收机之间的红外光束被完全遮断或按给定百分比遮断时能产生报警状态。这种探测器装置称为主动红外探测器，外观如图 1－20 所示，工作原理如图 1－21 所示。

图 1-20 主动红外探测器外形和内部构造

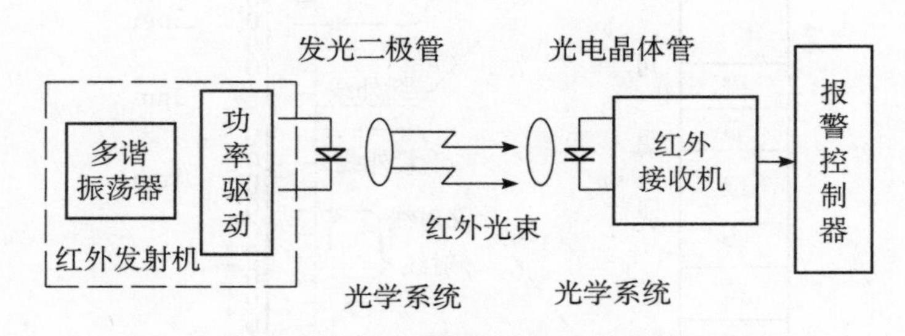

图 1-21 主动式红外探测器的工作原理图

分别置于收、发端的光学系统一般采用的是光学透镜。它起到将红外光聚焦成较细的平行光束的作用，以使红外光的能量能集中传送。红外发光管是置于发端光学透镜的焦点上，而光敏晶体管是置于收端光学透镜的焦点上。如图 1-22 所示。

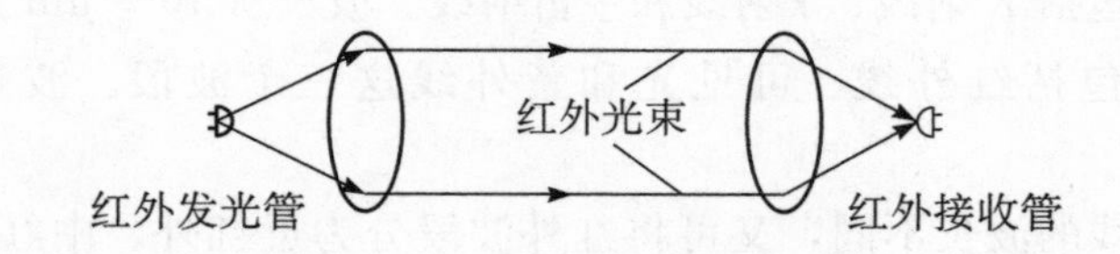

图 1-22 利用光学透镜将红外光聚集成束

采用调制的红外光源具有以下几个优点。

(1) 可以降低电源的功耗。

(2) 使红外探测器具有较强的抗干扰能力，提高了工作的稳定性。

(二) 主动红外入侵探测器分类

按光束数分类：单光束、双光束、四光束、光束反射型栅式、多光束栅式；按安装环境分类：室内型、室外型；按工作方式分类：调制型、非调制型。

主动红外入侵探测器的探测距离各个品牌都有不同型号，一般会有 10m、

20m、30m、40m、60m、80m、100m、150m、200m、300m 等。

（三）适用环境要求

室外与室内主动红外探测器对应用环境有较高的要求，根据国家标准（GB10408.4—2000），主动红外探测器在选用时，对所适用的环境，其性能上要达到如下要求：

承受高低温性能：室内型－10℃～＋55℃、室外型－25℃～＋70℃、相对湿度≤95％。

抗恒定湿热要求：＋40±2℃、RH（93±2.3)％。

抗振动要求：10～55Hz 正弦振动、振幅 0.75mm、一倍频程/1 分钟。

抗冲击要求：室内型 15g、11ms；室外型 30g、18ms。

室外型的要求等级要高于室内型。

（四）主动式红外探测器的防范布局方式

主动式红外探测器可根据防范要求、防范区的大小和形状的不同，分别构成警戒线、警戒网、多层警戒等不同的防范布局方式。

根据红外发射机及红外接收机设置的位置不同，主动式红外探测器又可分为对向型安装方式及反射型安装方式两种。

1. 对向型安装方式

红外发射机与红外接收机对向设置。如图 1－23（a）所示。

可采用多组红外发射机与红外接收机对向放置的方式。这样可以用多道红外光束形成红外警戒网（或称光墙），如图 1－23（b）所示。也可采用如图 1－24 所示的其他多种形式的多光束组成警戒网。

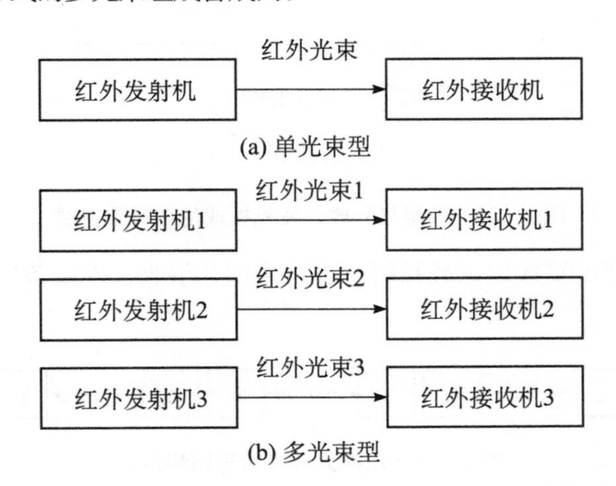

图 1－23 对向型安装方式

根据警戒区域的形状不同，只要将多组红外发射机和红外接收机合理配

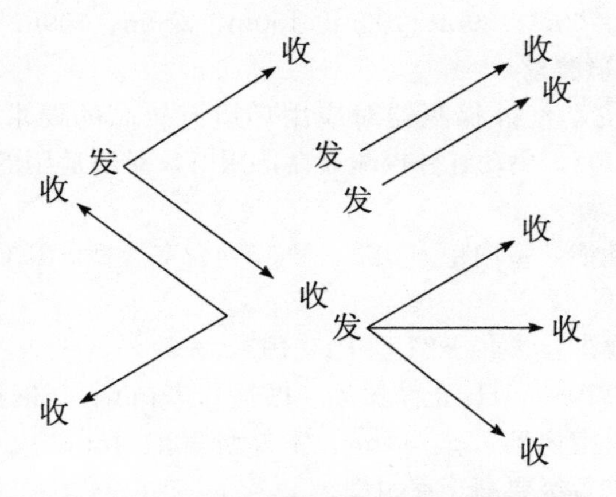

图 1-24　其他类型的多光束组合而成的警戒网

置，就可以构成不同形状的红外线周界封锁线。如图 1-25 所示。

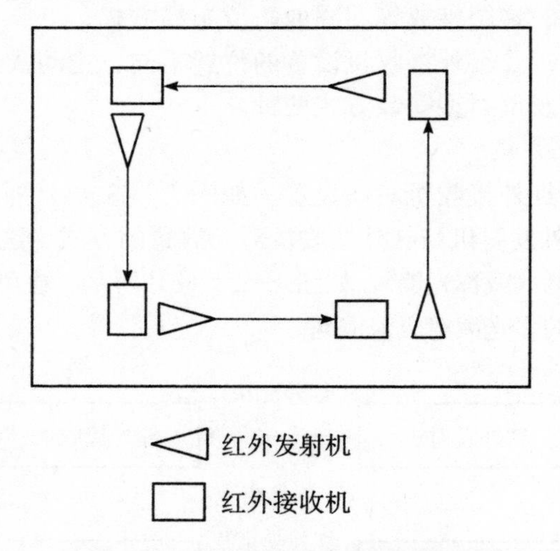

图 1-25　四组红外收、发机构成的周界警戒线

当需要警戒的直线距离较长时，也可采用几组收、发设备接力的形式，如图 1-26 所示。

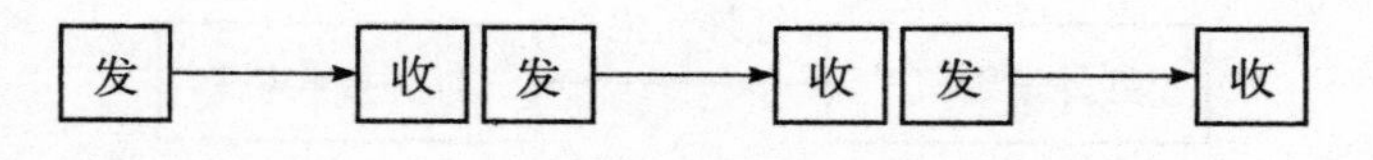

图 1-26　用接力方式加长探测距离

目前使用较多的双光束主动式红外探测器的防范布局方式如图 1-27 所示，在多组红外发射机与接收机一起使用时，应注意消除射束的交叉误射（如

图 1－27 中虚线所示)。需要注意的是两对相邻的主动红外入侵探测器要求交叉安装，一般要求交叉间距为≥300mm，即在至少 300mm 以内是两对相邻探测器的公共保护区。当然两对相邻探测器光束方向要相反。

如果是立柱加栏栅形围墙，一般两根立柱的间距远大于 300mm，而在 3～5m，此时交叉保护在立柱之间是最理想的选择。

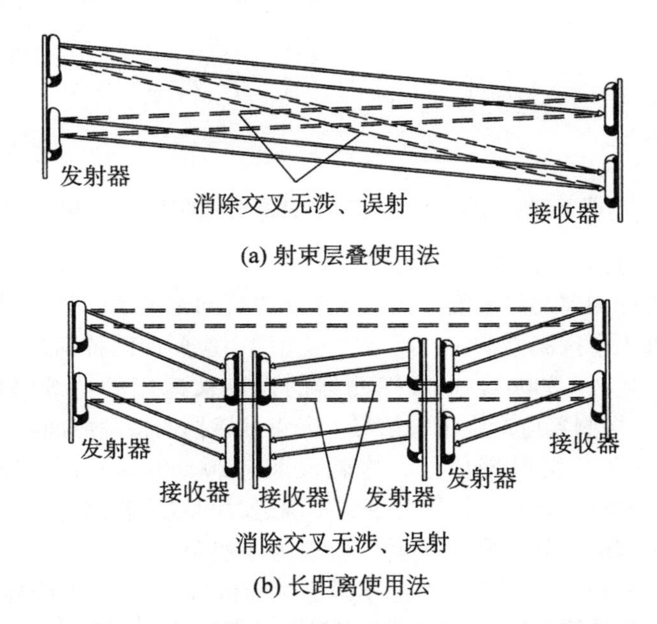

图 1－27　双光束主动式红外探测器的防范布局方式

2. 反射型安装方式

反射型安装方式就是利用反射面，形成多条红外警戒线，如图 1－28 所示。

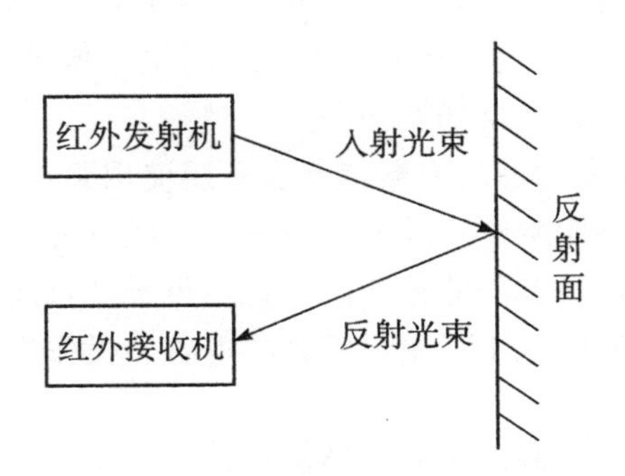

图 1－28　反射型安装方式

采用这种方式，一方面可缩短红外发射机与接收机之间的直线距离，便于就近安装、管理；另一方面也可通过反射镜的多次反射，将红外光束的警戒线扩展成红外警戒面或警戒网，如图 1-29 所示。

要注意的是：采用反射型安装方式时的累计探测距离将小于采用对向型安装方式时的直线探测距离，因此，实际安装时应留有充分的余地。

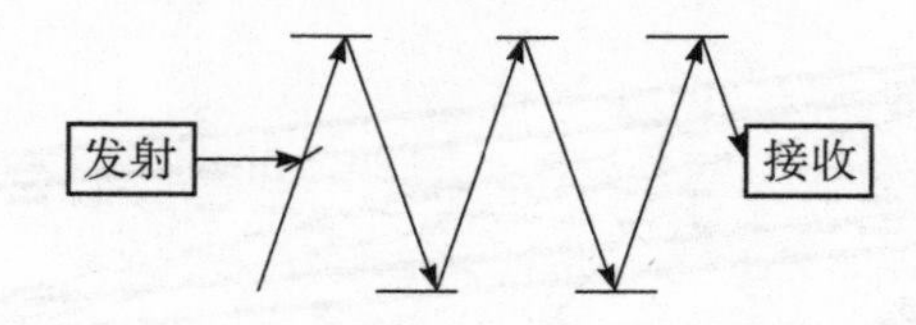

图 1-29　利用反射型安装方式所形成的红外警戒网

（五）主动红外探测器的灵敏度

主动红外探测器的灵敏度主要以最短遮光时间来描述。

主动红外入侵探测器响应时间在安装使用中应要加以特别注意。根据国家标准（GB10408.4—2000），一般探测器的光束被遮挡的持续时间≥（40±10%）ms 时，探测器应产生报警信号；光束被遮挡的持续时间≤（20±10%）ms，探测器不应产生报警信号。这就说明（20±10%）ms＜遮挡时间＜（40±10%）ms 时，有一个报警与否的不确定时间域。遮挡时间是由遮挡物体的运动速度和它的遮挡体积决定的。所以为了避免（20±10%）ms＜遮挡时间＜（40±10%）ms（报警与否的不确定时间域），一般要求周界探测器安装在围墙顶部或略外侧，因为上爬的速度要远低于下跳的速度，所以上爬时间要多于下跳时间（人下跳时，遮挡时间有可能小于 20ms），以延缓遮挡时间。

另外，人的截面尺寸也是主动红外入侵探测器安装时要考虑的依据。比如参照上海地方标准（DB31/294—2003）要求，如安装在围墙顶部，则要求下光束距围墙顶端间距保持（150±10）mm；如安装在围墙外侧，则要求下光束距围墙间距保持（175±25）mm。按上述间距一般能保证入侵者在越墙时有效地遮挡双光束，保证正常触发报警。

（六）主动式红外探测器的主要特点及安装使用要点

（1）属于线控制型探测器，其控制范围为一线状分布的狭长的空间。

（2）主动式红外探测器的监控距离较远，可长达百米以上。

（3）探测器还具有体积小、重量轻、耗电省、操作安装简便、价格低廉等优点。

（4）主动式红外探测器用于室内警戒时，工作可靠性较高。但用于室外警戒时，受环境气候影响较大。

（5）由于光学系统的透镜表面裸露在空气之中，极易被尘埃等杂物所污染。

（6）由主动式红外探测器所构成的警戒线或警戒网可因环境不同随意配置，使用起来灵活方便。

二、激光探测器

激光探测器也是一种线控制类型的探测器，其在工作原理上与主动红外探测器相同，结构也基本一样，所不同的是用半导体激光器代替了主动红外探测器中的红外发光二极管。由于激光具有方向性好、单色性、亮度高等优点，使得激光探测器在探测器距离、稳定性等方面均超过主动红外探测器。图 1－30 为半导体激光探测器实物图。

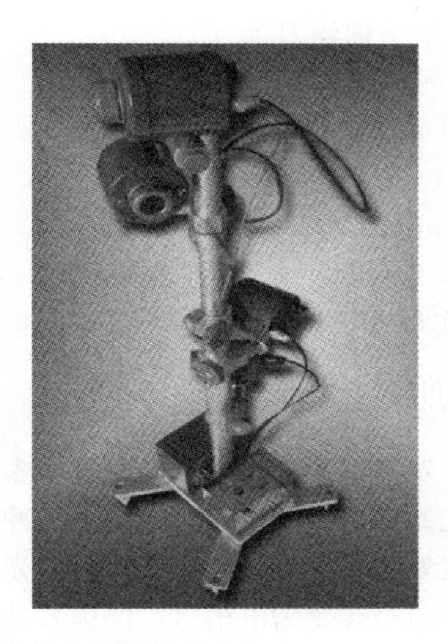

图 1－30　半导体激光探测器实物图

【技能训练】

主动红外探测器的原理及应用

主动红外探测器是由接收器和发射器两部分组成的，一般有单束、双束和四束三种类型，工作时，由发射器向接收器发出脉冲不可见的红外光束，当红外光束被阻挡时，接收器将输出报警信号。每束红外光束之间的距离一般由主动红外的结构决定。

一、实训目的

1. 认识主动红外探测器的组成结构。

2. 熟悉主动红外探测器的工作原理。
3. 掌握主动红外探测器的连接方法。

二、实训器材

(一) 设备

1. 主动红外探测器	1对
2. 闪光报警灯	1只
3. 直流12V电源	1个

(二) 工具

1. 万用表	1只
2. 6″十字螺丝刀	1把
3. 6″一字螺丝刀	1把

(三) 材料

1. 1m RVV（2×0.5）导线	3根
2. 1m RVV（3×0.5）导线	1根
3. 0.2m 红、绿、黄、黑跳线	各1根
4. 实训端子排	1只

三、实训原理

红外发射机通常采用互补型自激多谐振荡电路作调制电源，它可以产生很高占空比的脉冲波形。用大电流窄脉冲信号调制红外发光二极管，发射出脉冲调制的红外光。红外接收机通常采用光电二极管作为光电传感器，它将接收到的红外光信号转变为电信号，经信号处理电路放大、整形后驱动继电器接点产生报警状态信号，如图1－31所示。

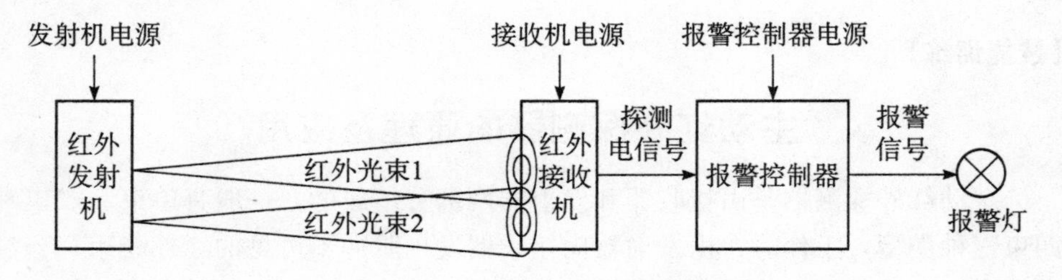

图1－31　主动红外探测器原理图

(1) 主动红外探测器常开接点输出原理，如图1－32所示。

(2) 主动红外探测器常闭接点输出原理，如图1－33所示。

(3) 主动红外探测器常闭/防拆接点串联输出原理，如图1－34所示。

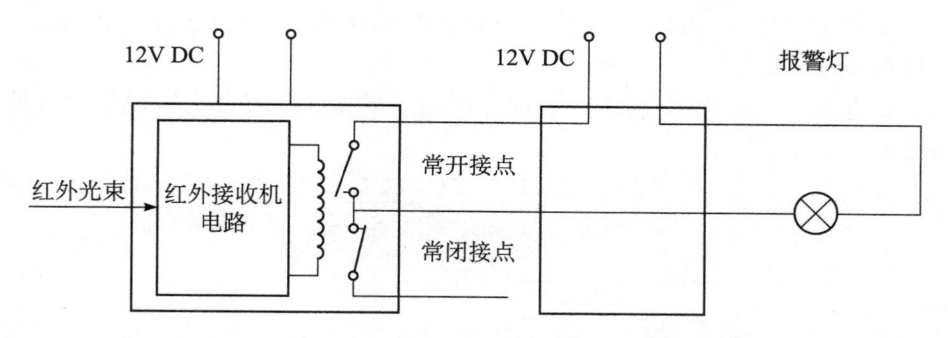

图 1-32　主动红外探测器常开接点原理图

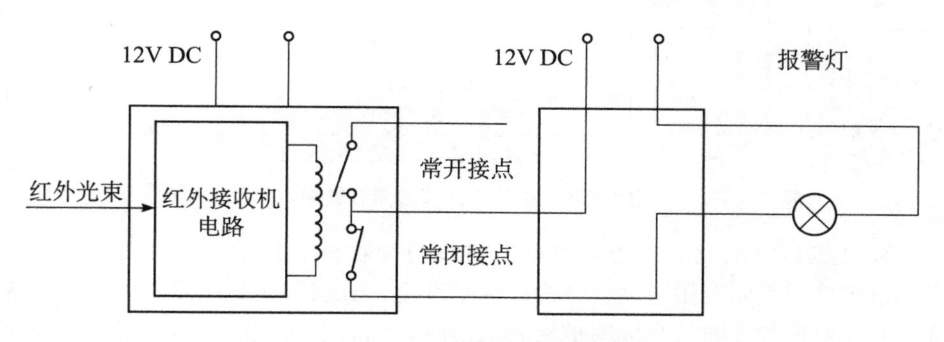

图 1-33　主动红外探测器常闭接点原理图

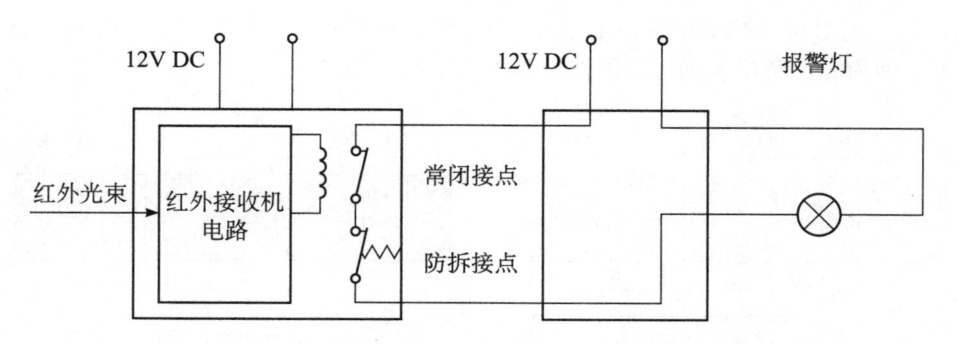

图 1-34　主动红外探测器常闭/防拆接点串联输出原理图

四、实训内容

1. 断开实验操作台电源开关。

2. 拆开红外接收机外壳，辨认输出状态信号的常开接点端子、常闭接点端子、接收机防拆接点端子、接收机电源端子、光轴测试端子、遮挡时间调节钮、工作指示灯。

3. 拆开红外发射机外壳，辨认发射机防拆接点端子、发射机电源端子，工作指示灯。

4. 按图 1 - 35 完成接线端子排上侧端子的接线，闭合实验操作台电源开关。

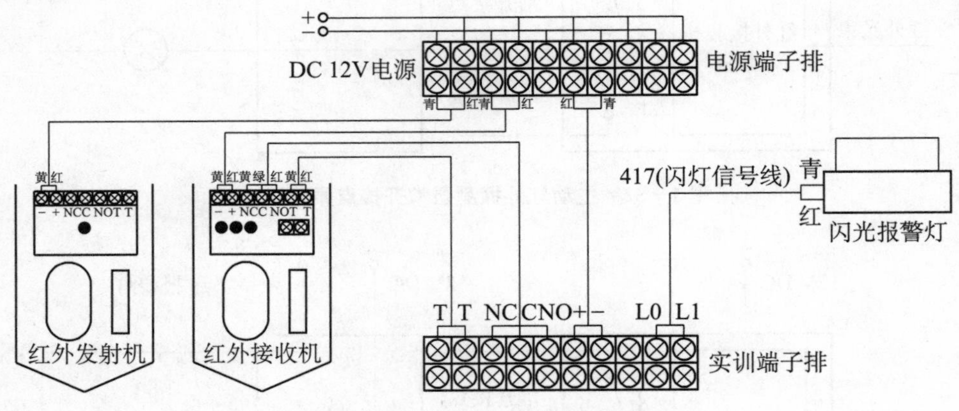

图 1 - 35　主动红外探测器接线图

5. 主动红外的调试主要是校准发射机与接收机的光轴，分目测校准和电压测量校准。首先利用主动红外内配的瞄准镜，分别从接收和发射机间相互瞄准，使放射机的发射信号能够被接收机接收；然后在接收机使用万用表测量光轴测试端的直流输出电压，正常工作输出电压要大于 2.5V，一般越大越好。

6. 通过接线端子排下侧的端子，利用短接线分别按图 1 - 36 依次完成各项实训内容。每项实训内容的接线和拆线前必须断开电源。

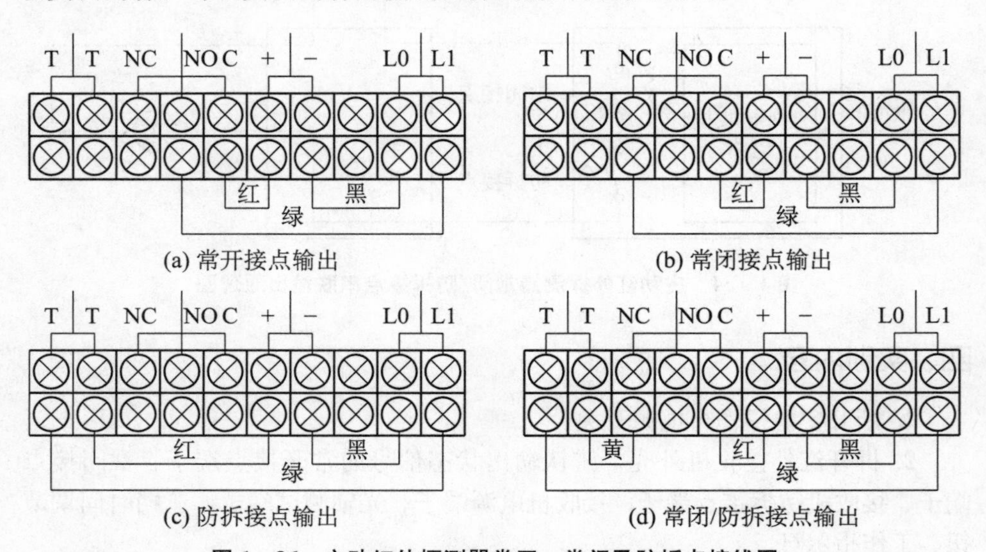

图 1 - 36　主动红外探测器常开、常闭及防拆点接线图

7. 首先，完成接线、检查无误、闭合探测器外壳、闭合电源开关。然后，人为阻断红外线，观察闪光报警灯的变化。在最后一项内容中，改变遮光时间调节钮，观察闪光报警灯的响应速度。

五、思考题

1. 红外接收机和红外发射机的接线内容有什么区别？
2. 为什么要校准光轴？
3. 校准光轴的过程。
4. 为什么要进行遮挡时间调整？
5. 遮挡时间调整与探测器灵敏度的关系。

讨论分析

1. 主动红外探测器的工作原理是什么？
2. 主动红外探测器的校准如何进行？
3. 光电传感器的工作原理是什么？
4. 主动红外探测器的应用场合主要有哪些？使用要点主要有什么？

任务三　面控制型探测器的原理与应用

学习目标

掌握面控制型探测器的原理、性能指标及应用。

任务引入

作为面控制型的探测器，振动探测器能有效防止入侵者通过振动破坏防范目标，其在防范墙体、保险柜等能起到很好的防范效果。

【相关知识】

一、振动探测器的基本工作原理

振动探测器是以探测入侵者的走动或进行各种破坏活动时所产生的振动信号来作为报警的依据。例如，入侵者在进行凿墙，钻洞，破坏门、窗，撬保险柜等破坏活动时，都会引起这些物体的振动，以这些振动信号来触发报警的探测器就称为振动探测器。振动探测器实物图如图 1－37 所示。振动探测报警系统的组成如图 1－38 所示。

振动传感器是振动探测器的核心组成部件。

二、常用的几种振动探测器

振动探测器主要有机械式振动探测器、惯性棒电子式振动探测器、电动式

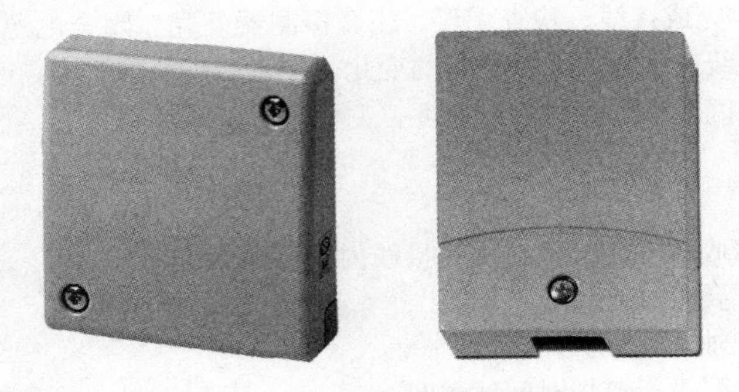

图 1-37　振动探测器实物图

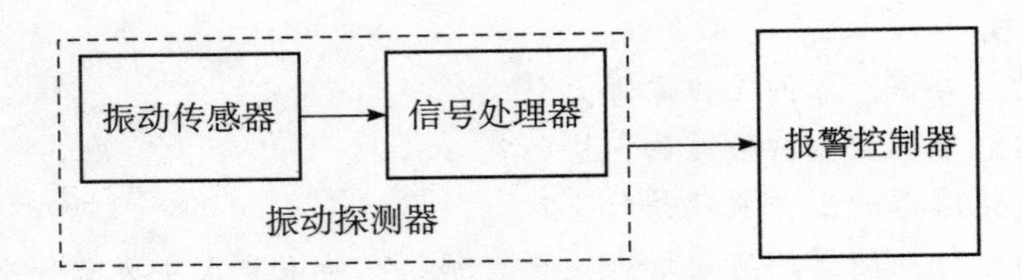

图 1-38　振动探测报警系统的组成

振动探测器、压电晶体振动探测器、电子式全面型振动探测器等多种类型。

三、机械式振动探测器

机械式振动探测器可以看作是一种振动型的机械开关。类型有多种，图 1-39（a）中示出的是其中的一种。A、B、C 是三根固定垂直放置的金属杆，D 是一个圆球，A′、B′、C′为三块镶嵌在球体上的金属片。平时圆球表面与三个金属杆的顶端接点 A、B、C 相接触，其接线如图 1-39（b）所示。将上述

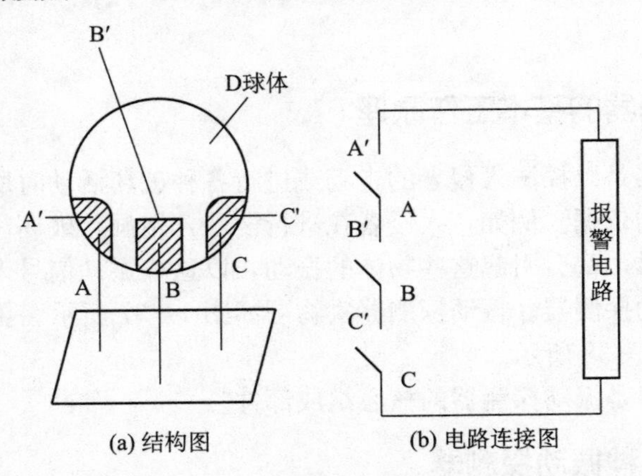

图 1-39　机械式振动传感器的结构及与报警电路连接的示意图

组件封装在同一壳体内，即可形成一种特殊结构的触点常闭的开关——振动传感器。该传感器在感受到来自外界的振动时，A、B、C 与 A′、B′、C′断开，而触发报警。

另外，还有一种结构极为简单的机械式振动传感器。在一块金属板上有一个圆孔，在圆孔中心悬有一根细圆金属棒，棒与板孔之间留有少许的空隙。如图 1－40 所示。该探测器在警戒状态下，金属棒与金属板是不接触的，只有在外界振动下接触（导通），触发报警。

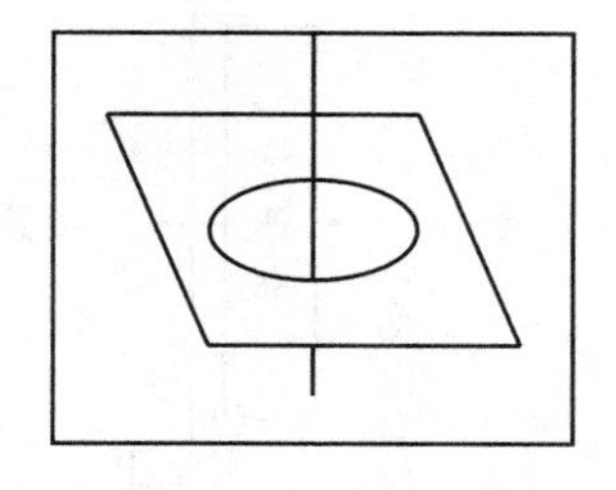

图 1－40　另一种形式的机械式振动传感器

四、惯性棒电子式振动探测器

惯性棒振动探测器的结构如图 1－41 所示。当感受到外界振动时，振动棒会离开支架，触发报警，其适用于各种环境。

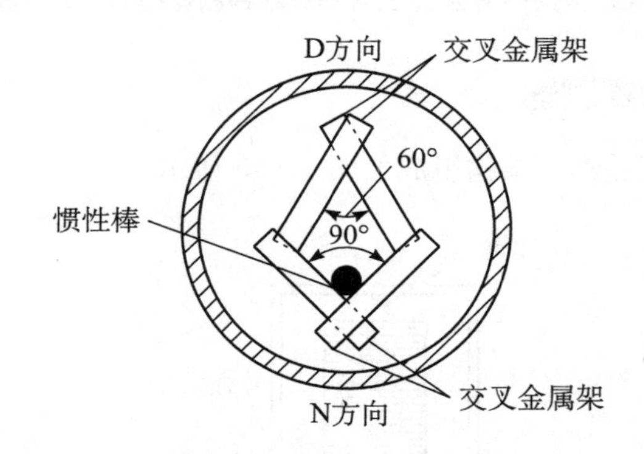

图 1－41　惯性棒振动探测器的结构

惯性棒振动探测器在安装时要注意使探测器上标明的 D 或 N 方向垂直向下。D 方向的交叉金属架呈 60°，灵敏度较低；N 方向的交叉金属架呈 90°，灵敏度较高。

五、电子式全面型振动探测器

所谓全面型振动探测器是指该探测器可以探测到由各种入侵方式，如爆炸、焊枪、锤击、电钻、电锯、水压工具等所引发的振动信号，但对在防范区内人员的正常走动则不会引起误报。它包含了对振动频率、振动周期和振动幅度三者的分析，三组感应器感应三种不同的振动方式，从而有效地探测出非法入侵所产生的振动，但却抑制了环境的干扰因素。其信号分析原理如图 1－42 所示。

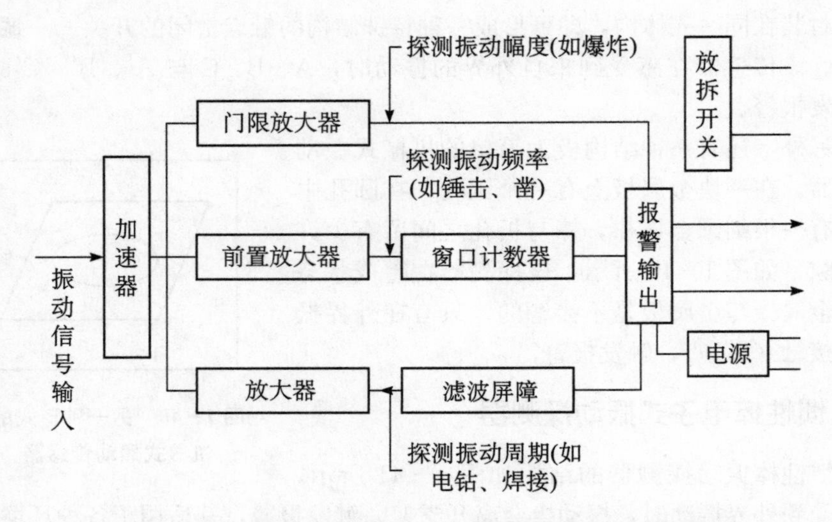

图 1-42　电子式全面型三合一振动探测器的信号分析原理图

六、电动式振动探测器

电动式振动探测器的结构组成如图 1-43 所示。

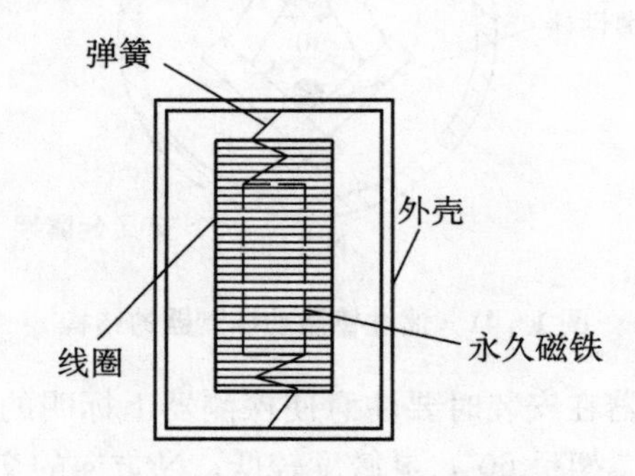

图 1-43　电动式振动探测器

当外壳受到振动时，就会使永久磁铁和线圈之间产生相对运动。由于线圈中的磁通不断地发生变化，根据电磁感应定律，在线圈两端就会产生感应电动势，此电动势的大小与线圈中磁通的变化率成正比。即

$$e=-N\frac{\mathrm{d}\varphi}{\mathrm{d}t}$$（φ 中为线圈中的磁通，N 为线圈的匝数）

将线圈与报警电路相连，当感应电动势的幅度大小与持续时间满足报警要求时，即可发出报警信号。

电动式振动探测器对磁铁在线圈中的垂直加速位移尤为敏感。因此，当安装在周界的钢丝网面上时，对强行爬越钢丝网的入侵者有极高的探测率。

七、压电晶体振动探测器

某些晶体，当沿着一定方向受到外力作用时，内部就会产生极化现象，同时在某两个表面上便产生符号相反的电荷；当作用力方向改变时，电荷的极性也随着改变；晶体受力所产生的电荷量与外力的大小成正比。上述现象称为正压电效应。利用压电晶体的压电效应就可做成压电晶体振动探测器，其适用的范围也很广。

压电探测器在承受其沿敏感轴向的外力时，就产生电荷，经信号处理，即可发出报警信息。

八、振动探测器的主要特点及安装使用要点

（1）振动探测器基本上属于面控制型探测器。

（2）振动式探测器安装要牢固。

（3）振动探测器安装的位置应远离振动源（如旋转的电机）。

（4）电动式振动探测器主要用于室外掩埋式周界报警系统中。

【技能训练】

振动探测器的原理及应用

一、实训目的

1. 熟悉振动探测器的原理和结构。
2. 掌握振动探测器的安装方法、接线方式、测试方法和注意事项。
3. 熟悉应用场合。

二、实训器材

（一）设备

1. 振动探测器 DS1525　　1只
2. 闪光报警灯　　1只
3. 直流 12V 电源　　1个

（二）工具

1. 万用表　　1只
2. 6″十字螺丝刀　　1把
3. 6″一字螺丝刀　　1把

（三）材料

1. 1m RVV（2×0.5）导线　　3根

2. 1m RVV（3×0.5）导线　　　　1根

3. 0.2m红、绿、黄、黑跳线　　　　各1根

4. 实训端子排　　　　1只

三、实训内容

（一）安装

1. DS1525振动探测器主要适用于保险箱的金属表面、银行保险库的混凝土表面等的防护。既可用于室内，也可用于室外。

2. 与被测物体作刚性连接，连成一体。比如用螺丝拧紧、焊接在金属表面等。

3. 安装的位置要远离振动源，如电机、电冰箱等。用于室外时，不要将其埋在树木、拦网桩柱附近，以免刮风时物体晃动，引起附近土地微动造成误报。

（二）测试

1. 测试期间把灵敏度设置为Gmax或其他档位（总共5个档位）。

稍用力连续敲击或连续摩擦与探测器刚性连接的被保护物体表面一定次数（如3次或5次以上），用万用表测量4（积分器电平）和2（接地）接线柱的电压，会有一定的电压变化。注意观察电压变化到何种程度时，会有报警信号输出。

2. 测试灵敏度（探测范围）。

根据不同物体材质、产生振动的方法不同、灵敏度设置等，振动探测器会有不同的探测范围，具体参数如表1-2所示。

表1-2　　不同物体材质、不同振动的灵敏度及探测范围比较表　　（单位：英尺）

材料	灵敏度设置	高温切割	钻石钢碟	钻孔
混凝土	1/Gmax	13.12	45.93	45.93
钢筋	1/Gmax	26.25	45.93	45.93
砖块	1/Gmax	9.84	26.25	26.25
混凝土	2/Gref	9.84	29.53	29.53
钢筋	2/Gref	13.12	29.53	29.53
砖块	2/Gref	3.28	19.69	19.69
混凝土	3/Gmin	6.56	19.69	19.69
钢筋	3/Gmin	6.56	19.69	19.69
砖块	3/Gmin	——	13.12	13.12
混凝土	4	3.28	16.40	16.40
钢筋	4	3.28	16.40	16.40
砖块	4	——	9.84	9.84
混凝土	5	——	13.12	13.12
钢筋	5	——	13.12	13.12
砖块	5	——	6.56	6.56

比如：Min＝3.28×12×25.4＝1000mm

Max＝45.93×12×25.4＝14 000mm

四、思考题

1. 压电式和电动式振动探测器，哪个灵敏度高？

2. 为何压电式振动探测器在一次适度振动时不报警，需要几次连续振动才报警？

任务四　空间控制型探测器的原理与应用

学习目标

掌握空间控制型探测器的种类、工作原理及应用。

任务引入

空间控制型探测器较之点控制型、线控制型和面控制型的警戒范围更大，可以大大提高探测率。尤其双技术探测器，在提高探测率的同时，可以大大降低误报率。主要应用于防范场所室内。

【相关知识】

一、被动红外探测器

被动式红外探测器不需要附加红外辐射光源，本身不向外界发射任何能量，而是由探测器直接探测来自移动目标的红外辐射，因此才有被动式之称。常见的被动红外探测器如图 1－44 所示。

图 1－44　壁挂式、吸顶式被动红外探测器外形

（一）自然界物体的红外辐射特性

自然界中的任何物体都可以看作是一个红外辐射源。人体辐射的红外峰值波长约在 10μm 处。

物体表面的温度越高，其辐射的红外线波长越短。也就是说，物体表面的绝对温度决定了其红外辐射的峰值波长。如表 1-3 所示。

表 1-3　　不同温度下物体的红外辐射峰值波长

物体温度	红外辐射峰值波长
573K（300℃）	5μm
373K（100℃）	7.8μm
人体（37℃左右）	10μm
273K（0℃）	10.5μm

（二）被动式红外探测器的组成及基本工作原理

1. 基本工作原理

被动式红外探测器主要是由光学系统、热传感器（或称红外传感器）及信号处理器组成。被动红外入侵探测报警系统的组成如图 1-45 所示。

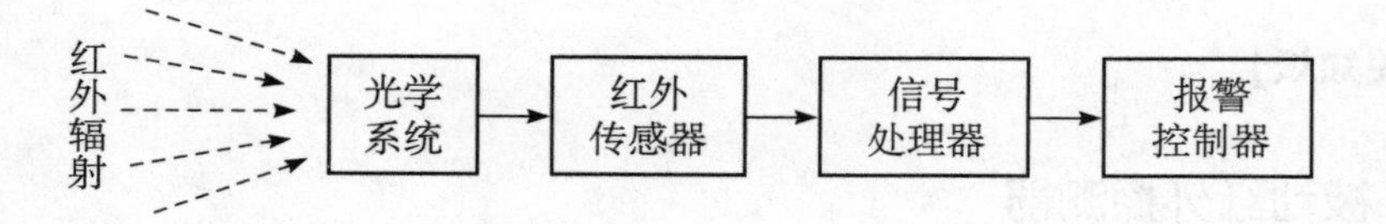

图 1-45　被动式红外入侵探测报警系统的基本组成

被动红外探测器本身不向防范场所发射能量，而是依靠感受外界的红外辐射能在接收传感器上形成稳定变化的信号分布，当入侵者进入防范区域，引起该区域内红外辐射能量的变化，也就是破坏了稳定变化的红外信号分布，触发报警。红外传感器的探测波长范围是 8～14μm，由于人体的红外辐射波长正好在此探测波长范围之内，因此能较好地探测到活动的人体。

2. 被动红外探测器的分类

被动红外探测器的主要应用类型有单波束型被动红外探测器及多波束型被动红外探测器两种。

（1）单波束型被动红外探测器

单波束型被动红外探测器采用反射聚焦式光学系统。它是利用曲面反射镜将来自目标的红外辐射汇聚在红外传感器上，如图 1-46 所示。

这种方式的探测器警戒视场角较窄，一般仅在 5°以下。但作用距离较远，可长达百米。因此，又可称为是直线远距离控制型被动红外探测器，如图 1-47 所示。它适合用来保卫狭长的走廊和通道以及封锁门窗和围墙等。

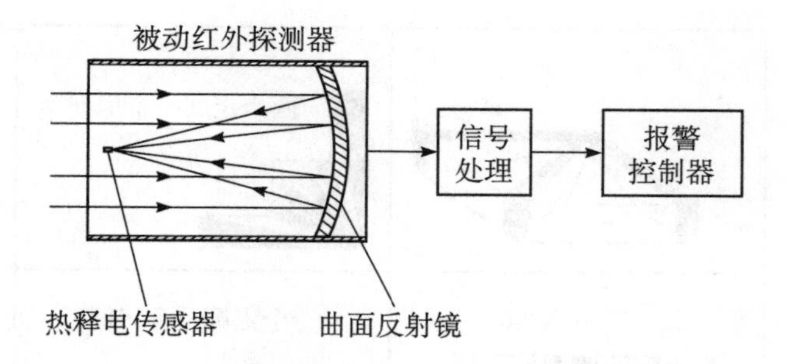

图 1－46　采用反射式光学系统的被动红外探测器

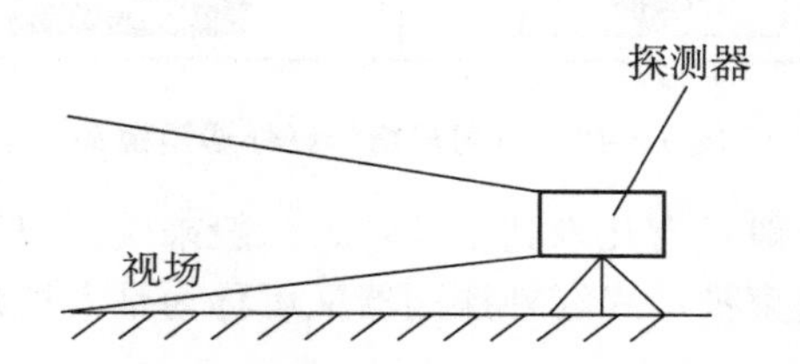

图 1－47　单波束型被动红外探测器的探测范围

（2）多波束型被动红外探测器

多波束型被动红外探测器采用透镜聚焦式光学系统。它是利用特殊结构的透镜装置，将来自广阔视场范围的红外辐射经透射、折射、聚焦后汇集在红外传感器上。

目前，多采用性能优良的红外塑料透镜——多层光束结构的菲涅耳透镜。某种三层结构的多视场菲涅耳透镜组的结构如图 1－48 所示。

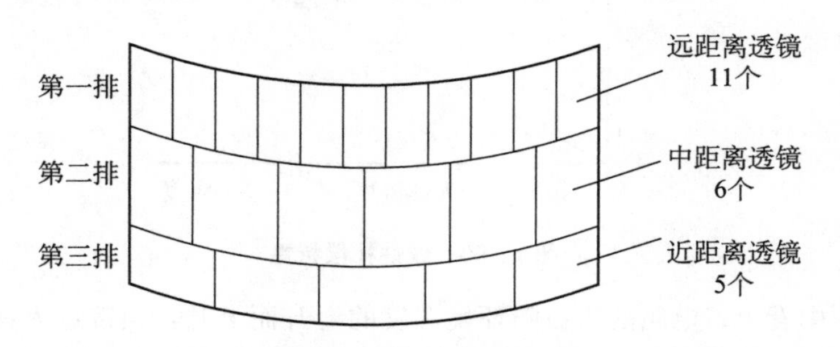

图 1－48　多视场菲涅耳透镜组

有一般的广角镜头式，也有形成垂直整体形幕帘式以及小角度长距离视场与大角度近距离视场的组合式等。图 1－49 所示为其中的几种。

多波束型被动式红外探测器的警戒视场角比单波束型被动式红外探测器的警戒视场角要大得多。水平视场角可大于 90°，垂直视场角最大也可达 90°。但

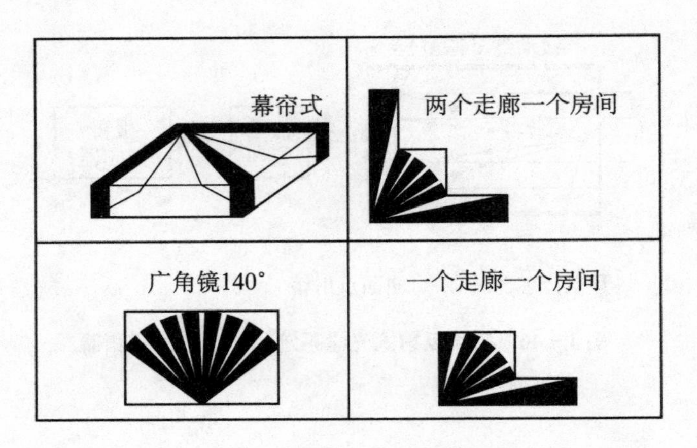

图 1-49　不同规格的红外透镜镜头

其作用距离较近，一般只有几米到十几米。一般来说，视场角增大时，作用距离将减小。因此多波束被动式红外探测器又可称为是大视角短距离控制型被动式红外探测器。

3. 防止被动红外探测器（PIR）产生误报的几项技术措施

（1）温度补偿电路。

第一种方案：常规的温度补偿特性是呈线性递增形式，如图 1-50 所示。

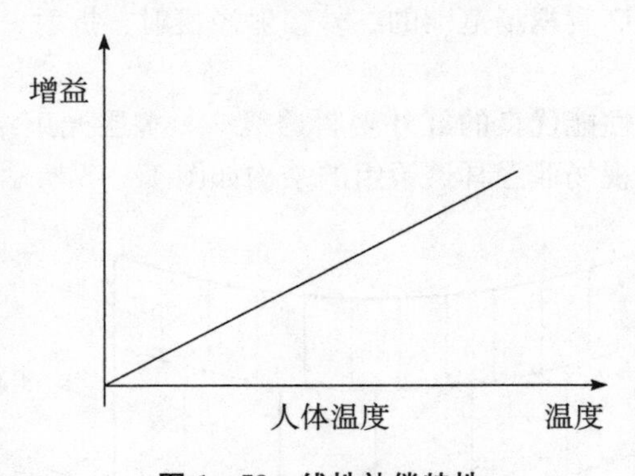

图 1-50　线性补偿特性

由图中看出，电路的增益随环境温度的上升而上升，当接近人体温度时，增益也上升到较高值，确实可以起到灵敏度补偿的作用。但在环境温度上升到人体温度之上时，随着温差的逐渐增大，补偿仍然继续增加，这就会使当环境温度与人体温差较大时灵敏度增加得太高而容易产生误报。

第二种方案：温度补偿特性呈抛物线形式，如图 1-51 所示。

由图中看出，电路的增益随环境温度的上升呈抛物线规律变化，这就可以做到在温度发生不同变化时，探测器的灵敏度基本可以维持稳定而达到一个最

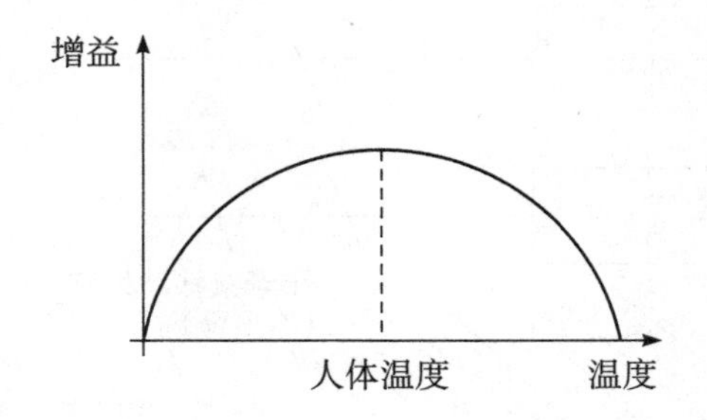

图 1－51　温度补偿特性

佳状态。采用了这种温度补偿特性的探测器可以在环境温度从－10℃到＋55℃范围内变化，或是环境温升速率在一分钟内变化 0.56℃时也不会产生误报。还有的探测器甚至可以容许环境温度在－10℃到＋65℃范围内变化。

（2）采用多元红外光敏元件，并采用“脉冲计数”方式工作。

采用双元红外光敏元件。如图 1－52 所示。

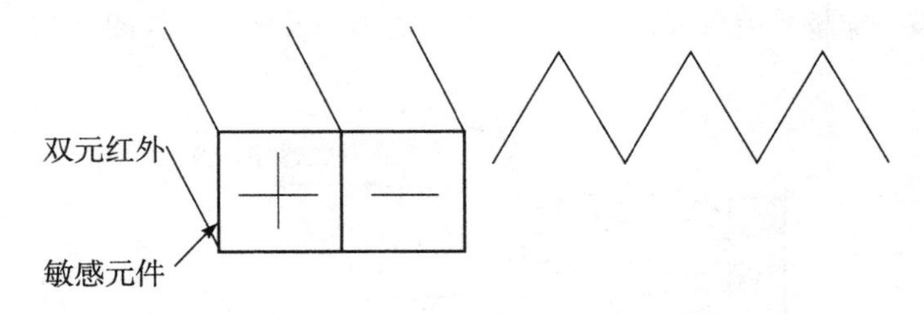

图 1－52　一般常规的脉冲计数方式

采用四元红外光敏元件，如图 1－53 所示。这种设计方式又进一步提高了被动红外探测器的防小动物、宠物引起误报的能力。

（3）防射频干扰的措施，采用表面贴片技术。

（4）防白光干扰的措施，菲涅耳透镜的镜片上采取滤白光的措施。

（5）防小动物误报所采取的措施，采用四元红外光敏元件、在被动红外探测器中内置微处理器、采用防宠物的菲涅耳透镜。

4. 被动式红外探测器的主要特点及安装使用要点

（1）被动式红外探测器属于空间控制型探测器。

（2）由于红外线的穿透性能较差，在监控区域内不应有障碍物，否则会造成探测“盲区”。

（3）为了防止误报警，不应将被动式红外探测器探头对准任何温度会快速改变的物体，特别是发热体。

（4）被动式红外探测器亦称其为红外线移动探测器。应使探测器具有最大的警戒范围，使可能的入侵者都能处于红外警戒的光束范围之内。并使入侵者的活

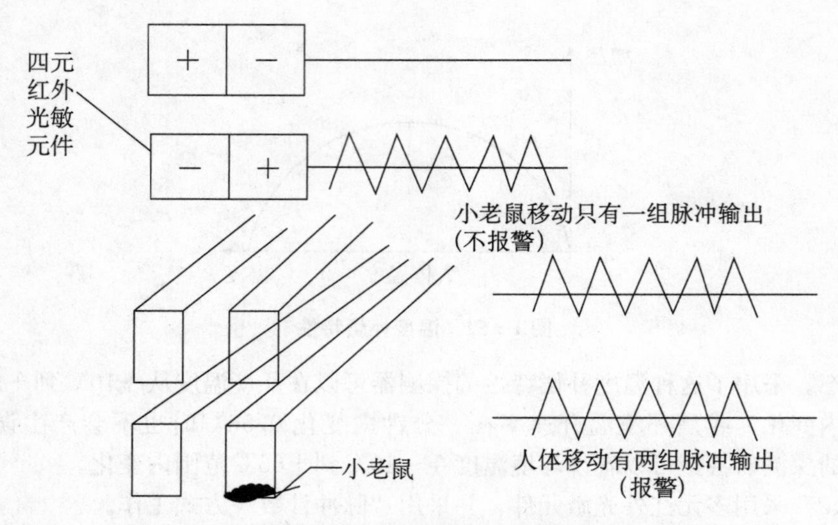

图 1-53　采用四元被动红外可防止小动物引起的误报

动有利于横向穿越光束带区，这样可以提高探测的灵敏度，如图 1-54 所示。

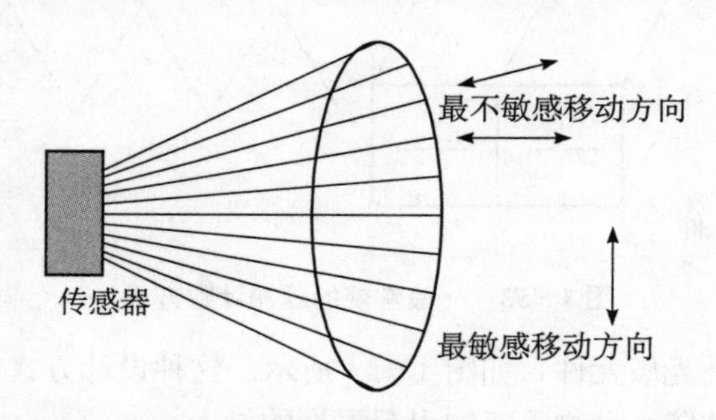

图 1-54　被动红外探测器探测入侵的敏感方向

(5) 被动式红外探测器的产品多数都是壁挂式的，需安装在离地面约 2～3m 的墙壁上。

(6) 在同一室内安装数个被动式红外探测器时，也不会产生相互之间的干扰。

(7) 注意保护菲涅耳透镜。

基于上述原因，被动式红外探测器基本上属于室内应用型探测器。

二、微波探测器

(一) 微波的主要特点

(1) 微波是一种波长很短的电磁波，其波长是 1mm～1dm，频率是 300MHz～300GHz。

(2) 直线传播，很容易被反射。

(3) 波段宽，可利用的频率高，微波波段的频宽为 299 700MHz(300MHz～300GHz)。

(4) 微波设备比较小，由于微波的波长很短，因此就可以用尺寸较小的天线（如喇叭天线和抛物面天线），把电磁波集中成为一束，像探照灯的光束那样作定向传送。如图 1－55 所示。所以，微波设备（包括收、发信机等）比长、中、短波等的设备要小。

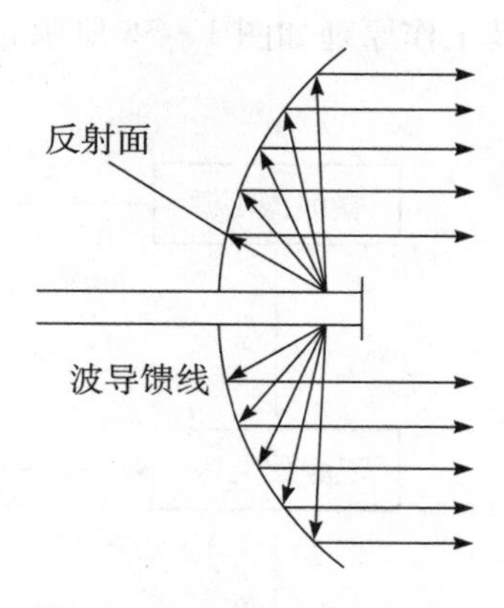

图 1－55　微波的定向传送

(5) 低频电路理论已不再适用于微波电路。

(6) 微波对一些非金属材料（如木材、玻璃、墙、塑料等）有一定的穿透能力而金属物体对微波有良好的反射特性。

(二) 微波探测器的种类

微波探测器主要有两种类型：

(1) 雷达式微波探测器。主要作为室内警戒使用，微波的收、发装置合置。

(2) 微波墙式探测器。主要作为周界警戒，微波的收、发装置分置。

(三) 雷达式微波探测器

雷达式微波探测器是利用无线电波的多普勒效应，实现对运动目标的探测。

1. 多普勒效应

多普勒效应是自然界普遍存在的一种效应，在日常生活中到处可以感受到。如火车鸣笛，从远而近，人耳朵感觉笛声是尖的，火车经过之后由近及远背离而去，则笛声由尖变粗，这是因为火车笛声具有某个频率，当朝向人来或背离人去时，火车与人之间发生相对运动，这样，人所接收到的声音频率和汽笛声的振动频率不同，产生了频率的变化。

某种频率为 f_0 的波，以速度 v 向空间之中发射，当空间之中都是静止物体时，反射回的频率依然为 f_0，当空间中有了移动物体，那么反射回的频率将叠加一个多普勒频移 f_d，此时频率变为 f_0+f_d，即 $f=f_0+f_d$。

所谓多普勒效应就是指当发射源（声源或电磁波源）与接收者之间有相对径向运动时，接收到的信号频率将发生变化。

2. 雷达式微波探测器的组成及基本工作原理

雷达式微波探测器的发射器有一个微波小功率振荡源，通过天线向防范区域内发射微波信号。该区域内无移动目标时，接收器收到的微波信号频率与发射器的相同；当有移动目标时，移动目标反射微波信号，由于多普勒效应，反射波会产生一个多普勒频移，接收器提取处理这个信号，即可发出报警信号。其工作原理如图 1-56 所示。

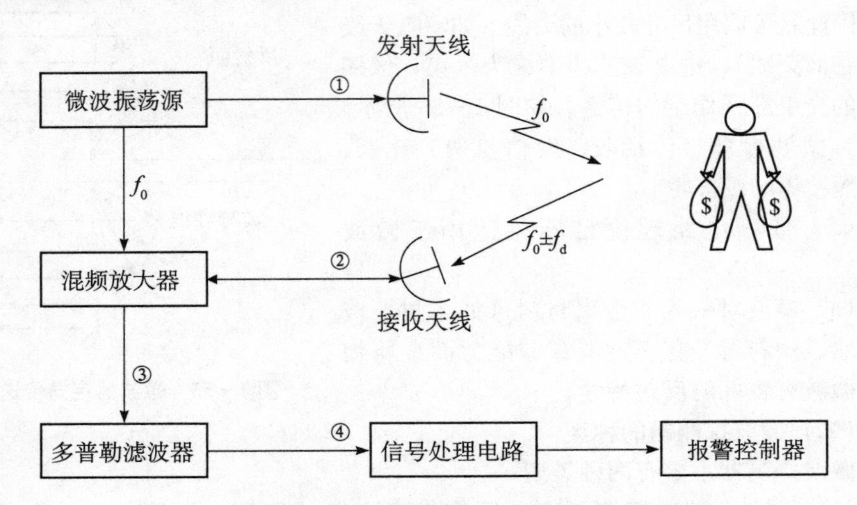

图 1-56　雷达式微波探测器的基本工作原理

如果微波探测器发射信号的频率 f_0 为 10GHz，光速 C 为 3×10^8m/s，则对应人体的不同运动速度 V 所产生的多普勒频率 f_d 如表 1-4 所示。

表 1-4　对应人体不同运动速度所产生的多普勒频率

V	0.5	1	2	3	4
f_d	33.33	66.67	133.33	200	266.67
V	5	6	7	8	9
f_d	333.33	400	466.67	533.33	600

从表中看出，人体在不同运动速度下产生的多普勒频率是处于音频频段的低端，只要能检出这一较低的多普勒频率，就能区分出是运动目标还是固定目标，完成检测人体运动的探测报警功能。

由上分析看出，由于雷达式微波探测器的基本原理与多普勒雷达相同，因而才有雷达式之称。

3. 雷达式微波探测器的主要特点及安装使用要点

（1）雷达式微波探测器对警戒区域内活动目标的探测是有一定范围的。

其警戒范围为一个立体防范空间，其控制范围比较大，可以覆盖 60°～95° 的水平辐射角，控制面积可达几十至几百平方米。其探测区域图形如图 1-57 所示。

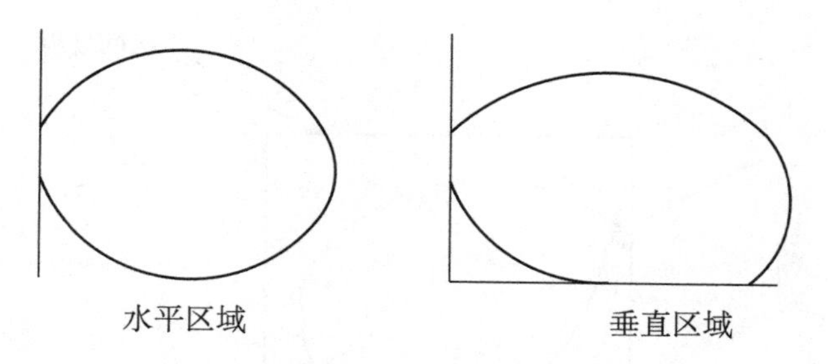

图 1-57　雷达式微波探测器的探测区域

（2）微波探测器的发射能图与所采用的天线结构有关。如图 1-58 所示。

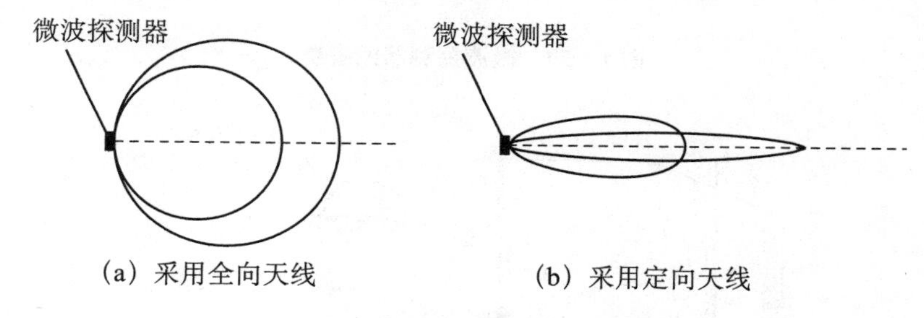

图 1-58　微波场形成的控制范围图

雷达式微波探测器的发射天线与接收天线通常是采用收、发共用的形式。

（3）微波对非金属物质的穿透性既有好的一面，也有坏的一面。

通常是将报警探测器悬挂在高处（距地面 1.5～2m 左右），探头稍向下俯视，使其方向性指向地面，并把探测器的探测覆盖区限定在所要保护的区域之内。这样可使因其穿透性能造成的不良影响减至最小。如图 1-59 所示。

图中实线所示的覆盖区显然比虚线所示的覆盖区要更可靠些。

（4）微波探测器的探头不应对准可能会活动的物体。

（5）在监控区域内不应有过大、过厚的物体，特别是金属物体。

（6）微波探测器不应对着大型金属物体或具有金属镀层的物体（如金属档案柜等）。如图 1-60 所示。

（7）微波探测器不应对准日光灯、水银灯等气体放电灯光源。

（8）雷达式微波探测器属于室内应用型探测器。

（9）当在同一室内需要安装两台以上的微波探测器时，它们之间的微波发射频率应当有所差异（一般相差 25MHz 左右）。而且不要相对放置，以防止交叉干扰，产生误报警。

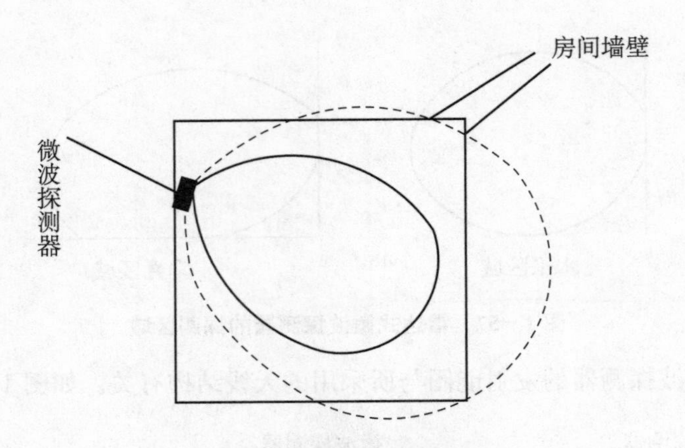

图 1-59　微波探测器的安装

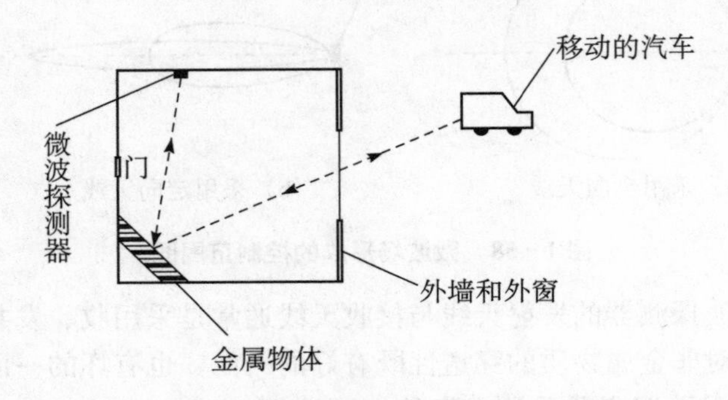

图 1-60　微波探头不应对着大型金属物体

(四) 微波墙式探测器

1. 微波墙式探测器的组成及基本工作原理

微波墙式探测器如图 1-61 所示，是一种将微波收、发设备分置的利用场干扰原理或波束阻断式原理的微波探测器。其基本工作原理如图 1-62 所示。

2. 微波墙式探测器的主要特点及安装使用要点

(1) 由于在微波接收机与发射机之间形成一道无形的“墙”，因此是一种很好的周界防范报警设备。它很适用于露天仓库、施工现场、飞机场、监狱、劳改场或博物馆等大楼墙外的室外周界场所的警戒防范工作。也可以用它来警戒展览馆、机要大楼等室内的狭长走廊，以防坏人进入重要场所。

(2) 微波墙式探测器一般采用脉冲调制的微波发射信号，有几个优点：

- 电源耗电少，便于使用备用电源，也可延长备用电池的使用寿命。
- 放大器相对频带窄，机内噪声小。
- 抗干扰性较强。

图 1-61　微波墙式探测器外形

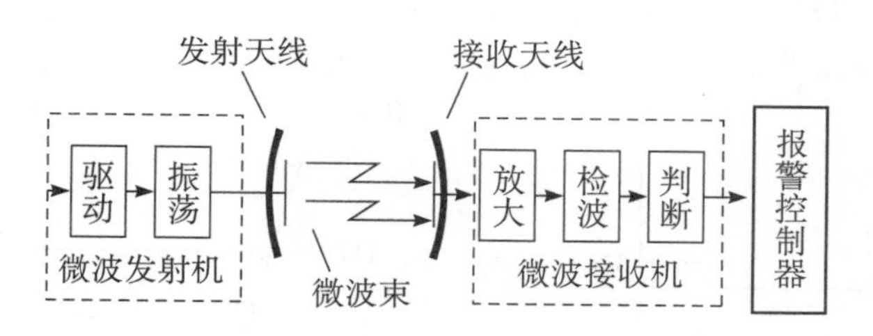

图 1-62　微波墙式报警器的基本工作原理

（3）工作可靠性较好，只要安装得当，误报、漏报率较低。

（4）当防范区具有比较开阔、平坦和直线性较好的外周界线时，根据微波射束的直线性传播特性，适宜采用两个相对方向发射的微波射束组成一个警戒墙。

（5）当防护区的外周界线平直度较差、曲折过多或地面高低起伏不平时，则不宜采用微波墙。

（6）使用中，通常采用 L 型托架将微波收、发机安装在墙上或桩柱上，收、发机之间要有清晰的视线，如图 1-63 所示。

（7）户外使用时，可根据防范区域外周界的形状，合理布局几组对向放置的收、发机，并注意各设备之间的间隔。如图 1-64 所示，图中 T（Transmitter）代表发射机，R（Receiver）代表接收机。

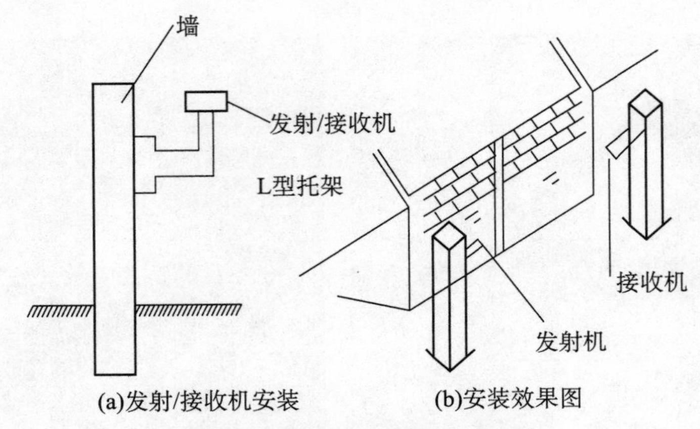

图 1-63　微波墙式探测器的安装

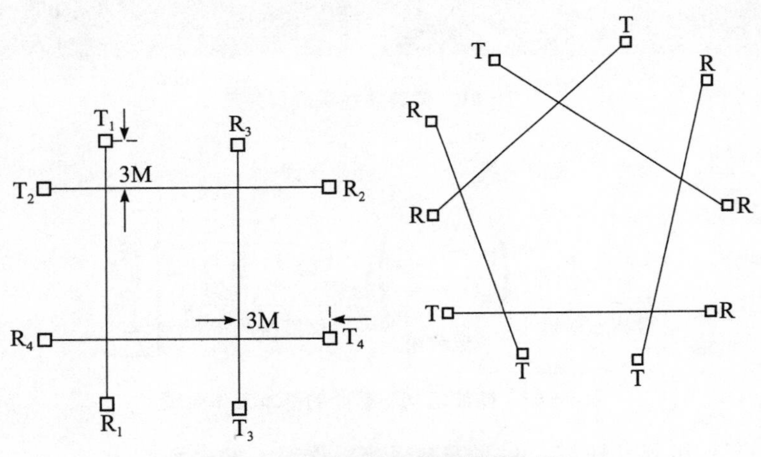

图 1-64　微波墙式探测器的布局

三、声控探测器

（一）声控探测器的组成及基本工作原理

图 1-65　声控探测器实物图

声控探测器用来探测入侵者在防范区域室内的走动或进行盗窃和破坏活动（如撬锁、开启门窗、搬运、拆卸东西等）时所发出的声响。并以探测声音的声强来作为报警的依据。这种探测系统比较简单，只需在防护区域内安装一定数量的声控头，把接收到的声音信号转换为电信号，并经电路处理后送到报警控制器，当声音的强度超过一定电平时，就可触发电路发出声、光等报警信号。声控探测器实物图如图 1-65 所示，其基本原理如图 1－66 所示。

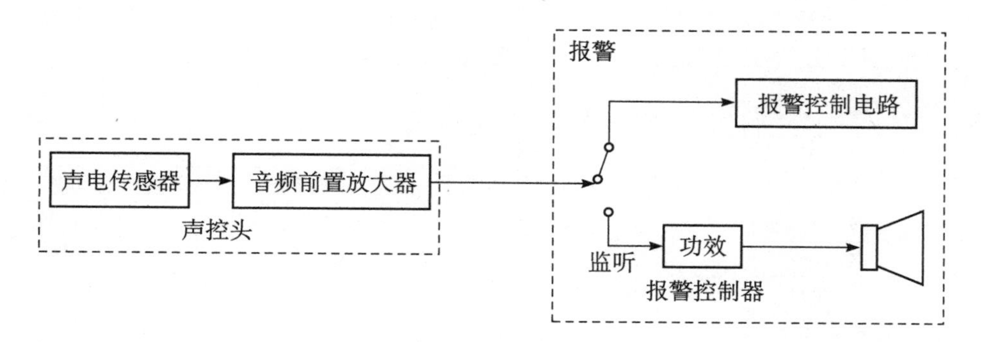

图 1－66　声控报警器的基本原理

由图中看出，声控报警系统主要是由声控头和报警监听控制器两个部分所组成的。声控头置于监控现场，控制器置于值班中心。

（二）声控探测器的主要特点及安装使用要点

（1）声控探测器属于空间控制型探测器。

（2）声控探测器与其他类型的探测器一样，一般也设置有报警灵敏度调节装置。

（3）采用选频式声控报警电路可进一步解决在特定环境中使用声控报警器的误报问题。

四、双技术探测器

（一）双技术探测器概述

双技术探测器又称为双技术探测器或复合式探测器。它是将两种探测技术结合在一起，以“相与”的关系来触发报警，即只有当两种探测器同时或者相继在短暂的时间内都探测到目标时，才可发出报警信号。

（二）由单技术探测器向双技术探测器的发展

单技术探测器误报情况如表 1－5 所示。在某些情况下，误报率相当高。

表 1－5　　环境因素表

因素	红外	微波	超声波
振动	问题不大	有问题	问题不大
被大型金属物体反射	除非是抛光金属面，一般没问题	有问题	极少有问题
对门、窗的晃动	问题不大	有问题	注意安装位置
对小动物的活动	靠近则有问题，但可改变指向或用挡光片	靠近有问题	靠近有问题

续表

因素	红外	微波	超声波
水在塑料管中的流动	没问题	靠近有问题	没问题
在薄墙和玻璃窗外活动	没问题	注意安装位置	没问题
通风口或空气流	温度较高的热对流有问题	没问题	注意安装位置
阳光、车大灯	注意安装位置	没问题	没问题
加热器、火炉	注意安装位置	没问题	极少有问题
运转的机械	问题不大	注意安装位置	注意安装位置
雷达干扰	问题不大	靠近有问题	极少有问题
荧光灯	没问题	靠近有问题	没问题
温度变化	有问题	没问题	有些问题
湿度变化	没问题	没问题	有问题
无线电干扰	严重时有问题	严重时有问题	严重时有问题

为了解决误报的问题，一方面应该更加合理地选用、安装和使用各种类型的探测器，另一方面就是要不断提高探测器的质量，生产出性能稳定、可靠性较高的产品。近几年已经有了很大的进展。但就目前情况来看，仅从提高某一种单技术探测器的可靠性方面来努力是不容易达到要求的，只有采用双技术复合探测器才可较好地解决这一问题。

1973 年日本首先提出双技术探测器的设想，直到 20 世纪 80 年代初才生产出第一台微波-被动红外双技术探测器。

（三）双技术探测器的种类

人们对几种不同的探测技术进行了多种不同组合方式的试验，如超声波-微波双技术探测器、双被动红外双技术探测器、微波-被动红外双技术探测器、超声波-被动红外双技术探测器、玻璃破碎声响-振动双技术探测器等，并对几种双技术探测器的误报率进行了比较，如表 1-6 所示。

表 1-6　几种探测器误报率的比较

报警器种类	单技术探测器				双技术探测器			
	超声波	微波	声控	被动红外	超声波-被动红外	被动红外-被动红外	超声波-微波	微波-被动红外
误报率	421				270			1
可信度	最低				中等			最高

由表中看出，其中以微波-被动红外双技术探测器的误报率为最低，比其他几种类型的双技术探测器的误报率可降低约 270 倍，比采用各种单技术探测器的误报率可降低约 421 倍。实践证明，把微波与被动红外两种探测技术加以组合，是最为理想的一种组合方式，因此获得了广泛的应用。

此外，玻璃破碎双技术探测器也是应用较多的一种双技术探测器。

（四）微波-被动红外双技术探测器

1. 微波-被动红外双技术探测器的工作原理

微波-被动红外双技术探测器如图 1－67 所示，实际上是将这两种探测技术的探测器封装在一个壳体内，并将两个探测器的输出信号共同送到“与门”电路去触发报警。“与门”电路的特点是：当两个输入端同时为 1（高电平）时，其输出才为 1（高电平）。换句话说，只有当两种探测技术的传感器都探测到移动的人体时，才可触发报警。其基本原理组成如图 1－68 所示。

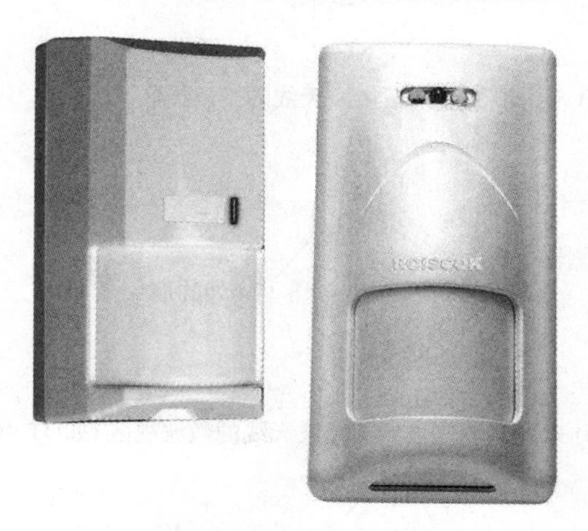

图 1－67　微波-被动红外探测器外形

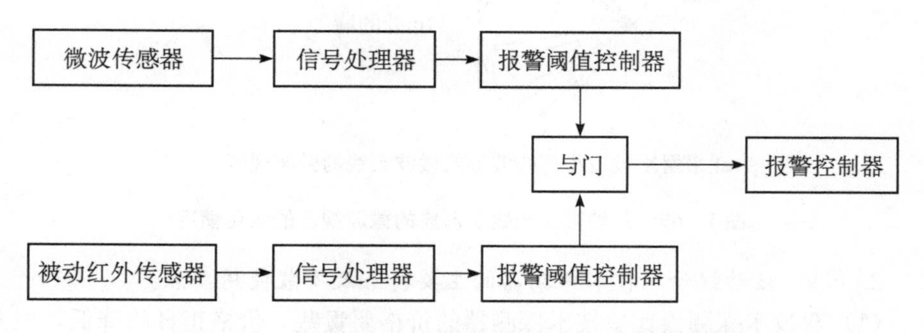

图 1－68　微波-被动红外双技术探测器的基本原理组成

微波-被动红外双技术探测器的准确率非常高，但是为了进一步提高微波-被动红外双技术探测器工作可靠性，也采取了一系列措施，如采用 IFT 技术、设置微波监控功能、采用微处理器智能分析技术等。

通常在安装双技术探测器时，为获得准确的探测性能及良好的抗误报能力，一般都需要将微波探测器的灵敏度调小一些（因一般出厂默认设置是在最大处），以使微波信号不至于到达室外。图 1-69 中以一个 11m 长的房间为例，对在微波探测器灵敏度的调整过程中，采用三种微波天线所形成的微波视区的变化情况进行了比较。图 1-69 中，实线所示为红外探测视区，虚线所示为微波探测视区。

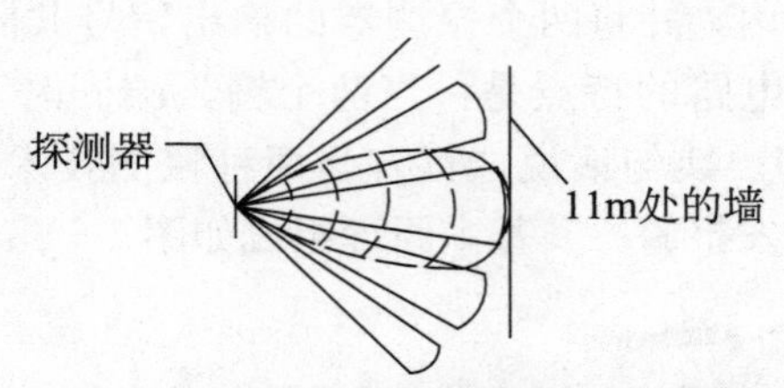

(a) 采用X-波段平板微波天线的微波视区

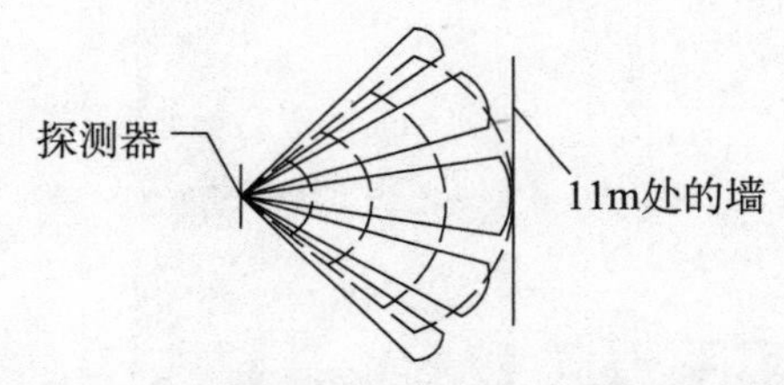

(b) 采用X-波段被导式微波天线的微波视区 (如DT-400)

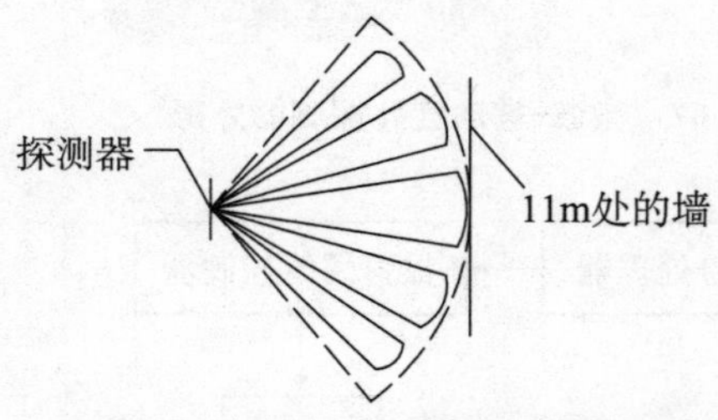

(c) 采用X-波段小巧的波导式微波天线的微波视区

图 1-69　三种微波天线所形成的微波视区的变化情况

2. 微波-被动红外双技术探测器的主要特点及安装使用要点

（1）双技术探测器比单技术探测器的价格要贵些，价格正日趋降低，但其可靠性要远高于单技术探测器。

（2）安装时，要使两种探测器的灵敏度都达到最佳状态是比较难做到的。

（3）单技术的微波探测器对物体的振动（如门、窗的抖动等）往往会发生误报警，而被动红外探测器对防范区域内任何快速的温度变化，或温度较高的热对流等也往往会发生误报警。而双技术探测器可集两者的优点于一体，取长补短，对环境干扰因素有较强的抑制作用，因而对安装环境的要求不是十分严格，通常只要按照使用说明书的要求进行安装即可满足防范要求，安装和使用都更为方便。

（五）超声波-被动红外双技术探测器

采用与微波-被动红外双技术探测器相同的原理，将超声波与被动红外两种探测技术组合在一起，并将两个探测器的输出信号共同送到“与门”电路去触发报警，就构成了超声波-被动红外双技术探测器。

为了降低误报率，安装时同样应着重考虑避开同时能引起两种探测器误报警的环境因素。例如，超声波-被动红外双技术探测器就不适于安装在通风好、空气流动大的位置。因为这一环境因素不仅会使室内超声波的能量分布发生变化而导致超声波探测器的误报警，同时也会因空气流动所引起的背景物体的温度发生变化，而引起红外探测器的误报警。

不过，因超声波不会穿过墙壁或窗门探测，所以对室外的一切移动物体不会造成误报警，在这一点上优于前一种双技术探测器。

（六）一体式（组合式）和分体式（分离式）双技术探测器的区别

如前所述，将两种探测器装在同一壳体内，并通过“与门”电路处理后实现报警的双技术探测器就构成了一体式双技术探测器。

如果将两种探测器分别安装在两个壳体内，并放置在室内的不同位置，而最终再将两个探测器的输出信号送到与门电路处理后再实现报警，这样的双技术探测器就构成了分体式双技术探测器。

采用分体式双技术探测器虽然在安装上增加了麻烦，但优点是可以进一步提高双技术探测器的探测率。因为无论是超声波多普勒型探测器还是微波多普勒型探测器均对面向或背向探测器的径向移动有着最大的探测灵敏度，而被动红外探测器则对横向穿越光束控制区的移动人体有着最大的探测灵敏度。如果在安装时将这两种探测器的径向安排成相互垂直的状态，如图 1－70 所示，则对移动人体的探测灵敏度将会提高。

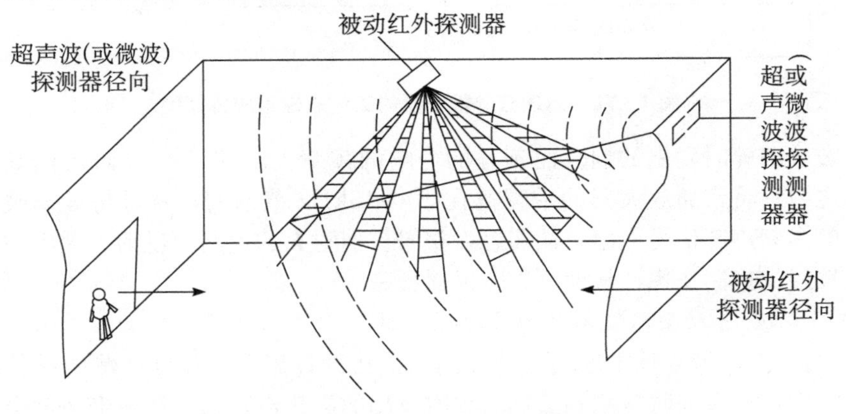

图 1－70　分体式双技术探测器的最佳安装位置

（七）玻璃破碎探测器

1. 玻璃破碎探测器的种类

玻璃破碎探测器如图 1－71 所示，是专门用来探测玻璃破碎的一种探测器。当入侵者打碎玻璃试图作案时，即可发出报警信号。

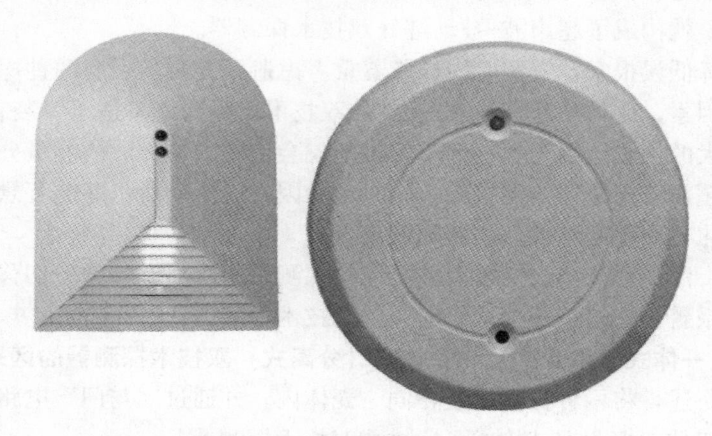

图 1－71　玻璃破碎探测器外形

玻璃破碎探测器主要分为两类：声控型的单技术玻璃破碎探测器和双技术玻璃破碎探测器（声控型与振动型的双技术玻璃破碎探测器和次声波及玻璃破碎高频声响的双技术玻璃破碎探测器）。

2. 声控型单技术玻璃破碎探测器的基本工作原理

声控型玻璃破碎探测器与前述的声控探测器的工作原理很相似，其工作原理组成方框图如图 1－72 所示。

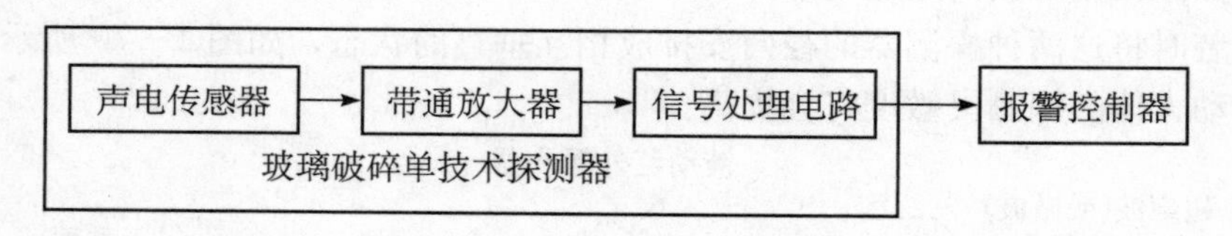

图 1－72　玻璃破碎报警器的工作原理组成方框图

玻璃破碎时发出的响亮而刺耳的声响的频率大约在 10～15kHz 的高频段范围之内。将带通放大器的带宽选在 10～15kHz 范围内，就可将玻璃破碎时产生的高频声音信号取出，从而触发报警。但对人的走路、说话、雷雨声等却具有较强的抑制作用，从而可以降低误报率。

3. 声控-振动型双技术玻璃破碎探测器

声控-振动型双技术玻璃破碎探测器是将声控探测与振动探测两种技术组合在一起，只有同时探测到玻璃破碎时发出的高频声音信号和敲击玻璃引起的振动时，才能输出报警信号。因此，与前述的声控式单技术玻璃破碎探测器相比，可以有效地降低误报率，增加探测系统的可靠性。它不会因周围环境中其他声响而发生误报警。因此，可以全天时（24 小时）地进行防范工作。

4. *次声波-玻璃破碎高频声响双技术玻璃破碎探测器*

这种双技术玻璃破碎探测器比前一种声控-振动型双技术玻璃破碎探测器的性能又有了进一步的提高，是目前较好的一种玻璃破碎探测器。

（1）次声波的产生

次声波是频率低于 20Hz 的声波，属于不可闻声波。

经过实验分析表明：当敲击门、窗等处的玻璃（此时玻璃还未破碎）时，会产生一个超低频的弹性振动波，这时的机械振动波就属于次声波的范围，而当玻璃破碎时，才会发出一高频的声音。

除此之外，以下讲述的其他一些原因也同样会导致次声波的产生。

一般的建筑物，通常其内部的各个房间（或单元）是通过室内的门、窗户、墙壁、地面、天花板等物体与室外环境相互隔开的，这就造成了房间内部与外部的环境，在温度、湿度、气压、气流等方面存在着一定的差异。特别是对于那些门、窗紧闭、封闭性较好的房间，其室内外的这种环境差异就更大些。

当入侵者试图进室作案时，必定要选择在这个房间的某个位置打开一个通道。如打碎玻璃，强行而入，或在墙壁、天窗顶棚、门板上钻眼凿洞，打开缺口，或强行打开门窗等才能进入室内。由于前述的因室内外环境不同所造成的气压、气流差，致使在打开的缺口或通道处的空气受到扰动，造成一定的流动性。此外，在门、窗强行被推开时，因具有一定的加速运动，造成空气受到挤压也会进一步加深这一扰动。上述这两种因素都会产生超低频的机械振动波，即为次声波，其频率甚至可低于 10Hz 以下。

产生的次声波会通过室内的空气介质向房间各处传播，并通过室内的各种物体进行反射。由此可见，当入侵者在打碎玻璃强行入室作案的瞬间，不仅会产生玻璃破碎时的可闻声波和相关物体（如窗框、墙壁等）的振动，还会产生次声波，并在短时间充满室内空间。

（2）次声波-玻璃破碎高频声响双技术玻璃破碎探测器

它与探测玻璃破碎高频声响有相似的原理，采用具有选频作用的声控探测技术，即可探测到次声波的存在。其简化方框图如图 1－73 所示。

所不同的是，由声电传感器将接收到的包含有高、中、低频等多种频率的声波信号转换为相应的电信号后，必须要加一级低通放大器，以便将次声波频率范围内的声波取出，并加以放大，再经信号处理后，达到一定的阈值即可触发报警。

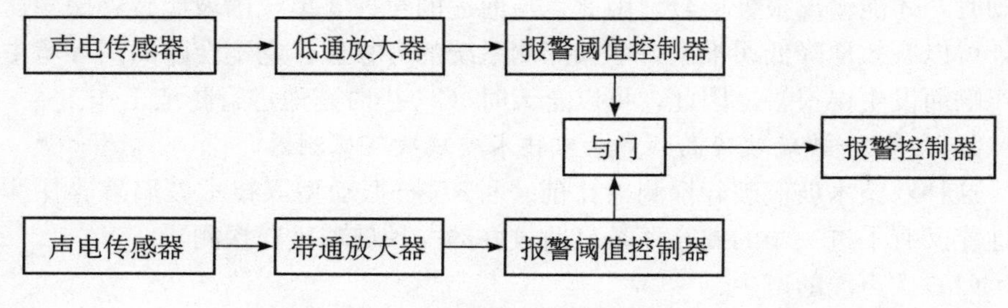

图 1-73　次声波探测的原理

5. 玻璃破碎探测器的主要特点及安装使用要点

（1）玻璃破碎探测器适用于一切需要警戒玻璃防碎的场所。

（2）安装时应将声电传感器正对着警戒的主要方向。

（3）安装时要尽量靠近所要保护的玻璃，尽可能地远离噪声干扰源，以减少误报警。

（4）不同种类的玻璃破碎探测器安装位置不一样。

不同种类的玻璃破碎探测器，根据其工作原理的不同，有的需要安装在窗框旁边（一般距离框 5cm 左右），有的可以安装在靠近玻璃附近的墙壁或天花板上，但要求玻璃与墙壁或天花板之间的夹角不得大于 90°，以免降低其探测力。

次声波-玻璃破碎高频声响双技术探测式玻璃破碎探测器安装方式比较简易，可以安装在室内任何地方，只需满足探测器的探测范围半径要求即可。其安放位置如图 1-74 所示。

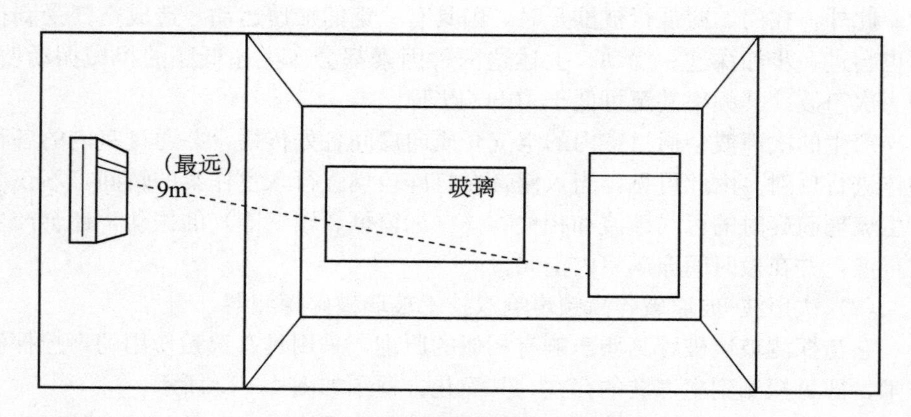

图 1-74　玻璃破碎探测器的安装位置

（5）也可以用一个玻璃破碎探测器来保护多面玻璃窗。

（6）窗帘、百叶窗或其他遮盖物会部分吸收玻璃破碎时发出的能量。

（7）探测器不要装在通风口或换气扇的前面，也不要靠近门铃，以确保工作可靠性。

（8）专用的玻璃破碎仿真器可对探测灵敏度进行调试和检验。

（9）目前的探测器还将玻璃破碎探测器与磁控开关或者被动红外探测器组合在一起，做成复合型的双技术探测器，以提高可靠性。

【技能训练1】

微波-被动红外双技术探测器原理及性能测试

一、实训目的

1. 熟悉微波-被动红外双技术探测器的原理、结构。
2. 掌握微波-被动红外双技术探测器的安装方法、注意事项和调试方法。

二、实训器材

（一）设备

名称	数量
1. 微波-被动红外双技术探测器 DS820i、DS835i	各1只
2. 闪光报警灯	1只
3. 直流 12V 电源	1个

（二）工具

名称	数量
1. 万用表	1只
2. 6″十字螺丝刀	1把
3. 6″一字螺丝刀	1把

（三）材料

名称	数量
1. 1m RVV（2×0.5）导线	3根
2. 1m RVV（3×0.5）导线	1根
3. 0.2m 红、绿、黄、黑跳线	各1根
4. 实训端子排	1只

三、实训内容

（一）微波-被动红外双技术探测器的安装步骤

（1）把起子插入防拆开关，取下外壳。

（2）向外按下卡扣，取下电路板。

（3）选择安装位置：将探测器安装在侵入者最可能通过的地方。

（4）安装高度：探测器的安装高度为距离地面 1.8～2.4m，建议安装高度为 2.0m，将被动红外的角度调至＋2°～－10°。

（5）安装：仅使用随附螺钉，以免损坏电路板。不要把螺钉拧得太紧，因为在初次安装时，位置可能不太正确。

（6）把电路板卡入底座，使槽口卡口梢成一直线。

（7）接线：按其他探测器实训方法自行完成探测器报警回路的连接。具体接线端子见表 1-7。

表 1-7　　接线端子含义表

<table>
<tr><th>—</th><th>+</th><th>NC</th><th>C</th><th>NO</th><th>SP</th><th>T</th><th>T</th></tr>
<tr><td colspan="2">电源
9～15V 直流</td><td>常闭点
报警接点</td><td>公共点</td><td>常开点
消防接点</td><td>备用
空点</td><td colspan="2">常闭防拆</td></tr>
</table>

（8）LED 操作：调试时 LED 跳线位于（ON）位置，设置和步测后，不再需要 LED 灯显示的话，则把跳线置于（OFF）位置。

（9）探测头底部有一下视透镜胶带，使用下视功能必须去掉屏蔽胶带。在有宠物安装条件下，不建议使用下视功能。

（二）微波-被动红外双技术探测器的步测调试

主要调试探测器的最远探测距离、探测角度、最大探测宽度、下视死角区。

1. 调试前的准备

（1）安装后及每年应对探测器定期进行步测。探测器在通电后 2 分钟内自检和初始化，在这期间内探头不会有任何反应，请等待 2 分钟后再进行步测。且在 2 秒内无探测到移动，红色或变色 LED 停止闪烁时，探测器则做好了测试准备。保护区内无运动物体时，LED 应处于熄灭状态。如果 LED 亮启，则重新检查保护区内影响微波（黄色）或被动红外（绿色）技术的干扰因素。

（2）被动红外灵敏度选择跳线：跳线在 STD 针时为标准型，在 INT 针时为加强型。

标准型：此设定可最大限度地防止误报。用于恶劣的环境及防宠物环境。

加强型：此设定下，只需遮盖一小部分保护区即可报警。正常环境下使用此设定，可提高探测性能。

（3）微波灵敏度的调整：（被动红外探测旁边的一个可调电位器）微波探测范围已设定，无需重新调整。

注：如需调整，应尽可能调低，以便测试范围。注意在每次调整后，都应步测。

（4）根据探测器使用变色 LED 灯（双技术探测器具备）的显示，判断可能存在的报警和监察故障。LED 具体含义见表 1-8。

表 1-8　　LED 具体含义表

LED	原因
红	探测器报警
黄	微波触发（步测）
绿	被动红外触发（步测）
红灯闪亮	通电后的预热期间

2. 步测并调整被动红外探测范围

（1）把微波调到最小。（针对双技术探测探测器）

（2）装上外壳。

（3）通电后，至少等 2 分钟，再开始步测。

（4）步行通过探测范围的最远端，然后，向探测器靠近，测试几次。从保护区外开始步测，观察 LED 灯。先触发绿灯的位置为被动红外探测范围的边界。（如果黄色的微波 LED 先触发，则由首先被触发的红灯来确定。）

（5）从相反方向进行步测，以确定两边的周界。应使探测中心指向被保护区的中心。

注：左右移动透镜窗，探测范围可水平移动±10°。

（6）从距探测器 3m 到 6m 处，慢慢地举起手臂，并伸入探测区，标注被动红外报警的下部边界。重复上述作法，以确定其上部边界。探测区中心不应向上倾斜。

注：如果不能获得理想的探测距离，则应上下调整探测范围（－10°～＋2°），以确保探测器的指向不会太高或太低。调整时拧紧调节螺钉，上下移动电路板，上移时被动红外辐射区向下移。

（7）调整后拧紧螺钉。

3. 步测并调整微波探测范围

注：在去掉/重装外罩之后，应等待 1 分钟，这样，探测器的微波部分就会稳定下来；在下列步测的每个步骤间，至少应间隔 10 秒钟，这两点很重要。

（1）进行步测前，LED 应处于熄灭状态。

（2）跨越探测范围的最远端，进行步测。从保护区外开始步测，观察 LED 灯。先触发黄灯的位置为微波探测范围的边界。（如果绿色的被动红外 LED 先触发，则由首先被触发的红灯来确定）。

（3）如果不能达到应有的探测范围，微调增大微波的探测范围。继续步测（去掉/重装外罩之后，等待一分钟），并调节微波直至达到理想探测范围的最远端。不要把微波调得过大。否则，探测器则会探测到探测范围以外的运动物体。

（4）全方位步测，以确定整个探测范围。步测间隔至少等待 10 秒。

4. 步测并调整探测器的探测范围

（1）步测前，红色或变色 LED 应为熄灭状态。

(2) 全方位步测以确定探测周界。绿灯或黄灯先触发后，LED 红灯首次亮时表示探测器报警。

微波-被动红外双技术探测器的探测范围示例如图 1-75 所示。

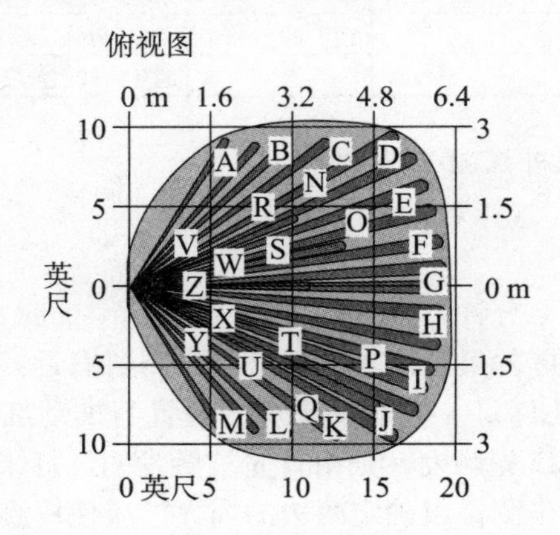

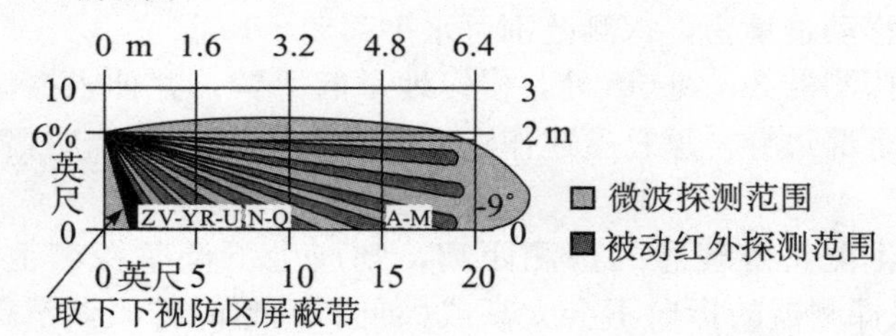

图 1-75 微波-被动红外双技术探测器的探测范围示例

(三) 微波-被动红外双技术探测器避免被安装的位置

避免将探测器安装在室外，太阳直射处，冷热气流下，空调通风口，吊扇等转动的物体下，热源附近，窗户及未绝缘的墙壁，有宠物的地方，且勿将探测器对着动物可爬上的楼梯等。

四、思考题

根据步测，微波-被动红外双技术探测器最合适的安装角度是什么?

附录：微波-被动红外双技术探测器主要特性见表 1-9。

表 1-9 微波-被动红外双技术探测器的主要特性

	输入电源	报警继电器	防拆装置	探测范围	微波频率
DS835i	6～15VDC	常闭点	常闭点	10.7m×10.7m	10.525GHz
DS820i	9～15VDC	常闭点	常闭点	6.1m×6.1m	10.525GHz

【技能训练 2】

玻璃破碎探测器原理及性能测试

玻璃破碎时，主要发出大约 10Hz～15kHz 的高音频声响信号，但在这个频率范围内很容易与其他物体发出的声响混淆。因此，在实际应用中大都采用超低频-高音频玻璃破碎探测器。

一、实训目的

1. 认识玻璃破碎探测器的组成结构。
2. 熟悉玻璃破碎探测器的工作原理。
3. 掌握玻璃破碎探测器的连接方法。

二、实训器材

（一）设备

1. 玻璃破碎探测器　　1 只
2. 闪光报警灯　　1 只
3. 直流 12V 电源　　1 个

（二）工具

1. 万用表　　1 只
2. 6″十字螺丝刀　　1 把
3. 6″一字螺丝刀　　1 把

（三）材料

1. 1m RVV（2×0.5）导线　　1 根
2. 1m RVV（3×0.5）导线　　1 根
3. 0.2m 红、绿、黄、黑跳线　　各 1 根
4. 实训端子排　　1 只

三、实训原理

超低频-高音频玻璃破碎探测器分别检测敲击玻璃引起的超低频次声波和玻璃破碎引起的高音频声响。声电传感器将接收到的多种频率的声波信号转换成电信号后，经过低通和高通放大电路将超低频信号和高音频信号分离、放大。通常，信号处理电路是在接收到玻璃敲击次声波后才开始玻璃破碎声响识别，如果在一个特定的时间内探测到玻璃破碎音，探测器则发出报警状态输出信号。玻璃破碎探测器与报警控制器的连接如图 1－76 所示。

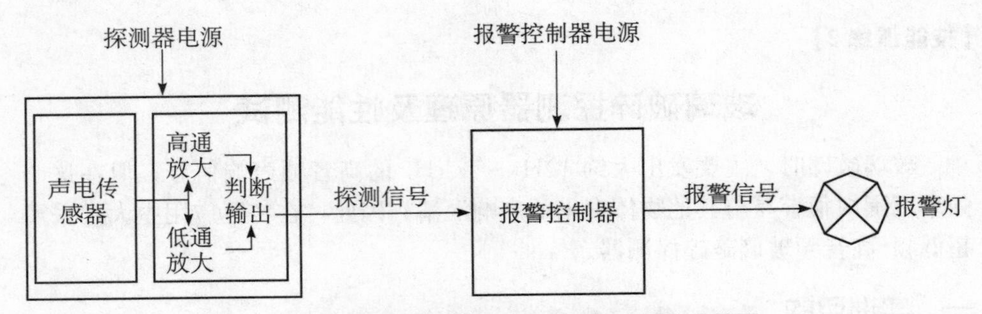

图 1－76　玻璃破碎探测器与报警控制器的连接图

（1）玻璃破碎探测器常开接点输出原理如图 1－77 所示。

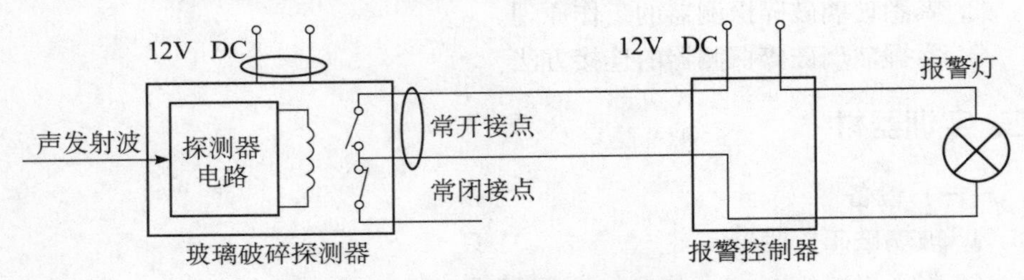

图 1－77　玻璃破碎探测器常开接点输出原理图

（2）玻璃破碎探测器常闭接点输出原理如图 1－78 所示。

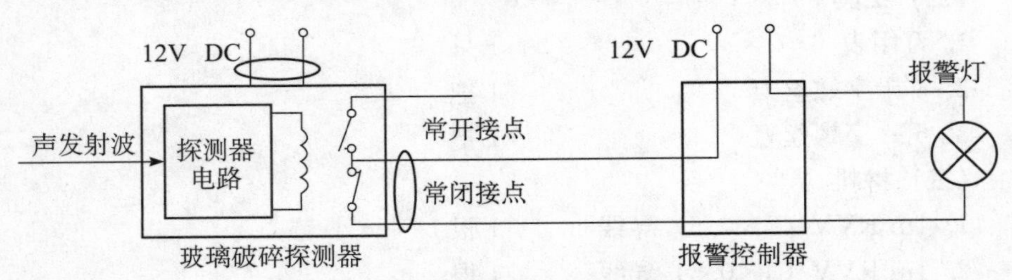

图 1－78　玻璃破碎探测器常闭接点输出原理图

四、实训步骤

1. 断开实训操作台电源开关。

2. 拆开玻璃破碎探测器外壳，辨认开关信号的公共端 C、常开端 NO、常闭端 NC 及防拆端 T、T。

3. 用万用表导通挡测量常开接点端子（红表棒接 C 端，黑表棒接 NO）、常闭接点端子（红表棒接 C 端，黑表棒接 NC）、防拆接点端子。

4. 按图 1－79 完成实训端子排上侧端子的接线，闭合玻璃破碎探测器外壳。

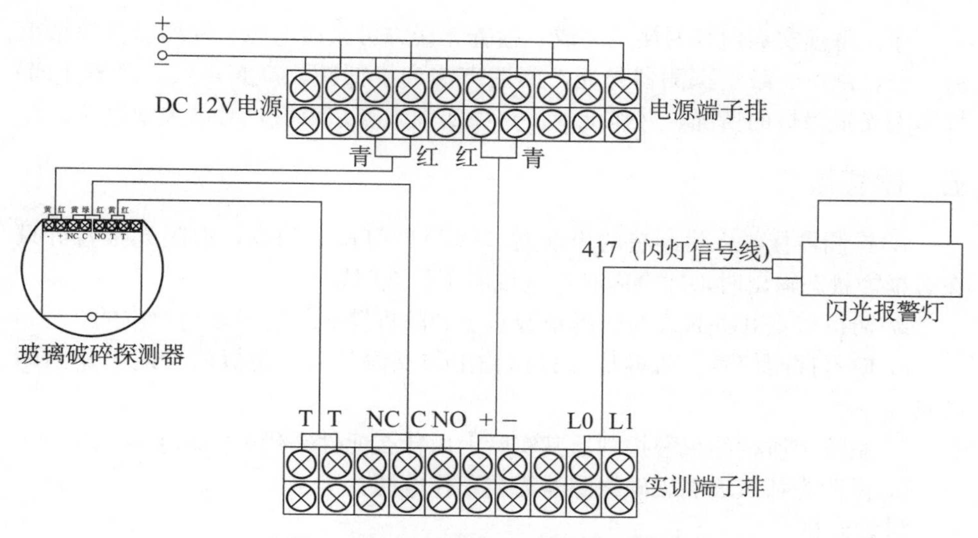

图 1－79　玻璃破碎探测器基本连接图

5. 接通实训操作台电源开关。玻璃破碎探测器供电后就进入 5 分钟自检状态。探测器的 LED 灯闪亮 10 秒表示测试开始，再次闪亮 10 秒表示测试结束。自检期间主要完成环境测试，可作各种声响观察 LED 灯的情况。每探测到一次低频干扰，就每秒闪亮 5 次；每探测到一次高频干扰，就每秒闪亮一次。断开实训操作台电源开关。

6. 通过实训端子排下侧的端子，利用短接线按图 1－80 分别完成常开接点输出、常闭接点输出、防拆接点输出、常闭/防拆接点串联输出各项实训内容。

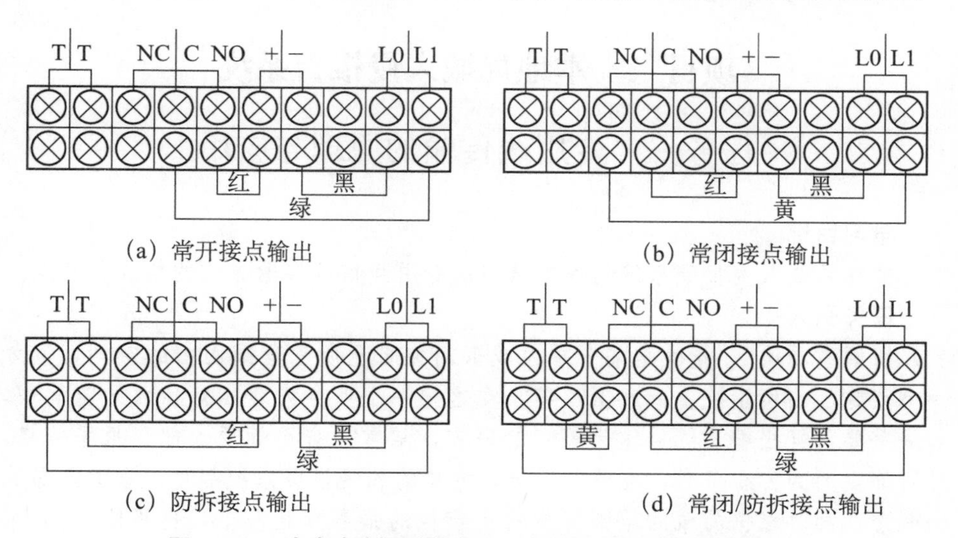

(a) 常开接点输出　(b) 常闭接点输出

(c) 防拆接点输出　(d) 常闭/防拆接点输出

图 1－80　玻璃破碎探测器常开、常闭及防拆点连接示意图

注：每项实训内容的接线完成，检查无误方可接通电源。探测器自检结束后，轻轻刮擦、敲击探测器外壳，制造声响产生低频、高频声波。观察LED灯和闪光报警灯的情况，并作记录。每项实训内容结束后，必须关断电源。

五、思考题

1. 探测器接收人为制造的声波时，LED的灯都会闪亮，但闪光报警灯只在有报警状态输出时，才会闪亮。这说明了什么问题？

2. 防拆接点开关状态与防拆报警状态和防拆警戒状态是如何对应的？

3. 解释探测信号、防拆信号分路输出与探测信号、防拆信号同路输出的特点。

4. 系统中所谓的报警控制器其实际上由什么元件来代替？起了什么作用？

5. 说明为什么玻璃破碎探测器需要工作电源？

讨论分析

1. 什么是多普勒效应？试举例说明。

2. 雷达式微波探测器的工作原理是什么？其安装注意事项有什么？

3. 墙式微波探测器的工作原理是什么？

4. 什么是热释电效应？

5. 被动红外探测器的工作原理是什么？其安装和使用时需要注意哪些方面？

6. 简述双技术探测器的概念及优点。

7. 探测玻璃破碎的方法主要有几种？各自的工作原理分别是什么？

项目二 本地局域入侵报警系统

任务一 专用线传输的原理与应用

学习目标

掌握局域入侵报警系统构成中常用的专用线信号传输方式的构成和特点。

任务引入

所谓“局域”，指的是某个单位或部门在自己所管理范围内的空间，例如一个家庭、一所学校、一家工厂等。在这样一个业务内容相对独立的空间中，如果需要入侵报警系统，作为第一管理方，常常是自己管理大部分报警信息，对所管空间的安全负责。在此前提下，构建的入侵报警系统都可以看做是局域的概念，同时根据局域的范围可能需要布控的报警点是几个，也可能是几十、上百个，由此对应的入侵报警系统构成会有不同的方式，这种不同的构建方式既表现在控制器的功能差异上，也体现在信号传输方式的差异中。下面先从信号传输方式的区别上加以介绍。

【相关知识】

专用线传输是专为报警系统的信号传输而敷设的，不作他用。专用线多采用双绞线、平行线、不带屏蔽通用多芯线、带屏蔽多芯缆等。

按照信号收集方式，专用线传输一般可分为并行信号传输方式和串行信号传输方式两类。

一、并行信号传输方式

并行信号传输方式又称分线制（如图 1 - 81 所示）。其特点是控制器对探测电信号的收集方式采用一点对多点式。采用分线制时，各探测器输出的探测电信号独自传送，不共线。

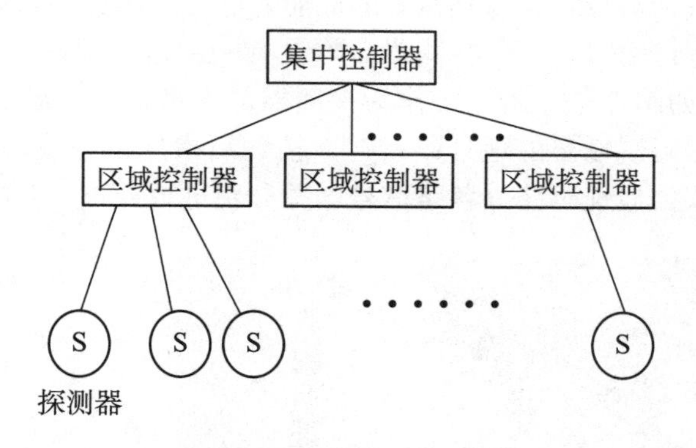

图 1 - 81 并行信号传输方式

采用分线制传输时，根据控制器的输入端口便可以区分防区地址，因而对控制器的信号处理功能要求相对较低；分线制系统中的某一点失灵，只会使系统的一部分受到损害，故其设备成本低，报警反应快，不易受干扰，可靠性较高。在近距离、小范围内探测器和控制器连接时，常常需要使用分线制方式进行连接，它同时也是构建一个大型系统的基础部分。但此类系统当规模较大，探测点较多时，汇集在控制器端的传输线就会很多、很粗，不仅线材费用高，工程布线和系统维修麻烦，而且扩容也不方便。

二、总线信号传输方式

串行信号传输方式又可称为总线制（如图 1 - 82 所示）。其特点是探测器与控制器之间的所有信号均沿公共线（称为总线）传输。总线制一般采用两条至四条导线构成总线回路，用线量少，设计施工方便，因此被广泛使用。

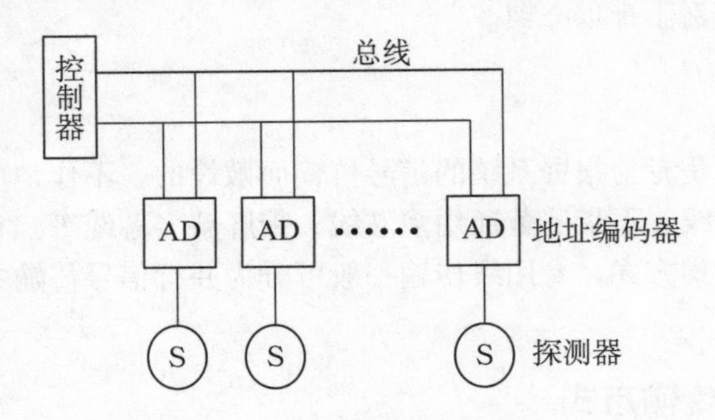

图 1-82　串行信号传输方式

根据采用总线数目的不同，现有的总线制主要分为 4 总线制、2 总线有极性制、2 总线无极性制等类型。其中，2 总线制特别是 2 总线无极性制作为近年发展起来的一种新技术，以其良好的性能，已显露出它的发展优势。

采用总线制传输时，在各探测器 S 均设有一个地址编码器 AD（探测器实行统一编码），如图 1-83 所示，作为探测器的区分标记。各探测器输出的探测信号连同其编码器输出的地址码一起，按先后次序沿总线串行送入控制器。在控制器中，依据地址码区分各路信号，并分别进行处理、判断和报警显示。

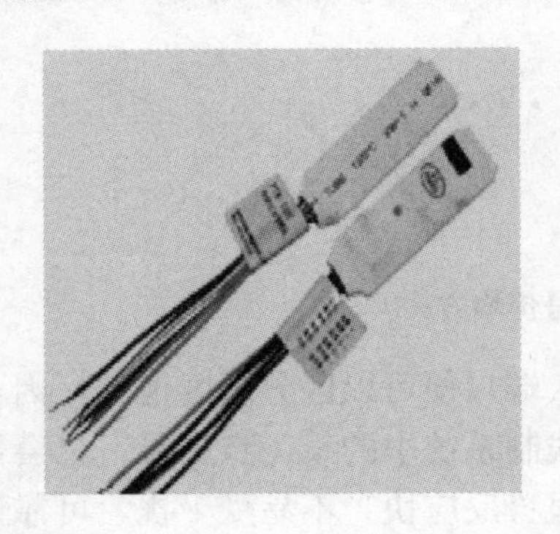

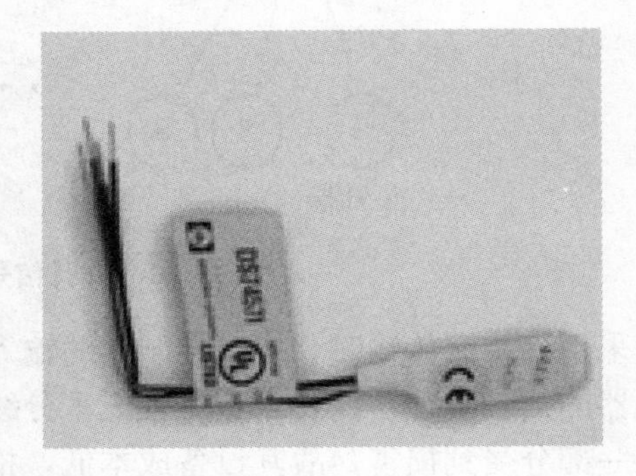

图 1-83　单防区扩展模块（带地址编码）

在总线制传输系统中，允许的探测器的数量与控制器总线的驱动能力及系统允许的最大响应延时和传输速率有关。

图 1-84 为四总线连接方式。P 线给出探测器的电源、地址编码信号；T 为自检信号线，以判断探测部位或传输线是否有故障；S 线为信号线，S 线上的信号对探测部位而言是分时的；G 线为公共地线。二总线制则只保留了 P、G 两条线，其中 P 线完成供电、选址、自检、获取信息等功能。

与分线制相比，总线制具有如下显著优点：

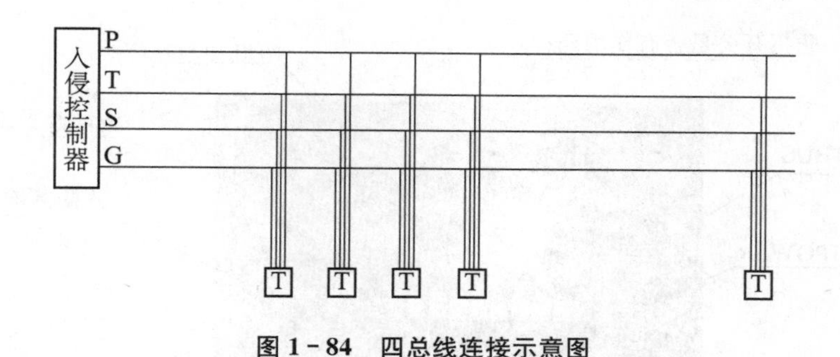

图 1-84　四总线连接示意图

①便于系统的大型化。总线制使用线材少，线路施工量低，并且维护、扩充方便。

②便于系统的多功能化。利用编码技术，可在同一总线上并接不同功能、不同种类的探测器，除防盗防入侵探测器、防抢开关外，还可接防火、煤气泄漏探测器等。

③便于系统的智能化。通过编码技术，可以实现对探测器的多种遥控，如对探测器的工作状态进行自动巡检、重点点名检测等。

④便于系统组网。由区域控制器构成基本报警系统，然后用总线将若干基本系统的区域控制器与集中控制器连接起来，就构成了实际中常用的区域——集中两级报警网，它的防区布局十分灵活。总线制传输对信号处理技术要求较高。

三、混合式

有些入侵探测器的传感器结构很简单，如开关式入侵探测器，如果采用总线制则会使探测器的电路变得复杂起来，势必增加成本。但多线制又使控制器与各探测器之间的连线太多，不利于设计与施工。混合式则是将两种线制方式相结合的一种方法。一般在某一防范范围内（如某个房间）设一通信模块（或称为扩展模块，如图 1-85 所示），在该范围内的所有探测器与模块之间采用多线制连接，而模块与控制器之间则采用总线制连接。由于房间内各探测器到模块路径较短，探测器数量又有限，故多线制可行，由模块到报警器路径较长，采用总线制合适，将各探测器的状态经通信模块传给控制器。图 1-86 为混合式示意图。

在采用前述的总线制或混合式（总线与多线相结合）有线传输报警信号的方式时，如果在终端（控制中心）的报警控制器上没有一一对应前端各探测器的解码输出时，应该对控制器再加接一个能将前端各探测器解码并一一对应输出的装置，通常称为“报警驱动模块”，否则无法与视频矩阵主机进行报警联

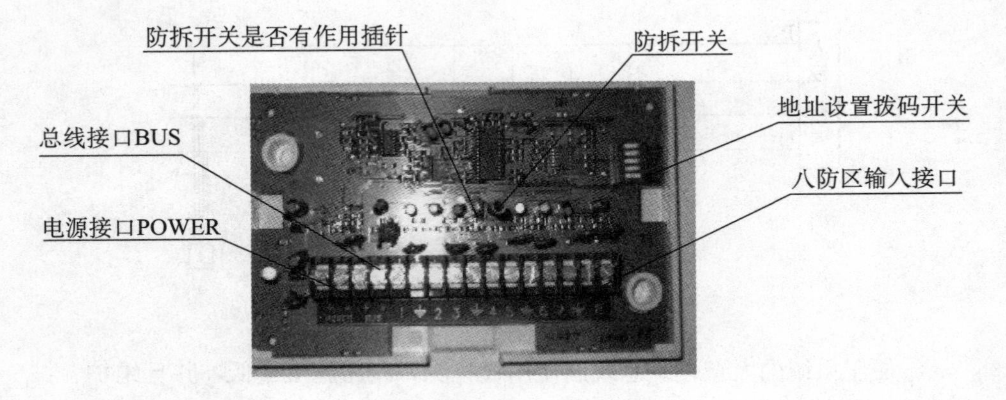

图 1-85　多防区扩展模块

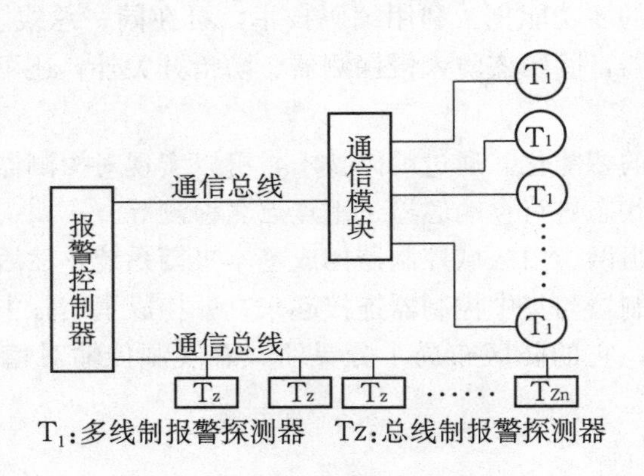

T_1:多线制报警探测器　Tz:总线制报警探测器

图 1-86　混合式示意图

动，这在组成系统时应加以注意。如果有些报警控制器有与矩阵切换主机通信的接口，并有相同的通信协议，意味着通过通信接口的连接，可将前端报警探测器一一对应送入矩阵切换主机，也可以进行报警联动，这时就不必加装“报警驱动模块”。

四、常用总线介绍

（一）RS-485 现场总线的由来

在数据通信、计算机网络以及工业上的分布式控制系统中，经常需要采用串行通信来达到远程信息交换的目的。目前，有多种接口标准可用于串行通信，最常用的接口有 RS-232、RS-422、RS-485。RS-232 是最早的串行接口标准，在短距离、较低波特率串行通信中得到了广泛应用。其后发展起来的 RS-422、RS-485 是平衡传送的电气标准，比起 RS-232 非平衡的传送方式在电气指标上有了大幅度的提高。但总的来说，RS-232、RS-422 与 RS-

485 最初都是由电子工业协会（EIA）制订并发布的，RS－232 在 1962 年发布，命名为 EIA－232－E，作为工业标准，以保证不同厂家产品之间的兼容。RS－422 由 RS－232 发展而来，它是为弥补 RS－232 之不足而提出的。为改进 RS－232 通信距离短、速率低的缺点，RS－422 定义了一种平衡通信接口，将传输速率提高到 10Mb/s，传输距离延长到 4000 米（速率低于 100Kb/s 时），并允许在一条平衡总线上连接最多 10 个接收器。RS－422 是一种单机发送、多机接收的单向、平衡传输规范，被命名为 TIA/EIA422－A 标准。为扩展应用范围，EIA 又于 1983 年在 RS－422 基础上制定了 RS－485 标准，增加了多点、双向通信能力，即允许多个发送器连接到同一条总线上，同时增加了发送器的驱动能力和冲突保护特性，扩展了总线共模范围，后命名为 TIA/EIA－485－A 标准。由于 EIA 提出的建议标准都是以 RS 作为前缀，所以在通信工业领域，仍然习惯将上述标准以 RS 作前缀称谓。RS－232、RS－422 与 RS－485 标准只对接口的电气特性作出规定，而不涉及接插件、电缆或协议，在此基础上用户可以建立自己的高层通信协议。正因为 RS－485 的远距离、多节点（32 个）、可以自行定义协议以及传输线成本低的特性，使得 EIA RS－485 成为工业应用中数据传输的首选标准。

（二）RS－485 串行接口标准

RS－485、RS－422 与 RS－232 不一样，数据信号采用差分传输方式，也称作平衡传输，它使用一对双绞线，将其中一线定义为 A，另一线定义为 B，如图 1－87 所示。

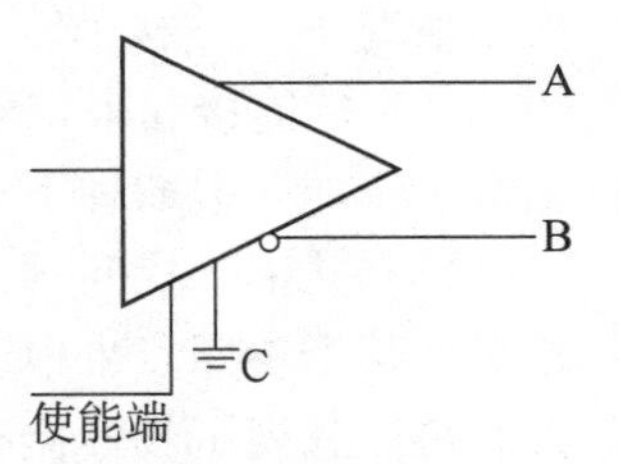

图 1－87　RS－485 接口

通常情况下，发送驱动器 A、B 之间的正电平在 ＋2～＋6V，是一个逻辑状态，负电平在 －2～＋6V，是另一个逻辑状态。另有一个信号地 C，在 RS－485 中还有一“使能”端，而在 RS－422 中这是可用可不用的。“使能”端是用于控制发送驱动器与传输线的切断与连接。当“使能”端起作用时，发送驱动器处于高阻状态，称作“第三态”，即它是有别于逻辑“1”与“0”的第三态。接收器也作与发送端相对的规定，收、发端通过平衡双绞线将 AA 与 BB 对应相连，当在收端 AB 之间有大于＋200mV 的电平时，输出正逻辑电平，小于 －200mV 时，输出负逻辑电平。接收器接收平衡线上的电平范围通常在 200mV～6V 之间，如图 1－88 所示。

RS－485 与 RS－422 的不同还在于其共模输出电压是不同的，RS－485 是在 －7～＋12V 之间，而 RS－422 在 －7～＋7V 之间，RS－485 接收器最小输入阻抗为 12kΩ，而 RS－422 的接收器最小输入阻抗为 4kΩ；RS－485 满足所有 RS－422 的规范，因此 RS－485 的驱动器可以用在 RS－422 网络中应用。

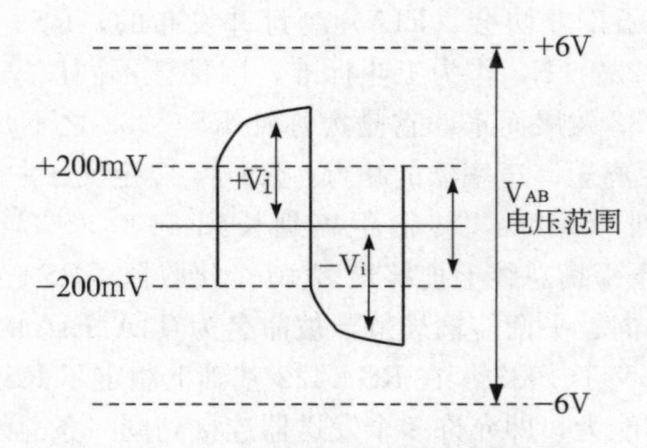

图 1－88　RS－485 传输电压范围

而 RS－485 与 RS－422 一样，其最大传输距离约为 1219m，最大传输速率为 10Mb/s。平衡双绞线的长度与传输速率成反比，在 100Kb/s 速率以下，才可能使用规定最长的电缆长度。只有在很短的距离下才能获得最高速率传输。一般 100m 长双绞线最大传输速率仅为 1Mb/s。

这种接线方式为总线式拓扑结构，在同一总线上最多可以挂接 32 个结点。在 RS－485 通信网络中一般采用的是主从通信方式，即一个主机带多个从机。很多情况下，连接 RS－485 通信链路时只是简单地用一对双绞线将各个接口的 A、B 端连接起来，而忽略了信号地的连接，这种连接方法在许多场合是能正常工作的，但却埋下了很大的隐患，这有两个原因：

（1）共模干扰问题：RS－485 接口采用差分方式传输信号方式，并不需要相对于某个参照点来检测信号，系统只需检测两线之间的电位差就可以了。但人们往往忽视了收发器有一定的共模电压范围，RS－485 收发器共模电压范围为－7～＋12V，只有满足上述条件，整个网络才能正常工作。当网络线路中共模电压超出此范围时就会影响通信的稳定可靠，甚至损坏接口。

（2）电磁干扰（EMI）问题：有传导干扰和辐射干扰两种，传导干扰是指通过导电介质把一个电网络上的信号耦合（干扰）到另一个电网络，辐射干扰是指干扰源通过空间把其信号耦合（干扰）到另一个电网络。发送驱动器输出信号中的共模部分需要一个返回通路，如没有一个低阻的返回通道（信号地），就会以辐射的形式返回源端，整个总线就会像一个巨大的天线向外辐射电磁波。

由于 PC 默认的只带有 RS－232 接口，有两种方法可以得到 PC 上位机的 RS－485 电路：（1）通过 RS－232/RS－485 转换电路将 PC 串口 RS－232 信号转换成 RS－485 信号，对于情况比较复杂的工业环境最好是选用防浪涌带隔离栅的产品（如图 1－89 所示）。（2）通过 PCI 多串口卡，可以直接选用输出信号为 RS－485 类型的扩展卡（如图 1－90 所示）。

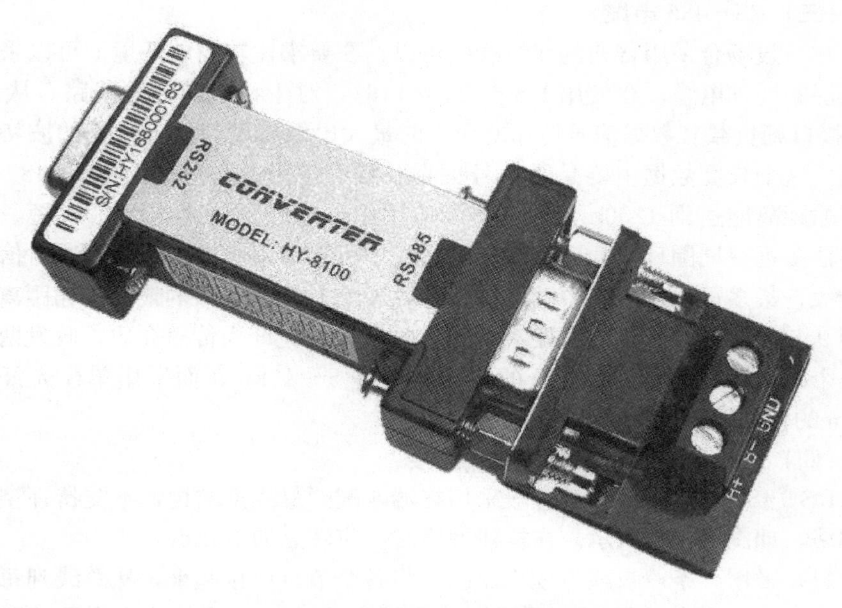

图 1－89　RS－232 转 RS－485 接口转换器

图 1－90　RS－232 转 RS－485 接口转换器

（三）RS－485 电缆

在一般场合采用普通的双绞线就可以，在要求比较高的环境下可以采用带屏蔽层的同轴电缆。在使用 RS－485 接口时，对于特定的传输线路，从 RS－485 接口到负载其数据信号传输所允许的最大电缆长度与信号传输的波特率成反比，这个长度数据主要是受信号失真及噪声等影响。理论上 RS－485 的最长传输距离能达到 1200m，但在实际应用中传输的距离要比 1200m 短，具体能传输多远视周围环境而定。在传输过程中可以采用增加中继的方法对信号进行放大，最多可以加 8 个中继，也就是说理论上 RS－485 的最大传输距离可以达到 9.6km。如果真需要长距离传输，可以采用光纤为传播介质，收发两端各加一个光电转换器，多模光纤的传输距离是 5～10km，而采用单模光纤可达 50km 的传播距离。

（四）RS－485 手牵手的总线式连接

RS－485 总线网络拓扑一般采用终端匹配的总线型结构，不支持环型或星型网络，如图 1－91 所示。在构建网络时，应注意如下几点：

（1）采用一条双绞线电缆作总线，将各个节点串接起来，从总线到每个节点的引出线长度应尽量短，以便使引出线中的反射信号对总线信号的影响最低。有些网络连接尽管不正确，在短距离、低速率时仍可能正常工作，但随着通信距离的延长或通信速率的提高，其不良影响会越来越严重，主要原因是信号在各支路末端反射后与原信号叠加，会造成信号质量下降。

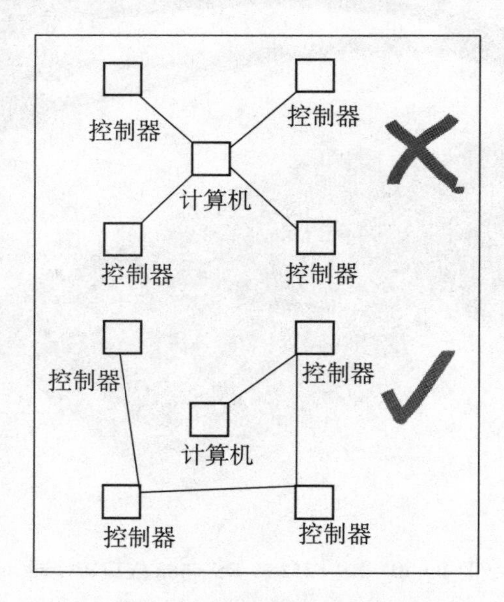

图 1－91　RS－485 网络拓扑结构

（2）应注意总线特性阻抗的连续性，在阻抗不连续点就会发生信号的反射，如图 1－92 所示。下列几种情况易产生这种不连续性：总线的不同区段采用了不同电缆，或某一段总线上有过多收发器紧靠在一起安装，再者是过长的分支线引出到总线。

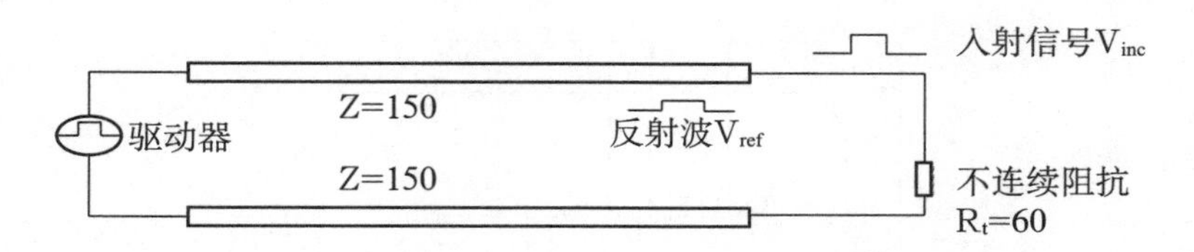

图 1－92　由于阻抗不连续引起的信号反射

总之，应该提供一条单一、连续的信号通道作为总线。

在 RS－485 组网过程中另一个需要注意的问题是终端负载电阻问题，在设备少、距离短的情况下不加终端负载电阻整个网络能很好的工作，但随着距离的增加性能将降低。理论上，在每个接收数据信号的中点进行采样时，只要反射信号在开始采样时衰减到足够低就可以不考虑匹配。但这在实际上难以掌握，美国 MAXIM 公司有篇文章提到一条经验性的原则可以用来判断在什么样的数据速率和电缆长度时需要进行匹配：当信号的转换时间（上升或下降时间）超过电信号沿总线单向传输所需时间的 3 倍以上时就可以不加匹配。

一般终端匹配采用终端电阻方法，RS－485 应在总线电缆的开始和末端都并接终端电阻。在短距离传输时可不需终接电阻，即一般在 300m 以下不需终接电阻。终接电阻在 RS－485 网络中取 120Ω，如图 1－93 所示。相当于电缆特性阻抗的电阻，因为大多数双绞线电缆特性阻抗大约在 100～120Ω。这种匹配方法简单有效，但有一个缺点，匹配电阻要消耗较大功率，对于功耗限制比较严格的系统不太适合。另外一种比较省电的匹配方式是 RC 匹配。利用一只电容 C 隔断直流成分可以节省大部分功率。但电容 C 的取值是个难点，需要在功耗和匹配质量间进行折中。还有一种采用二极管的匹配方法，这种方案虽未实现真正的“匹配”，但它利用二极管的钳位作用能迅速削弱反射信号，达到改善信号质量的目的，节能效果显著。

（五）RS－485 的星型连接

随着系统的增大，探测的点数增多，特别是在原有的基础上进行探测点的增加，由于 485 总线必须使用手牵手的总线型连接，使得布线非常的不方便。星型的布线连接方式由于其布线简单，容易扩充的特点，使得很多工程商便采用了星型布线连接方式，但是由于 485 总线机制是不允许星型连接的，使用星型连接很容易导致 485 信号反射，导致 485 通信失败。为了解决 485 星型布线的问题，485 集线器（如图 1－94 所示）可以很好地将 485 总线连接方式改成

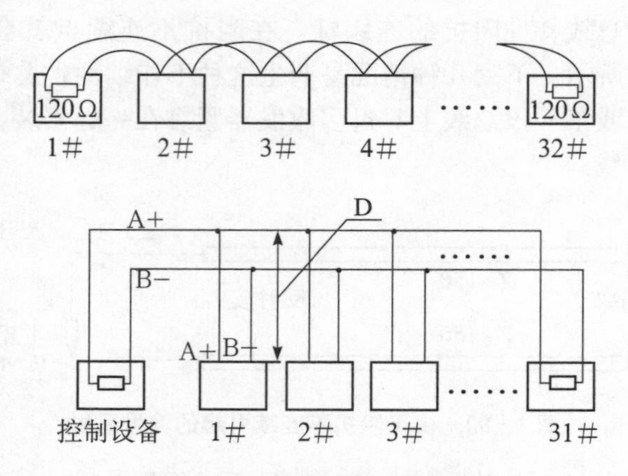

图 1－93　终端电阻的正确连接

星型连接，485 集线器是一路 485 端口输入，四路 485 端口输出，从而可以形成一进四出的星型连接方式，如果需要更多的输出，可以进行级联获得。由于每个输出端口都是采用独立驱动方式，端口之间不会产生信号反射问题，保证 485 总线可以稳定运行。采用 485 集线器之后，工程商可以就现场的环境进行灵活布线，大大方便了施工。

图 1－94　RS－485 集线器

在某监控项目工程改造当中，原有的监控只是工作人员通过控制键盘对云台进行监控，云台的图像资料传输到监视器让工作人员监控。其录像资料则存储在磁带中，或者没有存储。随着硬盘录像机的流行，将云台得到的录像资料传输，存储到硬盘录像机中变得可行。但是在施工方进行施工时，发现了一个问题：硬盘录像机和控制键盘都通过同一个 485 总线对云台进行控制，由于硬盘录像机和控制键盘的 485 数据通信线出来的电压不同，如果两个 485 总线并在一起，就产生了电压差的问题，从而导致整个系统都不能使用。由于 485 集线器可以有效地对各个 485 端口进行有效的隔离，使得 485 总线的电压差的问题得到解决，系统构成图如图 1 - 95 所示。

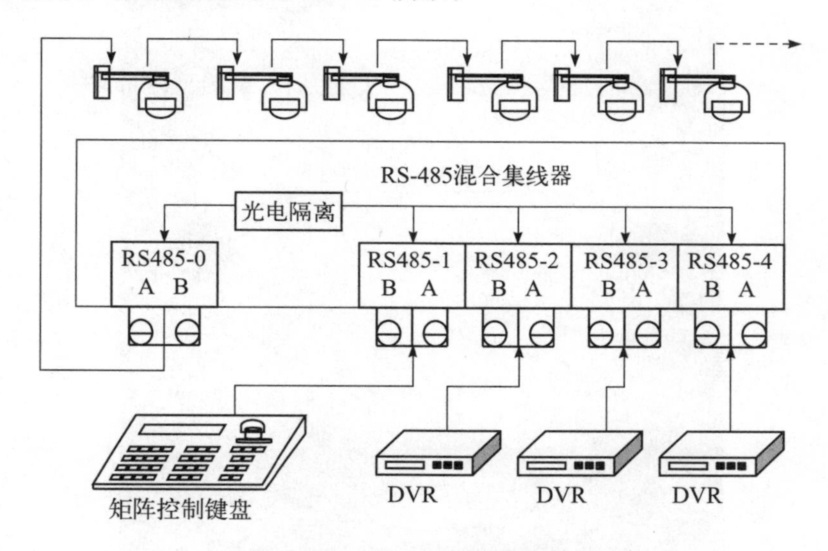

图 1 - 95 RS - 485 集线器的应用

（六）RS - 485 的中继连接

某学校视频监控项目当中，需要对该学校的 A，B 两座教学楼的楼梯间，教室间进行视频监控，A，B 两个教学楼相互之间的距离约为 200m 左右，由 A 教学楼的保卫处进行集中监控，其云台控制由 485 网络来完成。

在施工过程当中，出现了两个问题很难解决：①由于 485 网络距离比较长，而且 485 设备比较多，485 网络运行稳定性较差。②由于 A，B 两个教学楼之间有 200m 左右的距离，一旦发生强电，雷电干扰，极其容易损坏 485 设备。

施工方采用 485 中继器（如图 1 - 96 所示）解决了上述问题。在 A，B 教学楼里面各放一个 485 中继器，等于把一个 485 网络分成了 3 个 485 网络，这样 485 网络就可以很稳定的运行。再由于教学楼之间的 200m 的距离是在两个 485 中继器中间，即使有强电干扰，由于 485 中继器中防雷保护和光隔离功能，也会将其所吸收，隔离。从而保证了 485 网络的稳定性及安全性，系统构成图如图 1－97 所示。

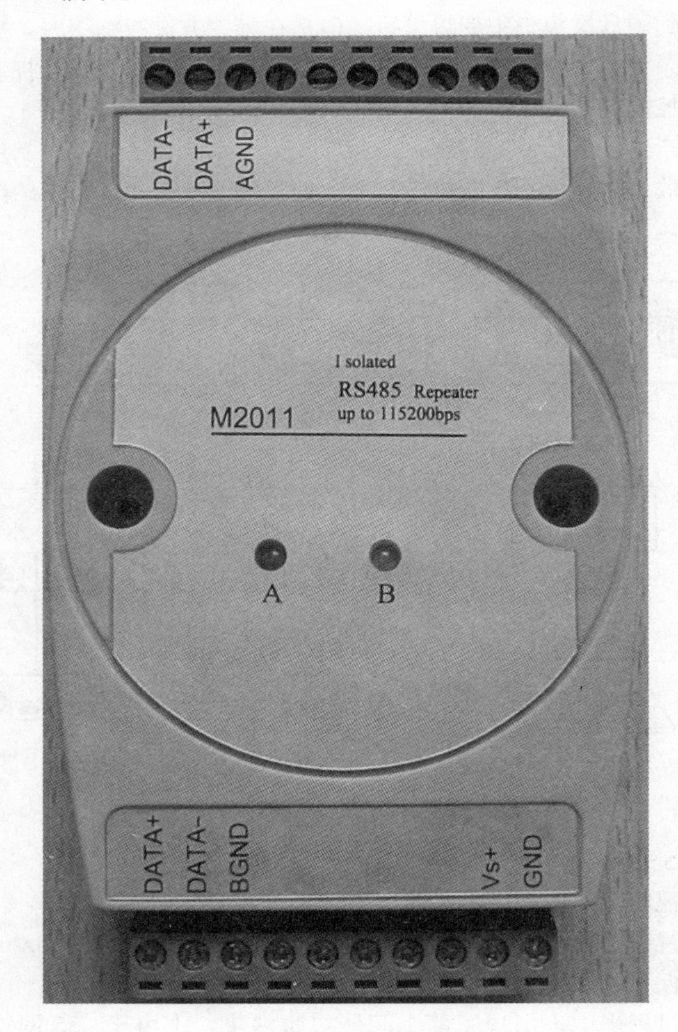

图 1－96　RS－485 中继器

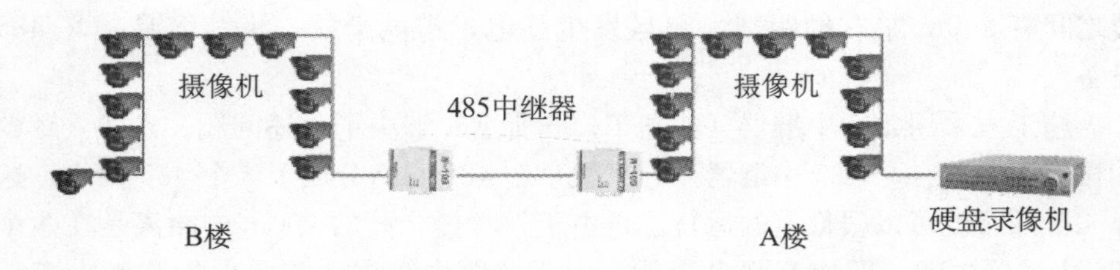

图 1－97　RS－485 中继器的应用 1

在某智能楼宇监控项目当中，每个楼层都有多个摄像头对各个地点进行监控，利用485总线对摄像头进行控制，施工单位在施工过程当中发现，如果按照原先的485总线型的拓扑结构的话，485总线主干线必须要经过每一个摄像头，这样将导致485线的距离非常的长，而且在后期的维护当中，由于所有的摄像头都是经过一个485总线，如果在485总线上有一个摄像头出现问题，有可能导致整个系统不能运行。使用485中继器将原先的485总线型的拓扑结构改造成树型的拓扑结构，大大简化了施工，并且极其便于后期的维护，极大地节省了费用，系统构成如图1-98所示。

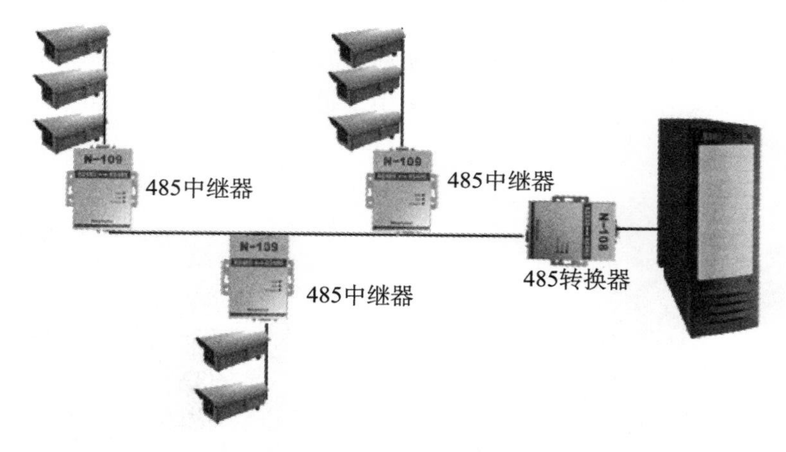

图1-98　RS-485中继器的应用2

讨论分析

1. 报警系统在什么情况下需要使用分线制连接？简述分线制连接的优缺点。

2. 报警系统在什么情况下需要使用总线制连接？简述总线制连接的优缺点。

3. 查找分线制和总线制连接的案例并讨论。

4. 报警系统的传输系统中，传输的信号主要有什么？

5. RS-485总线的网络拓扑形式是怎样的？

任务二　小型报警控制器的原理与应用

学习目标

掌握本地小型报警控制器的系统构成、主要功能特点、防区类型和与探测器的连接方法，根据不同探测器的使用场合确定布防的类型，熟悉本地小型报警控制器的编程方法并会应用。

任务引入

控制器是接收前端探测器输入的报警信号，加以判断并控制其他装置反映的设备。在小型本地系统中，小型控制器通过分线制传输与前端探测器相连，实现小型报警系统的构建和使用。

【相关知识】

一、报警控制器的分类

报警控制器使用要求和系统大小不同，有简有繁。报警控制器可有小型报警控制器、区域型报警控制器和远程集中型报警控制器之分，如图 1－99 和图 1－100 所示。

图 1－99　小型报警控制器外形

图 1－100　区域型报警控制器外形

就防范控制功能而言，报警控制器又可分为仅具有单一安全防范功能的报警控制器（如防盗、防入侵报警控制器、防火报警控制器等）和具有多种安全防范功能——集防盗、防入侵、防火、电视监控、监听等控制功能于一体的综合型的多功能报警控制器。

将各种不同类型的报警探测器与不同规格的报警控制器组合起来，就能构成适合于不同用途、警戒范围大小不同的报警系统网络。

根据组成报警控制器电路的器件不同，可分为由晶体管或简单集成电路元器件组成的报警控制器（一般用于小型报警系统）和利用单片机控制的报警控制器（一般用于中型报警系统或联网报警系统）以及利用微机控制的报警控制器（一般用于大型联网报警系统）。

按照信号的传输方式不同来分，报警控制器可分为具有有线接口的报警控制器、具有无线接口的报警控制器以及有线接口和无线接口兼而有之的报警控制器。

依据报警控制器的安装方式不同，报警控制器又可分为台式、柜式和壁挂式。

二、报警控制器对探测器和系统工作状态的控制

将探测器与报警控制器相连，组成报警系统并接通电源。在用户已完成对报警控制器编程的情况下（或直接利用厂家的缺省程序设置），操作人员即可在键盘上按厂家规定的操作码进行操作。只要输入不同的操作码，就可通过报警控制器对探测器的工作状态进行控制。

主要有以下 5 种基本工作状态：布防（又称设防）；撤防；旁路；24 小时监控；系统自检、测试状态。

1. 布防状态

所谓布防（又称设防）状态，是指操作人员执行了布防指令后，例如从键盘输入布防密码后，使该系统的探测器开始工作，并进入正常警戒状态。

布防又可分为多种布防方式，详见后面的防区布防类型。

2. 撤防状态

所谓撤防状态，是指操作人员执行了撤防指令后，例如从键盘输入撤防密码后，使该系统的探测器不能进入正常警戒工作状态，或从警戒状态下退出，使探测器无效。

3. 旁路状态

所谓旁路状态，是指操作人员执行了旁路指令后，该防区的探测器就会从整个探测器的群体中被旁路掉（失效），而不能进入工作状态，当然它也就不会受到对整个报警系统布防、撤防操作的影响。在一个报警系统中，可以只将其中一个探测器单独旁路，也可以将多个探测器同时旁路掉（又称群旁路）。

4. 24 小时监控状态

所谓 24 小时监控状态，是指某些防区的探测器处于常布防的全天时工作状态，一天 24 小时始终担任着正常警戒（如用于火警、匪警、医务救护用的紧急报警按钮、感烟火灾探测器、感温火灾探测器等）。它不会受到布防、撤防操作的影响。这也需要由对系统的事先编程来决定。

5. 系统自检、测试状态

这是在系统撤防时操作人员对报警系统进行自检或测试的工作状态。如可对各防区的探测器进行测试。当某一防区被触发时，键盘都会发出声响。

三、报警控制器的防区布防类型

不同厂家生产的报警控制器其防区布防类型的种类或名称，在编程表中不一定都设置得完全相同，但综合起来看，大致可以有以下几种防区的布防类型。

（一）按防区报警是否设有延时时间来分

主要分为两大类：即时防区和延时防区。

1. 即时防区

即时防区在系统布防后被触发会立即报警，没有延时时间。

2. 延时防区

系统布防时，在退出延时时间内，如延时防区被触发，系统不报警。退出延时时间结束后，如延时防区再被触发，则系统进入延时时间内，如对系统撤防，则不报警；如不撤防，当延时时间一结束则系统立即报警。

（二）按探测器安装的不同位置和所起的防范功能不同来分

防区的布防类型一般又可分为以下几种：内部防区；出入防区；周边防区；日夜防区；24 小时报警防区等类型。下面对这几种防区的布防类型做一详细的说明。

1. 出入防区

接于该防区的探测器用来监控防范区的主要入/出口处。当系统设防后，该防区首先按退出延时工作，在此延时期内，探测器会被触发，但不会使报警控制器产生报警。若超出此延时期，探测器一旦被触发才会报警。

2. 周边防区

接于该防区的探测器用来保护主要防护对象或区域的周边场所，可视为防范区的第一道防线。多采用磁控开关、振动探测器、玻璃破碎探测器、微波墙式探测器、主动红外探测器等。在系统布防后，只要这些部位遭到破坏，就会立即发出报警，没有延时。

3. 内部防区

接于该防区的探测器主要是用来对室内平面或空间进行防范，多采用被动红外探测器、微波/被动红外双技术探测器等。

4. 日夜防区（有的厂家称之为日间防区）

接于该防区的探测器虽然 24 小时都处于警戒状态，但白天和夜晚分别处于不同的工作状态。白天系统撤防时，该防区的探测器若受到触发，键盘上会发出告警指示，以引起用户注意；夜晚系统布防时，该防区的探测器若受到触发，才对外发出报警。

5. 24 小时报警防区

接于该防区的探测器 24 小时都处于警戒状态，不会受到布防、撤防操作的影响。一旦触发，立即报警，没有延时。

除火警防区是属于 24 小时报警防区外，还有像使用振动探测器和玻璃破碎探测器、微动开关等来对某些贵重物品、保险柜、展示柜等防止被窃、被撬的保护；或用于突发事件、紧急救护的紧急报警按钮等，都属于 24 小时报警防区。

【技能训练】

DS6MX—CHI 小型报警主机的性能及使用

DS6MX—CHI 是一个六防区的键盘，专为住宅设计的。大多数此类装置由普通的建筑直流电源（可提供备用电源）供电。DS6MX—CHI 可提供多种类型的报警输入和本地报警输出。

一、实训目的

1. 熟悉 DS6MX—CHI 报警控制键盘主要性能特点与技术指标。
2. 了解 DS6MX—CHI 报警控制键盘结构原理与工作方式。
3. 熟悉 DS6MX—CHI 报警控制键盘系统配置与连线要求。
4. 熟悉 DS6MX—CHI 报警控制键盘各输入、输出端口功能特性与电气参数。
5. 熟悉 DS6MX—CHI 报警控制键盘部分操作使用方法。
6. 能根据要求熟练掌握 DS6MX—CHI 报警控制键盘的程序编制及方法。

二、实训器材

（一）设备

1. 报警控制键盘（DS6MX—CHI）	1 台
2. 闪光报警灯	1 个
3. 直流 12V 电源	1 个
4. 12V 小于 3W 灯泡与灯座	各 2 个
5. 主动红外探测器	1 对
6. 被动红外/微波双鉴探测器	1 个
7. 紧急按钮	1 个
8. 玻璃破碎探测器	1 个

（二）工具

1. 6″十字螺丝刀	1 把
2. 6″一字螺丝刀	1 把

3. 小号一字螺丝刀　　1把
4. 小号十字螺丝刀　　1把
5. 剪刀　　1把
6. 尖嘴钳　　1把
7. 万用表　　1只

(三) 材料

1. 四芯线、二芯线　　若干
2. 线尾电阻 (10kΩ)　　6个

三、实训原理

1. 输入接口 (防区) 接线

探测器上常常带有常开 NO 或常闭 NC 接点，一般报警系统主要接常闭点，每个防区必须接一个终端 (尾) 电阻 (如图 1－101 所示，控制器需要 10k 线尾电阻)。

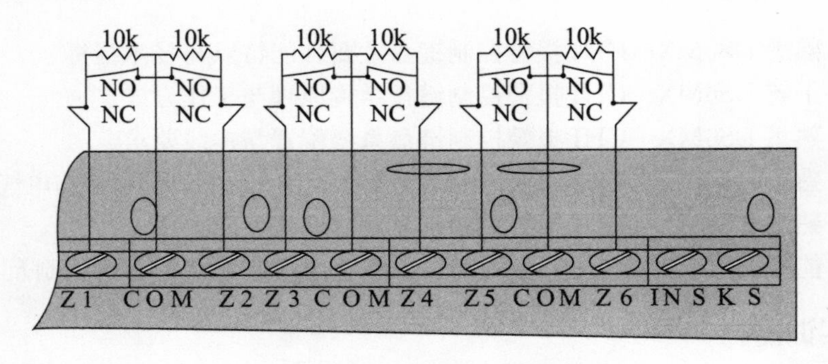

图 1－101　控制器输入接口

2. 输出口接线

输出接口一般有两种类型 (如图 1－102 所示)，一种是无源的常开点 NO 和常闭点 NC，C 是公共地线端子，主要用于扩展外部设备非 12V 电源的回路，给不同电路的扩展带来方便；另一种是可编程输出口 PO1 和 PO2，其内部相当于有个受控制的开关，一般和控制器本身的 12V 电源直接配合，可以直接外接 12V 直流供电的设备，如此可以少接线，方便使用。

3. 根据所给探测器的适用特点决定防区功能

四、实训步骤

(一) 检查设备原始状态

检查设备原始状态，将结果填入表 1－10。

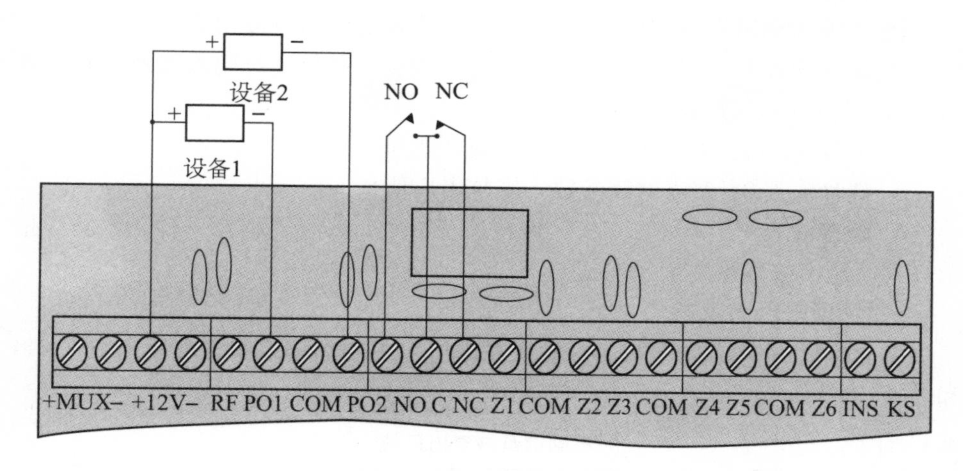

图 1-102 控制器输出接口

表 1-10 **设备原始状态**

端口性质	工作电源输入	总线输入	闪光报警输出
端口位置（标识）			
端口电压地址			
拨码开关各挡位置	○○○○○○○○		
DS7400Xi-CHI 报警主机与之对应防区地址			

注：●—— ON ○——OFF

1. 辨认、测量实验台上 DS6MX—CHI 报警控制键盘已接工作电源的端子位置（标识）和电压值。

2. 辨认 DS6MX—CHI 报警控制键盘与 DS7400Xi—CHI 总线连接端子标识及地址拨码开关的各挡开关位置，并指出 DS7400Xi—CHI 报警主机与之对应的防区地址。

3. 辨认、测量（可在后面步骤进行测量）DS6MX—CHI 报警控制键盘与闪光报警灯连接的端口位置与输出电压。

（二）电路连接处理

1. 拆除 DS6MX—CHI 报警控制键盘所有报警探测器外接连线（视实训场实际情况可在接线端子排上拆），保留工作电源和闪光报警灯连线，并检查该连接的准确性和可靠性，接入工作电源前应注意电源正、负极性和工作电压大小是否符合规定标准（用万用表检验）。

2. 所有防区按图 1-101 所示连接要求接入终端（尾）电阻（视实训场实际情况可在接线端子排上连接），图中“NO”用开路线代替，“NC”用短路线代替。

(三) 将 DS6MX—CHI 报警控制键盘程序设定参数恢复出厂值

1. 键盘输入 1：1234＋＊（将“＊”键按住三秒钟，蜂鸣器鸣音一秒。六防区指示灯快闪，进入编程状态）。

2. 键盘输入 2：99＋＊（进入该地址码地址）。

3. 键盘输入 3：18（修改参数，恢复出厂值）。

4. 键盘输入 4：＊（将“＊”键按住三秒钟，蜂鸣器鸣音一秒，六防区指示灯灭，退出编程恢复了出厂值）。

(四) 预置值与状态

将 DS6MX—CHI 报警控制键盘恢复出厂值后的部分工作状态填入表 1－11 和表 1－12。

表 1－11　　控制键盘恢复出厂值

项目	预置值	状态	项目	预置值	状态
主码			键盘蜂鸣器		
用户码 1			固态输出（PO1）		
用户码 2			固态输出（PO2）		
用户码 3			外部布/撤防		
报警输出时间			继电器输出		
退出延迟时间					
进入延迟时间					

表 1－12　　控制键盘出厂值含义

防区编号	防区类型与工作状态	防区编号	防区类型与工作状态
防区 1		防区 4	
防区 2		防区 5	
防区 3		防区 6	

(五) 电气参数测量

1. 检查接线正确无误后打开电源通电。

2. 键盘输入：1234（或 1000）＋布防键（红色指示灯亮，进入布防状态）。

3. 电压测量：用万用电表电压挡位检测各输入（图 1－103 中以 Z1 防区 1 输入口为例）、输出端口电压（非报警状态），并将万用电表电压挡位由高位挡逐步变换到低位挡，直至电表有电压读数显示，并把读取的数值填入表 1－13。

表 1－13　　电压测量

工作状态	测量点（V）								
警戒状态	电源端	Z1	Z2	Z3	Z4	Z5	Z6	PO1	PO2
防区 3 短路触发	电源端	Z1	Z2	Z3	Z4	Z5	Z6	PO1	PO2
防区 3 开路触发	电源端	Z1	Z2	Z3	Z4	Z5	Z6	PO1	PO2

4. 测量电路（各防区端口均已按图 1－101 所示接有终端（尾）电阻，因此未直接在图 1－103 中画出）。

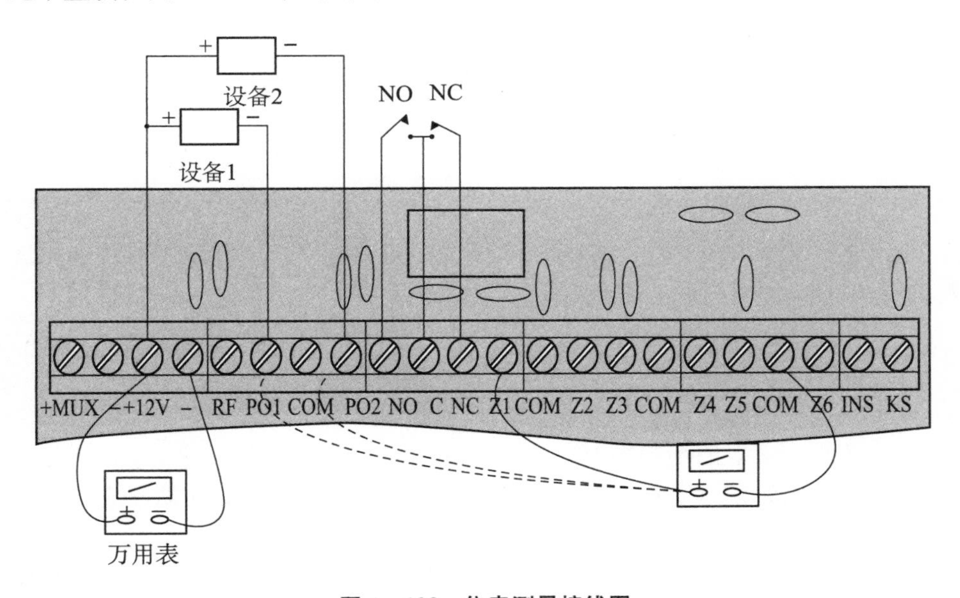

图 1－103　仪表测量接线图

5. 延时测量，填入表 1－14。

表 1－14　　延时测量

时间项目	防区 1 触发	防区 1 触发稍后 防区 2 跟随触发	防区 2 触发	防区 3 触发	防区 6 触发 （布防状态）	防区 6 触发 （撤防状态）
退出延迟时间（s）						
进入延迟时间（s）						
报警输出时间（s） （测一次即可）						

(六)编程操作

编程操作，填写表 1-15 和表 1-16。

表 1-15 具体输入数据

项目	设置值	输入数字	项目	设置值	输入数字
用户码 1	2000		键盘蜂鸣器	ON	
用户码 2	3000		固态输出(PO1)	跟随报警输出	
用户码 3	4000		固态输出(PO2)	跟随报警输出	
报警输出时间(s)	80		外部布/撤防	可布/撤防	
退出延迟时间(s)	60		继电器输出	跟随报警输出	
进入延迟时间(s)	60				

表 1-16 防区功能对应表

防区编号	防区功能	地址	输入数字	防区编号	防区功能	地址	输入数字
防区 1				防区 4			
防区 2				防区 5			
防区 3				防区 6			

1. 进入编程状态：输入主码“1234 + *”(将“*”键按住三秒钟，蜂鸣器鸣音一秒，六防区指示灯快闪)。

2. 输入地址码：输入数字“××”(0～99) + *(进入该地址)。

3. 参数设置：输入数字“×—×××××××××”(最高 9 位)。

(七)使用操作

1. 布防：输入主码或用户码 + 布防键(红色指示灯亮，进入布防状态)。

2. 撤防：输入主码或用户码 + 撤防键(红色指示闪烁，布防状态指示灯熄灭)。

3. 旁路防区：输入主码或用户码 + 旁路键 + 防区编号 + 布防键(相应指示灯闪烁，红色布防指示灯亮，进入布防状态)。

4. 其余操作详见用户手册。

五、实训要求

1. 画出振动探测器连接 DS6MX—CHI 第 2 防区，且报警灯连接可编程输出口 PO1 的连接图。

2. 对上述电路进行编程，实现振动探测器进行即时内部防区功能，实现报警灯跟随报警输出功能，写出编程的过程。

六、附录：DS6MX—CHI 特性

DS6MX—CHI 特性参见表 1-17。

表 1-17 DS6MX—CHI 参数表

电源	10.2～15V_{DC}
电流消耗	待机时为 25mA，报警时为 60mA
继电器报警输出	“C”型，3A，28V_{DC}/ 120V_{AC}
报警固态电压输出	最大电流为 250mA
终端电阻（尾电阻）	10kΩ
工作温度	－20℃～＋50℃
外形尺寸	123mm×119mm×30mm

1. 工作方式

DS6MX—CHI 的工作方式很灵活，本身是一台小型报警主机，自带有 6 个防区，可以独立工作；或连接到 DS7400Xi（大型报警主机）的数据总线上，能有效地保护各个独立公寓，实现小区报警联网管理。

2. 键盘编程

此类装置完全是由面板上的键盘进行编程的，无需昂贵的手提编程器。

3. 六组密码

此类装置可有五组四位数的用户代码，分别为主码、3 个用户码、开门码和挟持码。

4. 无线功能

此类装置支持无线防区和无线遥控开关。

5. LED 灯显示

LED 灯显示系统布撤防、防区和电源的状况。

6. 灵活安装

两种安装方式：嵌入式和平面式。

讨论分析

1. 报警控制器的分类有哪些？
2. 小型报警控制器一般在什么情况下使用？
3. 为何报警输入端口需要接一个终端电阻？不接会如何？
4. 输出口可编程端 PO1 和常闭点 NC 在使用过程中有什么区别？
5. 如何看待不同方式的布防？
6. 举例说明报警控制器对探测器工作状态的控制如何操作。
7. 简述从实用化的角度如何认识一个小型报警控制器。

任务三　大型报警控制器的原理与应用

学习目标

了解区域报警控制器的适用范围、主要功能、系统的构建方式；通过对典型区域报警控制器的编程使用，充分理解报警控制器的功能。

任务引入

对于防范区域比较大的环境，普通的本地报警控制器难以胜任，需要区域报警控制器在规模和功能上加以扩展。

【相关知识】

一、区域报警控制器的适用范围

对于一些相对规模较大的工程系统，要求防范区域较大，设置的入侵探测器较多（如高层写字楼、高级住宅小区、大型仓库、货场等），这时应采用区域入侵报警控制器。区域报警控制器具有小型控制器的所有功能，结构原理也相似，只是输入、输出端口更多，通信能力更强。区域报警控制器与入侵探测器的接口一般采用总线制，即控制器采用串行通信方式访问每个探测器，所有的入侵探测器均根据安置的地点实行统一编址，控制器不停地巡检各探测器的状态。

二、区域报警控制器的主要功能

区域报警控制器置于用户端的值班中心，是报警系统的主控部分，它可向探测器提供电源，接收下一级间接输入式控制器发出的报警电信号，并对此电信号进行进一步的处理。区域报警控制器通常又可称为报警控制/通信主机。

区域报警控制器随着报警系统的规模和防护对象的不同，所具备的功能通常也不完全相同，但基本功能则大同小异。下面以德国博世公司的区域报警控制器 DS7400Xi 为例，介绍区域报警控制器的基本功能，如图 1－104 所示。

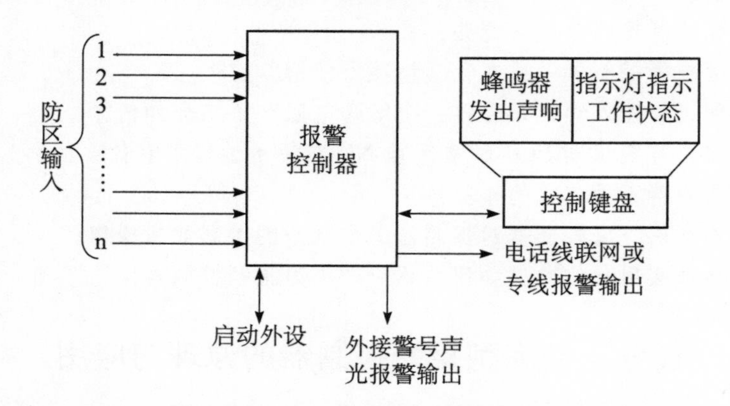

图 1－104　区域报警控制器的基本功能

1. 入侵报警功能

该功能能直接或间接接收来自探测器的输出信号，发出声、光报警指示，可保持到手动复位。

2. 防破坏功能

当连接入侵探测器和控制器的传输线发生断路、短路或并接其他负载时应能发出声、光报警信号，且可保持到手动复位。

3. 防拆功能

防止打开外壳进行破坏，一般应24小时保持有效。

4. 给入侵探测器供电功能

一般通过中间的扩展模块向与之连接的探测器提供常规直流工作电压。

5. 布防和撤防功能

直接输入式控制器应能对任一入侵探测器设置警戒（布防）和解除警戒（撤防），并能显示相应部位。

6. 自检功能

检查系统各个部分的工作状态是否处于正常。

7. 联网功能

可以通过专用模块与计算机直接连接（如图1-105所示），或者通过公用电话网与报警中心连接，或者通过标准网络接口与局域网连接，实现区域性防范。

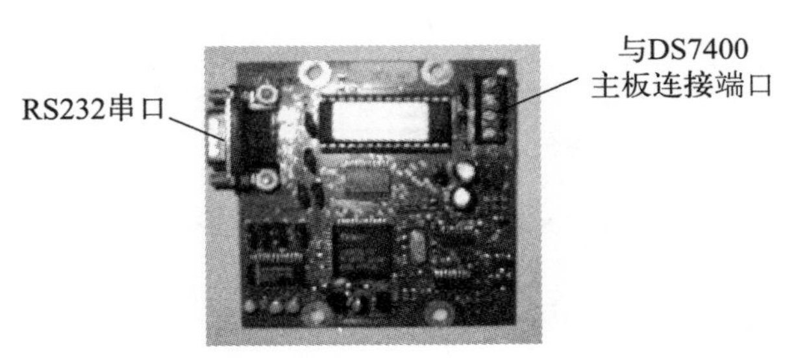

图1-105　区域报警控制器和计算机连接的串口模块

8. 多防区的扩展

为实现区域一定规模范围内探测器的连接，一般可以通过扩展模块（如八防区扩展模块DS7432）进行系统多防区的扩展，如图1-106所示。

9. 多样的输出

控制器一般带有辅助输出总线接口，可接继电器输出模块等外围设备，可实现防区报警与输出一对一、多对一、一对多等多种报警/输出关系。

10. 允许多个分控

作为区域管理的报警控制器，常常需要把监控中心的管理信号分流，在值

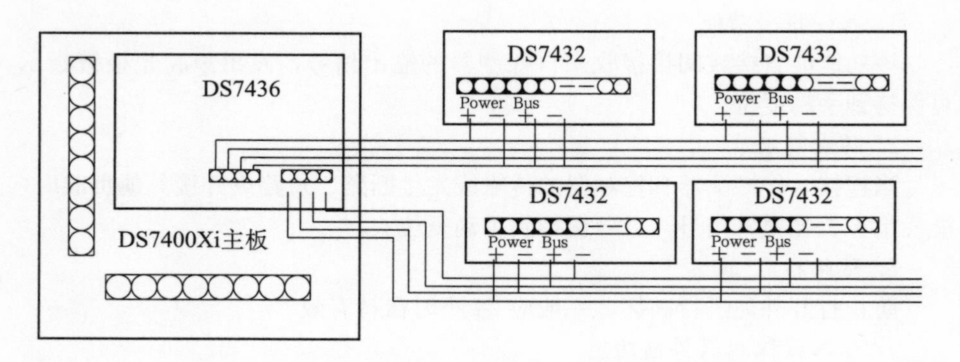

图 1－106　控制器通过多个扩展模块进行多防区连接

班中心、保卫处控制中心、有关领导办公室等处安装分控键盘（如 DS7447i），一般常有 10 多个分控容量预留，连接如图 1－107 所示。

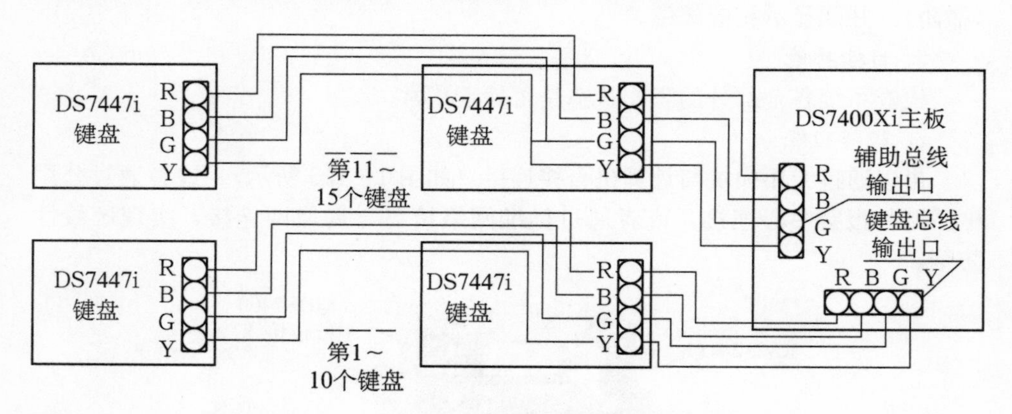

图 1－107　多个分控键盘与控制器的连接示意图

三、区域报警控制器的构建方式

区域报警控制具有联网接口，上可直接与集中控制器相联，下可直接与探测器相联，也可与电话报警控制器相联，实现多级警情传送，形成大型报警网络，以利于处置力量的合理调配。

以某大学新建校区防盗报警系统为例（如图 1－108 所示），占地 100 公顷，建筑面积有 36 万平方米，属于市重点项目。该校区包括各科系教学楼、办公楼、实验楼、学生公寓等，规模很大，分两期完成。由于该校区位于郊区且属于重大项目，影响巨大，所以对校区的防盗报警系统也就有了更高的要求。

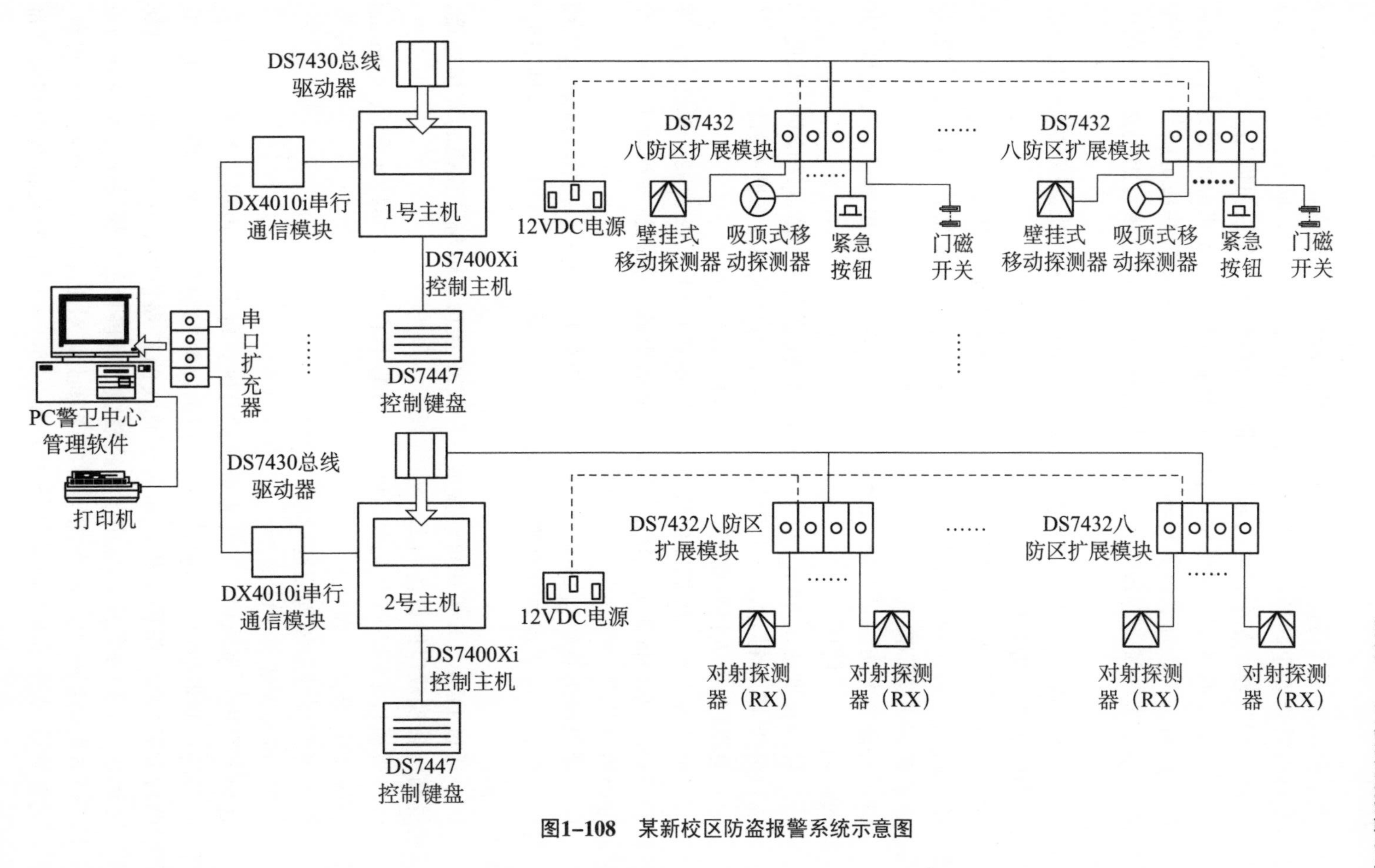

图1-108　某新校区防盗报警系统示意图

该校提出对于校区的周界以及各科系的办公楼、实验楼、教学楼的公共部位以及室内需要安全防范，要求该系统需采用计算机控制，所有信号通过计算机进行监控和管理，整个校区分成若干防护分区，每个分区可以是一个系、一幢楼、一层楼面或者是一间教室，包括若干个探测器，要求分区划分可自由灵活，每个区域都可以通过计算机独立布撤防，而且要求计算机可以通过电子地图直观显示报警区域并有报警声提示。该校还提出系统要带有扩展性，分两期实施。

针对该校的要求，设计了以德国博世公司的DS7400Xi总线式大型控制主机为平台的防盗报警系统。

DS7400Xi是总线式的多防区报警控制主机，具有功能全、扩展性强、质量稳定的特点，被广泛地应用于小区、大楼、工厂等各类场合的大型报警系统。该主机的主要功能有：

（1）自带8个防区，以两芯总线方式（不包括探测器电源线）可扩展240个防区，共248个防区。

（2）总线长度达1.6km（Φ1.0mm²），可接总线放大器以延长总线长度。

（3）可接15个键盘，分为8个独立分区，可分别独立布防/撤防。

（4）有90组个人操作密码；15种可编程防区功能。

（5）可选择多种防区扩展模块；有8防区扩展模块DS7432、单防区扩展模块DS7457、双防区扩展模块DS7460、带输出的单防区扩展模块DS7465及带地址码的探测器。

（6）辅助输出总线接口可接DS7488、DX4010i、DSR-32继电器输出模块等外围设备，可实现防区报警与输出一对一、多对一、一对多等多种报警/输出关系。

（7）通过DX4010i模块可转换成RS-232接口实现与计算机的直接连接，或通过网络转换接口的设备与LAN连接。

（8）可通过PSTN（公共电话网）与报警中心连接，支持4+2、Contact ID等多种通信格式。

（9）可实现键盘编程或远程遥控编程。

（10）可接无线扩充防区。

在该方案中，系统设计了几十个防护分区，每个分区内都包含了若干个探测器。总的探测器数量第一期在240个以内，第二期在480个以内。因此一共需要两台DS7400Xi报警主机，而对于总线的扩展设备，由于探测器相对集中，考虑成本，该系统全部选用了8路总线扩展模块。该模块连接至系统的总线上，带8路防区扩展。而在探测器的选择上，对于室内的被动红外探测器，该系统大量选用了三技术被动红外探测器DS860，用于安装在室内和公共部位，在一些教室内还采用了超薄的吸顶式被动红外探测器 DS936，比较美观。周界对射探测器则大量选用了 DS453 和 DS455 双光束的主动红外对射探测器。

在实际使用过程中，该系统基本实现了校方提出的要求，在系统安装完成后，对报警主机分别编程，使其通过 RS－232 口实时向计算机反应各防区触发与否，由软件根据该防区对应的逻辑关系（布防、撤防和防区类型等）确定是否要报警。报警后立即显示该防区所在位置图以及详细信息，并有声音提示。而所有信息都记录在数据库中可以统计备份和管理。

四、区域报警控制器的基础编程

报警系统的编程并不复杂。在编程之前，用户必须先详细地阅读编程说明，并清楚地知道所需要的功能。根据所需功能列出编程表，这样便于编程。根据编程说明及用户的实际需要，可采取由浅入深的方法，需要实现哪些功能，就设置到哪一步。以下以德国博世公司的 DS7400 大型报警控制器为例，介绍使用区域报警控制器的一般思路，但是在编程前应该做好一些准备工作，如：参照设备接线说明，接好所有连线；熟悉进入和退出编程状态的方法；熟悉数据修改的方法。

一般区域报警控制器的功能较多，不管使用主机的哪些功能，有些编程工作是实现众多功能的基础，可以实现大型主机的基本功能，操作基本思路如下：

1. 综合编程

综合编程是指对系统的布防方式、使用的交流电的频率及系统复位条件等内容的确定。

2. 确定防区功能

确定防区功能是确定 DS7400Xi 的防区类型，如即时防区、延时防区、24 小时防区、防火防区等。如 DS7400Xi 共有 30 种防区类型可选择，相当于先理清控制器固有的防区功能有哪些。编好防区功能后，再设置哪个防区具有哪种防区功能。

3. 确定一个防区的防区功能

防区功能与防区是两个概念。在防区编程中，就是要把某一具体防区设定具有哪一种防区功能。相当于把实际案例中需要用的防区根据需要规划为哪种功能。在防区编程中所要解决的问题是：要使用多少个防区，每个防区应设置为哪种防区功能。

4. 防区特性设置

因为 DS7400Xi 是一种总线式大型报警主机系统，可使用的防区扩充模块有多种型号，具体选择哪种型号在这项地址中设置。相当于让控制器知道探测器的某个防区是通过什么扩展模块与控制器连接的。

5. 输出编程

DS7400Xi 主板上有三个可编程输出口，即 Bell/警铃、Output1/输出口 1、Output2/输出口 2。它们可以跟系统的状态和系统事件输出，但不能跟随防区输出。

6. 输出口跟随分区设置

DS7400Xi 可分为 8 个分区，主板上的三个输出口可分别设置为跟随某一分区相关事件输出。

五、区域报警控制器的分区编程

DS7400Xi 报警主机可分为 8 个独立分区，并可自由设置每个分区包含哪些防区。每个分区可独立地进行布防/撤防。在分区编程前，必须确定三个因素，即需要使用几个分区？是否有公共分区？每个分区中包含哪些防区？这几方面的因素都可在下列的编程中确定。

1. 确定系统使用几个分区，有无公共分区

公共分区是指当其他相关分区都布防，公共分区才能布防。而公共分区先撤防其他相关分区才能撤防。

2. 确定哪些防区属于哪个分区

这个编程的概念是：DS7400Xi 有 248 个防区，可分为 8 个独立的分区，将这 248 个防区设置到不同的分区中去。

3. 键盘的分区管理

DS7400Xi 报警系统可以支持 15 个管理控制键盘。在实际应用中，如果有分区设置，那么这些分区是用一个键盘管理还是多个键盘管理？如果是多个键盘管理，使用什么键盘？分别管理哪个分区？对键盘管理进行编程，键盘序列号必须要和键盘主板上的跳针地址的设置结合起来。

一个 DS7400Xi 报警系统可以配一个键盘，也可以配多个键盘。若管理多个分区，必须将其中一个键盘设置为主键盘。若仅使用一个分区，就不必将键盘设为主键盘。

4. 防区旁路编程

要确定 DS7400Xi 报警系统有哪些防区能被旁路，首先要求确定这些防区的防区功能是否可以被旁路，只有其防区功能能被旁路的防区才可以被旁路，防区功能不能被旁路的防区是不能被旁路的。24 小时防区和火警防区绝不允许被旁路。

5. 强制布防和接地故障检测编程

DS7400Xi 在防区不正常时，可以强制布防，但这些防区必须设置为可旁

路的防区（这些防区的防区功能必须设置为能被旁路）。另外，在这个编程过程中，可以设置系统是否检查接地故障。

6. 进入/退出延时编程

进入延时是指在系统布防时，若延时防区被触发后，在进入延时时间内，若系统撤防则不报警，若系统不撤防，则在延时时间结束后系统将发生报警。

退出延时是系统布防后，在退出延时时间内，若防区被触发（24 小时防区和火警防区除外），则不报警；退出延时结束后，若防区被触发则立即报警。

警铃报警时间是指系统报警后，跟随盗警输出的输出时间。火警报警时间是指系统报警后跟随火警报警输出的报警输出时间。

7. 布防警告音编程

此项编程是确定是否需要 DS7400Xi 系统每个分区在布防后的退出延时时间内键盘发出警告声音。

8. 通用码权限编程

该项编程能使用户通过对通用码的权限的编程限定，来达到对特定分区的布防/撤防和旁路操作。

9. 辅助总线输出编程

DS7400Xi 和 PC 直接相连或和串口打印机直接连接或与继电器输出模块连接时都要使用辅助总线输出口。编程可以确定辅助输出口的速率、数据流特性等。

10. 密码以及主操作码编程

DS7400Xi 出厂值的编程密码是四位数，但最长可设置为六位数。

11. 继电器输出模块编程

DS7400Xi 报警系统可以接 2 块 DS7488，共有 16 个继电器输出口。这 16 个继电器输出口可以跟随 DS7400Xi 的防区报警输出，也可以跟随 DS7400Xi 报警事件输出，还可以跟随分区报警输出。

DS7400Xi 可分 8 个独立的分区，当要求 DS7488 的某一输出口跟随某一分区输出，那么该分区中的任一防区发生报警，则分区对应继电器输出口动作。在进行这项编程时，要确定两个概念：一是哪个输出口跟随哪个分区；第二是跟随这个分区的什么警情。

12. 电话报警报告编程

DS7400Xi 报警系统具有通过电话线与报警中心联网功能。支持 3＋1、4＋1、4＋2、BFSK、Contact ID、SIA 等通信格式。可以与 D6500、D6600 以及其他品牌的报警主机联网。

要实现 DS7400Xi 与报警中心联网，要确定下列几个因素；

（1）通信格式：报警接收中心采用的是 Contact ID，或 4＋2DTMF 或 4＋2plus、DS7400Xi 要选用能与中心兼容的格式。

（2）中心电话号码：即DS7400Xi报警时，自动拨打的电话号码，用双音频还是用脉冲拨号。

（3）用户编号：即DS7400Xi的编号，DS7400Xi有8个分区，可以每个分区设定不同的编号。

（4）数据传送途径：DS7400Xi有两种报警发送方式，电话报警只是其中的一种形式。

（5）报告代码：每种通信格式都有不同的报警报告代码，为了能掌握编程方式，根据中国内地的实际情况，这里只介绍Contact ID和4+2格式的编程使用方式。

Contact ID是一种通用的报警通信格式，每种警情的代码是固定的，不需要用户去设置或更改。4+2格式代码是开放的，每一种警情，用户可以自己定义一种代码。它的组成即4位用户编号，1位防区代码，1位警情代码。使用DS7400Xi与中心联网时一般选用Contact ID格式。

13. 报警报告选择编程

（1）布防/撤防报告发送选择。这项编程确定每个分区独立布防/撤防报告，这些布防/撤防报告以及相关报告是否要发送的选择。

（2）布防/撤防报告以及防区报告的中心选择。这项编程确定布防/撤防报告、防区报警报告、防区复位报告以及防区故障报告的发送选择。

（3）其他报告的中心选项。这部分编程将确定在上述所确定报告之外的其他信息报告的中心选择。

14. 事件报告代码

任何一种型号的报警主机在和报警中心联网时，当有警情事件需要向中心传送时。实际传送的是警情事件的代码。中心接收机再将代码译成具体的警情事件信号。所以在DS7400Xi系统中，每一种警情都用一个固定的地址里的两个数据来表示。

若在选用4+2格式时，报警代码的数据位以及数据扩展位是开放的，用户可以随意设置。但必须与报警接收中心的代码绝对一致。否则将发生错误报告。如布防报告是B0，则中心软件的报警代码设置中B0也必须是布防报告。但Contact ID格式是固定的，不需另外设置代码。

【技能训练】

DS7400Xi区域报警控制器的性能及使用

一、实训目的

1. 熟悉区域报警控制器的编程思路。

2. 了解典型区域报警控制器产品的编程过程。

二、实训器材

1. DS7400Xi 区域报警控制器　　1 个
2. DS7432 八防区扩充模块　　2 个
3. DS7488 八继电输出模块　　1 个
4. DS7447 液晶键盘　　3 个
5. 电源、导线、工具　　若干

三、实训原理

一个大楼报警系统采用的是 DS7400Xi 报警设备，有 19 个防区，且使用自带 8 个防区，另外使用 2 块 DS7432 八防区扩充模块。其中，24 小时防区有 2，4，7、8，9，10；即时防区（使用周界即时）有 1，3，5，6，17，18；延时防区有（使用延时 1）11，12，13；防火防区（无校验）有 14，15，16，19，20。分 3 个区，第一分区是 1，2，3，4，5；第二分区是 6，7，8，9，10，11，12；第三分区是 13，14，15，16，17，18，19。延时防区进入延时是 30 秒，退出延时也是 30 秒。要求 6，7，11，12 防区对应 DS7488 的 1～4 个继电器输出口输出。联动 CCTV，使用 3 个键盘，且为 LCD 键盘。第一个键盘为主键盘且管理第一分区；第二个键盘管理第二分区；第三个键盘管理第三分区。接一个警号，从报警输出口 Bell 输出。

四、实训步骤

按照 DS7400 的操作手册中的编程方法和思路，整理编程内容如下，要求按步操作并验证成功。

表 1－18

地址	数据	含义
0000	14	可用所有形式布防，50Hz 交流，防区复位时系统复位，弹性旁路
0001	21	设防区功能 1 为即时防区，连续报警
0002	22	设防区功能 2 为 24 小时防区，连续报警
0003	23	设防区功能 3 为延时 1 防区，连续报警
0004	2＊1	设防区功能 4 为无校验防火防区，连续报警
0031	01	1 防区为即时防区
0032	02	2 防区为 24 小时防区
0033	01	3 防区为即时防区
0034	02	4 防区为 24 小时防区
0035	01	5 防区为即时防区

续表

地址	数据	含义
0036	01	6 防区为即时防区
0037	02	7 防区为 24 小时防区
0038	02	8 防区为 24 小时防区
0039	02	9 防区为 24 小时防区
0040	02	10 防区为 24 小时防区
0041	03	11 防区为延时防区
0042	03	12 防区为延时防区
0043	03	13 防区为延时防区
0044	04	14 防区为防火防区
0045	04	15 防区为防火防区
0046	04	16 防区为防火防区
0047	01	17 防区为即时防区
0048	01	18 防区为即时防区
0049	04	19 防区为防火防区
0415	00	1，2 防区为自带防区
0416	00	3，4 防区为自带防区
0417	00	5，6 防区为自带防区
0418	00	7，8 防区为自带防区
0419	11	9，10 防区为自带防区
0420	11	11，12 防区为 DS7432 扩充防区
0421	11	13，14 防区为 DS7432 扩充防区
0422	11	15，16 防区为 DS7432 扩充防区
0423	11	17，18 防区为 DS7432 扩充防区
0424	10	19 防区为 DS7432 扩充防区（20 防区不管）
0287	00	
0288	00	1，2，3，4 防区为一分区
0289	01	5 防区为一分区，6 防区为二分区
0290	11	7，8 防区为二分区
0291	11	
0292	11	9，10，11，12 防区为二分区
0293	22	
0294	22	
0295	22	
0296	20	13，14，15，16，17，18，19 防区为三分区
3420	20	使用三个分区，不设公共分区
3131	31	第一个键盘为主键盘，第二个键盘为 LCD 键盘
3132	10	第三个键盘为 LCD 键盘，第四个键盘不用
3139	01	第一个键盘管理 1 分区，第二键盘管理 2 分区

续表

地址	数据	含义
3140	20	第三个键盘管理3分区
4028	06	进入时间为30秒
4030	06	退出时间为30秒
2740	42	
2741	06	DS7488第一个输出口跟随6防区报警输出
2742	42	
2743	07	DS7488第二个输出口跟随7防区报警输出
2744	42	
2745	0*1	DS7488第三个输出口跟随11防区报警输出
2746	42	
2747	0*2	
1480	00	DS7488第四个输出口跟随12防区报警输出

五、思考题

1. 用语言描述（不是编程细节）出编程的思路。
2. 自述编程的体会。

讨论分析

1. 大型区域报警控制器一般在什么情况下使用？
2. 简述区域报警控制器的主要功能。
3. 简述区域报警控制器的编程思路。
4. 如何从实用化的角度认识一个大型区域报警控制器？

项目三　远程入侵报警系统

任务一　远程信号的传输方式

学习目标

了解远程入侵报警系统的信号传输方式和各自的特点。

任务引入

对于大规模或远距离的入侵报警系统，信号的传输不能再完全采用专门敷设线路的方式，在思路上将会借鉴现有的通信线路。

【相关知识】

目前，系统已经基本解决了内部报警的联网问题，但是只有将报警信息传出并及时通知公安部门，采取果断的措施进行处理，紧急报警联网系统才能真正发挥其打击犯罪活动的作用。因此，报警传输方式、传输网络的组网非常重要。

一、借用公用电话网络

已建好的建筑物内一般都有各种传输网络，如 220V 的照明线路、电话线路等。如能借用这些现成线路来传输报警系统的信号，不仅可节省线材及线路施工量，而且可避免破坏已装修房屋的格局，因而成为报警信号有线传输可供选择的方案之一。

借用公用电话网的电话线路来传输报警信号，这是一种最普通的借用线的形式，它多用于报警系统联网时的信号传输，如电话报警控制器与区域控制器间的通信等。采用这种方式传输报警信号，无警情时不占用电话线，对电话正常使用毫无影响；当有警情出现时，则报警优先于正常通话，即在传输报警信号时线路不能通话，而当正常通话时，如果出现警情，通话将立即中断，送出报警信号，产品如图 1－109 所示。

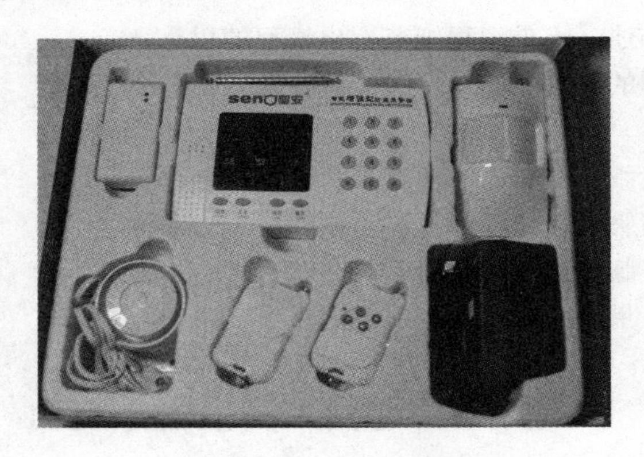

图 1－109　单户电话联网防盗报警系统产品

由于电话网已十分普及，所以借用电话线实现报警信号的远距离传输十分便利，适用于城市或大型企事业单位内部远距离大范围的报警组网，系统构成如图 1－110 所示。但由于与电话通信共用线路，会受到电话线内干扰的影响，在报警的及时性、安全性和可靠性方面不如专线传输方式，适于一般安全性要求的场合。

在国内，由于通信资源的限制，主流远程报警手段主要采用有线电话线的方式。随着民众对报警概念的熟悉，也带来了高科技犯罪的问题。犯罪分子对有报警联网系统的银行等重要部门，采用剪断通信线路（包括电话线）的方式进行作案，后果非常严重。某单位发生犯罪嫌疑人剪断所有电话线，破坏报警

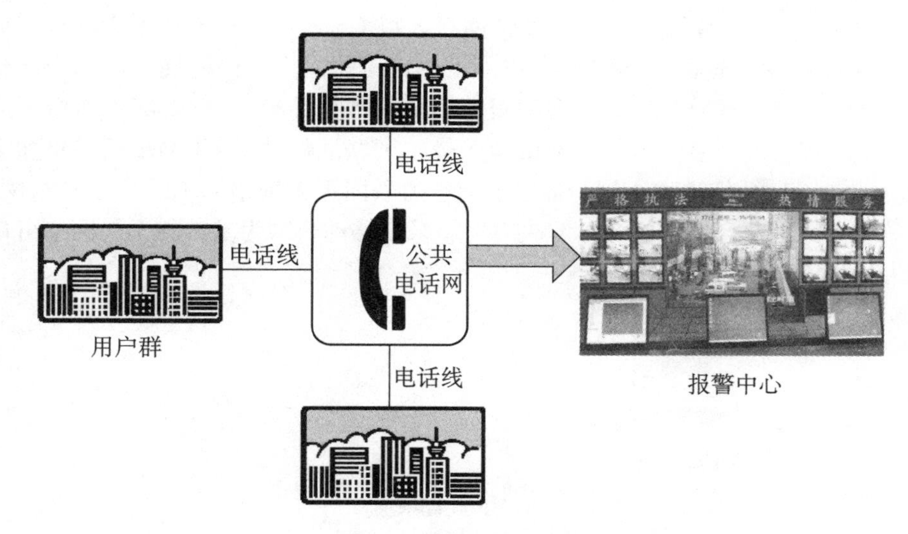

图 1-110　电话远程报警系统示意图

装置进入财务室行窃的案件，造成重大损失。某手机销售商店也发生犯罪嫌疑人剪断电话线入室盗窃手机的案件。这些事将报警方式的不完善问题以业主受到巨大的经济损失方式提了出来。联网报警是否还能利用其他方式如无线网络传输报警信息，作为有线传输网络的备份成为热门话题。

以有线电话网 PSTN 为传输媒介的联网报警设备解决了联网问题，使得报警信息能够传送出来，但这样一种单一的传输方式在实际中存在着许多缺陷和不安全因素。从国际上流行趋势和技术发展方向来看，今后的联网电子安防系统传输技术将向如下几个方向发展：无线接入、因特网接入以及针对重要报警点的复合多路传输。

复合多路传输报警，要求报警网络具备两种以上的网络连接或传输媒介，且不同媒介在安全方面应该具有互补性。针对目前广泛采用的电话联网报警系统来说，在安全性上最具有互补性的补充连接方案就是采用无线传输媒体作为备用连接方式。

二、无线传输

报警信号沿自由空间传输称为无线传输。无线报警传输信道有专用和借用之分。专用信道占用全国无线电管理委员会分配给报警系统的无线专用频率，目前主要用于固定目标或小范围移动目标的防范。而借用信道一般利用现有的公用无线网的信道，主要用于远距离或移动目标的防范。

1. 借用移动公网

在联网报警中用多种传输方式报警只是发展发向，而用移动公网传输却是实际的解决方向。中国公共移动通信网目前以GSM、CDMA技术为主体，如图1-111所示。这两种网络具有技术成熟，覆盖面大，保密性高，综合运营成本低的特点，适合于技防的联网报警领域的数据传输。GSM网络由中国联通和中国移动分别经营多年，网络覆盖较中国联通经营的CDMA网络更加全面、可靠。选用GSM/CDMA移动公网作为联网报警网络，不需要单独组网，是最经济、最符合国情的实际解决方案。采用移动公网为基础的无线网络可以作为有线传输网络的备份。

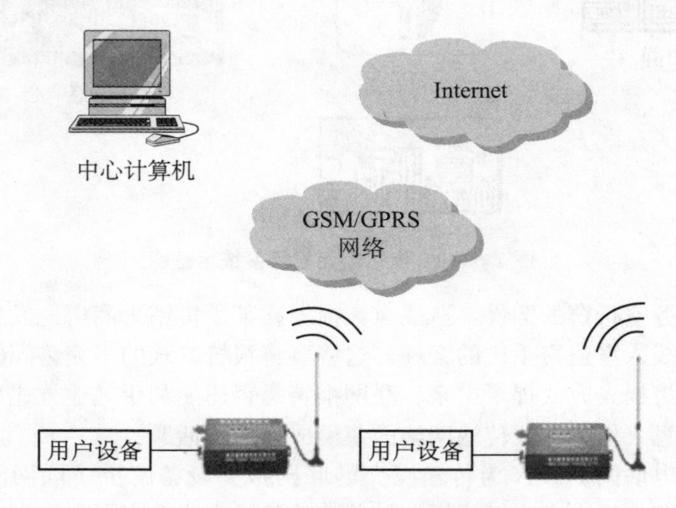

图1-111　移动公网在远程报警系统中的应用

利用移动公网进行通信传输，就是要利用其覆盖范围很好的特点，在全国的各个地区均可通信入网。因此无线报警模块的应用也相应可以扩充到每一个角落，不仅应该应用于重要的金融领域，实现多种方式的报警问题，同时，独立的无线报警系统的应用也很广。实际上，不具有电话线接入条件而又需要远程监控或者远程数据通信的无人职守站很多，如移动通信基站内空调类基本设施的防盗、油田油井的防盗、电站和水井的监控等，这些都可扩展其应用范围。

2. 专用无线报警频段

无线传输是探测器输出的探测信号经过调制，用一定频率的无线电波向空间发送，由报警中心的控制器所接收。而控制中心将接收信号处理后发出报警信号和判断出报警部位。

无线报警网实行全国统一报警频率，其空间接口国家标准由全国无线电管理委员会和公安部主管部门共同制定，分配给报警系统的无线电频率为：

（1）单频

单频分别为36.050MHz、36.075MHz、36.125MHz、36.350MHz、36.375MHz、

36.425MHz、36.650MHz、36.675MHz、36.725MHz。共9个频点。

发射功率要求在1W以下，经批准最大不能超过10W。

（2）双频

双频：361.0000MHz（基站发射）和351.0000MHz（终端发射）。

发射功率：基站设备≤40W，终端设备≤3W，发射带宽≤16kHz，频率容量≤7ppm。

杂散发射功率电平限值：基站设备≤−70dB，终端设备≤2.5μW。

这些频段的电磁波具有沿直线视距传输的特点，所以，无线报警信号的传输距离，不仅与发射机功率、天线增益、接收机灵敏度有关，还取决于天线的高度与应用环境的地理条件。在开阔郊野，因受地球曲率半径的影响，即便是天线高架，最远也只能达30～50km。

3. 无线联网报警

由于目前国内已经装配了有线联网报警主机，并且也建立了许多中心，而与之相关的报警主机和报警接收机都非常成熟，并多选用国外名牌报警系列产品。因此，无线联网产品也应该符合原有线报警网络的规则，才能兼容到原有的网络中，而不改变原有的网络设备情况、系统配置和运行情况。所以无线联网报警通信装置应该能与成熟的各种有线报警或数据传输设备相结合，实现将单一使用电话线通信的有线报警主机，转变为使用有线电话线和GSM（Global System for Mobile Communications，全球移动通讯系统，俗称“全球通”）/CDMA（Code Division Multiple Access，码分多址）无线信道相结合的双路或GSM/CDMA无线信道单路能接入各种接警中心的报警设备，构成一种兼容于原有系统标准与规范，又具有大量新的功能，既可配接原有设备又可独立使用，即便电话线切断也仍然有报警操作功能的全新装置。

联网报警最本质的要求就是有报警之后能够实时传到中心。因此无线报警装置也要以此为根本，发挥其无线报警的优势，在有电话线的地方可以备份报警，在没有电话线的地方可以主动报警。无线报警装置的功能概括起来主要分为以下几个方面：

（1）有线的备份

在有有线报警主机和具备有线电话线的地方，无线报警是备份补充，作为备份通信通道，有线发生故障后自动切换到无线方式工作。

（2）有线电话线的监测

无线报警装置在配接有线报警通信控制主机时，要能够在不干扰原电话线使用的前提下，检测电话线的状态，一旦发现电话线不能正常使用，就自动接管原有的有线报警通道，切换到无线报警模式。当然，如果根本不存在电话线，就直接切换到无线报警方式，完成报警功能。

(3) 报警信息的发送

无线报警模块本身可以发送报警，例如检测到电话线故障后发送断线报警；无线报警模块还可以收到与之相连的有线报警主机的报警信息并实时发送出去。无论是有线和无线传输方式，均在语音信道传输，并利用 FSK（Frequency-shift Keying，频移键控）和 DTMF（Dual Tone Multi Frequency，双音多频）信号进行通信。

(4) 报警信息的发送格式

为保证兼容现有的报警中心，无线报警装置的发送格式必须符合中心的要求。目前市场主流的有线报警主机的传输协议格式以 Ademco、Contact ID、4+2 等为主，因此无线报警装置应符合这些主流通信协议。

(5) 嵌入式的安装

由于联网报警网络已经建成，不能单独安装其他装置，因此无线报警联网传输机必须能够兼容多种报警主机，如 ADEMCO、CK、EL 等，并且传输机也必须嵌入到报警主机内。

三、数字数据网络传输

目前我国数字数据网的业务开展非常迅速，其中包括 IP（Internet Protocol）城域网、DDN（Digital Data Network）数据专线、xDSL（Digital Subscribe Line）网络快车、ISDN（Integrated Services Digital Network）一线通等。通过它们，不仅可以在一条线路上实现语音、传真、可视图文、图像和数据等各种信息的传输，同时也因为采用的是数字信道，可以获得较高的通信质量和可靠性。报警系统借用这些信道，其中的报警信号只需占用极窄的频带，是一种便利而可靠性较高的方式。

目前随着网络通信技术的迅速发展，一种新兴的基于宽带的，以标准 TCP/IP 协议的网络报警主机出现在安防市场。

和传统电话线和总线的传输方式比较，通过网络传输报警信号（如图 1-112 所示）的最大特点如下：

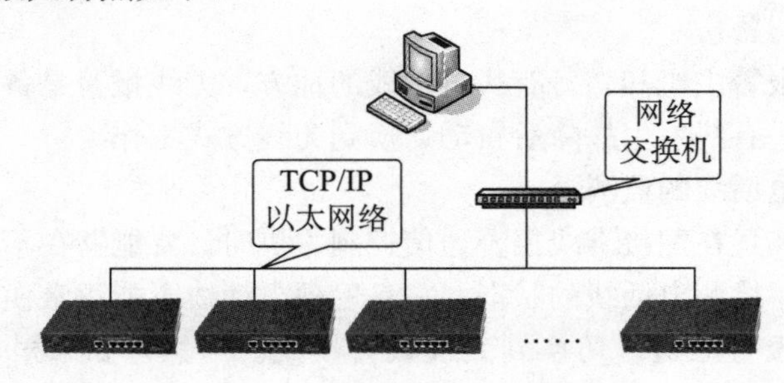

图 1-112　以太网在报警系统中的应用

1. 通信速度快

报警信息传输到管理中心只要几个毫秒，而总线制一般需要 1 秒，电话线路需要 15 秒左右。

2. 容量大

由于通信速度快，可以用网络报警主机组建最大容量的报警系统，特别适合作为大型城市、大型住宅小区的专业报警系统。而总线制由于传输距离原因，电话线制由于电话堵塞和速度慢的原因，都不适合大容量报警系统的建立。

3. 范围广

网络是无界的。对于一个网络报警系统来说，已经没有了传统地域的划分，只要网络到达的地方，都可以作为一个报警节点接入。由于网络传输的高速和网络的扩展延伸，能通过网络很方便地扩充多级报警中心，组建一个超级的行业型、区域型，甚至是全国的大型报警系统。

4. 网络结构也适合各级的管理模式

借鉴现有网络的拓扑结构，可以非常方便地根据现有环境的需要组建多级的管理机构，满足各层管理的需求。

5. 在线巡检、远程编程、双向通信

图 1-113 所示是网络报警器产品。由于采用在线 TCP 管道连接技术，中心可以在几秒内同时对上千个报警节点进行巡检，一旦断线或有故障，可以立即发现，可以有效解决传统电话线和总线报警系统的快速巡检和远程编程设定问题。

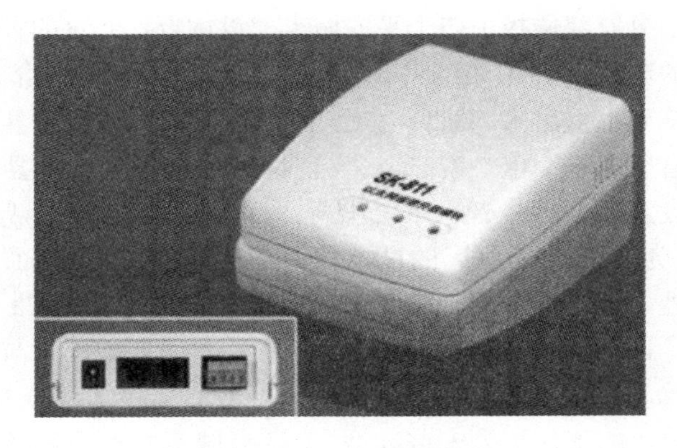

图 1-113　以太网报警模块

讨论分析

远程报警信号的传输方式有哪些？试简单比较其适用范围和优缺点。

任务二　远程联网报警系统的应用

学习目标

了解远程联网报警系统的概念、组成、功能及建设模式，熟悉报警中心的有关知识。

任务引入

以国家3111工程建设为背景，以城市联网报警系统的构建为目标，学习远程大型报警系统的相关知识。

【相关知识】

一、3111工程简述

在国家构建和谐社会和建设小康社会的进程中，安全是大众最关心的热点，和谐必须要有安全。政府的方针是求发展、求稳定、求和谐、求平安。

平安城市的建设，目前在全国范围内有比较大的声势，也有相当的力度。杭州是国内平安城市建设领先的城市，各个区县都有自己的方案。杭州做了多种方案，有用矩阵的，也有用DVR的，还有用网络编解码器的。公安部为此请全国各地的技防办的同志参加在杭州举行的一个现场会，观摩杭州平安城市建设情况并交流心得体会。在2005年8月公安部提出了开展建设城市报警和监控系统的意见。

在此之前，公安部选择了四个平安城市建设试点：北京的宣武区、浙江的杭州市、江苏的苏州市和山东的济南市，这四个城市都是经济比较发达的地区。在试点的基础上提出了“3111工程”。“3”是表示在省市县三级。第一个“1”是在每个省确定一个市，第二个“1”是每个市确定一个县，第三个“1”是有条件的县设定一个区或者一个派出所，计划在2008年完成。在全国确定了22个城市作为“3111工程”的试点城市。这22个城市除了一些个别的像福建省没有以外，基本上全国都覆盖了。公安部组织专家对22个试点城市的建设方案进行了评审，由于各省市的方案都存在着某些缺陷，与会专家指出了问题请他们修改。在这个基础上公安部对这22个城市的试点方案进行批复，同意进行下一阶段的工作。公安部在22个试点城市之外，在经济发达的沿海地区，还选择了21个城市作为科技强警的试点城市。

为了各个地方能够更好地实施“3111工程”，中国安全防范行业标准化技术委员会（TC100）组织专家编写了一个《城市监控报警联网系统通用技术要求》。

“3111 工程”是三级结构，第一层是在市公安局，这是指挥中心，第二级是在分局，第三级是在派出所或者街道，是一个三级工程。这三级全部要求联网运行，“3111 工程”要实现信息共享，是完全要联网的，可以通过浏览器实时浏览。“3111 工程”在市级中心有自己的网络，如公安网，有自己的网络系统交换路由设备。在区级有区级的中心，第三层是基本单元。基本单元就是派出所，或者街道，另外还有一些社会单元，如建立了监控网络的企业机关、党政单位，这样形成一个真正的在一个大的区域范围内的系统。

“3111 工程”工程是一个非常大的、非常复杂的系统工程，可以将它定义为巨复杂系统。首先是投资很大。广东东莞市投资 3 个亿，大庆市是投资 4.5 个亿，规模都比较大。第二个来说技术要求非常高。上万台、几十万台的摄像机联网是很不容易的一个事情，还要做到资源共享，在系统的可靠性和稳定性方面都有很高的要求。很多情况是国内没有过的，甚至在国外都没有做过。第三就是涉及的用户多。所有的单位，无论是党政机关、企业系统全部都要联进来。另外因为有新建的系统，也有已有的系统，要进行互联、互控，难度很大。从技术上涉及图像的采集、传输、存储、管理、共享等环节，都需要认真地对待。另外要构建这样一个系统，在技术上要做到尽可能的标准化，现在正在制订通用技术规则。第四是可靠，不能三天两头出问题。再一个要实用，要“傻瓜”化，要让最不会操作，最不懂得系统和计算机的人也能够方便的操作。还有这个系统应该根据需要可以做裁减，可以扩展，也可以删除。

二、远程联网报警系统概述

远程联网报警系统是依托现代通信网络和计算机技术，利用各种电子探测传感器、控制/通信主机和报警中心设备组成的自动报警系统。它几乎不受地域和用户数量的影响，具有反应快、容量大、组织灵活的特点，是当前国际通用的报警模式。

城市监控与联网报警系统是一个覆盖整个城市的大型综合监控系统，这就要求系统设计应从以下几点考虑：

（1）必须具有强大的接入能力，以实现大规模、大范围的监控点覆盖。

（2）必须支持灵活的接入方式，以适应各个监控点网络传输条件的差异性。

（3）必须能够整合已有的、分散的各个监控网络，以保证最大限度地利用现有资源，避免重复投资。

（4）必须具有集中管控功能，以保证整个系统可控制、易管理。

因此，系统的整体目标应该是一个数字化、网络化、智能化、集成化的“四化”平台。所谓数字化，指利用高效视频编解码压缩技术（如 MPEG-4、H.264），可以在已有的各类数字传输网络上以非常低的带宽实现远距离传输，而且可通过与计算机技术的结合实现灵活、丰富、广泛的多媒体应用。所谓网络化指以网络化的信号传输与控制为依托，通过设立中心监控平台实现对系统内所有报警设备的集中管理与控制，用户仅需通过IE浏览器登录中心监控平台，即可实现全网中各个报警点的控制和信息的调用与浏览。所谓智能化指监控平台以网络化传输、数字化处理为基础，以各类功能与应用的整合与集成为核心，实现单纯的报警联动向图像监控、GIS（Geographic Information System，地理信息系统）、GPS（Global Positioning System，全球定位系统）、流媒体、图像识别以及移动侦测等应用领域的广泛拓展与延伸。所谓集成化指在市局指挥中心应该是一个多系统的无缝集成，即监控报警系统、警务信息系统、GIS/GPS系统、指挥系统的高度整合，充分发挥科技力量，提高警务效能。

三、远程联网报警系统的组成和功能

1. 远程联网报警系统的组成

远程联网报警系统由用户端、通信媒介和接处警中心组成（如图1－114所示）。用户端包括各类探测器、控制主机；通信媒介可以是公共电话交换网、内部电话交换网、CDMA/GSM、Internet等；接处警中心由专用数字接警机、接警管理计算机、相应软件和辅助设备等组成。

图1－114　远程联网报警系统示意图

2. 用户端报警系统

用户端报警系统中（如图1－115所示），探测器是系统的输入部分，在网络前端负责信息采集、分析（部分探测器具有人工智能，能进行逻辑分析）的作用，当被感知的事件满足设定条件，探测器就会向主机发出信号报告警情。

报警控制/通信主机就像大脑一样，是用户端系统的处理部分。它负责控制、管理本地报警系统的工作状态，收集探测器发出的信号，对安装探测器所在防区的类型与主机的工作状态（布防/撤防）作出逻辑分析，进而发出本地报警信号，同时通过通信网络往中心发送特定的报警信息。前端报警系统的功能主要体现在报警主机的功能上。

3. 接处警中心

接处警中心是整个报警网络的信息控制和管理中心（如图1－116所示）。负责接收网络内所有控制通信主机的各类状态和警情报告；对前端设备遥控编

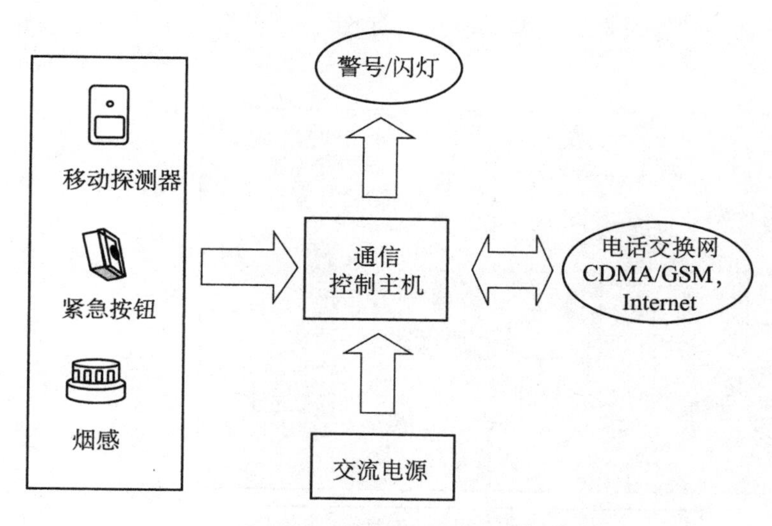

图 1－115　用户端报警系统示意图

程；监控本系统和通信线路工作状况。接处警中心的设备功能、组织形式、管理水平直接影响着整个网络，因此常把它比作远程联网报警的大脑和心脏。前端探测器报警后，通过控制通信主机将警情信息编码成数字信息，经通信网络传送到远程数字报警中心接收机，可以显示警情类型、发生时间、发生地点，可以通过网络或者其他设备报告或转达警情信息。为便于核查，接处警中心所有信息均自动保存，不可更改。

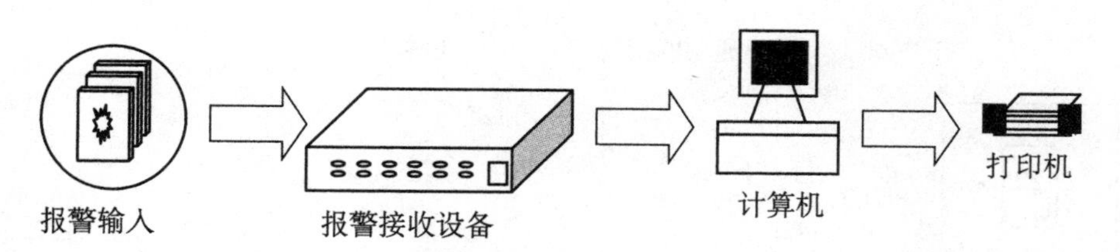

图 1－116　接处警中心示意图

4. 报警信息传输

报警网络跨地范围广，用户数目众多，要把每一个用户的报警信息快速、无误地传送到中心，需要一个稳定、可靠的信息传输网络，并且该网络必须有较好的覆盖范围。

四、远程联网报警系统的建设模式

1. 电话交换网模式

这种模式（如图 1－117 和图 1－118 所示）在我国已经广泛使用，该模式融合了电话网的普及性、报警接收机（如图 1 - 119 所示）处理速度快等两个优势。

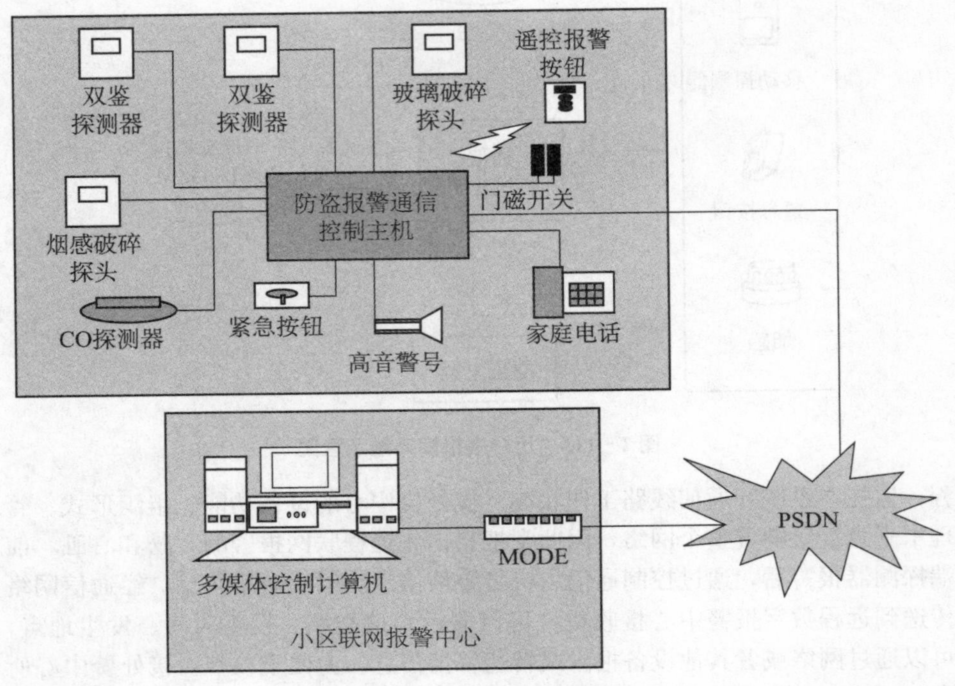

图 1 - 117　电话交换网模式

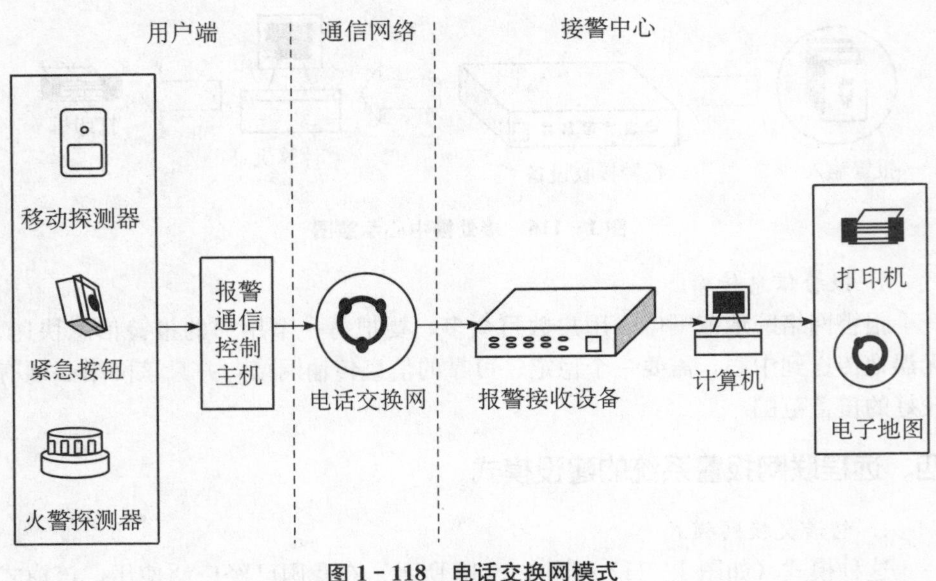

图 1 - 118　电话交换网模式

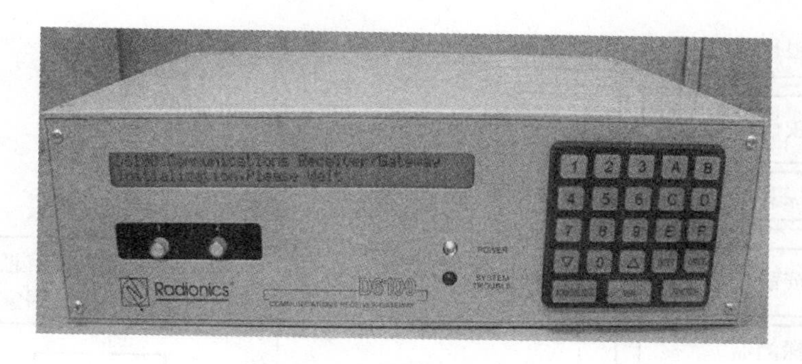

图 1-119　报警接收机

2. Internet 模式

该模式（如图 1-120 所示）使宽带用户利用已有的宽带网络来传递信息，而无需额外的费用，经济方便，适应性广。

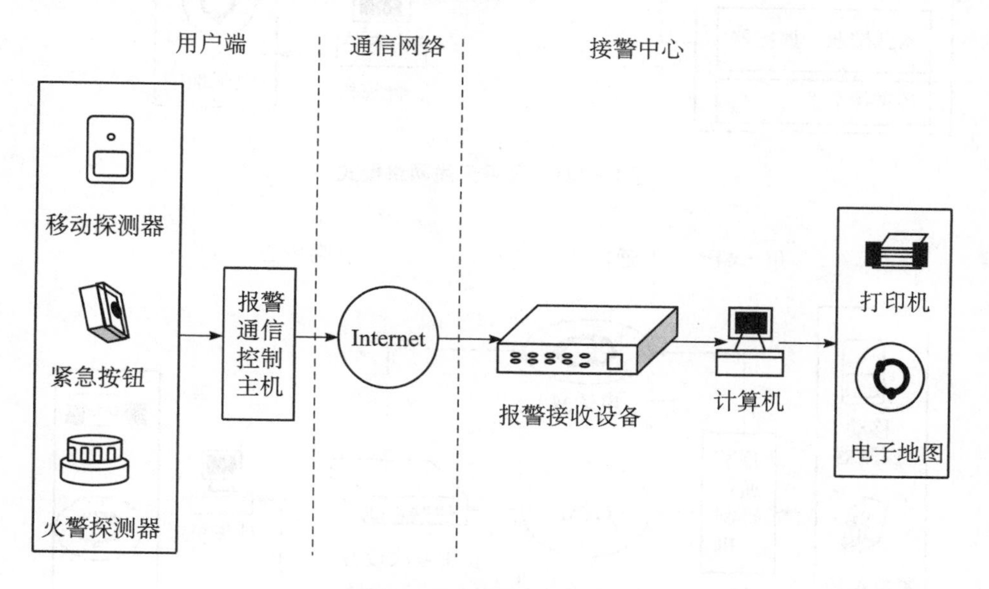

图 1-120　Internet 模式

3. 公用无线网络模式

该模式（如图 1-121 所示）利用中国公共移动通信网，技术成熟、覆盖面大、保密性高、综合运营成本低的特点，不需要单独组网。

4. 多传输模式

该模式（如图 1-122 所示）利用各种传输模式的优点，进行互补，最大地保证了远程报警信号传输的可靠、快速。

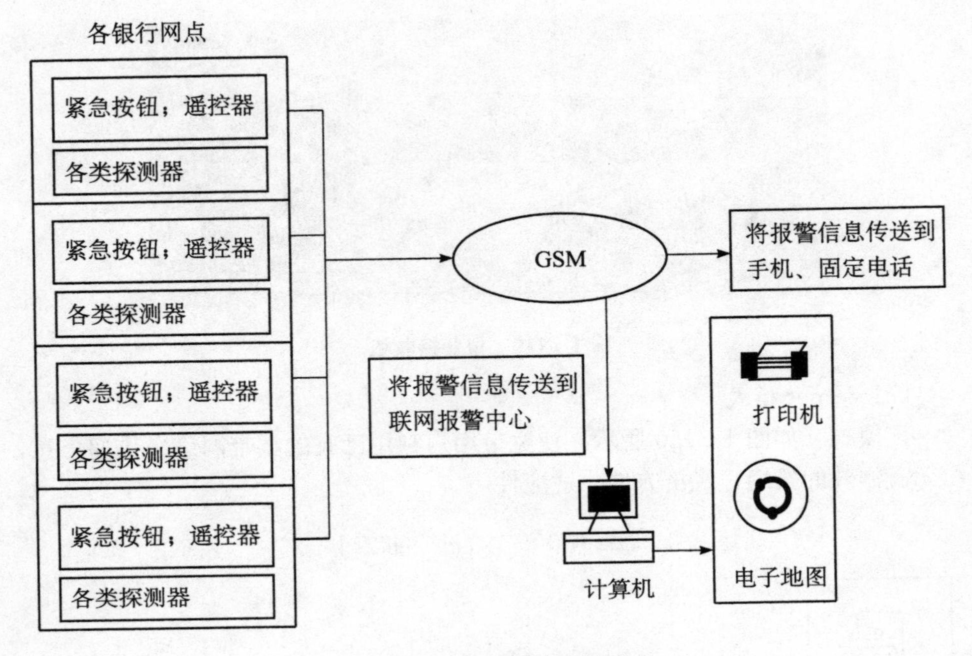

图 1-121　公用无线网络模式

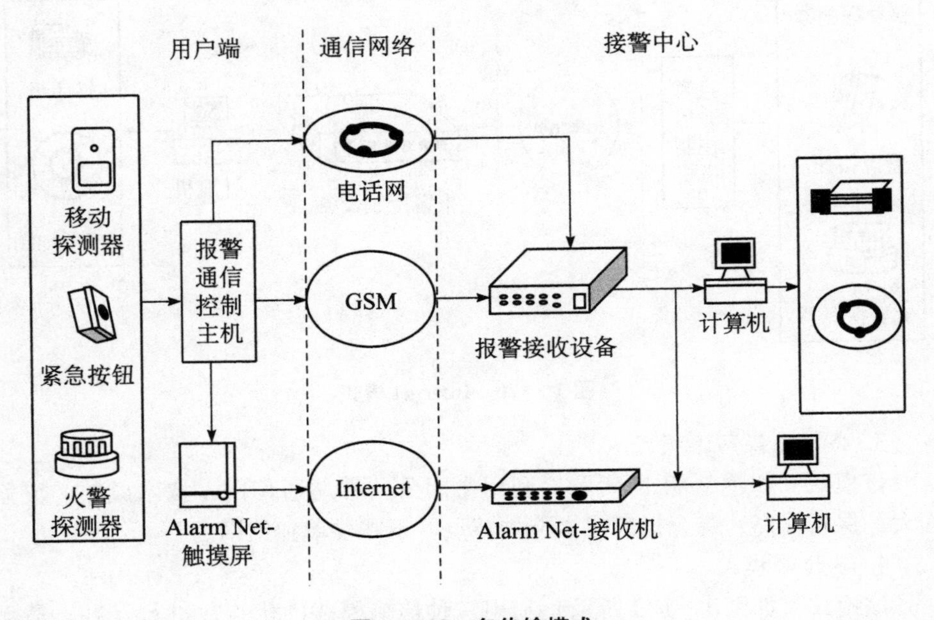

图 1-122　多传输模式

五、报警中心简介

（一）发展现状

联网报警系统目前在国内经济活跃的地区应用非常普遍，由于联网报警系统的很多优点，现阶段广泛被采用，沿海地区尤其走在全国的前列，为未来的区域联网模式探索新的运营模式。

在长三角和珠三角地区，报警中心星罗棋布，尤其在江浙一带，颇具规模的中心不在少数。联网报警系统的应用，使非法入侵犯罪率大幅度降低，有效地保证了人民生命财产的安全。

目前城市联网报警系统中心一部分设在公安局、派出所等单位（如图 1-123 所示），用户主要是银行、商店、工厂、写字楼、娱乐场所、旅店业等；还有以金融银行系统中总行为中心，其他分行及储蓄所为用户端的。

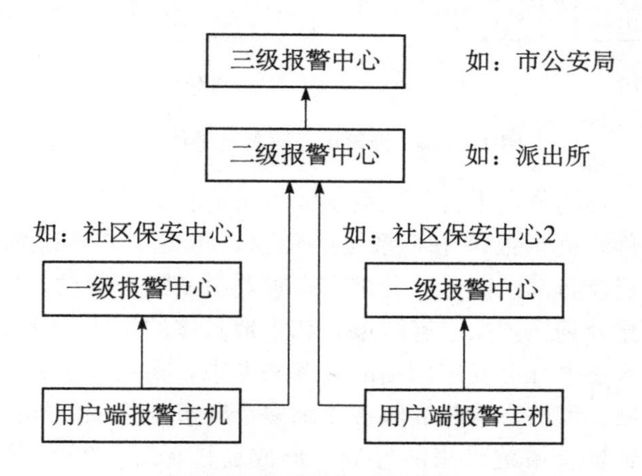

图 1-123　多级报警联网系统组网示意图

随着社会的发展，生活水平的提高，各种商业大厦、住宅小区也正意识到安装报警系统的必要性，人民群众在这方面的需求也越来越迫切，所以中心的服务群体从开始的公安局、派出所下辖单位，逐渐转移到商业大厦或住宅小区用户（如图 1-124 所示），这个潜在的市场群体会带给 110 区域联网一个崭新的课题：如何既能进一步优化对原有客户的服务，又能增强对急剧增长的社会用户兼收并蓄的能力。

（二）报警中心运营模式介绍

系统的运营模式通常由当地公安技防部门、运营商、设备服务提供商和保险公司四大部分来组成。

首先，公安技防部门负责整体报警中心联网技术规划、统一全市报警通信协议、下达社会固定目标报警系统建议安装办法，并负责报警系统的立项、审

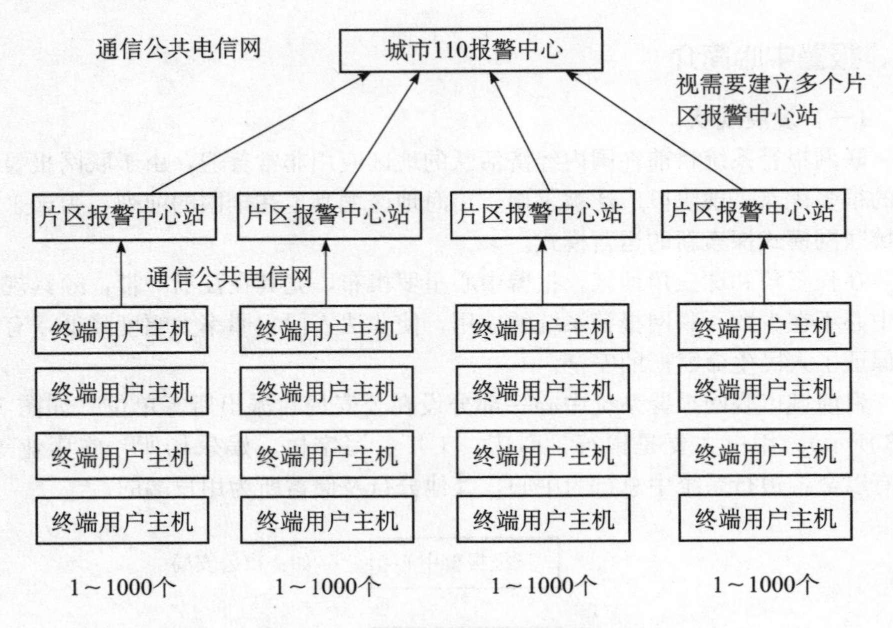

图 1-124　报警中心服务范围的扩大

核、验收环节，协调公安干警与社会安保力量的权益分配。

其次，运营商负责报警中心系统的建立，负责中心系统的日常运营、维护，并配合公安技防部门向全社会推广报警器材及配套器材。最终入网用户是硬指标，必须充分利用国家已有政策，和当地具体的技防管理办法，将社会固定目标报警纳入整个社会安定团结的高度来考虑，在具体实施上和社会报警项目的备案、立项、审核、验收、服务跟踪多个环节上采取同样的力度，才能让用户真正体验到报警系统带来的好处，形成良性循环。2004 年国务院颁发的《企事业内保条例》提供了一个很好的政策法律依据。同时运营商负责报警系统的入网费用、月费的收纳，保证整个报警系统可以良性运作，大幅增加了经济效益。

再次，设备服务商负责根据公安技防要求，积极开发推出适应的产品，进行配套，并配合运营商提供良好的售后服务和技术保障。产品质量的不稳定，漏报、误报的存在的确大大降低了运营商的积极性，设备厂家对技术力量、生产规模、售后服务必须非常重视，不能一味追求便宜而使运营商成为试验田。

最后，由保险公司负责为产品提供质量险，为使用用户、运营商在某种意义上降低了风险，也是市场开拓的一个有力支撑点。

（三）建设报警中心的建议

1. 容量设计

报警中心作为一个提供 24 小时监控服务的中心，中心响应时间和接收信息丢失率是两个比较重要的指标。特别是在上下班的高峰期，容易丢失布防和撤防信息，如果中心需提供每月报告记录给某些重点客户时就会出现记录不全的情况。还有些大型报警中心每天下班后需监控银行等重点单位是否已布防，这时候如丢失布防信息而又去询问客户，容易造成客户的不信任感。另外，如果在信息繁忙期间用户端报警，中心可能要几分钟后才能收到，更为严重的还会丢失信号。因此，对于报警中心，在发展到一定用户数量时，中心必须进行扩容，保证中心的快速响应。如某中心采用一套 CK 的 Modem 和 Monitor 软件接收两百多户，已处于饱和状态，可参考以下数据进行容量重新设计：1 条普通电话线 250 户，2 条普通电话线 600～700 户，4 条普通电话线加上模拟中继 1400～1800 户。

2. 兼容性

报警中心应根据市场中不同环境、不同客户群体的实际需求提供多种档次、规格的报警主机。如根据家庭、单位的承受能力，要推出多种可靠稳定、功能简单的小型报警主机；对于某些特殊需求，也可考虑一些最新技术的应用，如无线双网报警主机、带现场图像核实的报警主机等。改造旧中心时，在系统设备的选型上一定要考虑到前端主机通信协议的兼容问题，这样才能打开更多的未联网报警民用市场。

3. 可扩充性

报警中心系统应该具有可扩充性和系统瘫痪时的双备份功能。目前市面上主流的接警卡和接警机都具有一定的扩充性，主要区别在于接入电话线数量或扩展成本的不同。各地报警中心可根据当地的情况制订一定时间内用户数量的发展计划来选择适合自己的接警硬件。如采用某品牌的接警机，基本 4 线，可扩展到 32 线，扩展成本低，能兼容目前市面上主流的 CID、4＋2 和 CFSK 等协议，带来电显示功能。

4. 监控性

报警中心应该能做到以下两点监控：

（1）对报警中心接警设备的各种状态信息的实时监控。

（2）对报警中心接收到信息的来电号码监控，这对防止恶意骚扰、前端主机的通信稳定性非常有帮助。

5. 软件功能与选择

现在，报警中心在软件选择上结合自身注重管理和服务的特点，越来越多的要求接警软件能更加完善和丰富管理功能，操作方便快捷，提高工作效率。

（1）接警功能显示直观，操作简便。

（2）系统运行稳定，客户资料库的自动备份。

（3）系统维护、查询、服务、定时监控（用户按时布/撤防、中心上门巡检、收费监控)、打印等功能。

(4)信息二级转发的网络功能，非常有利于二级接警、出警(例如终端设在片区)和工程部的日常维护、服务(中心和工程部通常不在一起)。

(5)单机版、多级联网版、报警加视频复合等不同版本的选择。

(6)另外，报警中心软件的恰当选择，不是简单通过限制用户数量升级软件，而是应该根据报警中心容量和服务内容，选择不同档次的报警中心软件。不同档次的报警中心软件应该在设计上有很大区别。

(四)报警中心市场开拓

一个完整的报警中心，除了长期稳定的大客户，如银行、政府、重点企事业单位等，还需要发展相当数量的民用市场客户，如商铺、写字楼、旅馆、工厂、学校、网吧、酒吧、迪厅等。

1. 主管部门的强有力支持

当地公安和技防主管等部门，应响应目前全国各地如火如荼的平安城市建设需求，制定一份支持当地发展报警中心的政策性文件。好的报警中心不但能预防犯罪的发生，保护一方平安，也给公安部门减轻负担，增加政绩。

2. 设备服务商的选择

设备服务商选择的恰当与否，关系到设备质量和服务的好坏。目前全国绝大多数报警中心都采用进口防盗产品(如美国 Honeywell、德国 BOSCH、以色列 EL 等)，目的就是为了降低误报和漏报发生的可能性。而国产防盗产品在应用于报警中心时，客观上讲还是和国外品牌有一定差距。

3. 制定合理的收费标准

依据各地的实际经济情况，针对不同的客户群体如银行、商铺、私人用户等制定合理的收费标准。目前报警中心比较流行的做法是采用租赁式，以合同的形式与客户签约，客户需一次性交纳两年左右的入网费，中心承诺免费提供一套防盗产品供其使用。一旦因为客户不按时交纳费用导致合同失效，中心有权收回该套防盗产品，只要产品无损坏，仍能继续提供给其他入网的客户使用，这种方式对客户更具有吸引力。当然需注意的是这种方式和已经入网的传统客户收费方式不能有太大的冲突。

4. 多种途径的宣传方式

可以印制一份精美的彩页，内容包括了报警中心或公司的简介、入网的重要性、政策与保险的支持、完整的系统图片等。当然，文字描述尽量通俗易懂，目的就是为了让客户充分感觉到的服务是为他们的生命与财产着想；也可以通过报纸、报刊、杂志甚至电视等媒体刊登报警中心的广告。

5. 专业的销售团队和技术团队

今天的市场经济已经不能再采用坐在公司等客户上门的传统方式了。应该招聘一批懂市场销售的业务员，先对他们进行报警中心行业专门培训，使其对行业产生一定认识，并意识到入网的重要性，再将他们投入到市场中，将其收入与业绩挂钩。技术服务人员也应该先培训再上岗，同时进行技术和服务的相关培训，并通过工作实践不断提升技术处理水平。而公司则保障有完善的管理体系，比如报警中心管理，工程质量控制，售后服务体系等，一切围绕报警中心运营来配合。

6. 接处警

目前接（处）警中心在接处警方面主要还是依靠公安部门的配合，但存在警力不够的客观因素。如果要发展市场，可以考虑在适当的时候建立自己的出警队伍。

讨论分析

1. 远程联网报警系统的组成形式和功能有哪些？
2. 简述报警中心的发展和功能简介。

模块二 视频安防监控系统

视频安防监控系统是安全防范体系中防范能力极强的一个综合系统，其作用和地位日益突出。该系统从早期作为一种报警复核手段，到目前充分发挥其实时监控的作用，已成为安全防范体系中不可或缺的重要部分。

视频安防监控系统可以及时地传送活动图像信息，利用摄像设备，值班人员通过控制中心的监视器可以直接观察、监控摄像现场的情况。可以通过远程遥控装置，控制摄像机改变摄像角度、方位、镜头焦距等技术参数，从而实现对现场大区域的观察和近距离的特写，并可以通过录像设备进行记录取证。

视频安防监控系统通常由三部分组成，其结构如图 2-1 所示。

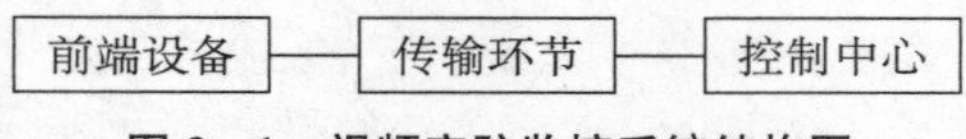

图 2-1 视频安防监控系统结构图

前端设备的主要功能是完成图像信息的采集。摄像机是核心，其他的辅助设备都是围绕摄像机配置的，如镜头、云台、防护罩、照明等设备。

传输环节的主要功能是完成系统中各种信号的传递。视频信号的传输是构成图像系统的关键环节，高质量的传输是系统设计的关键，特别是对于大型的、远程控制的系统。

控制中心集中了图像信息的显示、存储、分配、合成、附加信息叠加等设备和系统控制、远程传输等设备，是系统中技术含量最高的部分。

监控系统根据其前端摄像机的数量可分为小型、中型、大型监控系统。

项目一 小型视频安防监控系统

前端监视点数量较少且距离控制中心距离不太远（如小于 300m）的视频安防监控系统属于小型系统。小型视频安防监控系统的主要任务有两个：一是在监控中心的监视器上显示现场图像，即完成现场图像的监视，这是监控系统的基本功能；二是通过云镜控制器对前端云台、镜头控制，以扩大监视范围。

任务一　摄像机的原理与应用

学习目标

了解摄像机的基本结构及工作原理，掌握摄像机的性能指标，能根据现场情况选择、使用不同款式、不同参数的摄像机。

任务引入

在监控系统中要获取监视现场图像必须采用摄像机，其性能指标对整个系统至关重要，是决定系统图像质量的重要因素之一。

【相关知识】

在视频安防监控系统中，摄像机是最重要的核心设备，其中作为生成图像信息的传感器在大多数情况下基本上决定全系统的图像质量。摄像机作为系统的前端设备，在系统中使用量最大，要求在各种环境条件下（公开、隐蔽、光照、气候）获得良好的图像。

一、摄像机的扫描制式

摄像机是把现场景物的光学图像转变为电信号，传送到远端后，再由监视器还原为光学图像。在这里，摄像机必须完成两个转换：

一是光学图像转换为电图像。通过光学系统将一个三维空间的光学图像成像在一个焦平面上，摄像机将光学图像转换为电信号。电信号的多少、大小与光信号的强弱、高低成比例。这一转换是由光电器件来完成的。

二是把空间分布的电图像信号转换为时间顺序的电信号。由光学图像转换成的电图像信号还不是可以远距离传播的电信号，必须进一步转换，使之成为时间轴上连续的电信号，才能成为一种可变换、处理、传送的电信号。这个转换通过所谓“扫描”的过程来实现。

扫描是把空间分布的电图像转换为时间连续的电信号的过程，同时也是对图像分解的过程。对图像的分解越细致，对图像细节的描述越充分，图像信号载有的信息量就越大。

（一）图像分解

1. 扫描

扫描是对一帧图像的分解。通常是把一帧图像在垂直方向上分解成若干条线，因此，扫描是在水平方向上完成一行后，再向下移动一行，前者称为水平扫描（行扫描），后者称为垂直扫描（场扫描）。一帧图像分解成的线数越多，图像越细致，图像的分辨能力越高。

2. 帧频（场频）

对一帧图像进行分解（扫描）仅是描述一幅静止的图像，对于运动（连续）的图像，必须用多个连续的单帧图像的组合来描述。根据人眼视觉暂存的生理特征，通常每秒有 20 几帧图像，就会感觉到是一个连续图像效果。电视就是用每秒钟扫描 25 帧图像的方法描述运动的图像。单位时间图像的帧数和扫描对图像的分解，表示对图像信息的表达能力（空间分辨或图像细节、时间分辨或连续性）。图 2－2 所示为扫描的示意图。

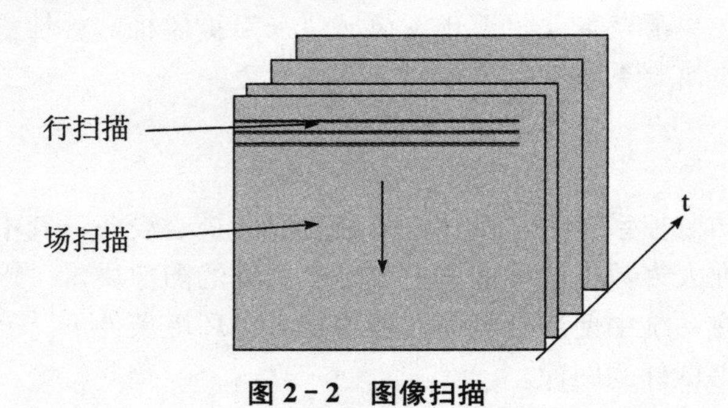

图 2－2　图像扫描

（二）图像扫描

1. 电视扫描过程

电视扫描由两个过程组成：

（1）行扫描：从左向右（水平方向）的扫描。

（2）场扫描：从上向下（垂直方向）的扫描。

2. 图像扫描方式

图像扫描通常有两种扫描方式：

（1）逐行扫描。垂直扫描是按水平扫描线逐行由上向下进行。计算机显示器通常采用这种方式。

（2）隔行扫描。将一帧图像分为两场图像，一场由奇数行组成，称为奇数场；一场由偶数行组成，称为偶数场。两场分别进行图像扫描，完成奇数场扫描后，再进行偶数场的扫描。两场扫描叠加起来，构成一帧图像。现行电视扫描就是这种方式，目的是为减轻图像的闪烁现象。图 2－3 为隔行扫描的图像帧与图像场的关系。

3. 电视系统的两个基本参数

（1）行频，即行扫描的频率，等于帧频乘以一帧图像的扫描行数。

（2）帧（场）频，即每秒扫描图像的帧（场）数。

图像的分解表示对图像描述的细致程度，行数越多，对图像细节的表示就越充分。描述得越细致，所需的频带越宽。显然，这要受到当时技术条件的限

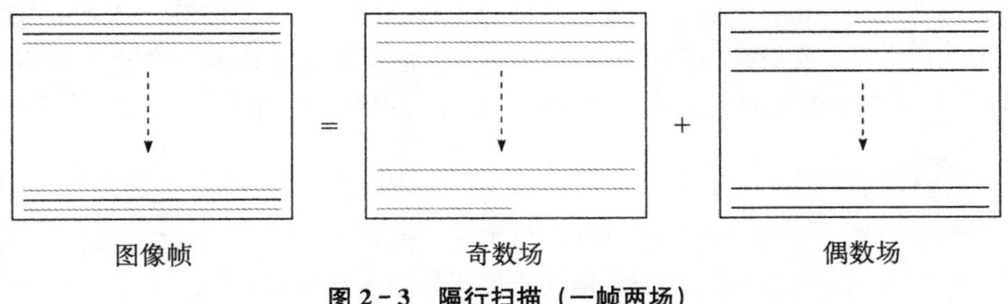

图 2－3　隔行扫描（一帧两场）

制，因此，在确定这些参数时要充分利用人视觉的生理特性：即根据视觉的空间分辨能力确定图像分解的线数，根据视觉的暂存特性确定每秒表示图像的帧数。

我国现行电视制式规定：每帧图像分解为 625 线，每秒有 25 帧图像。因此，其行频为 15 625Hz，帧频为 25Hz，场频为 50Hz。可以说，在当时的技术条件下，这是最好的了。随着技术的发展，人们对图像又提出了更高的要求，希望采用最新的技术，去获得更好的视觉效果。于是出现了高清晰度电视，它要求帧频加倍、每帧图像的扫描线数加倍。

新的视频技术，特别是数字视频都是采用像素的阵列来表示图像。一帧图像可以分解为若干个成矩形阵列排列的有一定几何尺寸的微小单元，这些微小单元称为像素。

（三）视频信号

通过光电器件和扫描产生的电信号代表图像的亮度信息，称为图像信号。但仅用这些信息表示图像是不够的，必须还要有这些亮度信息所对应的空间位置的信息，它由同步信号来表达。因此，完整的电视信号由图像信号和同步信号两部分组成，严格地讲还有消隐信号，如图 2－4 所示。

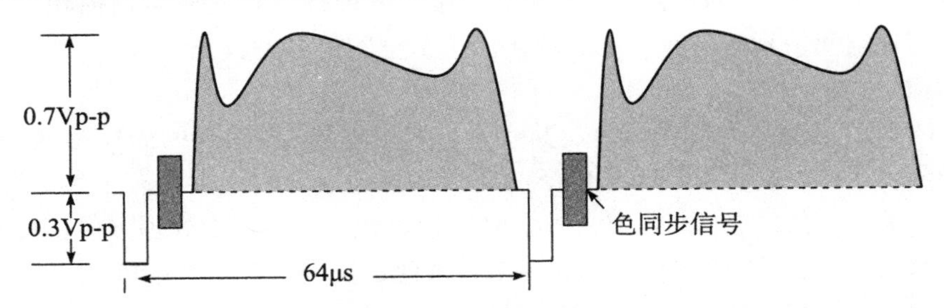

图 2－4　视频信号示意图

同步信号分为场同步和行同步两种，分别表示场扫描和行扫描的起始点及时间顺序，所以载有图像（亮度）信号的空间信息，它保证电视系统在还原图像时，显示图像的真实和稳定。

通常人们把摄像机输出的电视信号称为基带信号或视频信号，其频率范围从DC一直到几兆赫兹，甚至于十几兆赫兹。把视频信号调制为高频电视信号（电视台向空中播放的）称为射频信号，载频可以从几十兆赫兹到几千兆赫兹。

二、摄像器件

摄像器件，又称光电转换器件，是摄像机的核心器件，它通常要完成电视系统的两个基本转换。这两个转换在摄像器件中表现为：

光电转换：摄像器件实现的第一个转换是光电转换，把焦平面的光学图像（景物通过镜头成像在焦平面）转换为电图像。完成这个转换的是由特殊光电材料构成的感光面（焦平面），通常称为靶面。当光（子）照射到靶面（光电材料）时，将产生光电子（电荷），同时，光电子还可以积累、存储在相应的区域内。光电子的数量与照射光强成正比，这是光电材料的物理特性所决定的。当镜头把景物成像在焦平面上时，焦平面的另一面就会生成一个与其相对应的电图像。

电视扫描：将空间信号转换成时间连续的信号，通过读出靶面电图像来完成。

（一）常用摄像器件

目前，应用最广泛的摄像器件有两种，即CCD和CMOS器件，它们都是像素化的器件。像素化器件是由光电转换单元阵列组成靶面。其光电转换的机理基本相同，但信号的读出方法差别很大。

（1）CCD采用电荷转移的方法读出每个光电二极管积累的电荷，通过帧转移和行转移的方式，产生连续的电视信号。

（2）CMOS器件的光电转换单元等效于一个电容器，电荷积累并存储在电容中，当开关晶体管导通后被读出。通过寻址控制，完成与扫描相同的过程，实现空间信号向时间信号的转换。这个空间信号的读出方式与DRAM是基本相同的。

CMOS器件最近发展快速，其实它与CCD是同时出现的固体摄像器件，由于分辨率的限制，没有得到广泛的应用。近来在分辨率方面有了大的突破，这样一来，它供电电压低、功耗小、转移速度快、单一像素处理方便，特别是工艺与LSIC的兼容性等优点突显出来，因此，发展很快，在手机、Web摄像机方面得到了广泛的应用。

（二）CCD的基本原理

CCD（Charge Coupled Device）称为电荷耦合器件，是20世纪70年代初受磁泡存储器的启发作为金属氧化物半导体（Metal Oxide Semiconductor，MOS）技术的延伸而产生的一种半导体器件。

CCD是由一行行紧密排列在硅衬底上的MOS电容器构成的。CCD是一种把信息转化为电荷包形式并进行存储、转移的器件，可作为移位寄存器和模拟延时线来用。在摄像机中，CCD起转换器的作用，它把光强度随空间分布的变化（在CCD靶面上各像素点的光照度不同）转换成电信号随时间的变化（以时间轴为基准，CCD传感器在不同时刻输出的电压值是不同的）。

CCD就像传统摄像机的底片一样，是感应光线的电路装置，好比一颗颗微小的感应粒子，铺满在光学镜头后方，当光线从镜头透过投射到CCD表面时，CCD就会产生电流，将感应到的内容转换成数码资料储存起来。CCD像素数目越多，单一像素尺寸越小，收集到的图像就会越清晰。

CCD主要是由一个类似马赛克的网格、聚光镜片以及垫于最底下的电子线路矩阵所组成，如图2-5所示。

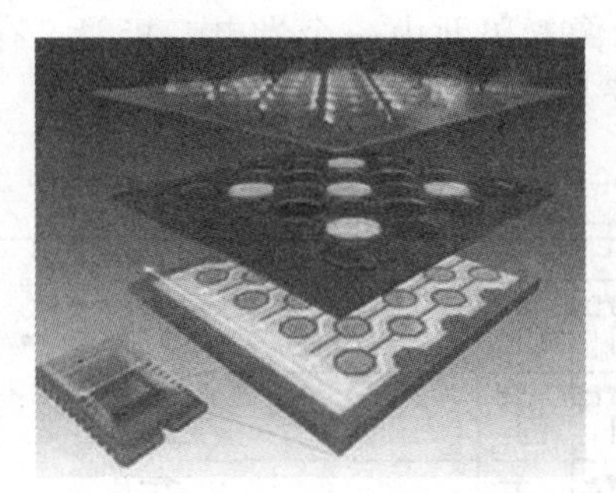

图2-5 CCD组成示意图

CCD作为摄像机中的光电传感器，必须能接受一幅完整的光像，所以CCD必须排列成二维阵列的形式，称为面阵CCD。面阵CCD通常有如图2-6所示的三种基本类型。

图2-6（a）是FT（帧转移）方式。摄像器件分为光敏成像区和存储区两部分。在场正程期间，在光敏成像区积累信号电荷；在场消隐期间，由垂直CCD移位寄存器把信号电荷全部高速传送到存储区，存储区的信号在每一行消稳期间向前推进一行。在行正程期间，由水平CCD移位寄存器逐像素读出信号。

图2-6（b）是IT（行转移）方式。这种方式的光敏单元彼此分开，各个光敏单元的信号电荷包通过转移栅转移到不照光的垂直方向的转移移位寄存器中，然后再按顺序从各行的转移寄存器转移到输出寄存器中，这种方式的时钟电路稍复杂一些。

图2-6（c）是FIT（帧行间转移）方式。成像区与行间转移型CCD相似，成像区与存储区的关系与帧转移型CCD相似。在帧行间转移型CCD中，电荷包从成像区向存储区转移是在场消隐期间进行的，而且是在光屏蔽和存储

列中进行的，基本上不存在拖尾。

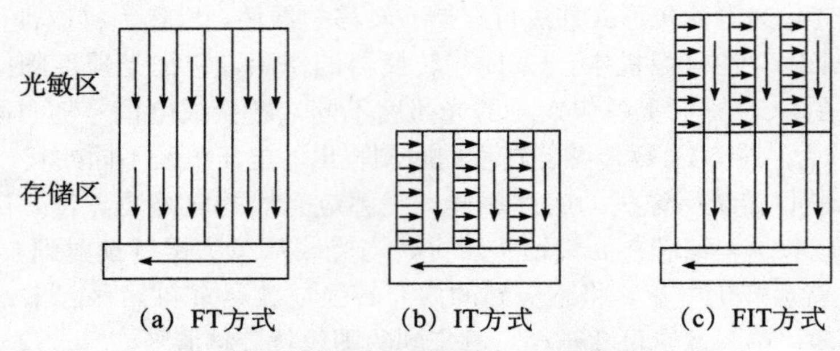

图 2-6　面阵 CCD 的三种基本类型

（三）CMOS 器件

CMOS 摄像器件的像素单元由一个光电二极管、存储电容器和一个开关晶体管组成，如图 2-7 所示。

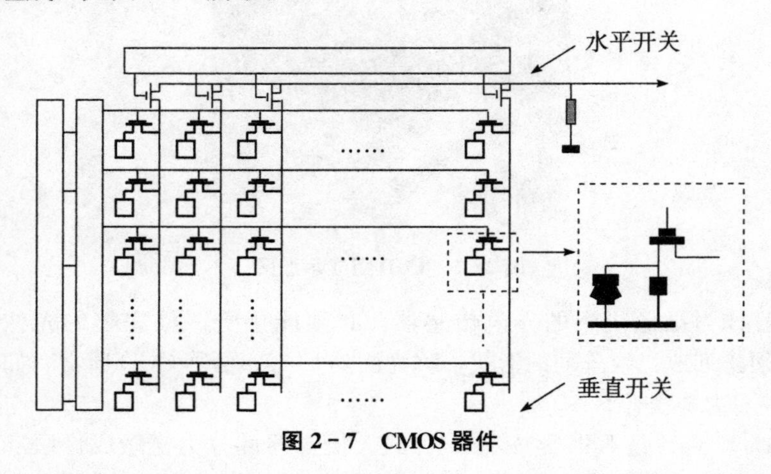

图 2-7　CMOS 器件

光电二极管完成光电转换，接受入射光照，产生光电子，光电子则存储和积累在相并联的电容器中。这个过程与 CCD 基本相同，但信号的读出方法相差很大。CMOS 器件利用垂直开关晶体管阵列和水平开关晶体管线阵（数量与像素列相同）构成选址方式，控制相应的垂直和水平晶体管的导通，就可读取每个单元的电荷。这种结构非常类似于动态随机存储器。定义每个单元的地址、通过垂直和水平移位寄存器实现选址，就可按电视扫描的要求，顺序地输出各像素的电荷，产生图像信号。

CMOS 摄像器件感光区面积大，灵敏度高，工作电压低、功耗小、转移速度快。但每个开关晶体管性能的微小差异都会产生固定的图形杂波，在整体性能上与 CCD 摄像器件相比还有差距。CMOS 的制造工艺与 LSIC 的工艺相同，利于高集成度的生产，将摄像器件与信号处理电路集成在一起，便于产品小型化。

三、CCD 摄像机

摄像机具有黑白和彩色之分，下面主要介绍 CCD 摄像机的电路原理和目前应用最普遍的 CCD 摄像机。

（一）CCD 摄像机的电路

以黑白摄像机为例来介绍 CCD 摄像机的电路结构可以清楚了解摄像机的基本信号流程、主要电路和摄像通常采用的几种视频信号处理方法。黑白 CCD 摄像机电路框图如图 2－8 所示。

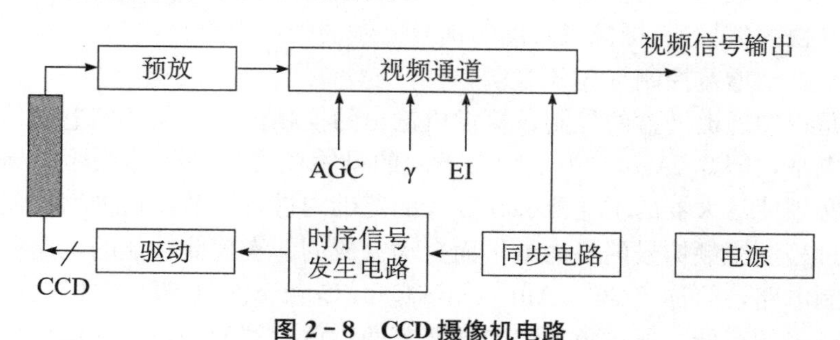

图 2－8　CCD 摄像机电路

1. CCD 的外围电路

CCD 的外围电路包括时序信号发生电路和驱动电路。它要提供 CCD 各电极的工作电压，使 CCD 处于正常的工作状态。在同步信号的控制下产生各驱动电极所需电压的波形和相位，并通过驱动电路按额定值供给相应的电极，使 CCD 按电视扫描的时间顺序进行电荷转移。顺序读出各像素的信息，形成图像信号。驱动电压有两组，一组是供给 MOS 单元和垂直移位寄存器的垂直转移电压（VD），一组是供给水平移位寄存器的水平转移电压（HD）。

2. 同步电路

同步电路的功能是产生同步信号，并与图像信号复合产生符合电视制式规定的电视信号。它的作用是使图像信号带有空间位置信息，使接收设备能够正确地还原图像。通常是由时钟的分频电路产生系统的场频脉冲和行频脉冲，再按电视扫描的时序关系，产生极性、幅度、宽度符合规定的复合同步信号（包括场同步、行同步及消隐信号），与图像信号复合后的电视信号又称复合电视信号或全电视信号。彩色复合电视信号还包含色度信号和色同步信号。彩色摄像机的彩色副载波也是由同步电路产生的。摄像机如具有电源锁相功能（又称电源同步方式），同步电路应与摄像机供电电源（交流）的相位锁相。

3. 预放电路

由 CCD 输出的图像信号是很微弱的，首先要进行放大处理，预放电路对图像信号的 S/N 有较大的影响，因此在设计时要十分慎重。CCD 摄像机的预放电路必须具备取样保持功能，因为 CCD 输出的图像信号是离散的，就是说 CCD 输出电路输出的波形只有一部分是图像信号，其余是复位电平和干扰，必须通过取样和保持电路使之平滑成为连续的，并真实表示像素光电转换状态的图像信号，相关双取样技术（CDS）是最常用的方式。为保证取样的精确性，取样脉冲是由驱动电路提供的。

4. 图像信号处理电路

图像信号处理电路又称视频信号处理通道。它是将预放后的图像信号进行适当的处理，最后与同步信号复合，经输出电路产生摄像机的输出——复合电视信号（视频信号）。摄像机对图像信号所做的处理主要有：

（1）自动增益控制（AGC）

这是视频通道增益的控制，摄像机输出的视频信号必须达到电视传输规定的标准电平，即 $0.7V_{p\text{-}p}$。为了能在不同的景物照度条件下都能输出标准视频信号，必须使放大器的增益能够在较大的范围内进行调节。这种增益调节通常都是通过检测视频信号的平均电平而自动完成的，实现此功能的电路称为自动增益控制电路，简称 AGC（Automatic Gain Control）电路。它根据摄像机输出信号电平的高低，通过负反馈自动调节通道放大器的增益，保证摄像机有一个相对稳定的输出。由于摄像机输出信号与摄像机的进光量成正比，因此，视频通道的增益调整起到补偿摄像机进光量变化，扩大摄像机动态范围的作用。

（2）γ 校正

它是电视系统的一种预失真处理，是对显示设备电/光转换非线性的补偿。由于在广播电视系统中，信号源（摄像机端）是少量设备，而接收显示设备为大量的设备，因此，对后者的失真，采用前者的预失真进行补偿是经济、方便的方法。所谓预失真，就是按显像管的电/光转换特性的相反特性，设定摄像机的光/电转换特性，两个特征曲线复合在一起，使整个电视系统得到一个线性的光/电特性。系统能够真实地还原图像，而且人的视觉效果为最佳。摄像机预失真的光/电转换特征曲线通常为 2γ，γ 值一般取 0.4～1。

（3）电子光圈（EI）

这是 CCD 摄像机特有的功能，也是它的特点之一。CCD 势阱在场扫描的正程期间，进行电荷的存储和积累。在场扫描的逆程期间进行转移，如果景物的亮度过高，CCD 感光面接受的光强过大，积累电荷会过多，造成图像过饱和（白），这种情况通常超出 AGC 的调整范围。如果整个感光面都是如此，甚至出现势阱容不下过多的电荷而溢出，图像将失去层次感，无法观察。CCD 的溢出控制功能可以解决这个问题，通过泄漏掉部分积累的电荷，避免出现过饱和现象。这种调节相当于控制每场周期内电荷积累的时间（相当于摄影的曝光时间），起到相当于改变镜头光圈的作用，因此称为电子光圈（快门）。图像处理电路主要根据图像信号的电平来生成控制脉冲，通过驱动电路改变 CCD 的电荷积累时间。EI 的调节范围要比 AGC 大，在光照条件变化不是很大的情况下，可以代替自动光圈镜头的作用，而且减小积累时间，有利于摄取清晰的运动图像。

目前，视频通道采用 DSP（数字信号处理器）非常普遍。在视频信号处理时，先通过 A/D 转换将模拟图像信号数字化，然后在数字方式下进行上述的各种处理，最后经 D/A 转换，还原为模拟视频信号，作为摄像机的输出信号。这种摄像机不是数字摄像机，只是采用数字处理技术的模拟摄像机。

5. 电源电路

电源电路向摄像机所有电路供电。CCD 摄像机供电方式主要有直流、低压交流（AC 24V）和高压交流（AC 220V）。电源电路将输出电源电压转换成不同电路所需的、各种幅度的直流电压，并保证提供足够的功率。

（二）彩色 CCD 摄像机

为了能输出彩色电视信号，摄像机电路中要处理红（R）、绿（G）、蓝（B）3 种基色信号。因此，首先要对景物的光学图像进行分光（色），把一帧图像分解为三个基色分量图像。仿照早期的 3 个摄像管式的摄像机工作原理，最初的彩色 CCD 摄像机都是由三片 CCD 图像传感器配合彩色分光棱镜及彩色编码器等部分组成。随着技术的不断进步，通过在 CCD 靶面前覆盖特定的彩色滤光材料，用两片甚至单片 CCD 图像传感器也可以输出红、绿、蓝三种基色信号，从而构成两片式或单片式彩色 CCD 摄像机。目前的三片式彩色 CCD 摄像机属于高档产品，几乎全部用于广播电视系统及高档民用系统，而应用于视频安防监控系统中的彩色摄像机则绝大多数都是单片式的。

1. 三片式彩色 CCD 摄像机

图 2-9 是三片式彩色 CCD 数字摄像机的原理图。

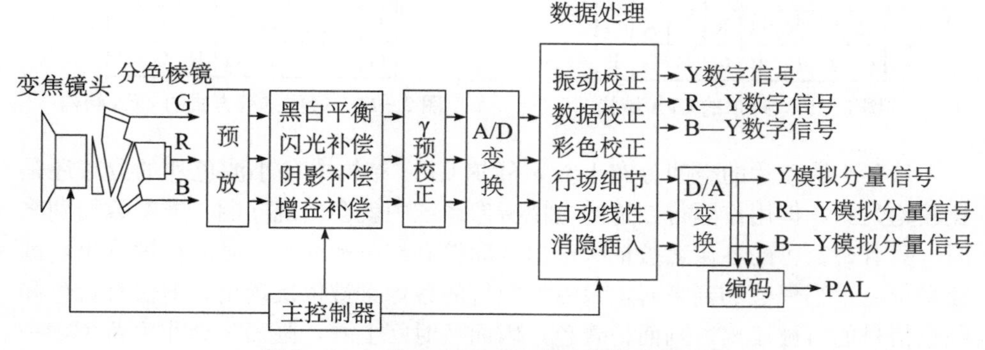

图 2-9　三片式 CCD 彩色数字摄像机原理图

被摄物体的光线从镜头进入摄像机后被分色棱镜分为红、绿、蓝三路光线投射到三片CCD传感器上，分别进行光电转换后变为三路电信号R、G、B。该信号经预先放大和补偿后送入A/D变换器，变换成相应的三路数字信号，再送入数字处理器进行各种校正、补偿等处理，最后输出三路数字信号Y、R—Y、B—Y（Y为亮度信号）。为了使数字摄像机适应其他模拟设备，经D/A变换后输出的三路模拟分量信号，最后经彩色编码后输出一路PAL制式全电视信号。由于每种基色光都有一片CCD传感器，因此可以得到较高的分辨率。

2. 单片式彩色CCD摄像机

在应用电视中所用的彩色摄像机都是单片式彩色CCD摄像机。由于一片CCD传感器要对三种基色光感光，因而单片式彩色CCD摄像机的分辨率较低，但成本也降低了许多。

单片彩色CCD摄像机用一个CCD传感器产生R、G、B三种颜色的信号，必须用彩色滤色器阵列（CFA）将光进行分色。

从物理结构上看，CFA相当于在CCD晶片表面覆盖数十万个像素般大小的三基色滤色片，而这些微小的滤色片是按一定的规律排列的。图2-10所示为拜尔提出的CFA结构，图中标有R、G、B的小方块分别表示红、绿、蓝三基色滤色片。由该结构可以看出，绿色的滤色片占了全部滤色片的一半，而红色和蓝色滤色片分别占全部滤色片的1/4，这是因为人眼对于绿色的敏感度要比对红、蓝色的敏感度高。

R	G	R	G	R	G	R	G
G	B	G	B	G	B	G	B
R	G	R	G	R	G	R	G
G	B	G	B	G	B	G	B
R	G	R	G	R	G	R	G
G	B	G	B	G	B	G	B
R	G	R	G	R	G	R	G
G	B	G	B	G	B	G	B

图2-10　拜尔的CFA结构

R	G	B	G	R	G	B	G
G	R	G	B	G	R	G	B
R	G	B	G	R	G	B	G
G	R	G	B	G	R	G	B
R	G	B	G	R	G	B	G
G	R	G	B	G	R	G	B
R	G	B	G	R	G	B	G
G	R	G	B	G	R	G	B

图2-11　行间排列方式的CFA结构

从各小滤色片的空间分布上看，拜尔CFA结构中各小滤色片的分布还是比较均匀的，但用作隔行扫描的电视摄像系统中就会出现问题。当奇数场到来时，只有奇数行的各像素被依次读出，即仅有红色和绿色信号的行被读出，画面呈黄色；当偶数场到来时，只有偶数行的各像素被依次读出，即仅有蓝色和绿色信号的行被读出，画面呈青色。因而从时间上看，画面一会儿为黄色，一会儿为青色，产生了半场频的黄～青色闪烁。

实际应用中多采用如图 2－11 所示的行间排列方式的 CFA 结构。在这种结构中，绿色小滤色片的排列方式不变，而红、蓝色小滤色片被安排得每行都有，因而无论是奇场还是偶场，红、蓝信号都被均匀读出，消除了半场频的黄～青色闪烁。

图 2－12 是采用滤色器的单片 CCD 彩色摄像机原理图。单片 CCD 传感器输出信号为红、绿、蓝混合信号，必须通过彩色信号分离电路分解出红、绿、蓝基色信号。由于 CCD 传感器的输出信号是由时钟驱动脉冲控制的，与时钟脉冲有严格的对应关系，因而在取样保持电路中采用由时钟驱动脉冲形成的相位与时钟脉冲一致的脉冲取样，可分离出相应的基色信号。

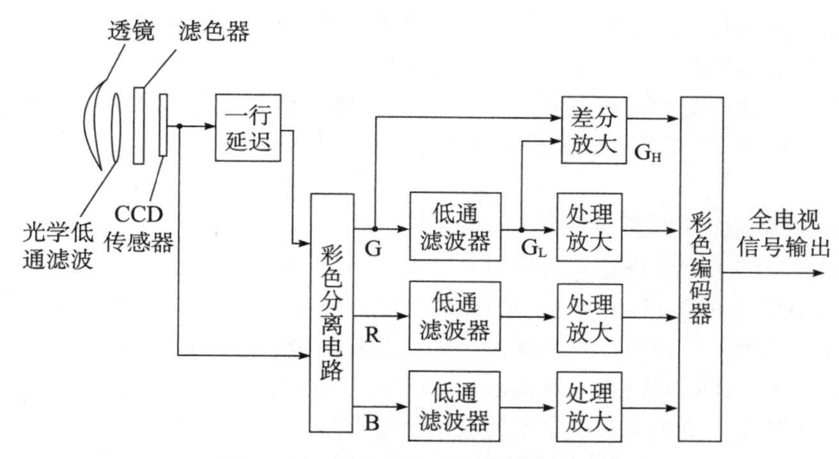

图 2－12　单片 CCD 彩色摄像机原理图

对于这种结构的摄像器件，进行隔行扫描时，光敏单元和滤色器的排列关系如图 2－13 所示。在垂直方向上每一个滤色器对应两个光敏单元，在水平方向上，每一个滤色器对应一个光敏单元。而且，奇数场由各滤色器单元的上部像素承担，偶数场由各滤色器单元的下部像素承担，两个扫描合起来就可得到对应于行间排列的电信号。

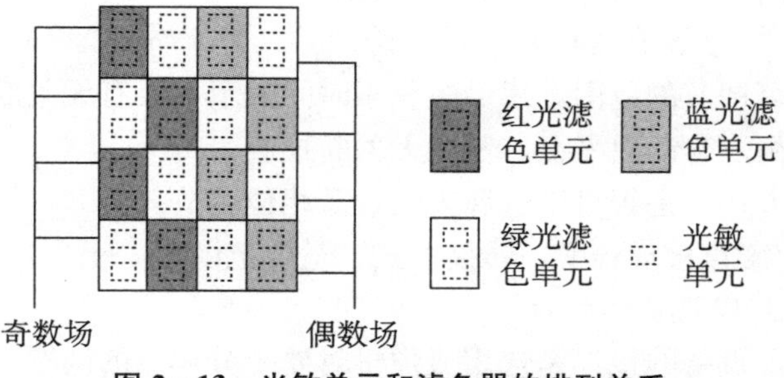

图 2－13　光敏单元和滤色器的排列关系

四、摄像机的评价

摄像机的评价是电视测量的主要内容，主要从技术上对摄像机进行试验和测量，给出一个客观的评价，从工程应用的角度则主要是从功能、适用性、环境适应性以及经济性等方面做综合评价。从视频监控系统的应用实际出发，对摄像机的评价可概括为以下几个方面：

（一）摄像机的基本特性和特征

1. 摄像机的基本特征

摄像机的基本特性主要包括：

（1）电视制式：一般可表示为扫描方式、黑白或彩色、信号处理方式。

（2）适用电源：交直流电压、电源频率和范围。

（3）摄像性能的定性说明：如通用型摄像机或专业型摄像机，普通摄像机或高清晰度摄像机。摄像机结构特征的描述，如镜头一体机、快球或球罩等。

2. 摄像机的关键器件

摄像机的关键器件包括摄像器件和DSP等特殊的专门器件。

CCD芯片的规格，型号、成像面尺寸、电荷转移方式；特别是像素数，是以像素阵列的行数乘以列数来表示的；芯片数量、芯片光电转换单元的特殊工艺，如HAD（Hole-Accumulation Diode）CCD等。通常，CCD芯片的这些技术参数基本上决定或限定了摄像机的主要性能指标。

摄像机的专门器件，如最新DSP型号，或为实现宽动态而专用开发的图像处理芯片等。

（二）摄像机的主要功能及与外设的接口

1. 摄像机的主要功能

摄像机可以实现的自动调整功能，主要有：

（1）AGC，及有无关断控制。

（2）BLC，逆光补偿，及有无关断控制。

（3）γ校正，γ数值及有无关断控制。

（4）EI，可调节的范围，用最短积累时间表示，及有无关断控制。

（5）白平衡，自动白平衡，及有无关断控制。

（6）同步方式，是否可以电源锁相，及相位调节。

（7）黑白/彩色自动转换，转换方式，适应范围。

2. 摄像机外围设备的接口

摄像机外围设备的接口是选用摄像机时要十分注意的问题，以保证摄像机能与其他设备很好的匹配，摄像机的接口主要有：

（1）镜头接口

主要有两种接口方式：C与CS接口，通过一个转换接圈可将CS口转换为C口。具体接口形式在后面镜头中介绍。

（2）自动光圈控制输出方式

有两种自动光圈接口：DC或VIDEO（VD）。

目前在市场上见到的标准CCD摄像机大都带有驱动自动光圈镜头的接口，其中有些只提供一种驱动方式（通常为视频驱动方式），也就是说，它只能配接VD型的自动光圈镜头，有些则可同时提供两种驱动方式（视频驱动和直流驱动）供用户选择，因此，它可以配接任何自动光圈镜头。这里，视频驱动（Video Driver，VD）方式是指摄像机将视频信号电平输出到自动光圈镜头的内部，再由其内部的驱动电路输出控制电压，使镜头光圈调整电动机转动；直流驱动（DC Driver，DD）方式则是指摄像机内部增加了镜头光圈电动机的驱动电路，可以直接输出直流控制电压到镜头内的光圈电动机并使其转动，因此，具有直流驱动接口的摄像机的成本就稍许高一些（因为增加了一部分电路），但所选配的自动光圈镜头则因其内部不含有驱动电路而体积稍小一些，价格也就低一些。

不同品牌及型号的摄像机所带自动光圈接口的位置及形式是不完全一样的。一般摄像机的自动光圈接口设置在机身的后面板上，但也有一些则设在机身的侧面。图2-14所示为几种不同形式的自动光圈的接口，其中阴式方四孔接口最为常见，但不同摄像机对其各针脚的定义又不完全相同。一般视频驱动自动光圈接口使用3个针，即电源、视频、接地；而直流驱动自动光圈接口使用4个针，即阻尼正、阻尼负、驱动正、驱动负。若同时具有两种光圈驱动方式，则具体将该接口定义为VD还是DD驱动方式，须由另外的拨动开关来选择（如JETCOM公司的JC系列摄像机），也有的由摄像机盖板内视频处理板上不同的插座位置来选择，并在出厂前设定一种方式（如NATURE的NV-434CA摄像机），还有的干脆在摄像机机身侧面及后面板上直接设定两个不同的自动光圈接口（如JVC的TX-S240E摄像机）。

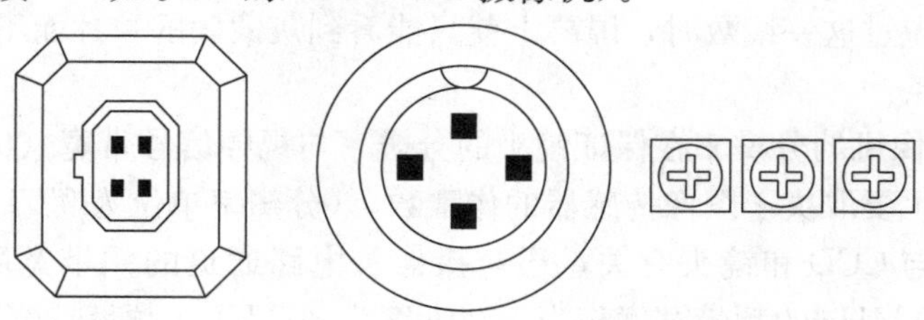

（a）阴式方四孔型　（b）阴式圆四孔型　（c）接线端子型

图2-14　摄像机的自动光圈接口

(3) PC接口

通常为RS-232接口。选用摄像机时要注意可通过PC进行功能和参数的设定。

(三) 环境适应性

环境适应性包括摄像机的气候环境、机械环境和电磁环境适应性，我国标准对这些内容都做了明确的规定，但通常情况下不便进行试验，产品说明书主要是给出下面的技术参数：

(1) 工作环境温度。这是指摄像机在不采用附加防护设施时，可以正常工作的温度范围，一般为－10℃～＋40℃。实际应用环境要是超过这个范围，要采用适当的防护设备。

(2) 电源功率，在非本地供电时，要考虑这个因素。

(3) 运输和存储环境。

(四) 摄像机主要参数

在视频监控系统中选择摄像机，一般要看几个主要的参数，即分辨率、最低照度和信噪比等，另外还要考虑摄像机的附带功能及价格和售后服务等因素。以下对摄像机的几个主要参数作一介绍。

1. CCD尺寸及像素数

CCD尺寸指的是CCD图像传感器感光面（靶面）的对角线尺寸，早期的CCD尺寸比较大，为1英寸、2/3英寸和1/2英寸等几种，近年来用于电视监控摄像机的CCD尺寸以1/3英寸为主流。

像素数指的是摄像机CCD传感器的最大像素数，有些给出了水平及垂直方向的像素数，如500H×582V，有些则给出了前两者的乘积值，如30万像素。对于一定尺寸的CCD芯片，像素数越多则意味着每一像素单元的面积越小，因而由该芯片构成的摄像机的分辨率也就越高。

2. 分辨率

分辨率是衡量摄像机优劣的一个重要参数，它指的是当摄像机摄取等间隔排列的黑白相间条纹时，在监视器（应比摄像机的分辨率高）上能够看到的最多线数。当超过这一线数时，屏幕上就只能看到灰蒙蒙的一片而不能再辨出黑白相间的线条。

CCD摄像机的分辨率在保证镜头的分辨率与视频信号带宽（6MHz）满足的前提下，主要取决于图像传感器的像素数，(分辨率单位为TVL)。

分辨率与CCD和镜头有关，还与摄像头电路通道的频带宽度直接相关，通常规律是1MHz的频带宽度相当于清晰度为80TVL。频带越宽图像越清晰，线数值相对越大。

通常，摄像机按分辨率高低可分为：影像像素在25万像素左右、彩色分辨率为330线、黑白分辨率400线左右的低档型，影像像素在25～38万之间、彩色分辨率为420线、黑白分辨率在500线上下的中档型，影像在38万点以上、彩色分辨率大于或等于480线、黑白分辨率在600线以上的高分辨率的高档机。

工业监视用摄像机的分辨率通常在380～460线之间，广播级摄像机的分辨率则可达到700线左右。

3. 最低照度（灵敏度）

最低照度也是衡量摄像机优劣的一个重要参数，也叫照度。最低照度是指在镜头光圈大小一定的情况下，当被摄景物的光亮度低到一定程度而使摄像机输出的视频信号电平低到某一规定值时的景物光亮度值。例如，使用F1.2的镜头，当被摄景物的光亮度值低到0.04lx时，摄像机输出的视频信号幅值为最大幅值的50%，即达到350mV（标准视频信号最大幅值为700mV），则称此摄像机的最低照度（灵敏度）为0.04lx/F1.2。如果被摄景物的光亮度值再低，摄像机输出的视频信号的幅值就达不到350mV了，反映在监视器的屏幕上，将是一幅很难分辨出层次的、灰暗的图像。根据经验一般所选摄像机的灵敏度为被摄物体表面照度的1/10时较为合适。

下面给出了常见被摄景物的参考环境照度（单位：Lx）：

夏日阳光下 100 000Lx　　阴天室外 10 000Lx
电视台演播室 1000Lx　　距60W台灯60cm桌面 300Lx
室内日光灯 100Lx　　黄昏室内 10Lx
20cm处烛光 10～15Lx　　夜间路灯 0.1Lx

4. 信噪比

信噪比也是摄像机的一个主要参数，指信号电压对于噪声电压的比值，通常用S/N来表示。当摄像机摄取较亮场景时，监视器显示的画面通常比较明快，观察者不易看出画面中的干扰噪点；而当摄像机摄取较暗的场景时，监视器显示的画面就比较昏暗，观察者此时很容易看到画面中雪花状的干扰噪点。干扰噪点的强弱（也即干扰噪点对画面的影响程度）与摄像机信噪比指标的好坏有直接关系，即摄像机的信噪比越高，干扰噪点对画面的影响就越小。

实际摄像机的信噪比通常是信号电压对于噪声电压的比值取以10为底的对数再乘以20，一般摄像机给出的信噪比值均是在AGC（自动增益控制）关闭时的值，因为当AGC接通时，会对小信号进行提升，使得噪声电平也相应提高。CCD摄像机的信噪比的典型值一般为45～55dB。

5. 白平衡

白平衡（White Balance）是彩色摄像机的重要参数，它直接影响重现图像的彩色效果。白平衡是指用彩色摄像机摄取纯白色景物（如白色的墙壁或纸片）时，应使其输出的视频信号中所含的“彩色信息”恰好能使在监视器屏幕上重现的景物颜色为纯白色，此时摄像机输出的红、绿、蓝信号电压是相等的。

人们把拍摄白色物体时摄像机输出的红、绿、蓝三基色信号电压 $U_R=U_G=U_B$ 的现象称为白平衡。

当摄像机的白平衡设置不当时，重现图像就会出现偏色现象，特别是会使本来不带彩色的景物也着上了颜色。通常，在光源色温变化时，人们用调节红、绿、蓝三路增益的方法来维持 $U_R=U_G=U_B$ 的关系。这种调节就叫做白平衡调整。

在监控系统的实际应用中，摄像机通常都是长时间工作的，有些则是 24 小时连续工作，光源色温及电路参数（尤其是在室外使用时）都会发生一定的变化，因而在其间多次进行白平衡的调整是不现实的。自动白平衡（Auto White Balance，AWB）则可以在摄像机的连续工作中随时校正白平衡，因而现行彩色摄像机几乎百分之百地应用了自动白平衡技术。

五、摄像机的选择与使用

在视频监控系统的设计及施工、调试过程中，必须根据应用现场的实际环境及用户的实际需求合理选配摄像机，合理搭配周边设备，并对摄像机进行正确的参数设置，否则便不能达到预期效果。

（一）摄像机的选择

对于一个具体的视频监控系统来说，摄像机的选配通常是很灵活的。一般来说，首先要确定系统是选用彩色摄像机还是黑白摄像机，其次便是要考虑摄像机的分辨率、最低照度、信噪比、动态范围、自动光圈接口形式、电子光圈等基本参数及功能。在很多情况下，还要考虑摄像机的结构，如标准枪式机（不含镜头）、枪式一体机（含内嵌式变焦距镜头）、小半球机（含小型固定镜头）、球形一体机（含变焦距镜头及球形云台，有些还内置解码器）或防暴一体机等（外形如图 2-15 所示）。

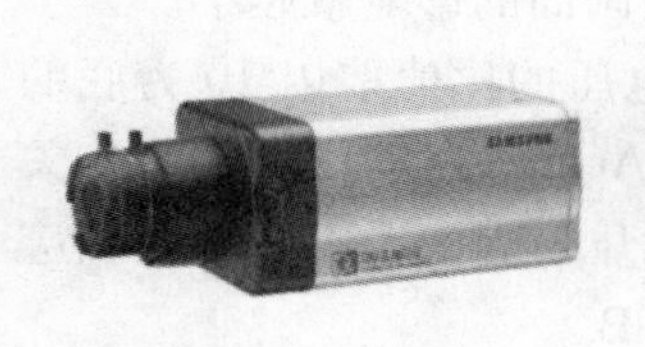

(a) 枪机

(b) 半球

(c) 枪式一体机

(d) 高速球

图 2-15　监控系统中常用摄像机

需要说明的是，虽然选用摄像机的参数越高、功能越多越好，但这会使系统的总成本提高，而对某个具体项目来说，很多参数与功能并不一定是必需的，下面分别加以介绍。

1. 分辨率

以分辨率指标为例，经常在视频监控项目的招标书或是用户需求报告中明确要求摄像机的分辨率要优于450线，但是如果选用了符合参数要求的不同品牌的摄像机，选配了不同规格的镜头，并在不同的应用环境中进行安装调试，其最终在监视器上的显示结果可能会与用户方的预期值有较大的偏差，而这一偏差是由多方面因素决定的。

事实上，如果取两个不同品牌的摄像机（一个在其说明书中标明其分辨率为430线而另一个标明的是460线）作比较，当装上同样的镜头并接入同样的监视器进行图像比较时，人眼看到的图像质量差别可能并不明显，甚至有可能标明430线分辨率的摄像机会比标明460线分辨率的摄像机的图像质量好。这主要缘于参数测定的标准不同。另外，监视器的最高分辨率应至少大于摄像机的最高分辨率，否则，如果摄像机的分辨率真的很高，在监视器屏幕上也不能高清晰地表现出来。

特别应当注意的是，在实际应用中，为了实现预期的监视目的，并不一定将分辨率指标作为选择摄像机的唯一因素，因为如果监视现场安排得合理，使被监视景物能够在监视器屏幕上充分显示，那么由低分辨率摄像机拍摄的景物由于在屏幕上显示得比较大，便可以在屏幕上较清晰地显示；而如果监视现场安排得不合理，例如，被监视的景物仅仅占据屏幕的一个局部区域（景物在屏幕上显示得比较小），那么即使摄像机的分辨率比较高，人们也不容易看清监视景物的细节。换个说法就是，在配用同样焦距镜头的情况下，用低分辨率摄像机在近距离使用就可以看清人民币面值，而用高分辨率摄像机在远距离使用反而看不清人民币的面值了。如此说来，在摄像机的分辨率一定时，通过合理安排视场，也可以达到较理想的监视效果。当然，对于既要看清局部细节，又要兼顾大视场监视的应用场合，还是优先选用高分辨率的摄像机。

2. 最低照度

如前所述，摄像机的最低照度指标也与检测标准有关，因此，该指标也只能作为应用设计时的一个参考。一般来说，对于仅白天监视或24小时都有充足灯光照明的监控场合，在选择摄像机时可以不主要考虑最低照度指标，但是，如果全天候监控且监视现场的照度条件并不理想时，就要特别注意摄像机的最低照度指标。

黑白摄像机的低照度特性一般比彩色摄像机的低照度特性好，因此，在主要涉及低照度监视的应用场合，应优先选择黑白摄像机。例如，对于最低照度为0.04lx的黑白CCD摄像机来说，在夜晚普通路灯的照明下即可获得较清晰的图像。另外，由于黑白CCD摄像机的感光光谱范围延伸到了红外区域，还可使用红外灯作为辅助光源，这样，在夜间无可见光或只有极弱可见光的监视环境中，虽人眼感觉漆黑一片，但摄像机已可以正常成像了。需要强调的是，由于从点光源发出的光线强度是遵守平方反比规律的（距离稍增加一点，光照度就会呈平方性下降），致使夜间利用路灯、射灯或红外灯作为辅助光源时，整个监视现场的光照度分布很不均匀，离开光源稍远一些，光照度就会下降很多，在这种应用场合，摄像机的低照度特性显然也是需要优先考虑的。

在实际工程项目中，有时可以根据监视现场的实际环境与监控要求而自行架设辅助照明灯，以保证监视现场的照度满足摄像机的最低照度参数，但并不需要将摄像机也安装在该辅助照明灯附近，而只要保证该监视现场能完整地处于摄像机的有效视场中即可。这就如同人们在暗处可以观察到远处明亮环境下的景物一样。

另外，在低照度监视场合，还应该结合某些特殊功能来选择摄像机。例如，摄像机是否有场积累曝光模式以及场积累时间的长短，是否采用了超动态技术，因为这两项技术都可以在无辅助光源照明的情况下提高低照度场景的成像清晰度。如果用户既要求在白天监视时能输出彩色图像，又要求在夜间监视时也能输出清晰度较高的黑白图像，就需选用彩色转黑白型CCD摄像机了。

3. 信噪比及其他参数

CCD摄像机的信噪比一般为45～55dB，该参数既与CCD图像传感器的自身参数有关，也与摄像机内部的处理电路有关。摄像机的信噪比越高，图像的主观质量越好，当在低照度监视的场合，由于视频信号电压已比较弱，噪点的影响就比较明显了。此时，如果为了提高监视图像的明亮度而打开摄像机的自动增益开关，则叠加在视频信号中的噪声电压也会同时被放大，人眼观看并不舒服。因此在主要为低照度监视的场合，最好选用高信噪比的摄像机。

另外，关于摄像机电源的选择可不做特别要求，但一定要保证供电电压与摄像机要求的电压匹配。一般来说，选择交流220V供电的摄像机在实际施工布线时稍感方便一些，若选择低电压供电的摄像机则需要在摄像机附近另外放置电源适配器，或者采用低电压直接供电，但又必须考虑长距离送电的线缆损耗。

4. 白平衡

目前，在视频监控系统中所用的彩色摄像机大都具有自动白平衡功能。由于视频监控系统中的摄像机往往要24小时不间断地工作，而此间的光照条件及色温变化跨度很大，因此，选择具有自动白平衡功能的彩色摄像机是必需的。不过，在某些室内以灯光照明为主的应用场合，选择具有固定色温档的摄像机可能会更好。

5. 自动光圈接口

在视频监控系统中使用的摄像机都有自动光圈接口，其中某些具有 VD 和 DD 两种工作方式，也有些则只有一种工作方式。因此，在实际应用中，只需注意选配的自动光圈镜头能与该接口相配即可（一般来说，如果摄像机具有 DD 接口，那么选用 DD 型自动光圈镜头会更经济些）。

6. 电子快门

电子快门也是视频监控系统中摄像机的基本必备功能之一。对于仅选配手动光圈镜头的摄像机来说，必须具有自动电子快门功能，以通过调整快门速度而实现对摄像机曝光量的自动控制。

对于需要监视快速运动物体的应用场合，要求摄像机的电子快门时间尽可能短。而对于低照度环境的应用场合，则应该特别注意选配具有场积累曝光模式的摄像机，以实现对低照度场景的高清晰监视。

7. 逆光补偿

逆光补偿也是选择摄像机时需要考虑的一个因素。不过是否强调该功能与摄像机在实际系统中的安装位置有直接关系。如当摄像机安装在室内而对向门窗时便大都处于逆光环境；另外，室外安装的摄像机受太阳东升西落的影响，一天中也会有几个小时的逆光时间。

在选择具有逆光补偿功能的摄像机时，应优先考虑其是否有自动逆光补偿功能，因为该功能可随着太阳的东升西落而自动开启或关闭摄像机的逆光补偿功能。还要优先考虑是否采用数字处理技术来实现逆光补偿功能，因为该技术对整个监视画面分区域进行处理，可以使逆光补偿效果更为理想。

8. 超动态

摄像机采用超动态技术可在很宽的光照度变化范围内使摄像机清晰成像，特别是可使同一场景中特别亮及特别暗的景物能够同时有层次地显示出来，因此在室内外光照度跨度比较大的应用场合，应优先选择具有超动态功能的摄像机。

（二）摄像机的使用

摄像机的使用很简单，通常只要正确安装镜头、连通信号电缆，接通电源即可工作。但在实际使用中，如果不能正确地安装镜头并调整摄像机及镜头的状态，则可能达不到预期使用效果。以下简要介绍摄像机的正确使用方法。

1. 安装镜头

摄像机必须配接镜头才可使用。一般应根据应用现场的实际情况来选配合适的镜头，如定焦镜头或变焦镜头、手动光圈镜头或自动光圈镜头、标准镜头或广角镜头或长焦镜头等。另外还应注意镜头与摄像机的接口，是 C 型接口还是CS型接口（这一点要切记，否则用C型镜头直接往CS型接口摄像机上旋入时极有可能损坏摄像机的CCD芯片）。

安装镜头时，首先去掉摄像机及镜头的保护盖，然后将镜头轻轻旋入摄像机的镜头接口并使之到位。对于自动光圈镜头，还应将镜头的控制线连接到摄像机的自动光圈接口上，对于电动两可变镜头或三可变镜头，只要旋转镜头到位，则暂时不需校正其平衡状态（只有在后焦距调整完毕后才需要最后校正其平衡状态）。

2. 连接电源线与信号线

安装好镜头后，即可连接电源线及视、音频信号线。

3. 调整镜头光圈与对焦

关闭摄像机上电子快门及逆光补偿等开关，将摄像机对准欲监视的场景，调整镜头的光圈与对焦环，使监视器上的图像最佳。如果是在光照度变化比较大的场合使用摄像机，最好配接自动光圈镜头并将摄像机的电子快门开关置于OFF。如果选用了手动光圈则应将摄像机的电子快门开关置于ON，并在应用现场最为明亮（环境光照度最大）时，将镜头光圈尽可能开大并仍使图像为最佳（不能使图像过于发白而过载），镜头即调整完毕。装好防护罩并上好支架即可。由于光圈较大，景深范围相对较小，对焦距时应尽可能照顾到整个监视现场的清晰度。当现场照度降低时，电子快门将自动调整为慢速，配合较大的光圈，仍可使图像满意。

在以上调整过程中，若在光线明亮时将镜头的光圈关得过小，则摄像机的电子快门会自动调在低速上，虽仍可以在监视器上形成较好的图像；但当光线变暗时，由于镜头的光圈比较小，而电子快门也已经处于最慢（1/50s）了，此时的成像就可能是昏暗一片了。

4. 后焦距的调整

后焦距也称背焦距，指的是当安装上标准镜头（标准C/CS接口镜头）时，能使被摄景物的成像恰好成在CCD图像传感器的靶面上，一般摄像机在出厂时，对后焦距都做了适当的调整，因此，在配接定焦镜头的应用场合，一般都不需要调整摄像机的后焦。

在有些应用场合，可能出现当镜头对焦环调整到极限位置时仍不能使图像清晰，此时首先必须确认镜头的接口是否正确。如果确认无误，就需要对摄像机的后焦距进行调整。根据经验，在绝大多数摄像机配接电动变焦镜头的应用场合，往往都需要对摄像机的后焦距进行调整。

后焦距调整的步骤如下：

（1）将镜头正确安装到摄像机上。

（2）将镜头光圈尽可能开到最大（目的是缩小景深范围，以准确找到成像焦点）。

(3) 通过变焦距调整（Zoom In）将镜头推至望远（Tele）状态，拍摄10m以外的一个物体的特写，再通过调整聚焦（Focus）将特写图像调清晰。

(4) 进行与上一步相反的变焦距调整（Zoom Out）将镜头拉回至广角（Wide）状态，此时画面变为包含上述特写物体的全景图像，但此时不能再作聚焦调整（注意：如果此时的图像变模糊也不能调整聚焦），而是准备下一步的后焦调整。

(5) 将摄像机前端用于固定后焦调节环的内六角螺钉旋松，并旋转后焦调节环（对没有后焦调节环的摄像机则直接旋转镜头而带动其内置的后焦环），直至画面最清晰为止，然后暂时旋紧内六角螺钉。

(6) 重新推镜头到望远状态，看看刚才拍摄的特写物体是否仍然清晰，如不清晰再重复上述第 (1)、(2)、(3) 步骤。

(7) 通常只需一两个回合就可完成后焦距调整了。

(8) 旋紧内六角螺钉，将光圈调整到适当的位置。

讨论分析

1. 视频监控系统的基本组成是什么？各自作用分别是什么？
2. 简述电视监控系统摄像机的分类。
3. 简述摄像机的主要技术参数。
4. 简述摄像机的主要功能。

任务二　镜头的原理及应用

学习目标

知道常用镜头的种类，熟悉镜头的主要参数，能根据现场情况选用不同的镜头，能将镜头与其他设备进行连接。

任务引入

摄像机是通过镜头将监视目标成像在图像传感器靶面上，镜头是摄像机必不可少的重要部件。在视频安防监控系统中，摄像机一般是指不包括镜头的裸机。它的质量（指标）优劣直接影响摄像机的整机指标，因此，摄像机镜头的选择是否恰当既关系到系统质量，又关系到工程造价。在实际使用中需根据应用的具体要求，选择一个合适的镜头与摄像机配套。

【相关知识】

摄像镜头，是光学参数和机械参数专门为摄像机应用设计的镜头，是摄像机实现光电转换，产生图像信号必不可少的光学部件。图像技术是处理焦平面上光学图像的系统，这个焦平面既是摄像器件的成像面，也是摄像镜头的焦平面。

一、镜头的参数

镜头的光学特性包括成像尺寸、焦距、最大相对孔径、视场角、接口形式等基本参数，一般在镜头所附的说明书中都有注明，以下分别介绍。

1. 成像尺寸

镜头的成像尺寸是指：镜头在像方焦平面上成像的大小。镜头一般可分为25.4mm（1 英寸）、16.9mm（2/3 英寸）、12.7mm（1/2 英寸）、8.47mm（1/3 英寸）和 6.35mm（1/4 英寸）等几种规格，它们分别对应着不同的成像尺寸，选用镜头时，应使镜头的成像尺寸与摄像机的靶面尺寸大小相吻合。表2-1列出了镜头规格与 CCD 芯片相应规格的尺寸，表中单位为 mm。镜头成像是圆形的，因此其规格用像的直径来表示，通常以英寸为单位。传统摄像器件的感光面是圆形的，尽管电视图像是矩形的，所以也是用直径来表示成像尺寸的规格。CCD 器件的感光面是矩形的可以用芯片的边长表示像面尺寸，出于习惯还是用相对应的圆直径来表示芯片规格，这个直径要比芯片的对角线大。

表 2-1　　镜头规格与对应的 CCD 芯片规格　　（单位：mm）

镜头规格 / 感光靶面尺寸	25.4（1 英寸）	16.9（2/3 英寸）	12.7（1/2 英寸）	8.47（1/3 英寸）	6.35（1/4 英寸）
对角线	16	11	8	6	4.5
垂直	9.6	6.6	4.8	3.6	2.7
水平	12.7	8.8	6.4	4.8	3.6

由表 2-1 可知，12.7mm（1/2 英寸）的镜头应配 12.7mm（1/2 英寸）靶面的摄像机，当镜头的成像尺寸比摄像机靶面的尺寸大时，不会影响成像，但实际成像的视场角要比该镜头的标称视场角小（如图 2-16（a）所示），而当镜头的成像尺寸比摄像机靶面的尺寸小时，就会影响成像，表现为成像的画面四周被镜筒遮挡，在画面的 4 个角上出现黑角（如图 2-16（b）所示）。

2. 焦距

由物方射入一束平行且接近光轴的光，经过镜头的多组透镜，出射光线交于光轴 F 点，称为焦点。焦点到镜头中心的距离是焦距（过入射光线与出射光线的交点作垂直于光轴的平面，平面与光轴的交点是镜头的中心），焦距一般用 f 表示，单位是 mm（如图 2-17 所示）。焦点到镜头最后一面的距离称为

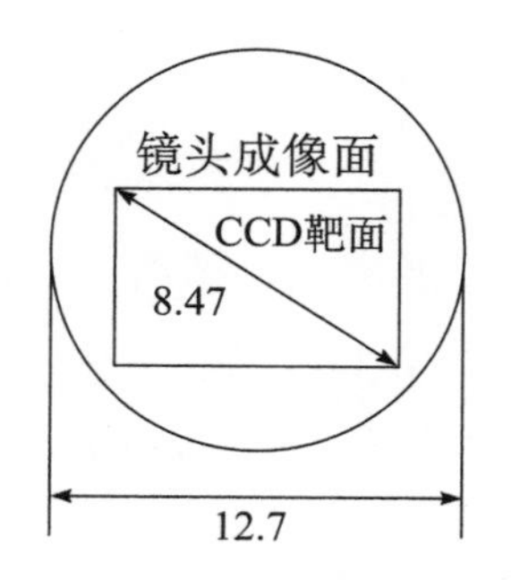

(a) 镜头成像尺寸比CCD靶面尺寸大

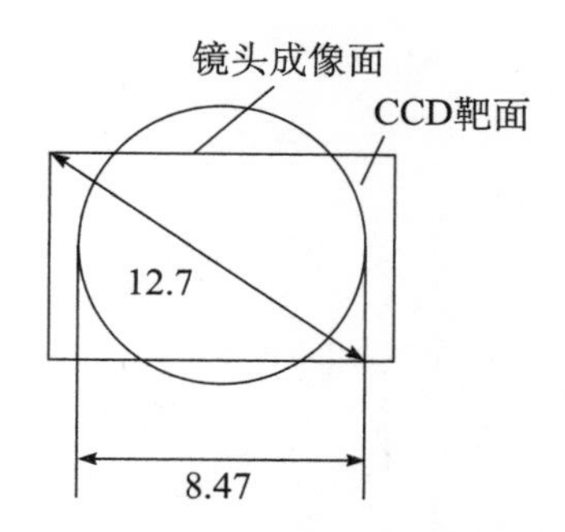

(b) 镜头成像尺寸比CCD靶面尺寸小

图 2－16　镜头成像尺寸与 CCD 靶面尺寸的关系

镜头的后截距。

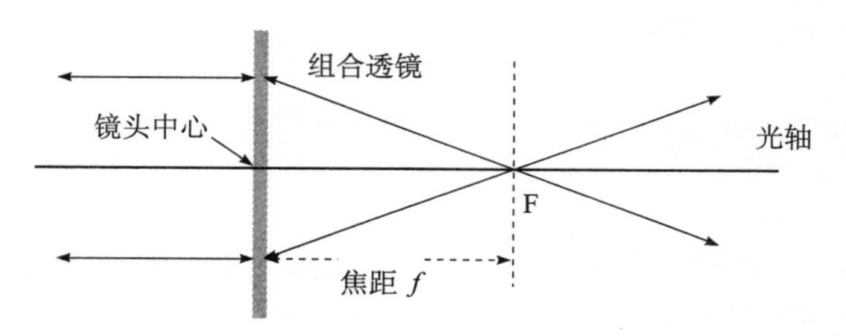

图 2－17　镜头焦距示意图

焦距决定了摄取图像的大小，用不同焦距的镜头对同一位置的某物体摄像时，配长焦距镜头的摄像机所摄取的景物尺寸就大，反之，配短焦距镜头的摄像机所摄取的景物尺寸就小。

当已知被摄物体的大小及该物体到镜头距离，则可根据式（2－1)、式（2－2）估算所选配镜头的焦距。

$$f=hD/H \quad (2-1)$$

$$f=vD/V \quad (2-2)$$

式中，D 为镜头中心到被摄物体的距离，H 和 V 分别为被摄物体的水平尺寸和垂直尺寸。

例如：要求把距离镜头 3m，高度为 1.8m 的人完整地摄入画面，并得到最大的比例，所用的摄像机 CCD 靶面为 1/2 英寸，由表 2－1 查得其对应的靶面垂直尺寸为 4.8mm，则镜头的选配应根据下式来求得：

$$f=vD/V=4.8\times3000\div1800=8.02\text{mm}$$

于是，该现场摄像机的镜头应选配焦距为 8mm 的镜头。图 2－18 所示为了被摄物体在摄像机的图像传感器靶面上成像的示意图。

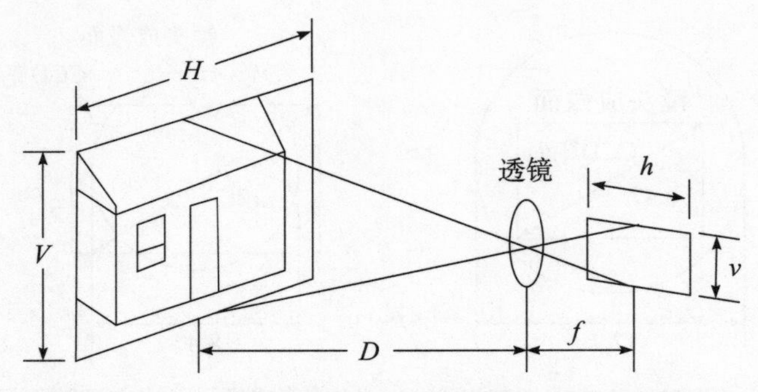

图 2-18　被摄物体在 CCD 靶面上成像的示意图

只有变焦镜头的焦距是连续可变的，手动调焦镜头调节调焦环并不改变焦距。调焦环上标有 0.5、1、2、4、∞表示物体距离为 0.5m、1m、2m、4m、∞时调焦最好，图像最清晰。

3. 相对孔径

相对孔径 A 是入射光瞳直径 D（镜头实际的有效孔径）与焦距 f 之比，即

$$A=D/f \qquad (2-3)$$

镜头都标出相对孔径最大值，例如一个镜头标有“TV LENS 8 mm 1∶1.4”表示这是一个电视镜头，焦距为 8 mm，最大相对孔径是 1∶1.4，也就是镜头允许的最大入射光束直径为 5.7 mm。光圈是相对孔径的倒数，用 F 表示，F16 就是相对孔径 $D/f=1:16$，在镜头的调节环上将字母 F 省略，光圈调节环上常标有的 1.4、2、2.8、4、5.6、8…C 是光圈数。

光圈是摄像机光学系统中专门设计的一个可以改变其中央通光孔径大小的孔径光阑。它一般由一组光圈叶片构成，调节摄像镜头上的光圈调节环，可以改变该光孔的直径大小，控制通过镜头的光通量，使 CCD 上获得适宜的照度。光圈的作用有 3 个：

（1）控制通过镜头的光通量的大小。

（2）控制所摄画面的景深大小。

（3）改善像质。

光圈 F 值是光圈“系数”，是相对光圈，并非光圈的物理孔径，与光圈的物理孔径及镜头到感光器件的距离有关。

光圈大小用 F 值表示。即：

光圈 F 值＝镜头的焦距 f / 镜头口径的直径 D

从以上的公式可知要达到相同的光圈 F 值，长焦距镜头的口径要比短焦距镜头的口径大。

因为像面照度与相对孔径的平方成正比，要使像面照度为原来的 1/2，入射光瞳就应是原来的 $1/\sqrt{2}$，因此每挡的 F 数相差 $1/\sqrt{2}$倍，光圈增大一挡，像场照度提高一倍。例如光圈从 F8 调整到 F5.6，进光量便多一倍，我们也说光圈开大了一级。当光瞳直径为零时叫全关闭，用 Close 的词头 C 来表示。

4. 视场角

镜头有一个确定的视野，镜头对这个视野的高度和宽度的张角称为视场角。视场角与镜头的焦距 f 及摄像机靶面尺寸的大小有关，镜头的水平视场角 α_h 及垂直视场角 α_v（如图 2－18 所示）可分别由下式来计算。

$$\alpha_v = 2\arctan(v/2f) \tag{2-4}$$

$$\alpha_h = 2\arctan(h/2f) \tag{2-5}$$

由上式可知，镜头的焦距 f 越短，其视场角越大，或者，摄像机靶面尺寸 h 或 w 越大，其视场角也越大。如果所选择的镜头的视场角太小，可能会因出现监视死角而漏监；而若所选择的镜头的视场角太大，又可能造成被监视的主体画面尺寸太小，难以辨认，且画面边缘出现畸变。因此，只有根据具体的应用环境选择视场角合适的镜头，才能保证既不出现监视死角，又能使被监视的主体画面尽可能大而清晰。

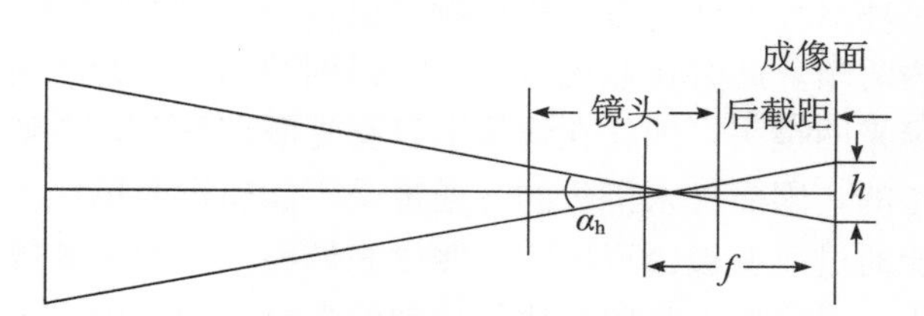

图 2－19　垂直方向视角的示意图

5. C 和 CS 安装接口

C 和 CS 安装接口是国际标准接口，对螺纹的长度、制造精度、公差都有详细的规定。C 和 CS 安装都是 25.4 mm（1 英寸）—32UN 英制螺纹连接，C 型接口的装座距离（安装基准面至像面的空气光程）为 17.526 mm，CS 型接口的装座距离为 12.5 mm。

C 接口的镜头可以通过一个 C 型接口适配器再安装在 CS 接口的摄像机上，如图 2－20 所示。如果不用适配器强行安装会损坏摄像机的光电传感器。CS 接口的镜头不能安装在 C 接口的摄像机上。有的摄像机有后截距调整环，允许使用 C 接口或 CS 接口的镜头。使用 C 接口镜头时，松开侧面紧固螺丝后，面对镜头将后截距调整环顺时针旋转调整，若用力逆时针旋转会损坏摄像机的光电传感器；使用 CS 接口镜头时，将后截距调整环逆时针旋转调整。

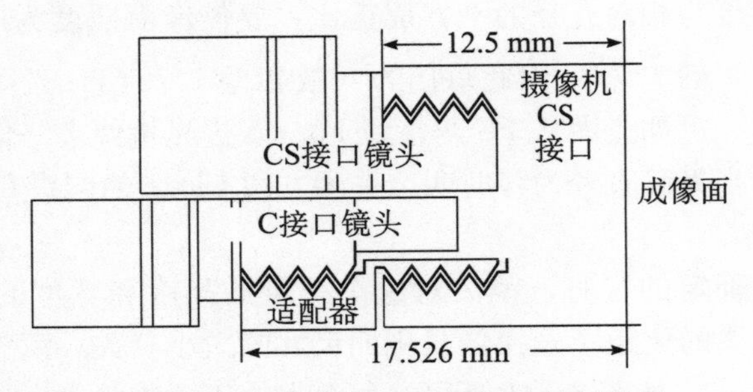

图 2-20 C 接口和 CS 接口镜头的示意图

二、镜头的种类

镜头的主要技术特征是光圈、焦距和聚焦，这些特征的调节方式、调节范围及它们之间不同的组合，构成了丰富多彩的镜头类型。镜头选择得合适与否，直接关系到摄像质量的优劣，因此，在实际应用中必须合理选择镜头。

1. 固定光圈定焦镜头

固定光圈定焦镜头是相对较为简单的一种镜头，该镜头上只有一个可手动调整的对焦调整环（环上标有若干距离参考值），左右旋转该环可使成在 CCD 靶面上的像最为清晰，此时在监视器屏幕上得到图像也最为清晰。

由于是固定光圈镜头，因此在镜头上没有光圈调整环，也就是说该镜头的光圈是不可调整的，因而进入镜头的光通量是不能通过简单地改变镜头因素而改变的，而只能通过改变被摄现场的光照度来调整，如增减被摄现场的照明灯光等。这种镜头一般应用于光照度比较均匀的场合，如室内全天以灯光照明为主的场合，在其他场合则需与带有自动电子快门功能的 CCD 摄像机合用，通过电子快门的调整来模拟光通量的改变。

2. 手动光圈定焦镜头

手动光圈定焦镜头比固定光圈定焦镜头增加了光圈调整环，其光圈调整范围一般可从 F1.2 或 F1.4 到全关闭，能很方便地适应被摄现场的光照度，然而由于光圈的调整是通过手动人为地进行的，一旦摄像机安装完毕，位置固定下来，再频繁地调整光圈就不那么容易了，因此，这种镜头一般也是应用于光照度比较均匀的场合，而在其他场合则也需与带有自动电子快门功能的 CCD 摄像机合用，如早晚与中午、晴天与阴天等光照度变化比较大的场合，通过电子快门的调整来模拟光通量的改变。

3. 自动光圈定焦镜头

自动光圈定焦镜头在结构上有了比较大的改变，它相当于在手动光圈定焦镜头的光圈调整环上增加一个由齿轮啮合传动的微型电动机，并从其驱动电路上引出 3 芯或 4 芯线传送给自动光圈镜头，至使镜头内的微型电动机相应做正向或反向转动，从而控制光圈的大小。自动光圈镜头又分为含放大器（视频驱动型）与不含放大器（直流驱动型）两种规格。

在室外，环境照度是变化的，变化范围远大于摄像机的自动增益控制范围，所以摄像机在室外应用时应该采用自动光圈镜头。

自动光圈镜头的控制原理与人眼控制进光的原理是相同的，可变孔径光阑相当于人眼的瞳孔，CCD 光电传感器相当于人眼的视网膜。当人眼感觉到现场光线过强时，大脑控制肌肉动作会使瞳孔收缩，以减少眼球的进光；当人眼感到现场光线太暗时，大脑控制肌肉动作使瞳孔扩张，以增加眼球的进光，这样视网膜上始终感受到的是合适的光强。

4. 手动变焦镜头

顾名思义，手动变焦镜头的焦距是可变的，它有一个焦距调整环，可以在一定范围内调整镜头的焦距，其变比一般为 2～3 倍，焦距一般在 3.6～8 mm。在实际工程应用中，通过手动调节镜头的变焦环，可以方便地选择监视现场的视场角，如：可选择对整个房间进行监视或是选择对房间内某个局部区域进行监视。当对于监视现场的环境情况不十分了解时，采用这种镜头显然是非常重要的。

对于大多数视频监控系统工程来说，当摄像机安装位置固定下来后，再频繁地手动变焦是很不方便的，因此，工程完工后，手动变焦镜头的焦距一般很少再去调整，而仅仅起到定焦镜头的作用。因而手动变焦镜头一般用在要求较为严格而用定焦镜头又不易满足要求的场合。但这种镜头却受到工程人员的青睐，因为在施工调试过程中使用这种镜头，通过在一定范围的焦距调节，一般总可以找到一个可使用户满意的观测范围（不用反复更换不同焦距的镜头），这一点在外地施工中尤为方便。

5. 自动光圈电动变焦镜头

此种镜头与前述的自动光圈定焦镜头相比另外增加了两个微型电动机，其中一个电动机与镜头的变焦环啮合，当其受控而转动时可改变镜头的焦距（Zoom）；另一个电动机与镜头的对焦环啮合，当其受控而转动时可完成镜头的对焦（Focus）。由于该镜头增加了两个可遥控调整的功能，因而此种镜头也称作电动两可变镜头。

自动光圈电动变焦镜头一般引出两组多芯线，其中一组为自动光圈控制线，其原理和接法与前述的自动光圈定焦镜头的控制线完全相同；另一组为控制镜头变焦及对焦的控制线，一般与云台镜头控制器及解码器相连。当操作远程控制室内云台镜头控制器及解码器的变焦或对焦按钮时，将会在此变焦或对焦的控制线上施加一个或正或负的直流电压，该电压加在相应的微型电动机上，使镜头完成变焦及对焦调整功能。图 2-21 为该镜头控制线的接线图。

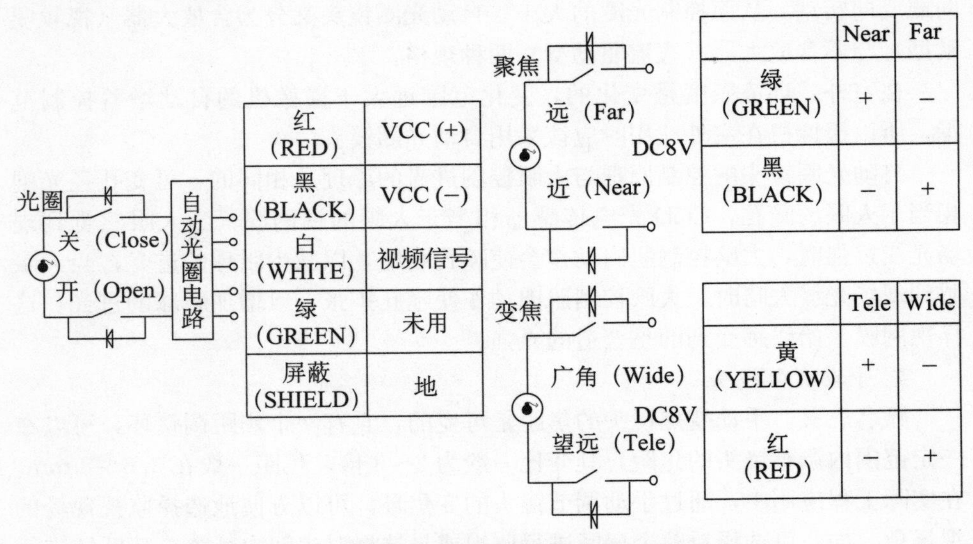

图 2-21　自动光圈电动变焦镜头控制线接线图

6. 电动三可变镜头

此种镜头与前述电动两可变镜头结构相差不多，只是将对光圈调整电动机的控制由自动控制方式改为由控制器来手动控制，因此它也包含了 3 个微型电动机，引出一组 6 芯控制线与云台镜头控制器及解码器相连。常见的有 6 倍、10 倍和 12 倍等几种规格。图 2-22 为该镜头控制线的接线图。

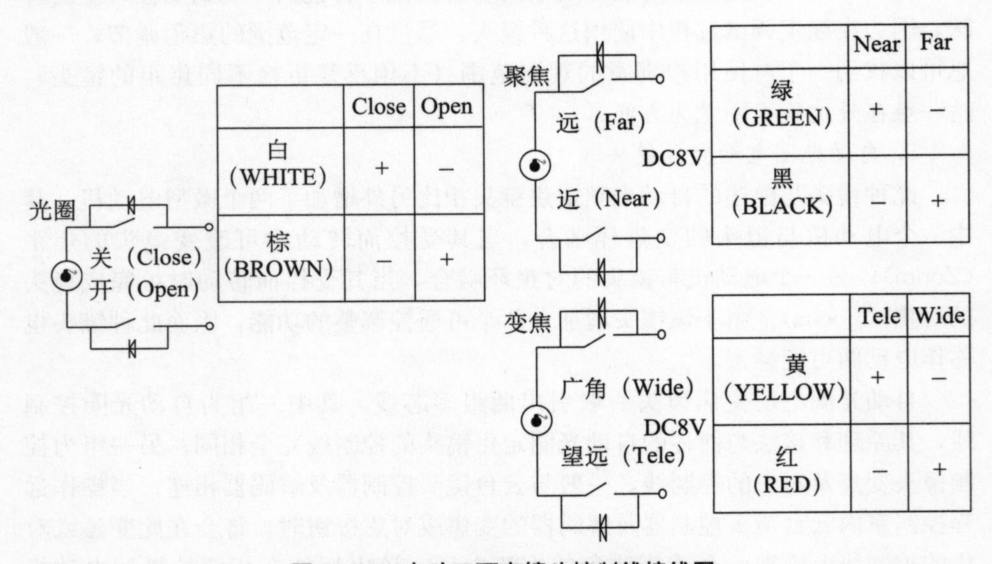

图 2-22　电动三可变镜头控制线接线图

需要说明的是，变焦镜头的“倍率”与焦距是两个不同的概念，有些人往往混淆两者的含义，认为倍率越高则看得越远。其实，倍率是变焦镜头的最长焦距与最短焦距之比，是一个相对值。例如，同样是6倍镜头，市面上常见的就有6～36mm、7～42 mm、8～48 mm 和 8.5～51 mm 等多种不同厂家的不同品种，其中 8.5～51 mm 镜头的远视特性显然比6～36mm 镜头的远视特性要好，但它的近视（广角）特性却不如6～36mm 镜头好。

三、镜头的选择

（1）镜头的成像尺寸应与摄像机 CCD 靶面尺寸相一致，如前所述，有1英寸、2/3英寸、1/2英寸、1/3英寸、1/4英寸、1/5英寸等规格。

（2）镜头的分辨率是描述镜头成像质量的内在指标，它是指镜头的光学传递函数与畸变，但对用户而言，需要了解的仅仅是镜头的空间分辨率，以每毫米能够分辨的黑白条纹数为计量单位，计算公式为：镜头分辨率 $N=180$/画幅格式的高度。由于摄像机 CCD 靶面大小已经标准化，如1/2英寸摄像机，其靶面为宽6.4mm、高4.8mm，1/3英寸摄像机为宽4.8mm、高3.6mm。因此对1/2英寸格式的 CCD 靶面，镜头的最低分辨率应为38对线/mm，对1/3英寸格式摄像机，镜头的分辨率应大于50对线，摄像机的靶面越小，镜头的分辨率越高。

（3）镜头焦距与视野角度。首先根据摄像机到被监控目标的距离，选择镜头的焦距，镜头焦距 f 确定后，则由摄像机靶面决定了视野。

（4）光圈或通光量。镜头的通光量以镜头的焦距和通光孔径的比值来衡量的，以 F 为标记，每个镜头上均标有其最大的 F 值，通光量与 F 值的平方成反比关系，F 值越小，则光圈越大。所以应根据被监控部分的光线变化程度来选择用手动光圈还是用自动光圈镜头。

四、镜头的调整

在实际的视频监控工程中，镜头的正确调整是十分重要的，如果不真正注意到这一环节，而是只满足于“图像已经调清楚了”，那么镜头的真正工作状态就很可能并非处于最佳工作状态，并因此使该系统在全天候监视应用时的成像质量大打折扣。另外需要注意的是，1/3英寸的镜头由于其有效成像面积小，不能用于1/2英寸的摄像机，而1/2英寸的镜头则可用于1/3英寸的摄像机，但它比同样焦距的1/3英寸镜头的成本要高一些。

镜头的调整是在摄像机安装完毕并进行系统调试的过程中进行的，即镜头已按要求正确地安装在摄像机前端，同时摄像机也已接通电源，并已将视频信号经视频电缆传到监视器或其他终端监视器设备上。这样，就可边看着监视器上的图像，边调整镜头，以使监视器上的图像达到最佳显示效果（清晰度达到最佳且图像明暗适中）。

（一）固定光圈/手动光圈定焦镜头的调整

定焦镜头有固定光圈、手动光圈和自动光圈三种，其中固定光圈定焦镜头只需进行聚焦调整：轻轻旋动镜头的聚焦环，使监视器上的图像清晰度达到最佳即可。不过，由于此种镜头的光圈是固定不可调的，如果图像的明暗程度不合适，则只能通过摄像机的电子快门设定进行调节，并尽可能保证监视现场的环境照度均匀且稳定。

对于手动光圈定焦镜头来说，具有光圈及聚焦两个调整参数。通过调整光圈可使图像的明暗适中，而调整聚焦则可使图像变清晰，景物的边缘更加分明。需要注意的是，为了使镜头能准确对焦，应保证在图像不至于过白的前提下尽可能地开大镜头的光圈，以尽可能减小镜头的景深范围，这样聚焦的结果才会比较真实。否则，如果镜头的光圈开度比较小，则镜头的景深范围就比较大，此时再调整镜头的聚焦环便会感觉不那么灵敏了，因为此时的图像在较宽的纵深范围内都会比较清晰（聚焦环在某个小范围内变化时不再影响图像的清晰度），但实际上此时的聚焦环可能并非在最佳位置，成像之所以能清晰仅仅是因为被摄景物落在了镜头的景深范围之内。不过，为了保证摄像机在大光圈时不致曝光过度，还必须使摄像机工作于高速电子快门或自动电子快门状态，从而用很短的电荷积累时间使图像传感器不致输出过于饱和的图像信号。

实际上，大光圈还有一个好处，即镜头的通光孔径大，这就保证了 CCD 或 CMOS 图像传感器在监视现场环境光照度不足时仍能获得一定的光通量，从而使摄像机输出较为清晰的图像，这对于夜间监视的应用系统来说是十分重要的。当然，大光圈的弊端即是镜头的景深范围变小，使得纵深方向上远近不同的景物不能同时成清晰的像，这在实用中也是必须要注意的。另外需要提醒的是，由于手动光圈镜头在系统安装调试完毕后就不再进行调整了，也就是说，镜头的通光孔径此后就固定不变了，因此，如果在长时间的监视过程中，监视现场的环境光照度有较大的变化，就只能借助摄像机的自动电子快门功能进行曝光量的自动调节了。

（二）自动光圈定焦镜头的调整

对于自动光圈定焦镜头来说，其聚焦调整过程与前面固定/手动光圈定焦镜头的调整过程一样，但其光圈调整则不能由手动实现了：摄像机根据光照环境（实际上是视频信号的幅度）来输出控制或驱动电压，再由镜头的光圈驱动机构对光圈进行调整。

一般情况下，自动光圈镜头的光圈部分并不需要调整，但在实际应用环境中，如果不是因为聚焦问题而是因为光圈问题而影响了摄像机的成像质量（如画面过亮或画面过暗），就需要对自动光圈镜头的起控点进行调整了。

（三）变焦镜头的调整

变焦镜头分为手动变焦镜头和电动变焦镜头两种，其中，手动变焦镜头在工程调试过程中需一次性地调整到合适的焦距，而电动变焦镜头的焦距则无需固定，因为在实际应用中，系统操作人员会经常通过人工控制来调整焦距，以在较大的视野范围内对场景进行监视。不过，电动变焦镜头在工程调试（初次使用）时，一般都需进行后焦距的调整。

对于手动变焦镜头，在进行焦距调整时，在监视器上显示的画面可能会变模糊，有人因此而将变焦调整环回调，但这样就达不到变焦效果了，因为焦距又复原了。实际上，第一步的变焦过程主要是为了获得合适的监视视场，可在随后通过适当调整聚焦环而使画面变得清晰。不过，在聚焦调整过程中，视场也会有少许变化，可在变焦、聚焦这一先后过程中逐步实现最终效果。至于手动变焦镜头的光圈调整，无论是手动还是自动，都与前述手动与自动光圈的调整方法一样。

讨论分析

1. 视频监控系统中常用镜头的种类有哪些？
2. 简述监控系统中镜头选型的方法。

任务三　监视器的原理与应用

学习目标

知道常用监视器的种类，了解监视器的工作原理，会使用监视器。

任务引入

视频监视器是视频安防监控系统的中心室设备，是完成图像显示功能的终端设备，对图像质量有很大的影响。

【相关知识】

监视器是视频安防监控系统中最常用的图像显示设备。与摄像机相反，它所完成的基本物理变换是电光转换，即把图像信号还原为与原景物图像相似的可视图像。在一段时期内显像管在图像显示技术中占主导地位。近年来，平板显示和投影发展很快，显示设备逐渐像素化。

一、监视器的结构与工作原理

（一）黑白监视器

黑白监视器的应用越来越少，但用它来理解监视器的工作原理，特别是显像管的工作原理非常简明和适宜。

1. 显像管的结构与工作原理

显像管在监视器中的地位如同摄像器件在摄像机中一样，要完成所有的基本变换。它的工作过程反映图像显示设备的基本概念：如图像扫描、同步处理、电/光转换，最终把时间域的电信号转变为空间域的光学图像信号。

显像管由电子枪、电子偏转系统、荧光屏和玻璃壳体组成。

电子枪，由灯丝、阴极、控制栅极、加速极、聚焦极和阳极组成。它的基本功能是发射电子，并使其加速、聚焦形成细小的电子束。准确地打在荧光屏上。电子枪的阳极由阳极圆筒和壳体内壁的石墨导电层组成，通过高压嘴供给十几千伏的高压，使电子加速，获得足够的能量轰击荧光屏，使其发光。

荧光屏，由镀覆在面板玻璃上的荧光膜构成，它受电子束轰击而发光，发光强度与电子束能量和强度成正比。构成荧光膜的主要材料（荧光粉）是硫化锌与硫化镉的混合物。荧光膜背面还有一层 10μm 的铝膜，以提高荧光屏的亮度，并防止离子对荧光屏的轰击。

偏转系统，是位于显像管外部的线圈组件，也可以认为是偏转（扫描）电路的一部分，它与显像管的结构紧密相关。作用是改变电子束的运动方向，形成矩形扫描光栅。

玻璃壳体，显像管是真空器件，壳体是重要部分。电子枪、荧光膜均置于其中。

2. 监视器电路原理

图 2－23 为典型的黑白监视器电路原理图。

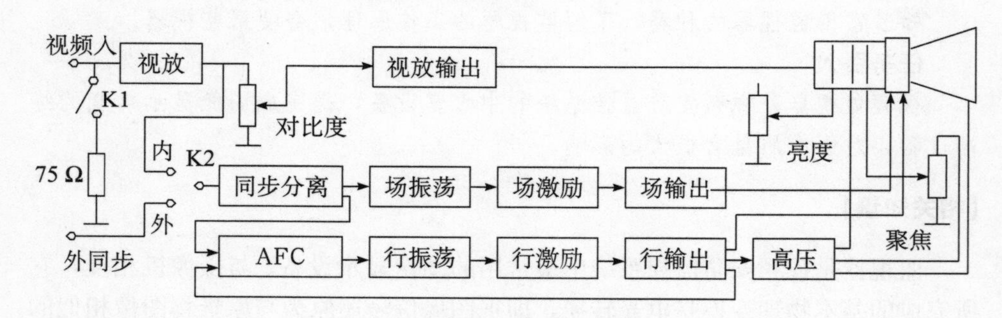

图 2－23　黑白监视器电路原理图

监视器主要由视频通道电路、同步与扫描电路和显像管电路组成，输入全电视信号经放大后去调制显像管的电子束，并送给同步分离电路以分离出复合同步信号，复合同步信号进一步分离出场和行同步信号。以场同步信号去同步由场振荡、场激励和场输出组成的场扫描电路。而行同步信号经 AFC 鉴相电路后去同步由行振荡、行激励和行输出组成的行扫描电路。

K2 为同步选择开关，当此开关由内同步转为外同步时，行、场扫描电路被外同步信号所同步。K1 为 75Ω 终端电阻开关，摄像机送来的视频信号由单台监视器显示时，视频输入端连接 75Ω 匹配电阻，而需要多台监视器同时显示时，只有最后一台监视器视频输入端连接 75Ω 匹配电阻，其余桥接的监视器断开终接电阻，变成高阻抗输入。不同于电视接收机，监视器没有高频头、中频通道和伴音部分，但视频通道带宽要求在 8MHz 以上，并设有箝位电路以恢复背景亮度的缓慢变化。监视器对扫描线性和几何畸变的要求比较高；为了使亮度的变化不影响扫描幅度，设有自动高压控制电路。

（1）视频通道

视频通道电路的功能是把输入监视器的 $1V_{p\text{-}p}$ 左右的视频信号无失真地放大，使之能够送至显像管的调制极（视显像管的调制方式是阴极或是栅极），去调制电子束的强度。对视频通道电路的主要要求是：

① 足够的增益，根据不同的调制方式要求有 34～46 dB 的增益。

② 足够的带宽，为能良好地显示高分辨率摄像机和高质量信号源的图像，一般要求有 10 MHz 以上的带宽，而且幅频特性曲线要平坦，以保证良好的相频特性。

③ 非线性失真要小，由于摄像机已设置校正电路，因此监视器视频通道电路不进行失真处理。要求其非线性失真要尽可能的小。

（2）同步和扫描电路

它的基本功能是向行、场偏转线圈提供锯齿波电流，使之产生偏转磁场。分行扫描电路和场扫描电路两个主要部分，由于行、场偏转线圈的工作频率差别很大，它们呈现的阻抗特性不同，所需推动功率不同，所以两者的差别很大。

（3）显像管电路

显像管的基本功能是向显像管的各个电极提供工作电压，保证显像管正常的工作，并实现亮度控制和亮点消除。

亮度控制：通过调节显像管栅—阴极之间的直流偏压，就可实现显像管的亮度控制（调节）。

亮点消除：在监视器关机时，通过向栅极加一负电压，使电子束截止，起到亮点消除的作用。

（二）彩色监视器

彩色监视器显示的是彩色图像，具有更大的信息量，所以在视频监控系统中应用最为普遍。与黑白监视器兼容是对彩色监视器的基本要求。

三基色原理是彩色电视的基本原理，彩色摄像机将景物的图像分解成三个基色分量信号，通过编码形成一个全电视信号。与此相反，彩色监视器将这个全电视信号解码，还原为三个基色分量信号，然后将它们混合（相加混色）生成与原景物图像相似的彩色图像。

1. 彩色显像管

彩色显像管是彩色监视器的核心器件，它不仅要完成电光转换，还要完成三路基色分量信号的混合。电视系统的相加混色是在彩色显像管的荧光屏上进行的，由人的眼睛来实现。

荫罩式彩色显像管由荧光屏、荫罩、电子枪、玻璃外壳和管外组件构成。

（1）电子枪

彩色显像管的电子枪要产生三条电子束，分别对应于三个色分量，这三条电子束可以由一个电子枪来产生，也可以由三个电子枪来产生。由此产生了单枪三束、三枪三束、品字三束、一字三束的显像管分类。同时，电子枪要对三个电子束聚焦、加速、赋予它们足够的能量。

（2）荧光屏

荧光屏涂有三种荧光粉，它们在电子束的轰击下可以分别发出三个基色的光。它们不是像黑白显像管一样均匀地涂布，而是一点一点地涂布，且每三点为一组。每一组中的每一点将分别受到不同电子束的轰击，产生不同色彩的光。

（3）荫罩

荫罩是彩色显像管最有特色的部分，它的基本功能是选色，既保证每条电子束能够准确地打到相应的荧光点上。荫罩的结构要与电子枪匹配。荫罩的作用就是保证三条电子束准确地交会于荫罩孔，然后再准确地打到相应的荧光点上，这个过程称为会聚。由于会聚技术的提高，出现了大屏幕，平面直角和薄型结构显像管，使彩色电视机和监视器的外观有了很大的改变。

2. 彩色监视器电路

彩色监视器首先要将输入的复合电视信号分解为亮度信号 Y 和两个色差信号 R—Y、B—Y，然后由矩阵电路形成 R、G、B 信号，再去分别调制 3 个电子束，因此视频通道电路要比黑白监视器复杂得多。彩色监视器电路由 PAL 解码器电路、亮色分离电路和同步扫描电路三大部分组成，其电路框图如图 2 - 24 所示。

二、监视器的主要技术指标

1. 水平分辨率

水平分辨率也称清晰度，是指沿屏幕水平方向显示图像细节的能力。除了显像管的基本性能外，主要与监视器视频通道的带宽有关。清晰度通常用电视线来表示，规定水平方向一明一暗为两条电视线。垂直方向清晰度是由扫描制

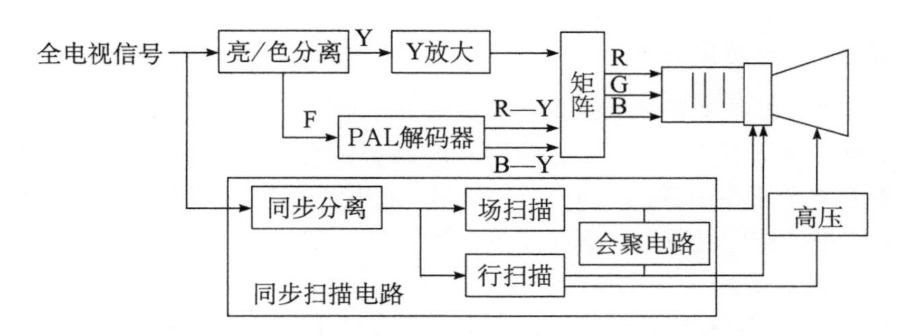

图 2-24　彩色监视器电路框图

式和隔行质量决定的。水平清晰度则是用能分辨出多少电视线来衡量的。监视器荧光屏上的清晰度可以用专门光电仪器定量地检测出来，但通常是根据人眼主观来确定。

根据视觉原理，为了得到最佳的图像质量，要求在单位正方形面积内图像的水平清晰度和垂直清晰度应一致。从这个原理出发，我们可以很简单地近似折算出 1 MHz 视频通道的频带宽度对应于多少条电视线的清晰度。按我国 625/50 的电视标准，光栅垂直方向的扫描线数为 575 线，电视图像的宽高比为 4∶3，行扫描正程时间为 52μs。当送入一个 1 MHz 正弦信号时行扫描正程内共有明暗线条 52/0.5＝104 条，为使垂直方向和水平方向的清晰度一致，一个 1 MHz 信号所对应的垂直清晰度线条数应为 104 × 3/4＝78≈80 线，7.5 MHz 的频带宽度相应于 7.5 × 80＝600 电视线清晰度。

所以电视系统清晰度的标准是可以确定的，对 625/50 隔行扫描系统来说 1 MHz 视频带宽的清晰度就相应于 80 线电视线。由此可见，视频通道的频带越宽，能显示的图像清晰度越高。

按照我国与国际上规定的标准及目前电视制式的标准，监控系统中对清晰度的最低要求：黑白监视器水平清晰度应≥400TVL；彩色监视器应≥270TVL。

2. 对比度

图像的对比度是图像最亮处亮度和最暗处亮度的比值。它除了与输入视频信号的幅度变化范围有关外，还与显像管玻壳，荧光屏本身的结构、形状、工艺以及应用条件有关。

3. 灰度等级

灰度等级又称灰度或亮度等级，是衡量监视器能分辨明暗层次的一个技术指标，灰度等级表征了显像管重现图像层次的能力，重现图像画面层次越多，所反映的自然景物就越逼真，图像的质量就越好。灰度等级最高为 9 级。一般要求≥8 级。

三、新型平板显示设备

近年来，各种平板显示设备发展很快，性能优于显像管显示设备，价格也不断下降，大有取代 CRT（显像管）的趋势。它们是像素化设备，可以与 PC、数字视频设备有接口，屏幕尺寸大，无几何失真，观看效果好，在视频监控系统中已被广泛应用。下面简单介绍几种主要的平板显示设备。

1. 液晶显示器

液晶、液态存在的分子晶体，大多属于有机化合物。它具有下面的基本特点：若电流通过液晶层，液晶分子将按电流的方向排列；若液晶层的外层带有小的沟槽，液晶注入后，液晶分子会顺其排列，当上下两个表面（沟槽之间）呈一定的角度时，液晶排列就会发生扭曲。这个扭曲形成的螺旋层会使通过的光线也发生改变。液晶的这些特点使它可以作为一个光开关，通过电流的通断改变 LCD 中液晶的排列，控制光线的通过。

LCD 层背面的光源，经一组棱镜片与背光模块，将光线均匀地传送到 LCD 的前方，如依照所接收的图像信号去控制液晶层内的液晶分子（像素），使其形成相对应的排列，决定光线通过或阻隔，并通过控制通断的时间来调节亮度，即可形成图像。这就是液晶显示器的工作原理。

LCD 显示屏是由成矩阵排列的液晶单元组成，每个单元就是一个像素，彩色显示屏每个像素要包括 3 个液晶单元，分别对应 3 个色分量。

2. 等离子体显示器

等离子体显示器（PDP）是基于气体放电的显示器件，在有一定压强的某种气体的容器内置两个电极，加一定电压时就会产生放电。阳极区会有紫外光发出，并可激发荧光粉发光。

PDP 具有以下优点：大屏薄型，体小重轻，大视角，无 X 射线辐射，无几何畸变，高亮度，高对比度，亮度均匀，彩色逼真，适应数字化图像显示。

3. 背投影技术

把投影机放在盒子里，利用反射原理将影像放大投影到电视屏幕上就是背投影。背投影技术从以往的 CRT 三枪背投影，发展到目前的 3 种数字投影方式：DLP、LCOS 和 LCD。

DLP 显示器，总的光效率可达 60%，可得到比其他投影设备更高的亮度。这种显示器也是组成超大显示屏的最好选择。

四、监视器的使用

在视频监控系统中，监视器的使用极为简单，只要正确连接视频电缆并接通电源，就可在监视器的屏幕上显示出经由视频电缆传来的活动图像。

监视器通常是内嵌于监视器墙中，或是简单地置于控制台面或桌面上。在实际应用中，除了需要连接电源线以及视音频电缆外，还应注意将监视器的外壳与监视器墙体可靠连接并通过该墙体接地，以免因参考地电位不同而形成干扰。

普通监视器的后面板结构较简单，但用于选择监视器端接电阻的阻抗匹配开关是必不可少的。如果由摄像机传来的视频信号除了要在监视器上显示外，还要环接到其他的副监视器上显示，或是送往录像机记录，就需要将阻抗匹配开关置于高阻状态，此时，虽然本机的端接电阻为高阻，但其后面连接的视频设备的输入阻抗起了本监视器终端匹配电阻的作用。如果送给该监视器的视频信号仅用于其自身显示，就应将阻抗匹配开关置于 75Ω 状态。

在使用过程中，监视器的可调参数主要是亮度、对比度、饱和度及色调，其中，亮度反映画面的整体明暗程度，对比度反映画面最亮与最暗的层次差别，饱和度反映画面的色彩是否鲜艳，色调则反映画面的色彩是否纯正（是否偏色）。黑白监视器无饱和度和色调调整功能。

讨论分析

1. 简述监视器的主要技术指标。
2. 监视器由哪些部分组成？

任务四　视频信号的传输

学习目标

掌握同轴电缆的型号分类及其使用方法。

任务引入

图像传输是视频监控系统的基本功能，目前大多数视频监控系统采用的图像信号传输介质是同轴电缆。

【相关知识】

视频信号的传输有多种方式，可以采用不同的调制方式通过不同的介质传输。要根据应用条件进行选择。表 2-2 给出了几种视频信号传输方式的特点和适用范围。

表 2-2　几种视频信号传输方式的特点和适用范围

传输介质	传输方式	特点	适用范围
同轴电缆	基带传输	设备简单、经济、可靠、易受干扰	近距离传输，加补偿可达 2km
	调幅或调频	抗干扰性强，可实现多路传输，设备复杂	主要用于有线电视系统

续表

传输介质	传输方式	特点	适用范围
双绞线	基带传输	平衡传输，抗干扰性强	智能大楼综合布线中传输，近距离
	数字压缩	抗干扰性强，准实时传输	通过计算机局域网传输，灵活
光缆	基带传输	图像质量好，不受电磁干扰	大型应用电视系统，远距离传输
	PFM		更远距离传输
无线	微波调频	灵活、可靠、施工方便，易受干扰和建筑物阻挡	临时性和流动性图像传输，不易敷设电缆时

无线方式设备成本较高，保密性差，必须取得无线电管理委员会的许可，传输多路信号时必须相互避开所用的频道，若采用微波定向传输，设备架设比较困难，一般较少使用。视频信号的基带传输（视频传输）是最为常用的传输方式，下面主要介绍视频监控系统中最普遍使用的同轴电缆、双绞线传输。

一、同轴电缆视频传输

视频电缆的图像传输在某种意义上可看作视频设备间的直接连接。它不需要或只需要很少的附加设备，在一定范围内可获得较好和稳定的图像质量，接续和维护方便，是目前大多数视频监控系统所采用的图像信号传输方式，它所利用的传输介质是同轴电缆（如图 2－25 所示）。专门用于图像传输的同轴电缆又称视频电缆。

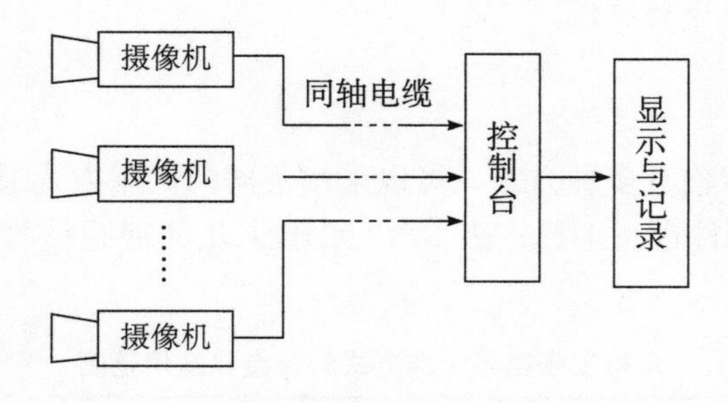

图 2－25　视频信号基带传输原理图

（一）同轴电缆的结构

同轴电缆由中心导体、绝缘介质、屏蔽层和护套四部分组成，如图 2－26 所示。

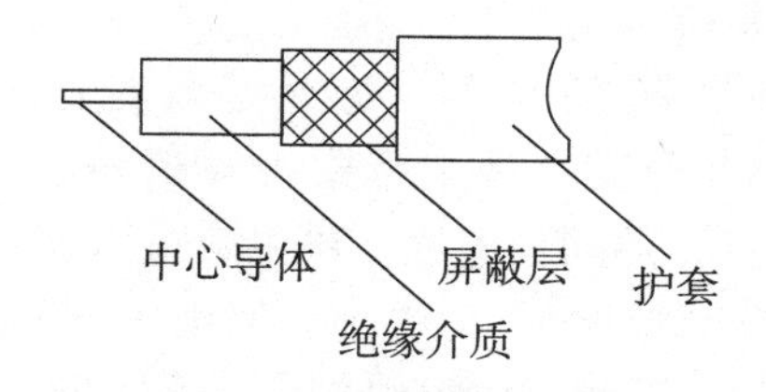

图 2-26　同轴电缆结构示意图

1. 中心导体

中心导体由一根圆柱形铜导体或由多股铜导线绞合而成，它位于电缆的中心。是电信号传输的基本信道。

2. 屏蔽层

屏蔽层是与中心导体同心的环状导体，采用很细的铜导线编织而成。它既能将电信号约束在一个封闭的空间中传送，又能阻止外界其他信号窜入中心导体，同时对加强电缆的机械强度也有很大的帮助。

3. 绝缘介质

绝缘介质充满屏蔽层和中心导体之间，形成一个不导电的空间，主要材料是聚乙烯。它的作用是保证中心导体和屏蔽层之间的几何位置，防止电缆变形，它在很大程度上决定着电缆的传输损耗和带宽。

4. 护套

护套是塑胶材料，起防水、防潮、抗磨损作用，保护导体不被锈蚀和磨损。专用电缆还经常在护套外加有铝皮或铅的防护层，既加强了机械强度，也增强了抗干扰性。

（二）同轴电缆的特性

当导线中有电流通过时，会使导线发热，说明导线消耗了有功功率，它具有一定电阻；又由于导线间绝缘不完全而存在着漏电流，即导体之间处处有一定电导；当导线中有电流流过时，导线周围就会有磁场产生，所以导线还有一定的电感；导线与导线间的电位差将使其间形成电场，使得导线间存在一定的电容。上述这些分布在电路布线及其结构中的参数统称为“分布参数”，它使得线路中任一点都呈现出固定的阻抗，这个阻抗即被称为特性阻抗。因此，特性阻抗的大小完全取决于电缆的结构。

根据电波在传输线中的传播规律：当传输线终端负载阻抗等于特性阻抗时，传输线传播的能量将全部被负载吸收，此时电源输出的功率最大，即阻抗匹配状态。此时，信号在接口端不产生反射，因而波形的失真很小。这一点对于图像系统很重要，由于阻抗不匹配造成的重影会严重降低图像质量。为了防止这一问题，国家标准规定了视频设备视频信号的输入阻抗与输出阻抗均为

75Ω，视频电缆的特性阻抗也是75Ω。

同轴电缆的主要型号有SYV型，绝缘层为实心的聚乙烯；SBYFV型，绝缘层为发泡聚乙烯，在应用电视工程中视频信号的传输主要用SYV型和SBYFV型特性阻抗为75Ω的同轴电缆。单以衰减特性来说，同样直径的这两种电缆，SBYFV型的衰减量比SYV的小。但由于SYV型机械性能好，接头加工方便，工程中应用SYV型同轴电缆较多。为了便于比较，表2-3列出了几种同轴电缆的性能。

表2-3　几种同轴电缆的主要参数

型号	内导体根/直径 mm	绝缘层外径 mm	电缆外径 mm	特性阻抗 Ω	电容不大于 PF/m	衰减量 dB/m			重量 kg/km
						30 MHz	50 MHz	200 MHz	
SYV—75—2	7/0.08	1.5±0.10	2.9±0.10	75±5	76	0.22	0.28	0.597	16
SYV—75—3	7/0.17	3.0±0.15	5.0±0.15	75±5	76	0.122	0.113	0.308	42
SYV—75—5—1	1/0.72	4.6±0.2	7.1±0.30	75±5	76	0.0706	0.082	0.190	77
SYV—75—5—2	7/0.26	4.6±0.12	7.1±0.30	75±5	76	0.0785	0.095	0.211	77
SYV—75—7	7/0.40	7.3±0.3	10.2±0.30	75±5	76	0.051	0.061	0.140	151
SYV—75—9	7/1.37	9.0±0.30	12.4±0.40	75±5	76	0.0369	0.048	0.104	213
SBYFV—75—5	1/1.13	5.2±0.20	7.3	75±5	—	—	—	0.14	53
SBYFV—75—7	1/1.5	7.3±0.20	10.4	75±5	—	—	—	0.27	123
SBYFV—75—9	1/1.9	9.0±0.20	12.5	75±5	—	—	—	0.095	190

由表2-3可以看出，电缆的线径越粗则衰减越小，越适合于长距离传输。但在实际应用中可能会遇到这样的情况，即：虽然在长距离传输中（如超过500m）直接使用电缆连接也可得到稳定的图像，但因高频衰减会使图像的细节损失过多，分辨率下降，画面有些朦胧感。另外，高频损失还会影响到彩色的重现。在这种情况下就需要使用视频放大器，并通过放大器的高频补偿功能增强图像的轮廓（细节），使图像变得清晰、明快。

（三）同轴电缆的主要干扰及抑制措施

同轴电缆传送视频信号的干扰主要来自外部，表现为噪声的增加，信噪比下降，因为系统基本上是无源的，自身不产生噪声。同时视频信号的频带很宽，易于受外来信号的干扰，主要有：

1. 高频干扰

高频干扰又称射频干扰。高频电磁波在电缆的长轴方向上产生感生电压，就会通过信号源的内阻或电缆中心导体与屏蔽层之间的电容在中心导体上形成干扰电流。有时电缆与摄像机的连接会破坏摄像机的屏蔽状态，导致干扰信号直接进入视频信号源。这些是产生高频干扰的主要原因。高频干扰源主要有广播、电缆和摄像机附近的射频设备及可能产生电火花的设备。干扰信号的频率高于图像行频，从几百千赫兹到几兆赫兹，容易被人眼觉察，对图像质量的影响较大。高频干扰在图像上的表现是倾斜或交叉的网纹，从网纹条数可以推算出来高频干扰信号的频率，由此可找出干扰源。

高频干扰是很难抑制的，主要的方法是做好屏蔽：将前端设备（摄像机、镜头）的公共地连接好，且不要与本地的地线连接。如必要可采用附加屏蔽电缆，附加屏蔽不要与电缆的屏蔽层共地。

2. 低频干扰

低频干扰是低于图像行频的干扰，它对图像的干扰主要是对同步的影响，在画面上表现为背景亮度的变化，轻微的干扰不易觉察，严重的干扰可能会破坏图像的同步，使图像扭动或跳动。如果视频设备（如监视器）具有钳位功能，一定程度上会消除这种干扰。

低频干扰基本上来自于电源，而地电位差是主要原因。人们常认为大地处处是等电位的，其实不然，不同地点之间存在很多的电位差，这是由于各地之间用电量的不同和供电系统相间不平衡所致。如果同轴电缆传输系统屏蔽层的两端都在本地接地，地电位差就会在屏蔽层上产生一个地电流，地电流通过信号源的内阻串入视频信号，形成干扰信号。

上述分析可见，消除地电流干扰的方法就是切断地电流的回路。采用单端接地或隔离变压器都是可行的方法。

（四）电缆与设备的连接

视频电缆与设备的连接通常为 BNC 连接器（俗称 Q9 接头及座），如图 2－27 所示，个别设备也有选用 RCA 连接器（即莲花插头及座），如图 2－28 所示，还有些系统选用射频传输常用的 F 头（有螺纹可旋紧）。当接头与座的规格不一致时，可以用转换器进行转换，如 BNC→RCA 转换器或 RCA→BNC 转换器。

音频电缆与设备的连接通常用 RCA 连接器，专业音频设备通常采用卡侬连接器。公共广播系统的音频电缆则一般不需要专门的连接器，而是直接将电缆连接到音箱或功放设备的接线柱上。

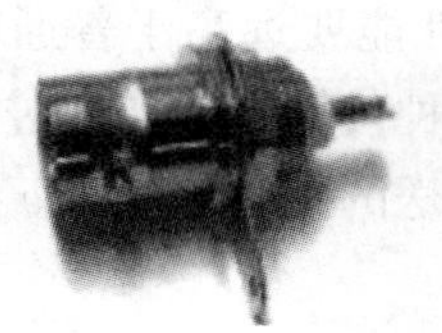

图 2－27　BNC 连接器

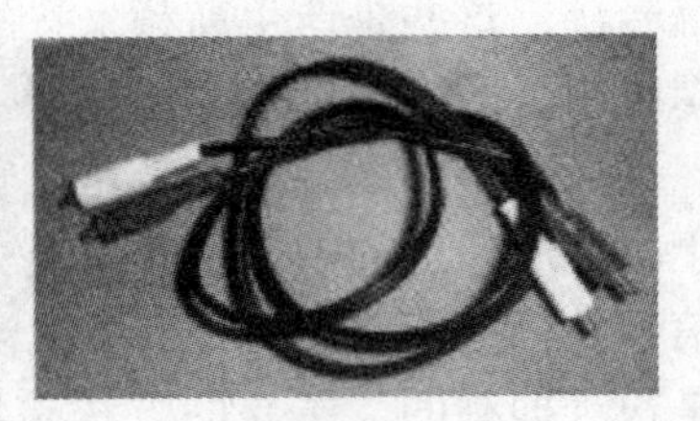

图 2-28 RCA 连接器

二、双绞线视频传输

利用双绞线进行视频传输也是有线传输的一种方式，多年前曾有很多应用，主要是利用市话系统的电话线。由于电话线的损耗要比同轴电缆高，幅频特性差。因此，传送前，首先要对视频信号进行预加重（提升高频分量的幅度），然后将其转换为平衡信号，送入电话线。接收端通过差分放大电路将信号转换为非平衡信号，这样处理主要是为了抑制外界的干扰。外界干扰对于平衡的双绞线来说是对称的，两线上对称的干扰信号，经差分放大实现共模抑制被消除，而视频信号是不对称的，得到放大。其原理如图 2-29 所示。

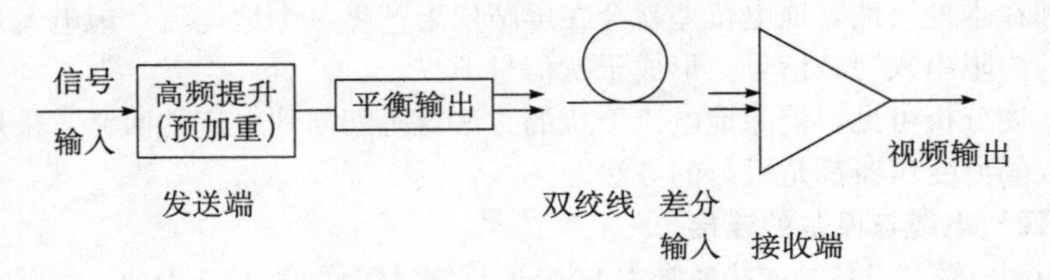

图 2-29 平衡传输原理图

近距离的平衡传输，采用视频变压器进行非平衡-平衡转换和平衡-非平衡转换即可。

目前随着综合布线技术的发展，5 类、6 类双绞线有足够的带宽，平衡性也好，通过跳线可直接连接成点到点的通路，可以实现视频信号的传输。它不用专门布设监控系统的线路，只需采用上述视频变压器，完成非平衡-平衡转换和平衡-非平衡转换。由于网络双绞线的性能要远高于普通电话线，系统的图像质量可以做得很好。需要指出的是，这种传输方式与通过网络传输图像不是一个概念，它还是点对点固定的连接，传送的是基带信号。

讨论分析

1. 视频监控系统中传输信号的方式有哪些?
2. 视频监控系统中信号的传输途径有哪些?
3. 同轴电缆传输的特点是什么?

4. 同轴电缆SYV-75-5的含义是什么？

任务五　前端辅助设备的原理与应用

学习目标

了解前端辅助设备防护罩、支架和红外灯的原理，会使用防护罩、支架和红外灯。

任务引入

在视频监控系统中，不可避免地要用到一些辅助设备，这些辅助设备并不直接参与前端视音频信号的捕获、处理、传输及对前端设备的控制过程，但是，如果对它们使用不当，或者这些设备自身出现问题，仍会影响整个系统的正常运行。

【相关知识】

一、防护罩的基本结构及分类

摄像机防护罩是为了保护摄像机在有灰尘、雨水、高低温等情况下正常使用的防护装置。摄像机防护罩一般分为室内型防护罩和室外型防护罩两类。

（一）室内型防护罩

室内防护罩的主要功能是用于摄像机的密封防尘，并有一定的安全防护作用，如防盗、防破坏等。同时还起着隐蔽和装饰摄像机镜头的作用以减轻人们的反感心理。

外形美观是室内防护罩的基本要求。摄像机室内防护罩一般都比较小且轻，制作材料有塑料、铁皮、铝合金及不锈钢等；外形有筒形、碘形、半球形和球形等；安装方式有架装、吊装和吸顶等。室内防护罩结构简单，安装方便，价格低廉。

（二）室外型防护罩

用于露天环境的摄像机室外防护罩也称全天候防护罩，这就要求全天候防护罩能适应各种恶劣的气候。为了能保证安装在防护罩内的摄像机在室外各种自然环境下正常工作，室外防护罩必须具有防热防晒、防冷除霜、防雨防尘等功能。许多全天候摄像机防护罩都带有自动加热和风冷降温装置，有的还配有刮水器和喷淋器等设备。因此，全天候摄像机防护罩在体积、重量上都比室内型的防护罩大许多。

1. 防热防晒

室外防护罩的散热通常采用轴流风扇强迫对流自然冷却方式，由温度继电器进行自动控制。温度继电器的温控点在35℃左右，当防护罩的内部温度高于温控点时，继电器触点导通，轴流风扇工作；当防护罩内的温度低于温控点时，继电器触点断开，轴流风扇停止工作。室外防护罩往往附有遮阳罩，防止太阳直晒使防护罩内温度升高。

2. 防冷除霜

室外防护罩在低温状态下采用电热丝或半导体加热器加热，由温度继电器进行自动控制。温度继电器的温控点在5℃左右，当防护罩内温度低于温控点时，继电器触点导通，加热器通电加热；当防护罩内温度高于温控点时，继电器触点断开，加热器停止加热。室外防护罩的防护玻璃可采用除霜玻璃。除霜玻璃是在光学玻璃上蒸镀一层导电镀膜，导电镀膜通电后产生热量，可以除霜和防凝露。

3. 防水防尘

室外防护罩通常还配有刮水器和喷淋器设备。刮水器在下雨时除去防护玻璃上的雨珠，喷淋器可除去防护玻璃上的尘土。为了防雨淋需要有更强的密封性，在各机械连接处和出线口都采用防渗水橡胶带密封。使用前最好能做一次淋雨水模拟试验，淋雨的角度为45°和90°，罩内不能有漏水、渗水现象。

自动加热和风冷降温功能实际上是由温感器件配以自动温度监测与控制电路在防护罩内部完成的。而刮水器和喷淋器的工作是由前端设备控制器对供电电路进行开关量手动控制来完成的。

(三) 防爆防护罩

在化工厂、油田、煤矿等易燃、易爆场所进行视频监控时必须使用防爆型防护罩。这种防护罩的筒身及前脸玻璃均采用高抗冲击材料制成，并具有良好的密封性。可保证在爆炸发生时仍能对现场情况进行正常的监视。

图2－30是几种常用防护罩。图2－30（a）是铝合金型材制的室内用防护罩。图2－30（b）是室内吸顶安装的楔形防护罩，摄像机的大部分在天花板之上。图2－30（c）是室外用防护罩，上有可拆卸的遮阳板，内装冷却风扇和加热器，还有除霜器和雨刷，体积较大，可装各种长镜头的摄像机。

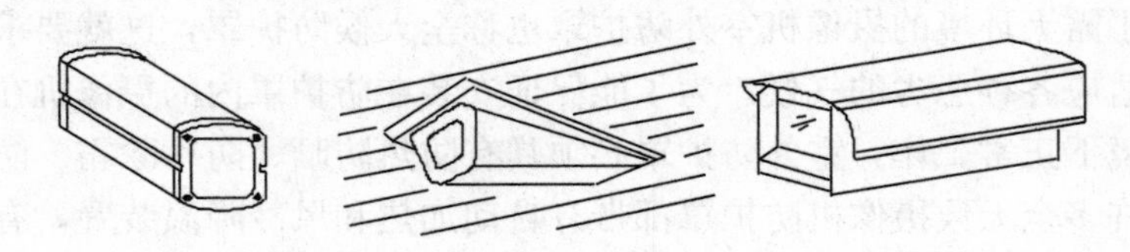

(a) 铝合金型材防护罩　　(b) 楔形防护罩　　(c) 室外防护罩

图2－30　几种常用防护罩

图2－31是几种常用半球形、球形防护罩，一般采用优质透明的聚丙烯颗

粒热铸成型，光学性能好，机械强度大，经日晒雨淋不易变形，外形美观，有多种规格可供选配。图 2 - 31（a）是一种半球形防护罩，宜吸顶安装，上面的柱体藏在天花板内。图 2 - 31（b）是球形防护罩，体积较大，可装半球形、球形云台，内装风扇和加热器，宜在室外使用。

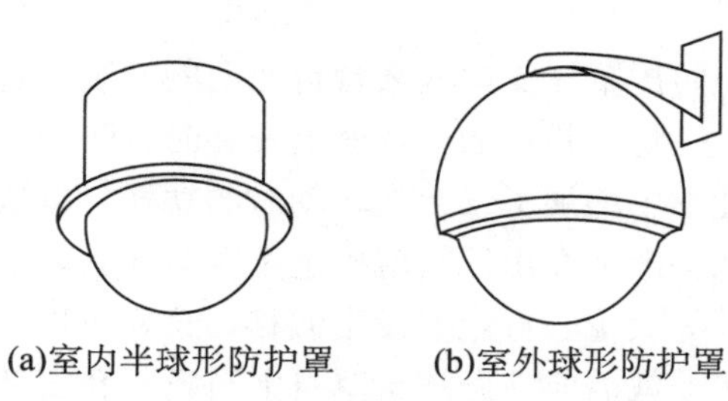

图 2 - 31　半球形、球形防护罩

二、防护罩的使用

防护罩的结构虽然简单，但如果在使用中不加以注意则仍可能出现问题。

在防护罩内安装摄像机时，应使摄像机的镜头尽可能靠近防护罩的前脸玻璃，以免摄像机在成像时产生所谓的"隧道效应"（画面四周被防护罩筒壁遮挡而成阴影）。在使用广角镜头的场合，这种"隧道效应"更容易出现，使用中要特别注意。不过，对于使用电动变焦镜头的场合，镜头又不能过于靠前，否则当进行聚焦调整时，内镜筒有可能探出过多而被前脸玻璃阻挡，使聚焦调整无法实现。因此，在安装摄像机时，其位置应以聚焦过程中变焦镜头内镜筒的最大探出量刚好达到前脸玻璃为准。

对于室外全天候防护罩，还涉及供电及驱动刮水器的接线，但并不复杂，可参照防护罩自身提供的接线原理图进行接线。

给摄像机安装好防护罩后，还需将防护罩以托装或吊装方式通过不同形式的支架固定在墙壁、天花板、立杆或墙头，或是安装在已固定好位置的水平或全方位云台的台面上。

很多廉价的国产防护罩使用普通的民用窗玻璃作为防护罩的前脸玻璃，这种窗玻璃对光线有一定的阻挡，并有不规则的折射，因而会影响防护罩的进光量，并因此使摄像机的低照度特性受到影响，这一点在主要为夜视监视的应用场合应特别注意。

如果摄像机在装进防护罩后其成像质量明显低于不装进防护罩时的成像质量，就要考虑更换防护罩的前脸玻璃了，如采用高透光率的水晶玻璃或聚碳酸酯材料。

在实际工程应用中，防护罩的选择除了要考虑其性能、外形等因素外，还应根据摄像机及镜头的大小来确定防护罩的尺寸，并以刚好能放下摄像机及镜头并留有合适的接线空间为佳。防护罩的尺寸过小，可能导致接线端子因受挤压而接触不良，而尺寸过大，则其体积、重量、成本均相应增加，并导致支架的尺寸也需相应增加，否则防护罩便很有可能无法安装到支架上。

在工程安装时，防护罩在支架或云台台面上的安装位置也很重要，一般应使其重心落于支点上。特别是在云台台面上安装时，防护罩偏前或偏后安装都会使其力矩加大，无形中增加了云台在转动时的功耗，以致造成启动困难。但是，防护罩的安装孔一般是在出厂时就确定了，当在其内部安装了不同型号的摄像机和镜头时，其等效重心肯定要发生偏移，这一点也要特别注意。如果防护罩的重心偏移过多，就需要在防护罩罩身上自行打孔安装了。

还有，虽然室外防护罩的出线口多采用带有橡胶导圈的下出口方式，但在工程施工时仍需要注意使引出线留有一段下垂裕量，否则如果线缆下垂段的裕量不足，当雨水较猛时，沿着高处线缆流下的雨水仍可能因惯性而沿着防护罩出线口处弯曲的线缆向上倒灌流进防护罩内。

三、支架的灵活使用

支架是用于固定摄像机或云台的部件，在实际工程应用中，由于现场环境不同，所需支架的形状也不尽相同。另外，由于需要承载的重量不同，支架的结构与体积也不尽相同。

（一）摄像机支架及使用

摄像机支架一般均为小型支架，有注塑型和金属型产品，可直接安装摄像机，也可通过防护罩安装摄像机，但一般不能承载云台。摄像机支架又称手动云台，所以摄像机支架的摄像机安装座具有手工万向调节头，可方便地调整摄像机水平位置和垂直方位来对准监视目标。

（二）云台支架及使用

云台支架由于承重要求高，一般均为金属结构，且尺寸要比摄像机支架尺寸大。由于云台本身具有方位调节功能，因此云台支架一般不设计方位调节功能。有些云台支架为了配合无云台场合的大型防护罩使用，在支架的前端配有可上下调节的底座。

图 2－32 是各种常用支架示意图。

图 2－32（a）是一种墙壁和天花板安装支架，可以通过基座上四个安装孔固定在墙壁或天花板上，旋松紧固螺丝后可以将摄像机安装座的水平、垂直方位自由调节，调节好合适的方位后，拧紧螺丝固定方位。

图 2－32（b）是一种利用万向球调节水平、垂直方位的壁装支架，摄像

机上的螺孔直接与万向球顶端螺丝拧紧，放松中间支撑杆和基座螺纹，万向球可以自由转动，将摄像机调整到合适的方位，拧紧中间支撑杆和基座螺纹，万向球不再能转动，摄像机被固定。必须注意万向球与其外部的紧固装置必须有较大的接触面才能保证万向球的长期固定，若万向球靠个别点固定，遇有震动，位置就容易被移动。

图 2－32（c）是一种安装云台用的壁装支架，用铸铝制造，有较大的载重能力，尺寸也比摄像机支架大。考虑到云台已具有方位调节功能，云台支架不再调节。

图 2－32（d）是一种可以在室外使用的壁装支架，一般用来吊装摄像机，这种支架用金属制造，有一定的防潮能力，但仍应尽量安装在屋檐下，减少雨淋，以延长使用寿命。

图 2－32（e）是一种可以在室外使用的载重支架，用钢板制造，有较大负荷能力，松开螺丝后，可以将摄像机安装座方位作一定的调节，调节好合适的方位后，拧紧螺丝固定方位。常将这种支架固定在自制的基座上。

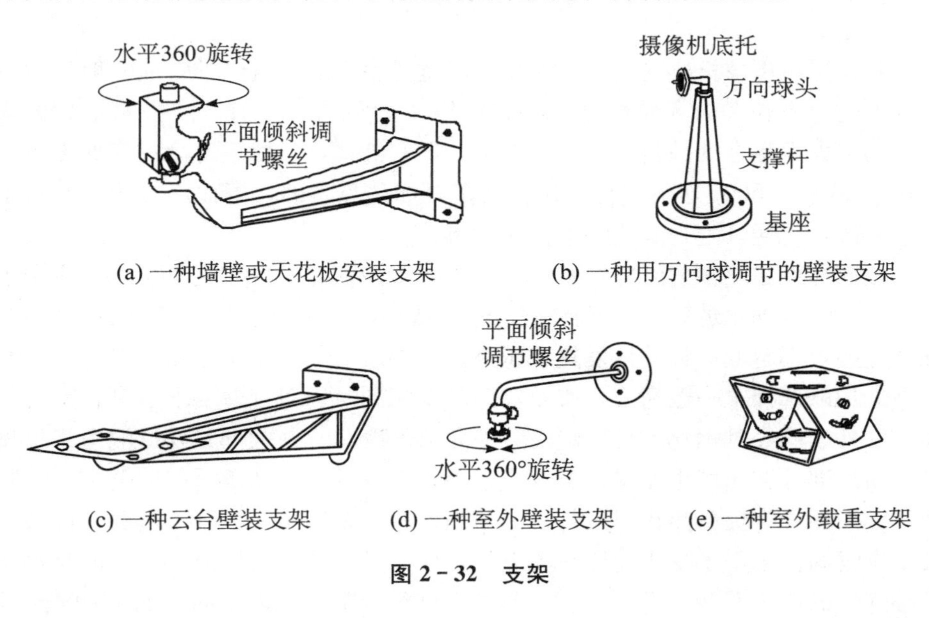

(a) 一种墙壁或天花板安装支架　(b) 一种用万向球调节的壁装支架

(c) 一种云台壁装支架　(d) 一种室外壁装支架　(e) 一种室外载重支架

图 2－32　支架

四、红外灯的使用及注意事项

在视频监控系统中，经常需要在夜间无正常照明的情况下进行监视。如银行金库、国家机关的机要文件室及某些贵重物品仓库等。虽然这些部位都安装有照明灯，但平时这些灯在夜间是不开启的。在这种情况下，被监视现场的光照度就达不到 CCD 摄像机的基本感光要求。然而，CCD 的感光光谱能够扩展到红外区域，而人眼对红外光却是不敏感的，因此，如果监视现场具有红外灯的辅助照明就可使CCD摄像机正常感光成像。

在视频监控系统中使用的红外灯大致有两种类型：一是利用热辐射原理制成的红外灯（类似于普通照明灯外加可见光滤除装置）；二是用若干红外发光二极管组成的二极管阵列。

（一）热辐射红外灯

热辐射现象是极为普通的，物体在温度较低时产生的热辐射全部是红外光，所以人眼不能直接观察到。当加热500℃左右时，才会产生暗红色的可见光，随着温度的上升，光变得更亮更白。在热辐射光源中通过加热灯丝来维持它的温度，供辐射继续不断地进行。维持一定的温度而从外部提供的能量与因辐射而减少的能量达到平衡。辐射体在不同加热温度时，辐射的峰值波长是不同的，其光谱能量分布也是不同的。根据以上原理，经特殊设计和工艺制成的红外灯泡，其红外光成分最高可达92%～95%。国外生产的这种红外灯泡的技术性能为：功率100～375W；电源电压230～250V；使用寿命5000小时、辐射角度60°～80°。

普通黑白摄像机感受的光谱频率范围也是很宽的，且红外灯泡一般可制成比较大的功率和大的辐照角度，因此可用于远距离红外灯，这是它最大的优点。其最大不足之处是包含可见光成分，即有红暴，且使用寿命短，如果每天工作10小时，5000小时只能使用一年多，如散热不够，寿命还要短。而对于客户来讲，更换灯泡是麻烦和不愉快的事情。

业内在克服热辐射红外灯缺点方面进行了许多努力，首先是研制和应用了高通红外滤波钢化玻璃。波长越长，红暴越小，甚至可达到全无红暴，但是，红外光的效率越低，红外灯发热就越高。红外玻璃的波长可根据用户对红暴要求高低加以选择，一般而言，有效辐照距离相同时，对红暴要求越高，造价越高。红外玻璃经过钢化，可以耐受急冷急热的变化，在内部红外灯泡由于可见光滤除的部分转化产生热量，温度会很高，在外部冷风及雨雪的突袭下，急冷而不致损坏。为提高热辐射红外灯的使用寿命，采用了光控开关电路，以减小其工作时间；采用了变压稳压整流电路，使其发光功率得以充分发挥而且提高了红外灯的使用寿命；而更重要的是考虑灯丝冷阻是非常小的，如100W红外灯泡，灯丝热阻为529Ω，这时的工作电流只有0.4348A，而冷阻只有36Ω，红外灯接通电源瞬间灯丝电流为6.39A，瞬时功耗达到1470W，这一瞬间灯丝负荷过载达几十倍，这对灯丝寿命有非常大的影响。人们研制的灯丝保护电路，相信红外灯灯泡的工作寿命会成倍增长。此外，还增加了延时开关电路以防环境的光干扰。

（二）LED 红外灯

由红外发光二极管阵列组成发光体。红外发光二极管由红外辐射效率高的材料（常用砷化镓 GaAs）制成 PN 结，外加正向偏压向 PN 结注入电流激发红外光。光谱功率分布为中心波长 830～950nm，半峰带宽约 40nm 左右，它是窄带分布，为普通 CCD 黑白摄像机可感受的范围。其最大的优点是可以完全无红暴，（采用 940～950nm 波长红外管）或仅有微弱红暴（红暴为有可见红光）和寿命长。

一般来说，红外发光二极管的发射功率与正向工作电流成正比，但在接近正向电流的最大额定值时，器件的温度因电流的热耗而上升，使光发射功率下降。红外二极管电流过小，将影响其辐射功率的发挥，但工作电流过大将影响其寿命，甚至使红外二极管烧毁。当电压越过正向阈值电压（约 0.8V 左右）电流开始流动，而且是一很陡直的曲线，表明其工作电流对工作电压十分敏感。因此要求工作电压准确、稳定，否则影响辐射功率的发挥及其可靠性。辐射功率随环境温度的升高（包括其本身的发热所产生的环境温度升高）会使其辐射功率下降。红外灯特别是远距离红外灯，热耗是设计和选择时应注意的问题。

红外二极管的最大辐射强度一般在光轴的正前方，并随辐射方向与光轴夹角的增加而减小。辐射强度为最大值的 50%的角度称为半强度辐射角。不同封装工艺型号的红外发光二极管的辐射角度有所不同。如果用 20 个红外 LED（每个 10mA 电流）排成阵列定向照明，在黑暗中有效范围能达 10m 以上。

（三）红外灯的使用

在实际应用中，红外灯的使用是最简单的了，因为它只要接通电源就可工作。然而在某些场合，红外灯的布设位置是值得考虑的，因为它的光照分布很不均匀，照射距离也有限，如果布设位置不好，整个系统的夜间监视效果就会大打折扣。

与其他可见光源一样，红外灯在室外的应用效果不如室内好，这主要是因为通常的室内环境具有良好的漫反射效果（如白色墙壁的反光），因此若是在室内监视场合，布置一个功率并不太大的红外灯就可以了，因为通过墙壁的漫反射可以使室内红外光照度达到一定的强度。但是，若是在室外监视场合，环境因素很少形成对红外光的反射，因而红外灯的功率、数量都要相应增加，否则达不到预期的监视效果。

需要注意的是，黑白 CCD 摄像机对于红外灯的感光是很敏感的，而彩色 CCD 摄像机对红外灯一般不敏感，这是由于红外光被彩色摄像机中的彩色滤色器阵列（CFA）所滤除的缘故。因此在使用红外灯作为辅助照明的监视场合，一般使用高灵敏度的黑白摄像机。不过，近年来，彩色/黑白自动转换的日夜两用摄像机的性能有了大幅度的提高，该摄像机工作在黑白方式时也可达到很高的灵敏度。

【技能训练】

一、实训目的

了解监控系统的最基本组成结构，掌握摄像机、镜头与监视器的特点，了解镜头的类型，熟悉摄像机的接口含义及镜头参数的含义，熟悉摄像机、镜头、监视器的连接方法及镜头的调整方法。

二、实训设备

1. 枪式彩色摄像机 MCC－2020　　1台（1/3″CCD，CS接口）
2. 监视器　　1台
3. 手动变焦距镜头（2.8～12mm或4.0～12mm或5～50mm）　　1个
4. DC12V输出的电源　　1台
5. 视频线　　1根
6. 电源线（220VAC、12VDC）　　2根
7. 镜头适配环（根据镜头和摄像机选配）　　1个
8. 一体化摄像机　　1台
9. 数字示波器　　1台
10. 75Ω终端电阻　　1个

三、实训工具

序号	名称	数量	序号	名称	数量
1	小号一字螺丝刀	1把	6	尖嘴钳	1把
2	小号十字螺丝刀	1把	7	剪刀	1把
3	大号一字螺丝刀	1把	8	绝缘胶布	1卷
4	大号十字螺丝刀	1把	9	万用表	1只
5	电笔	1把	10	焊锡工具	1套

四、实训内容

1. 将枪式摄像机与镜头及监视器连接到位，按要求完成以下内容：

(1) 当镜头焦距调整为 W 时（成像对象清晰且上下满屏幕显示），通过公式计算和实测验证两种方式，物距各为多少，记录计算过程和实测的2组

数据。

(2) 当镜头焦距调整为 T 时(成像对象清晰且上下满屏幕显示),通过公式计算和实测验证两种方式,物距各为多少,记录计算过程和实测的2组数据。

(3) 通过1、2两个内容的实训,写明并体会当可变焦距在两个极限位置时,对应的监视距离的范围有多少。

(4) 以上同样的设备,当镜头焦距调整为 W 时(成像对象清晰且半屏幕显示),通过公式计算和实测验证两种方式,物距各为多少,记录计算过程和实测的2组数据。

(5) 以上同样的设备,如果要求监视的物距为计算的 W 和 T 之间的任意一个数据时(各组自己设定),通过公式计算需要的焦距,体会实际监测距离和需求焦距的关系。

2. 将一体化摄像机与监视器连接,仔细观察摄像机的各个接口及控制按钮,手动控制摄像机后调节按钮观察监视器上图像的变化。

3. 用示波器观察摄像机输出视频信号。

讨论分析

1. 监控系统中必备设备有哪些?

2. 摄像机与镜头的接口有几种?

3. 镜头的焦距与视场角之间有什么关系?

4. 用示波器观察摄像机输出视频信号时,为什么要终接75Ω电阻?(示波器使用高阻探测线)

任务六 云台的原理及应用

学习目标

掌握云台的基本原理及结构,会正确选用、安装与使用云台。

任务引入

云台是承载摄像机在水平及垂直方向旋转,以适应摄取不同方位和角度监视对象的机电设备。摄像机配上云台,实际上是提高了摄像机的空间可监视范围。

【相关知识】

一、云台的结构及工作原理

(一) 云台类型

云台的种类很多,如图2-33所示。按使用环境分为室内型和室外型、防爆云台，主要区别是室外型密封性能好，防水、防尘，负载大；按安装方式分为侧装和吊装、吸顶云台，就是把云台是安装在天花板上还是安装在墙壁上；按外形分为普通型和球型，球型云台是把云台安置在一个半球形、球形防护罩中，除了防止灰尘干扰图像外，还起隐蔽、美观、快速的作用；云台根据其回转的特点可分为只能左右旋转的水平旋转云台和既能左右旋转又能上下旋转的全方位云台。

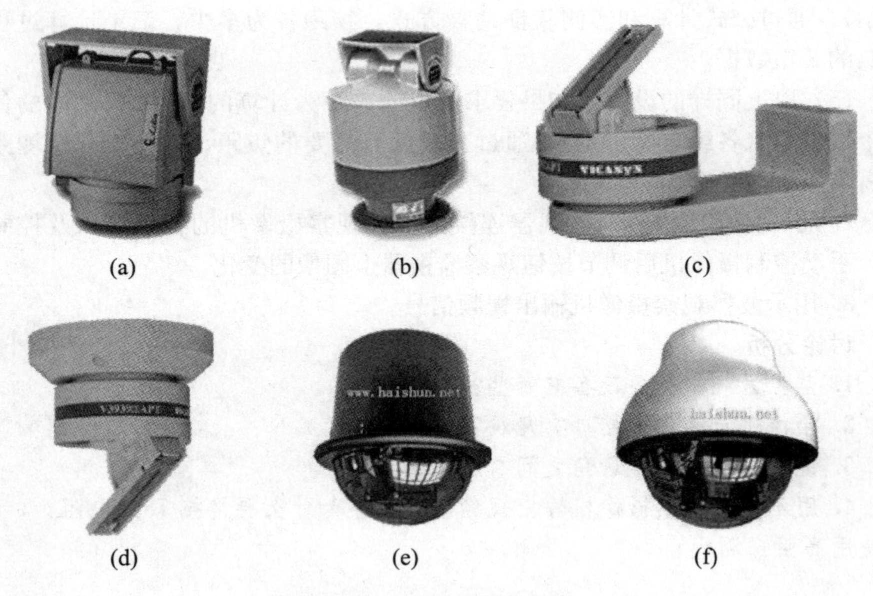

图 2-33　各种形状的云台

(二) 水平云台

水平云台用于承载摄像机在水平方向作左右旋转运动。水平电动云台又称自动扫描云台，自动扫描云台除了左右旋转运动能受控制电压操纵外，还可由控制电压操纵在水平方向作自动往复旋转。

在云台底座内部有一个能紧急启动和立即停止的低转速、大扭矩驱动电动机，通过机械传动装置带动台面可快速启动和紧急停止，而不发生惯性滑动。因其体积小、重量轻，大多数用于室内，很少用于室外。

1. 组成结构

(1) 驱动电动机

电动机是电动云台的基本部件，可以是 12V、24V 直流伺服电机，也可以是 24V 或 220V 交流伺服电机。直流电动机容易干扰其他电气设备，大多数电动云台以 220V 交流伺服电机为主。由于云台要作正反两个方向的运动，因此驱动电动机一般都有两个绕组，其中一组控制电动机做正向转动，另一组控制电动机反向转动。

(2) 机械传动装置

由于电动机的转速高，因此还需要一个大传动比的机械传动装置，以降低驱动齿轮的转速，提高转矩。齿轮、蜗轮、蜗杆啮合的传动装置将电动机的高速旋转变为摄像机安装座的缓慢转动。为了使控制电压断开时，摄像机安装座能立即停止转动，必须至少采用一对有自锁能力的蜗轮、蜗杆。

(3) 摄像机座板

水平云台的水平方向转动受电压控制，垂直方向相当于支架。在水平云台的旋转台面上有安装摄像机的安装座板，座板能在垂直方向 90°范围内手工调节并由螺丝固定。因此，水平云台上的摄像机有一定的仰俯角，使得其可调节摄像机观察范围的远近。

(4) 定位卡销

在水平云台固定机身部分设有左右两个定位卡销，用于调整云台的旋转角度的限位点。云台的定位销卡限位位置是可以调节的，定位销卡靠在一起是最小夹角为 5°，左右两卡销之间的夹角即为云台的实际旋转角度。因此，水平云台的最大旋转范围为 0°～355°。可以调节的定位销卡设在云台外部使用起来比较方便，有些定位销卡设在云台内部，就必须打开云台外壳才能调整，使用时不太方便。

(5) 行程开关

为了限制电动云台的旋转角度，在水平云台旋转台面下都设有行程开关。行程开关由一个拨杆和两个微动开关组成。当水平云台旋转角度到达限位时，其定位卡销触及到行程开关，电动机驱动电路利用行程开关的信号来控制水平云台电动机的限停和换向。

2. 工作原理

水平云台的动作是由其驱动电路接收控制信号，给驱动电动机的两个绕组分别独立供电和轮流转换供电。所以，水平云台与其控制器的接口一般有 4 个接线端子：公共端、自动扫描控制端、左旋转控制端和右旋转控制端。

水平云台的运行状态有两种：手动控制状态、自动扫描状态。当水平云台工作在手动控制状态时，云台在旋转过程中定位卡销触及到行程开关，就会通过云台内部的继电器切断电动机电压而停止旋转；当水平云台工作在自动扫描状态时，云台在旋转过程中定位卡销触及到行程开关时，就会通过云台内部的继电器接通反向电压使电动机回转，沿着与刚才相反的方向扫描。

云台的扫描及自动回扫是由一个双稳态继电器来控制的。双稳态是指继电器具有自锁功能：通电一次自锁吸合并一直保持这种状态，再通电一次则继电器触点释放。目前双稳态继电器有两种类型：采用机械方式自锁或利用剩磁自锁。两种均用脉冲方式驱动。吸合与释放脉冲宽度在20～30ms之间，吸合自锁后，几年都不会改变状态，且耐冲击性能极好。

在云台接线端子的旁边一般都有一个BNC插座，另外在云台台面上还伸出一段螺旋状视频软线并配有BNC插头，且这一对BNC插头插座是连通的。它实际上是一段视频延伸线。其作用是避免视频电缆长期随云台一起转动，造成接触不良；当视频电缆留量过短，可能会因电缆绷紧造成云台不能继续转动，而留量过长时，还可能会因电缆松弛而发生缠绕。

（三）全方位云台

全方位云台又称为万向云台，其台面既可以水平旋转，也可垂直转动。因此，它可带动摄像机在三维立体空间对监视场合进行全方位的观察。根据使用环境的不同，全方位电动云台一般可分为室内型和室外型两大类。

全方位云台结构如图2-34所示。与水平云台相比，全方位云台与水平云台相比，内部增加了一台驱动电动机。该电动机可带动摄像机座板在垂直方向±45°、10°～60°和0°～90°范围内作仰俯运动。

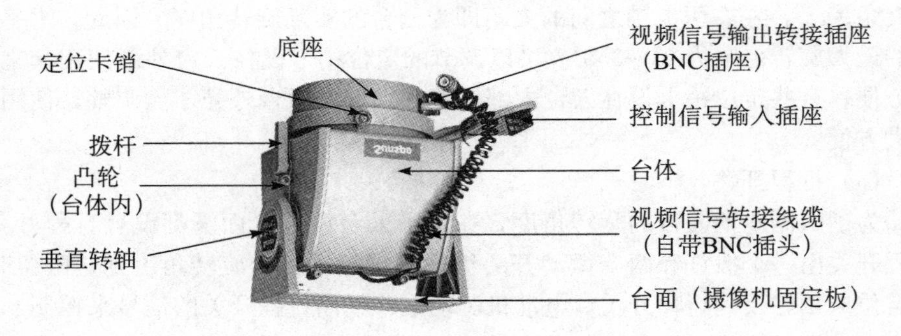

图2-34 全方位云台的结构

全方位云台为了防止台面和安装在上面的设备在垂直方向作大角度仰俯运动时碰到云台主体而造成损坏或电动机堵转而烧毁，在垂直的仰俯行程中设有限位装置。其限位装置是两个与台面垂直旋转轴同心的凸轮和相应的两个行程开关，当任一个凸轮的凸缘触及到相应的行程开关时，驱动电路利用行程开关的信号切断垂直电动机的电源。全方位云台的水平旋转行程限位装置与水平云台原理相同。

全方位云台的驱动电路接受控制信号，给水平驱动电动机和垂直驱动电动机各自的两个绕组分别供电，而使两个电动机能独立的正转和反转，来带动全方位云台能够在水平方向左、右旋转和在垂直方向上、下仰俯。

绝大多数的全方位云台都有水平自动扫描功能，但均没有垂直自动运动的功能。所以，全方位云台与其控制器的接线端子排一般有6个接线端子：自动端（水平）、公共端（水平、垂直合用）、左转端、右转端、上仰端和下俯端。

图 2－33 所示的云台虽外观造型不同，其内部结构却是完全一样的。图中 c、d 两种云台在其底座上增加了一块接线板，用于连接云台控制器或解码器。该接线板分别固定在图中 c 的墙壁安装板及 d 的吸顶式安装盘上。图 2－35 为该接线板的示意图。

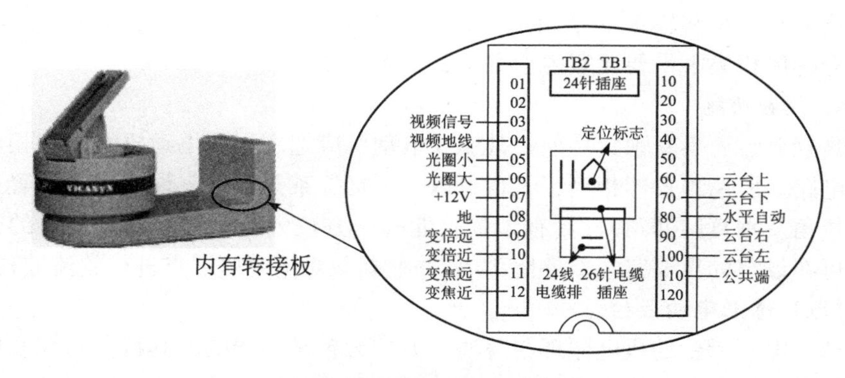

图 2－35　云台控制接线板示意图

在图 2－35 中，右边一列接线端子为云台控制接线端子，必须与云台控制器或解码器的相应控制输出端子相接；左边一列接线端子为视频、电源及电动镜头控制线的环接端子，可以不接线而将视频、电源、镜头控制线直接连接到摄像机及电动镜头上，但从美观及减少线缆缠绕的角度出发，在实际应用中仍建议将上述各线缆接到云台接线端子上，这样可使视频线、电源线及电动镜头控制线经云台内部连线转接后，通过云台中摄像机固定板下面的出线孔中伸出来，这些线缆可方便地进入防护罩并连接到摄像机及电动镜头上。

（四）室内外全方位云台的区别

全方位电动云台既可用于室内，也可用于室外。在结构上室内全方位云台与室外全方位云台基本相似，两者的最大区别主要体现在是否具有全天候功能。室外全方位云台往往还用于易燃、易爆等特殊场合，因此有的室外全方位云台还要求具有防爆功能。室外云台机壳往往用铝合金整体铸造，这样可以减少自重。

1. 防侵蚀密封

由于室外全方位云台要求能在恶劣的工作环境下正常工作，为了防止驱动电动机遭受雨水或潮湿的侵蚀，室外全方位云台一般都设计成具有密封防雨功能。室外云台电缆插头座须采用防水型的或者有防雨橡胶护套，而其垂直输出轴处垫有防水密封圈，装卸时应该注意。

2. 超负荷保护

由于冬季冰雪会将室外全方位云台冻结造成难以启动，还要求室外云台驱动电动机具有高转矩扼流保护功能，以防止室外云台严重冻结时强行起动而烧毁电动机。如采用热敏切换开关，一旦电动机温度超出允许工作范围，热敏电阻可自行切断电动机电源。

3. 承载量较大

由于在室外使用时一般要配置中、大型室外摄像机防护罩，因此要求室外全方位云台需具有较大的承重能力。室外全方位云台要求承重在 10kg 以上，其自身的体积集中量要比室内全方位云台大得多。

4. 预置功能

高档云台还具有预置功能，其驱动电动机应选用伺服电动机并配有相应的伺服电路。所谓预置即相当于云台可以“记忆”某几个事先设定好的位置（水平方位角及垂直俯仰角），具有预置功能的全方位云台，在伺服电动机的驱动下，可在设定的重要监视点停留 10 秒并准确地对重要监视点进行轮流监视。

(五) 球形电动云台

球形电动云台的机电原理与普通全方位云台是一样的，其特征是配有球形或半球形的防护罩。使用球形云台是为了美观和隐蔽，球形或半球形防护罩常采用优质透明的聚丙烯颗粒热铸成型。

一般球型云台都采用吊装式，设有固定摄像机的托架。当云台在水平和垂直两个方向任意转动时，其摄像机镜头前端的运动轨迹恰构成一个球面。

有的球形云台还能进行高速、变速运转，可对监视目标快速搜索和精确跟踪，有的球形云台还能瞬时反转，运行时平稳、无声，常常用 24V 交流电压进行控制。

智能化球形云台是将全方位云台、摄像机、电动镜头、解码控制器等集为一体密封在球形防护罩内，因此也称为球形摄像机。不过，由于这种球形云台内置的解码控制器通常只接受相应品牌的系统控制主机的控制信号，因此它只能应用于系统控制主机通信协议所支持的视频监控系统中。

二、云台的正确安装与使用

云台的电气结构较为简单，接线也相对容易，只要按照说明书的要求将控制器或解码器的云台控制电压输出端以 4 芯（水平云台）或 6 芯（全方位云台）连线一一对应地直接连接到云台的控制接线端，即可使云台工作。在对云台进行安装时，既可以借助支架，也可以不要支架，因而云台可以有托装、侧装或吊装等多种安装方式。不过，不同安装方式的云台在工作时的承载能力是不完全一样的，这在实用中需要特别注意。另外，云台自身并不需要额外的供电电压，因此，云台在非受控转动的状态下是不耗电的。但在实际应用中，应特别注意云台输入电压的确认。对于 24VAC 的云台，必须使用 24VAC 的云台控制器。

在实际工程中，云台的安装位置和走线方式都要认真规划。如果安装位置不合理，那么很有可能使云台在转动过程中，其台面上的防护罩碰撞到墙壁或其他障碍物上，使云台走不完整个扫描行程便因受阻而停止运动。如果此时仍去控制云台的运动，云台内部的电动机便可能因电流过载而烧毁（中高档云台会有过流保护电路）。

还有一种情况，如果从防护罩中引出的镜头控制线、视频线以及摄像机电源线等拖得不够长，也会使云台在转动过程中因受这些线缆的牵动而不能顺畅地转动。实用中，从防护罩中引出的线缆也不宜过长，并且，为了防止云台转动时台面上摄像机的视频线缆发生缠绕，在云台后面及台身下部的接线端之间一般均内置一段视频线缆的延伸装置，使摄像机的输出信号直接从可旋转的台面接入，而从云台台身下部的固定接线端输出，这就保证了摄像机随云台转动时线缆及其接插件的相对稳定性，有效地防止了云台在转动时抻扭视频电缆的副作用。

讨论分析

1. 视频监控系统中云台的作用是什么？

2. 云台的运行状态有几种？

任务七　云镜控制器的原理及应用

学习目标

掌握云镜控制器的工作原理，知道云镜控制器的适用范围，会使用云镜控制器。

任务引入

在小型视频监控系统中要控制云台、电动镜头及雨刮器等设备的动作，可使用云镜控制器。

【相关知识】

在具有云台及电动镜头的小型闭路电视监控系统中，必须配有操纵云台及电动镜头动作的控制器。这种控制器一般受面板按键的控制，输出交流电压（对云台）或直流电压（对电动镜头）到云台或电动镜头的控制电压输入端，使云台或电动镜头作相应动作。在某些应用场合，系统中可能只用到了水平或全方位云台，因而控制器仅需对云台进行控制，而在其他应用场合，系统中可能同时用到了云台及电动镜头或仅仅用到了电动镜头，因而控制器既要对云台进行控制，也要对电动镜头进行控制。

为了降低成本，监控系统中的控制器一般都是由简单逻辑去控制电磁继电器或固体继电器而输出上述控制电压。

一、云台控制器

云台控制器按控制功能有水平云台控制和全方位云台控制两种；按控制路数可分为单路控制器和多路控制器；按控制电压还可分为交流 24V 和 220V。

(一) 单路云台控制器

图 2－36 是单路水平云台控制原理图。图中 SB_1 为自锁按钮开关，用于云台自动扫描或手动控制扫描的切换。SB_2、SB_3 为非自锁按钮开关，分别用于手动控制水平云台向左和向右旋转。

通常交流电压的一端直接接到控制器的输出端口 2（公共端）：当自动扫描按钮 SB_1 未被按下时，继电器 K 不吸合，交流电压的另一端通过继电器 K 的常闭触点加到 SB_2、SB_3 的一端，按下 SB_2、SB_3，便可将交流电压加到控制器的输出端口 3 或 4，使水平云台作向左或向右的旋转；当自动扫描按钮 SB_1 被按下时，继电器 K 吸合，交流电压的另一端通过继电器 K 的常开触点吸合加到控制器的自动端口 1，使水平云台做自动扫描运动。此时，SB_2 或 SB_3 按钮的通路被继电器 K 的常闭触点断开而切断，不再起作用。

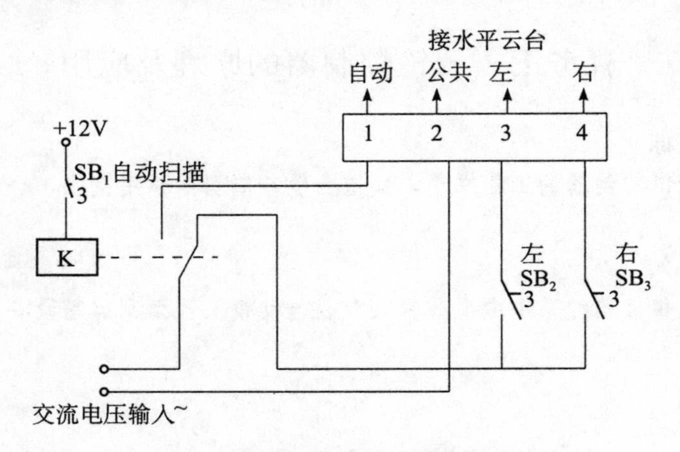

图 2－36　单路水平云台控制器原理图

图 2－37 是单路全方位云台控制原理图。只是在图 2－36 的电路中增加了两个垂直控制电压输出端口及相应按钮。

增加的 SB_4、SB_5 是两个非自锁按钮开关，它们不经过继电器而直接与交流电压输入端相连，因此，无论是自动还是手动方式下（无论 SB_1 是否按下），按下 SB_4 或 SB_5 按钮就可以使云台在垂直方向作上仰或下俯的转动。

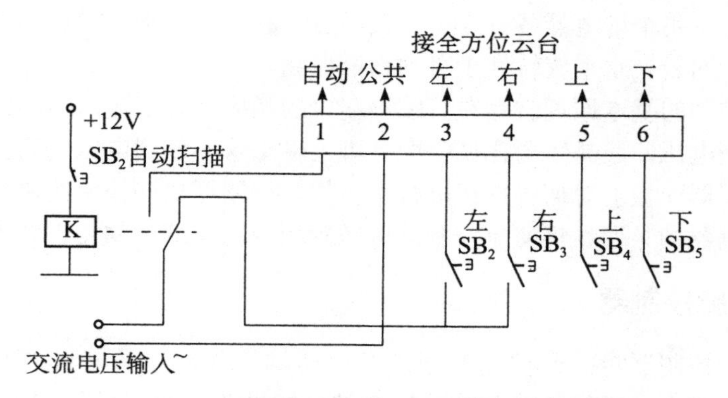

图 2－37　单路全方位云台控制器原理图

（二）多路云台控制器

图 2－38 为四路全方位云台控制原理图。若要对多个云台进行控制，可以在单路云台控制器的基础上增加多个用于云台选通的继电器及选通按钮，控制键可以公用。

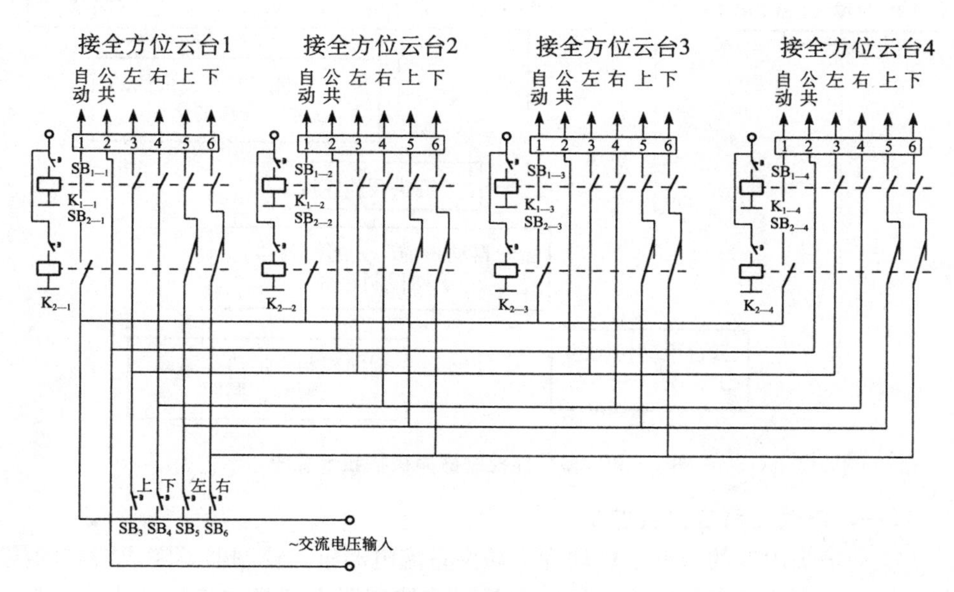

图 2－38　4 路全方位云台控制器原理图

SB_{1-1}至SB_{1-4}分别是各个云台的工作选通按钮，SB_{2-1}至SB_{2-4}分别是各个云台的状态选择按钮。它们均为自锁开关。SB_3至SB_6的 4 个开关分别对应云台的上、下、左、右运动的公用的控制按钮，均为非自锁开关。

K_{1-1}至K_{1-4}是各个云台的工作选通继电器。每个继电器各有 4 对开关触点，利用 4 个常开触点选通相应的云台受控。K_{2-1}至K_{2-4}是各个云台的状态选择继电器。每个继电器各有 3 对开关触点，利用 1 个常开触点和 2 个常闭触点使得相应的云台水平旋转处于自动扫描控制。

云台控制的基本原理就是在其输出端口的相应针脚上输出驱动云台电动机运转的控制电压，而具体要在哪一个针脚上输出这一控制电压则完全取决于操作者在控制器面板上对何种按钮进行了操作，控制器根据控制按钮的状态来控制相应继电器的导通，将交流控制电压送到相应输出端口的相应针脚。

二、多功能控制器

多功能控制器对云台控制的原理及电路结构与前述的云台控制器完全一样，在此基础上，增加了对电动镜头等其他辅助受控装置的控制电路。因此，多功能控制器可用于对电动云台、电动镜头、全天候防护罩、红外照明灯等前端辅助装置的全面控制。其面板按钮示意图如 2－39 所示。

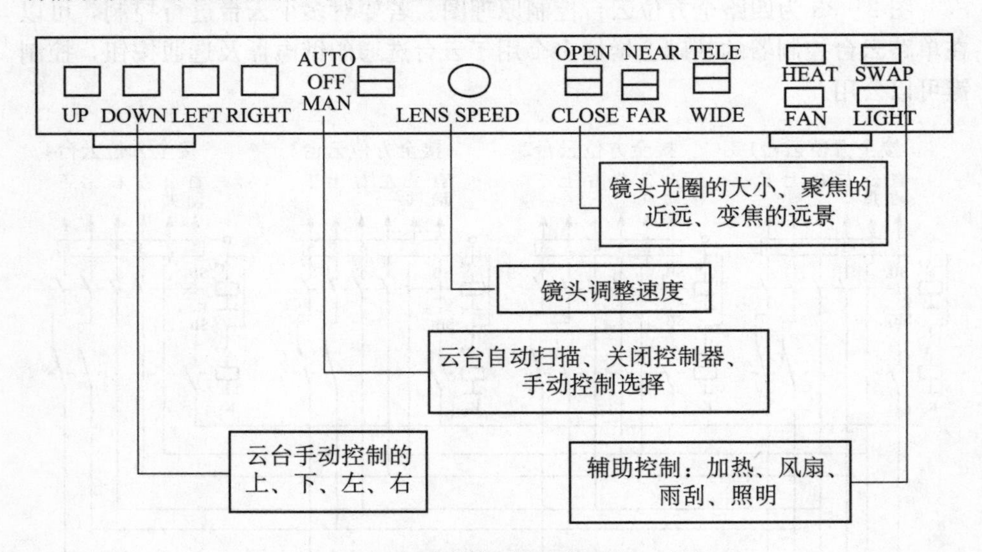

图 2－39　多功能控制器面板按钮示意图

（一）电动三可变镜头控制

电动镜头内部的微型电机均为小功率直流电动机，控制器要完成对它的控制，只能输出小功率的直流电压，这就要求控制器内部具有稳压的直流电源，通常为 6～12V。在实用中，为了能更精确地对镜头调焦或在小范围内调整镜头光圈，一般希望电动镜头的电动机转速慢些，即要控制器输出到电动镜头的直流控制电压稍小些；有时，为了快速跟踪活动目标（如在很短的时间内将摄像机镜头由广角取景推到主体目标带局部特写），要求控制器输出的直流控制电压稍大些；因此，大多数控制器的镜头控制输出端都设计为可变电压输出，即通过对控制器面板上电压调节旋钮的调节，使镜头控制输出端的控制电压在直流 6～12V 之间连续变化。

（二）前端辅助装置的控制

还有些控制器，除了具有上述云台镜头控制的功能外，还包括对全天候防护罩的喷水清洗、雨刷、射灯、红外灯辅助照明等设备的控制功能。这部分控制电路原理与云台控制的原理类似，在控制器的后面板上加一个辅助控制端子，当对前面板上带辅助控制按钮进行操作时，可以将 220V 或 24V 的交流电压输出到辅助控制端子上，从而启动喷水装置、雨刷器或辅助照明灯等。

对一般控制器来说，辅助控制输出端口的输出电压一般与云台的控制电压相同。如，220V 的控制器要求外接云台及其他辅助设备均为交流 220V 的。如果云台及各外接辅助设备的要求的驱动电压不同，需加装变压器进行电压转换。另外，一般控制器的辅助控制输出端口各针脚结构与电特性完全相同，在实际使用时，不必严格按照控制器面板上的文字标注来接线，只要使外接设备与面板按钮通过自行定义统一起来即可。

图 2-40 为多功能控制器原理图。

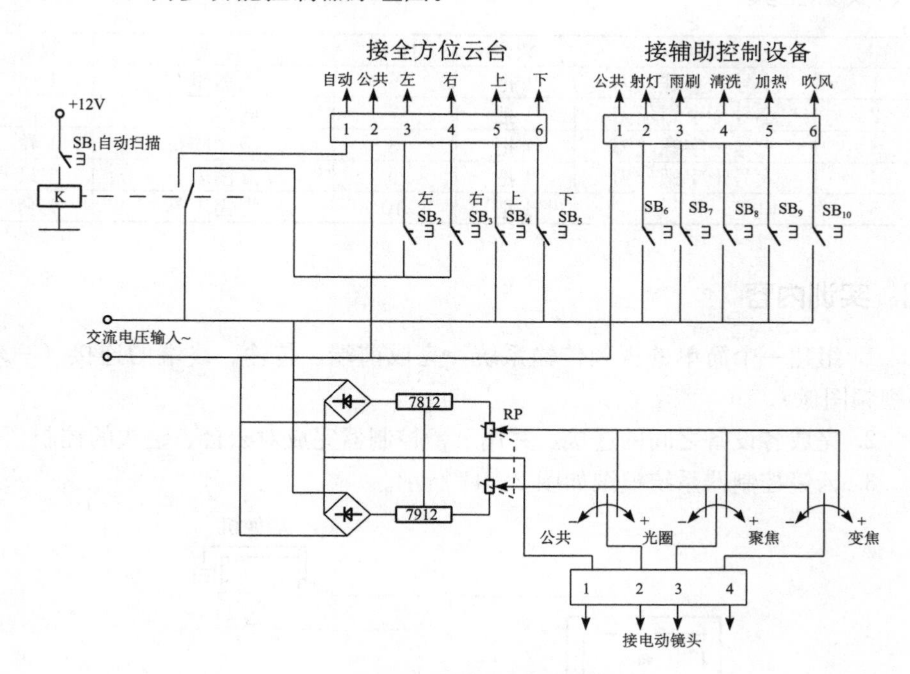

图 2-40　多功能控制器原理图

【技能训练】

一、实训目的

1. 了解云镜控制器的控制方式及适用场合。
2. 掌握云镜控制器与其他设备之间的接线。
3. 学会使用云镜控制器。

二、实训设备

序号	名称	规格型号	数量	序号	名称	规格型号	数量
1	云镜控制器	PE3806	1台	6	同轴电缆		若干
2	枪式彩色摄像机	MCC-2020	1台	7	六芯线		若干
3	精工二可变镜头	SSL06036A	1个	8	四芯线		若干
4	全方位云台	YA3939W	1个	9	BNC接头		若干
5	彩色监视器	14寸	1台				

三、实训工具

序号	名称	数量	序号	名称	数量
1	小号一字螺丝刀	1把	6	尖嘴钳	1把
2	小号十字螺丝刀	1把	7	剪刀	1把
3	大号一字螺丝刀	1把	8	绝缘胶布	1卷
4	大号十字螺丝刀	1把	9	万用表	1只
5	电笔	1把	10	焊锡工具	1套

四、实训内容

1. 组建一个简单的视频传输系统，完成前端、传输、终端的连接（一对一视频图像）。

2. 完成各设备之间的连接，并用云镜控制器完成对云台、镜头的控制。

3. 云镜控制器系统框图如图2-41所示。

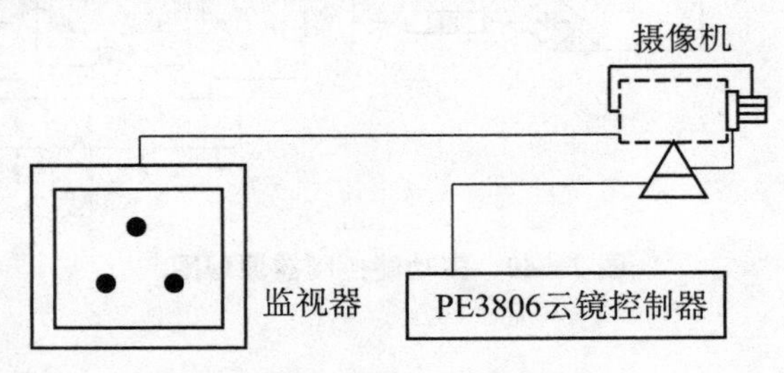

图2-41　云镜控制器系统框图

4. 小型监控系统基本设备相关知识介绍。

（1）二／三可变镜头（精工）控制线意义表示：

黑色：聚焦正。　　　　　灰色：聚焦负。

绿色：变倍正。　　　　　黄色：变倍负。

红色：光圈正。　　　　　白色：光圈负。

（2）云台控制线意义表示：

同轴电缆：视频信号输入线。

两芯线：摄像机工作电源（＋12V），红为正，黑为负。

六芯线：镜头控制线。

黄色：聚焦正（F＋）。　蓝色：聚焦负（F－）。

白色：变倍正（Z＋）。　黑色：变倍负（Z－）。

棕色：光圈正（I＋）。　红色：光圈负（I－）。

（3）云台接线柱如图 2－42 所示。

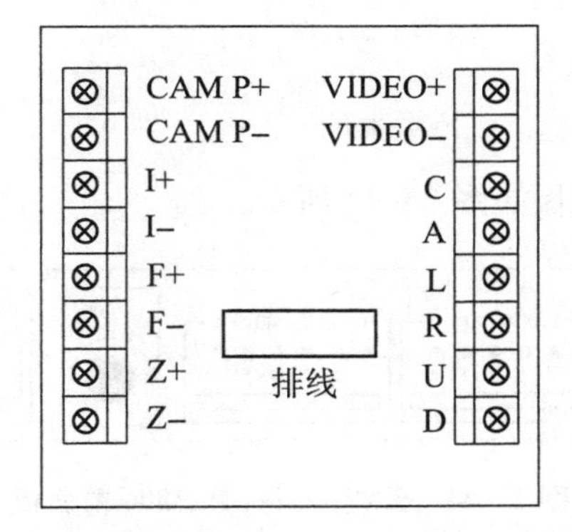

图 2－42　亚安 YA3939W 全方位云台接线柱

CAM P＋：摄像机工作电源正（＋12V）

CAM P－：摄像机工作电源负

I＋：镜头光圈正　　　　I－：镜头光圈负

F＋：镜头聚焦正　　　　F－：镜头聚焦负

Z＋：镜头变倍正　　　　Z－：镜头变倍负

VIDEO＋：视频信号输出正

VIDEO－：视频信号输出负

C：云台控制公共端　　　A：云台自动扫描

L：云台控制左　　　　　R：云台控制右

U：云台控制上　　　　　D：云台控制下

（4）云镜控制器相关知识如下：

①云镜控制器后面板如图 2－43 所示。

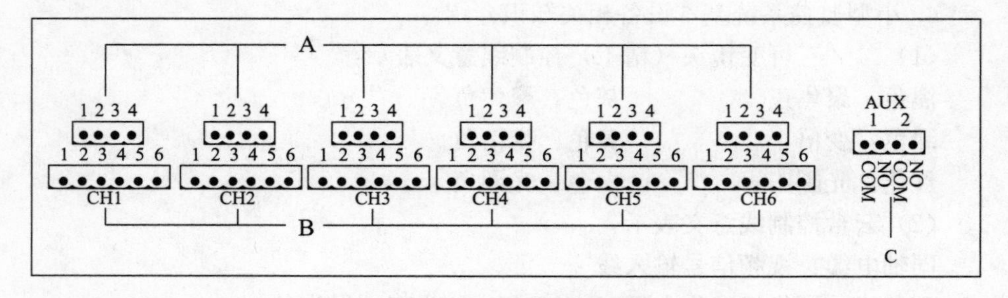

图 2－43　云镜控制器后面板

A：镜头输出插座

1 脚：变焦正　　2 脚：聚焦正

3 脚：光圈正　　4 脚：公共

B：云台输出插座

1 脚：自动　　2 脚：公共

3 脚：云台下　　4 脚：云台上

5 脚：云台右　　6 脚：云台左

C：云台辅助输出插座

COM：公共　　NO：常开点

②云镜控制器前面板如图 2－44 所示。

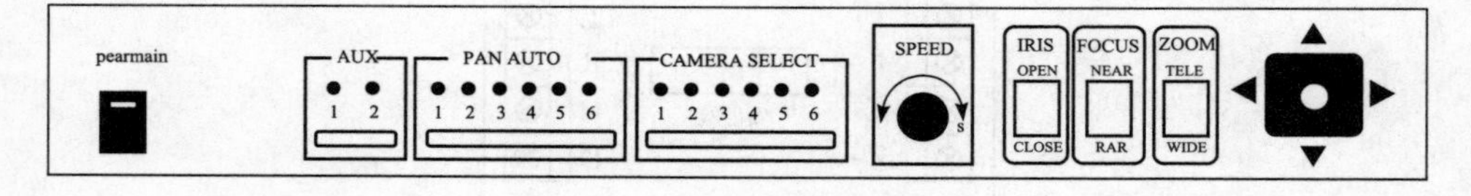

图 2－44　云镜控制器 PE3806 前面板

AUX1：辅助 1　AUX2：辅助 2

PAN AUTO：云台自动控制按钮

CAMERA SELECT：云台手动控制按钮

SPEED：镜头电压调节旋钮

IRIS：光圈　　OPEN：打开　　CLOSE：关闭

FOCUS：聚焦　　FAR：远　　NEAR：近

ZOOM：变焦　　TELE：特写　　WIDE：全景

摇杆：控制云台上下左右

讨论分析

思考大型监控系统为何不适合采用云镜控制器，你认为云镜控制器会退出监控系统应用领域吗？

任务八　视频切换器的原理及应用

学习目标

知道视频切换器的工作原理，会使用视频切换器。

任务引入

在视频监控系统中，监视器与录像机数量往往比前端摄像机数量少，要从多路视频信号源中选出1路或几路信号送往监视器显示或送往录像机去记录，需要使用视频切换器。

【相关知识】

一、视频切换器的分类

1. n选1切换器

在同一时间内可以从n路视频信号中任选出一路进行显示或录制，这是一种最基本的视频切换方式。

2. n选m切换器（m<n）

n选m切换器是从n路视频信号中任选两路以上的信号进行显示或录制，这种切换器是由矩阵切换开关电路来实现，所以又称为矩阵切换器。

3. 微机视频切换器

此切换器内置有微处理器（CPU），通过键盘可以实现对切换器的任意控制，并能处理多路键盘控制切换时的优先级。

二、视频切换器的基本原理

视频切换器的核心是时序产生电路和切换控制电路，实际上它是一个时序开关组合，它能按一定的顺序、一定的时间依次开启和关闭各开关（如图2-45所示），其中时序的顺序和显示时间，在一定范围内可以人为地加以选择。

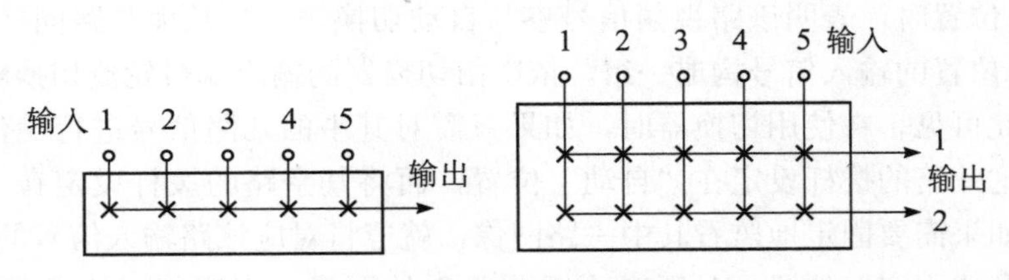

图2-45　切换开关原理图

视频切换器有手动切换、自动切换两种工作方式，手动方式是想看哪一路就把开关拨到哪一路；自动方式是让预设的视频按顺序延时切换，切换时间一般可以调节。切换器的价格便宜，连接简单，操作方便，但在一个时间段内只能看输入中的一个图像。

三、切换器的使用

图 2-46 和图 2-47 分别为视频切换器的前面板和后面板接口示意图。

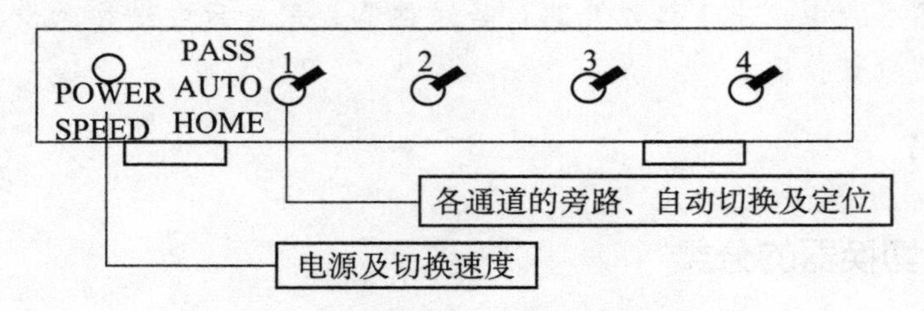

图 2-46　视频切换器前面板示意图

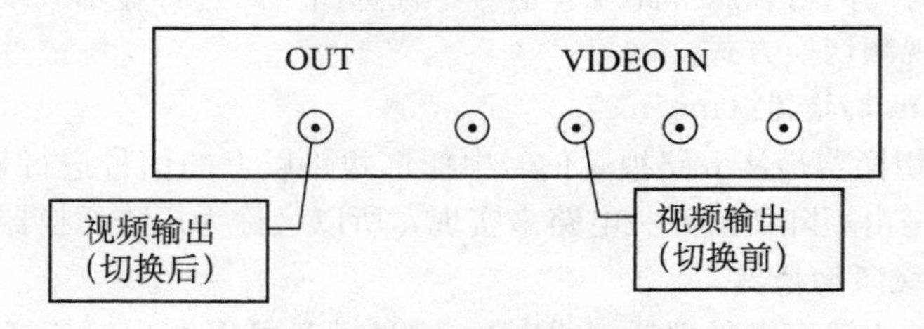

图 2-47　视频切换器后面板示意图

普通切换器对于每一路视频输入信号都有 3 种工作状态，即“固定”、“旁路”、“自动”。这些状态通常是由其前面板上的控制拨杆的位置来设定的。当将对应某一路输入信号的拨杆设定在“固定”位置时，对应该路输入的视频信号即可恒定地由切换器输出（如果有多路输入都设定在“固定”位置，则只有标号最小的那一路输入信号被恒定地由切换器输出）；当将拨杆设定在“旁路”位置时，表明该路视频信号不参与切换，并且永远不会输出；当将拨杆设定在“自动”位置时，表明该路视频信号参与自动切换，并与其他几路同样设定在“自动”位置的输入信号构成一组，依次由切换器的输出端口轮流切换输出。

由此可见，在使用切换器时，如果只需对其中的几路信号进行轮流监视，就应将这几路的拨杆设定在“自动”位置，而将其余路的拨杆设定在“旁路”状态；如果需要固定地监看其中一路图像，就应将对应该路输入信号的拨杆唯一地拨在“固定”位置；对暂时不需要监看的图像，则应将对应的拨杆拨在“旁路”位置。

在实际应用中，由于切换器的电路结构简单，因此出现故障的概率很小，偶尔出现的故障一般是电源故障，可简单打开切换器盖板并更换其电源熔丝即可。不过，由于切换器的状态拨杆一般都是塑料铸件机械结构，有时会因其使用不当而折断，致使该路状态调整无法到位，可进行更换或修复。如不易修复，则也可将该路常设于自动切换状态。在输入端口有空闲的情况下，还可干脆将该路常设于旁路状态，并将原来连接于此端口的视频信号连接到其他的空闲端口上。

【技能训练】

视频切换器的性能及使用

一、实训目的

熟悉视频切换器的工作原理，会熟练使用视频切换器。

二、实训设备

1. 摄像机　　4台
2. 4路视频切换器　　1台
3. 云镜控制器　　1台
4. 监视器　　1台
5. 视频同轴电缆　　5根

三、实训工具

序号	名称	数量	序号	名称	数量
1	小号一字螺丝刀	1把	5	剪刀	1把
2	小号十字螺丝刀	1把	6	绝缘胶布	1卷
3	大号一字螺丝刀	1把	7	万用表	1只
4	大号十字螺丝刀	1把	8	焊锡工具	1套

四、实训内容

1. 将本地实训台上的三路视频信号中任取两路及相邻实训台的两路视频信号作为视频切换器的输入，视频切换器的输出接入监视器。

2. 检查无误后打开电源。

3. 将各通道控制拨杆打在自动档，观察监视器上所显示的图像。

4. 依次将通道控制拨杆打在固定档，观察监视器上所显示的图像；将所有通道控制拨杆均打在固定档，观察监视器上显示的图像。

5. 依次将通道控制拨杆打在旁路档，观察监视器上所显示的图像。

讨论分析

视频切换器的每个通道有几种工作状态，分别是什么含义?

项目二 硬盘录像机系统

通常的视频监控系统规模都不大，功能也相对简单，但其适用的范围非常广。所监视的对象也不仅仅局限于人、商品、货物或车辆，有些应用范围还涉及对诸如天然气罐、高油炉的监视，另有些应用系统则需要对工厂的烟囱及排污管道进行监视。视频监控系统可以自成体系，也可以与防盗报警系统或出入口控制系统组合，构成综合保安监控系统。一般来说，典型中小型视频监控系统的摄像监视点不超过 32 个，造价大都在几万至几十万元。

目前，常用的视频监控系统是以数字硬盘录像机为核心设备的，通过它完成对前端设备的控制、图像的切换与记录。硬盘录像机系统中常用的设备主要有摄像机及其辅助设备、云台、解码器、视频分配器、硬盘录像机、监视器等。下面主要介绍解码器、视频分配器及数字硬盘录像机。

任务一 解码器的原理与应用

学习目标

掌握常用解码器的种类和性能，会连接解码器与前端设备，能合理选择解码器。

任务引入

在视频安防监控系统中，对于前端被控设备距监控中心较远且相对比较分散的应用系统，一般采用前端设备解码控制方式。解码控制方式是在控制室内操纵监控系统主机通过通信网络控制解码控制器，再由解码控制器经局部多芯电缆将控制电压加到被控设备上。

【相关知识】

一、解码器的功能

解码器，国外称其为接收器/驱动器（Receiver/Driver）或遥控设备（Telemetry），是为带有云台、变焦镜头等可控设备提供驱动电源并与矩阵等控制设备进行通信的前端设备。通常，解码器可以控制云台的上、下、左、右旋转，变焦镜头的变焦、聚焦、光圈以及防护罩雨刷器、摄像机电源、灯光等设备，还可以提供若干个辅助功能开关，以满足不同用户的实际需要。高档次的解码器还带有预置位和巡游功能。解码器的外部结构可分为两种，第一种铁盒喷漆，此种比较常见，大约占解码器市场85%以上份额。第二种为铸铝外壳，市场占有10%，有防水性好，外观大方等特点。由于铸铝外壳成本较高，使用较少，通常品牌解码器才会选用。解码/驱动器具有的功能如下：

（1）前端摄像机电源的开关控制。

（2）对来自主机的命令进行译码，控制云台与镜头，可完成的动作有：云台的左右旋转、云台的上下俯仰、云台的扫描旋转（定速或变速）、云台预置位的快速定位、镜头光圈大小的改变、镜头聚焦的调整、镜头变焦变倍的增减、镜头预置位的定位、摄像机防护罩雨刷的开关、某些摄像机防护罩降温风扇的开关（大多数采用温度控制自动开关）、某些摄像机防护罩除霜加热器的开关（大多数采用低温时自动加电至指定温度时自动关闭）。

（3）通过固态继电器提高对执行动作的驱动能力。

（4）与切换控制主机间的传输控制。

二、解码器的分类

1. 按照云台供电电压分

解码器按照云台供电电压分为交流解码器和直流解码器。交流解码器为交流云台提供交流220V或24V电压驱动云台转动；直流解码器云台为直流云台提供直流12V或24V电源，如果云台是变速控制的还要要求直流解码器为云台提供0～33V或36V直流电压信号，来控制直流云台的变速转动。

2. 按照通信方式分

按照通信方式分为单向通信解码器和双向通信解码器。单向通信解码器只接收来自控制器的通信信号并将其翻译为对应动作的控制电压/电流驱动前端设备；双向通信的解码器除了具有单向通信解码器的性能外还向控制器发送通信信号，因此可以实时将解码器的工作状态传送给控制器进行分析，另外可以将报警探测器等前端设备信号直接输入到解码器中由双向通信来传送现场的报警探测信号，减少线缆的使用。

3. 按照通信信号的传输方式分

按照通信信号的传输方式可分为同轴传输和双绞线传输。一般的解码器都支持双绞线传输的通信信号，而有些解码器还支持或者同时支持同轴电缆传输方式，也就是将通信信号经过调制与视频信号以不同的频率共同传输在同一条视频电缆上。

三、工作原理

在具体的视频安防监控系统工程中，解码器是属于前端设备的，它一般安装在配有云台及电动镜头的摄像机附近，由多芯控制电缆直接与云台及电动镜头相连，另有通信线（通常为两芯护套线或两芯屏蔽线）与监控室内的系统主机相连。因此，从对外控制的功能看，解码器的功能实际上相当于前面介绍的直接控制器，只是对它的控制操作不再是在本地面板上，而是改在了经由通信总线连接的控制器的控制面板上。解码器原理图如图 2－48 所示。

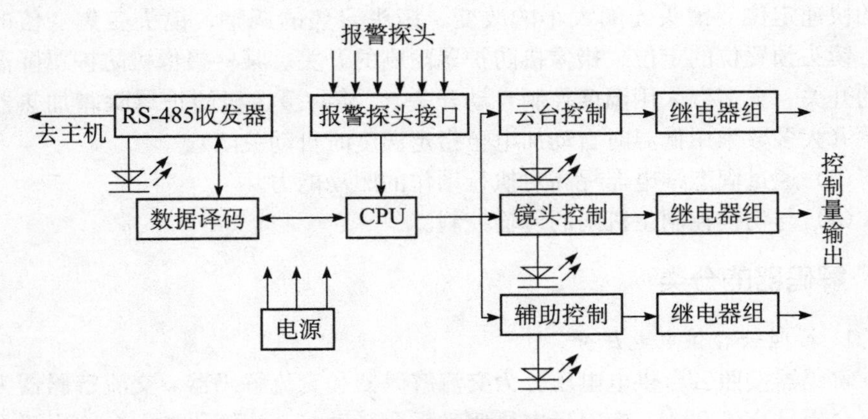

图 2－48　解码器原理图

继电器是解码器中的动作执行部件，通常解码器会匹配 9 只继电器，其中有 5 只较大的继电器，是控制云台的上下左右动作，其余 4 只较小继电器是控制三可变镜头光圈、变倍、聚焦。解码器的通信芯片主要是负责 485 总线上数据信号的接收。解码器的动作是由 CPU 控制继电器的吸合来实现的。解码器电源一般都使用多电压输出的线性变压器。

解码器一般不能单独使用，而必须与系统主机配合使用。当选定了系统主机后，解码器也必须选用与系统主机同一品牌的，这是因为不同厂家的解码器与系统主机的通信协议及编码方式一般是不相同的，除非某解码器在说明书中特别指明该解码器是与另外某个品牌的主机兼容。协议就是数据通信时的信息存储格式，解码器的通信协议大约有 100 多种，其中比较常见的还有多个版本，最常使用的派尔高 D 协议。

每个解码器上都有一个 8～10 位的拨码开关，它决定了该解码器的编号（即 ID 号），因此在使用解码器时首先必须对该拨码开关进行设置。

解码器外形及接口如图 2－49 和图 2－50 和图 2－51 所示。

图 2－49　解码器外形图

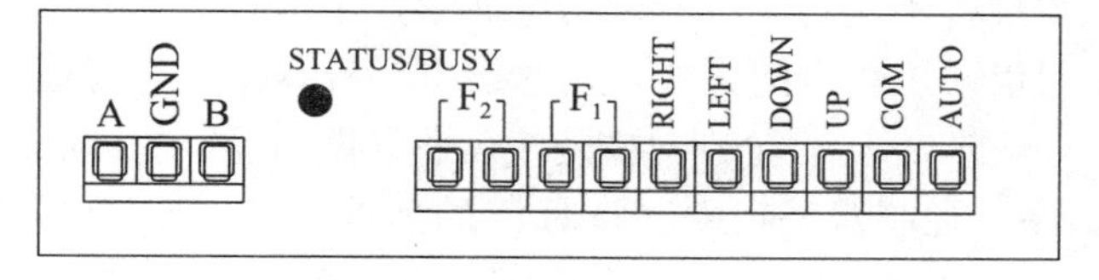

图 2－50　解码器侧面接口示意图 1

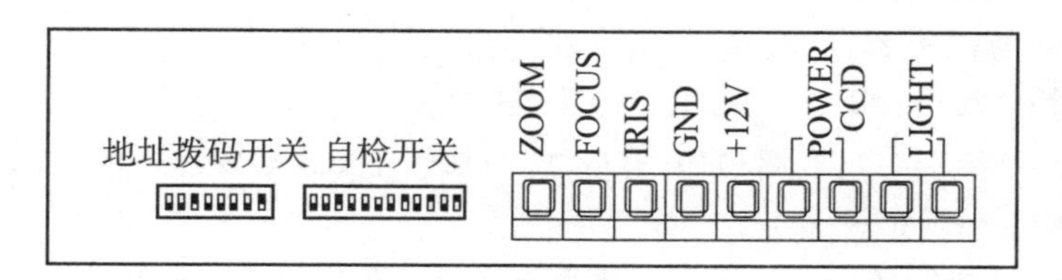

图 2－51　解码器侧面接口示意图 2

四、解码器的连接

（一）RS－485 通信方式

目前，大部分国内厂家生产的解码器与主机的通信接口一般都采用 RS－485 通信协议。RS－485 的基本知识在模块一中已有介绍。

1. 平衡差分信号传输

RS－485 通信的显著特点是信号采用“差分”的方式传输，即两条通信线上的信号极性正好相反。因此，相对于地电位来说，如果一条线上的信号处于高电平，则另一条线上的对应时刻则为低电平。RS－485 通信的传输介质推荐使用双绞线，它可以有效地减少高速率长距离传输数字信号时常见的辐射电磁干扰和接收电磁干扰。

RS－485 通信具有很强的抗干扰能力，因此特别适用于中远距离通信或高速通信。RS－485 两线一般定义为：“A,B”或“Date＋,Date－”，即常说的 485＋,485－。

2. 双绞线的特性阻抗

RS－485 规范要求电缆的特性阻抗为 120Ω（但并未作强制要求），目的是使生产厂家计算最坏情况下的负载阻抗和普通模式时的电压范围。如果因某种原因，不能使用120Ω的电缆，就需要根据最坏负载情况（可用的发送器和接收器数量）和最坏普通模式电压范围重新计算，以确保系统正常工作。

3. 终端匹配

高频长距离传输不仅对传输线有要求，对终端电阻也有一定要求，即终端电阻要接在传输电缆的最远端，且其阻值应该与传输线的特性阻抗相等。当终端电阻与传输线的特性阻抗不相等时，就会在信号传输过程中发生反射，使信号产生失真。同样，如果在RS-485通信线缆的最远端不接终端匹配电阻或匹配电阻的位置接得不合适，都会使信号波形产生失真。

RS-485通信采用轮询的方式，对总线上的设备轮流进行通信。接线标示是485+（A）、485-（B），分别对应链接设备（控制器）的485+（A）、485-（B）。最远的设备（控制器）到中心计算机的连线理论上的距离是1200m，如果距离超长，可以采用485中继器（延长器）来增加传输距离。

（二）解码器与镜头云台的连接

解码器与镜头云台的连接主要包括：

（1）镜头接口：IRIS—光圈；FOCUS—聚焦；ZOOM—变倍；COM—公共。

（2）云台接口：AUTO—自动；UP—上；DOWN—下；LEFT—左；RIGHT—右；COM—公共。

（3）辅助控制接口：AUX1—辅助开关1；AUX2—辅助开关2。

（4）电压输入、输出接口：AC220V输入；输出AC24V、DC12V。

图2-52为解码器与云台、镜头连接示意图。

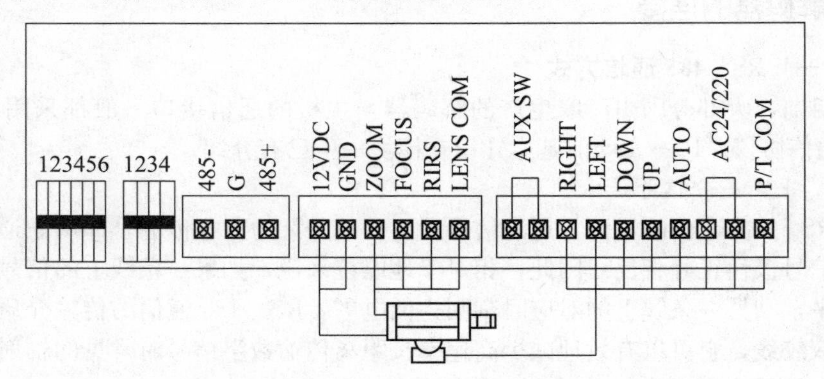

图2-52 解码器与云台、镜头的连接示意图

注：a. 此图适用于AC24V/AC220V云台、DC12V摄像机。

b. 出厂时默认云台电压开关（P/T VOLTAGE）在AC24V状态，用户可根据实际情况谨慎选择。

c. 辅助、灯光、雨刷开关是电源常开的继电器开关。

（三）解码器与主机的连接

在视频安防监控系统中，大多数主机通过 RS－485 总线控制前端的解码器，来完成对云台、镜头和其他辅助设备的控制。解码器与主机的连接通常采用两芯屏蔽双绞线，连接电缆的最远距离应不超过 1200m。解码器可采用链式和星型连接，其信号端 485＋（A）、485－（B）接主机 RS－485 的 A 和 B，不可接反。连接电缆如采用平行线，通信距离将会缩短。

链式连接（如图 2－53 所示）是标准的接线方式，所有解码器均挂接在 485 总线上，通信距离远，传输数据稳定，最后一个解码器需要跳线接通 120Ω 电阻，用来改善通信质量，施工时尽量利用此种布线方式。

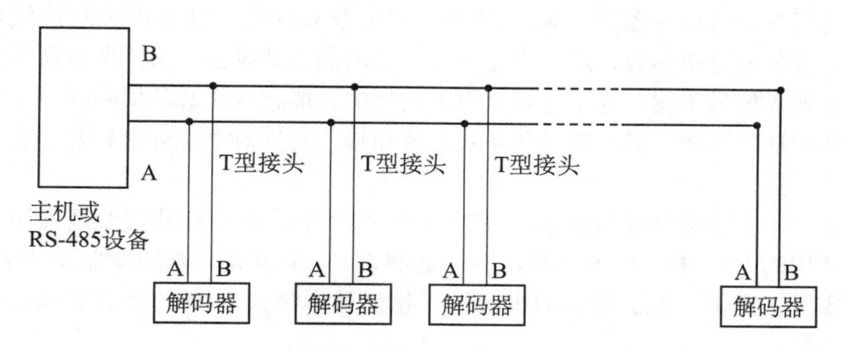

图 2－53　解码器间的链式连接

星型连接（如图 2－54 所示）中解码器都单独通过一条 485 总线与发送设备相连，当 485 通信数据通过结点向 2 个以上方向传输时，其传输距离会大大缩短。建议在施工时避免利用此种接线方式。

各分支点连接距离总线 30m 以内，多个解码器连接应在最后一个解码器的 A、B 端之间并接 120Ω 的匹配电阻。

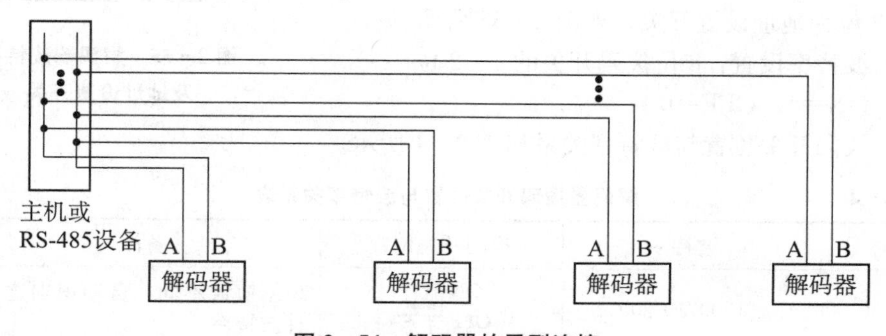

图 2－54　解码器的星型连接

然而，由于视频安防监控系统中的其他线缆（视频、音频和报警信号）常常采用“星型连接”，如果解码器的布线一定要用“链式连接”，有时会使人感到别扭和不方便。实际工程中，绝大部分的主机对解码器的控制是单向的，即采用单向的 RS-485 传输控制信号，这时对布线的要求就可以不那么严格，大量的实际工程证明解码器的星型连接是可行的。当然，这种布线方法在解码器数量和最远距离上有所限制，经验数值是解码器数量 10 个以内，最远距离 400m 以下。工程环境的不同，有可能造成实际数值与经验数值的较大差异。单向 RS232-RS485 转换卡（SE2485）和单向 RS232-RS485 转换器（SE8485），就是为此功能而设计的。需要强调的是，对于必须要双向通信的 RS-485 系统，布线时只能采用图 2-53 所示的“T 型连接”，此时可以选用双向 RS232-RS485 转换器（SE8485A）。

进行 RS-485 总线布线时，最好采用屏蔽双绞线。这是因为双绞线可以抵消大部分的分布参数，双绞程度越大，抵消能力就越强。采用屏蔽层可更有效防止外界信号干扰。为了达到防雷击的目的，屏蔽双绞线的屏蔽网一端应与解码器的地线相接；另一端应与系统地线相接。特别对于室外解码器，尤其要注意这一点。

RS-485 驱动负载的数量，一般标准为 32 个。驱动负载数量还取决于产品所选用的 RS-485 接口芯片，有的能驱动 64 个负载，有的能驱动 128 个。但在实际工程中，为了通信的可靠性，建议最多接入 80％的最大驱动负载数量的负载。

解码器要正常使用还需要人工设置 2 个参数，即通信波特率和地址码。波特率是指解码器与硬盘录像机或矩阵等主机通过 485 总线通信时的通信速率，不同的通信协议通信速率不相同，但大致可以分为 1200、2400、4800、9600 几种。它们通常用二进制拨码开关来设置，具体设置方法每种品牌各不相同。以先柯解码器为例，共计 8 位拨码开关，其中 1、2 位为通信波特率设置开关，3～8 位为地址设置开关，如图 2-55 所示。

图 2-55　解码器波特率及地址设置开关

波特率设置：8 位拨码开关的 1、2 位

ON＝1　OFF＝0

拨码开关位置与波特率关系如表 2-4 所示。

表 2-4　解码器拨码开关位置与波特率关系表

序号	波特率	拨码开关位置	备注
0	1200/19 200	ON OFF 1 2	根据协议不同，自动识别这两种波特率
1	2400	ON OFF 1 2	

续表

序号	波特率	拨码开关位置	备注
2	4800	ON OFF 1 2	
3	9600	ON OFF 1 2	

注意：当波特率设置不正确时，控制解码器时，解码器会产生通信复位。

地址码设置：由于485通信总线上一般都联结多个解码器为了把它们区别开，分别对每个解码器设置一个地址。地址码也是用二进制来表示的。

五、自检功能

需要注意的是，为了工程调试上的方便，解码器大多有现场测试功能（其内部设置了自检及手检开关，该开关有时与上述ID拨码开关多工兼用）。当解码器通过开关设置工作于自检及手检状态时，便不再需要主机的控制。其中在自检状态时，解码器以时序方式轮流将所有控制状态周而复始地重复；而在手检状态时，则通过使ID拨码开关的每一位的接通状态来实现对云台、电动镜头、辅助照明开关等的工作状态调整。例如，通过手检使云台左右旋转，从而确定云台限位开关的位置。这种现场测试方式实际上是将解码器内驱动云台及电动镜头的控制电压直接经手检开关加到了被测的云台及电动镜头上。

六、注意事项

(1) 解码器到云台、镜头的连接线不要太长，因为控制镜头的电压为直流12V左右，传输太远则压降太大，会导致镜头不能控制。另外由于多芯控制电缆比屏蔽双绞线要贵，所以成本也会增加。

(2) 室外解码器要做好防水处理，在进线口处用防水胶封好是一种不错的方法，而且操作简单。

(3) 从主机到解码器通常采用屏蔽双绞线，一条线上可以并联多台解码器，总长度不超过1500m（视现场情况而定）。如果解码器数量太多，需要增加一些辅助设备，如增加控制码分配器或在最后一台解码器上并联一个匹配电阻（一般以厂家的说明为准）。

讨论分析

1. 简述解码器的功能。

2. 简述RS-485通信方式终端匹配电阻的作用。

任务二　视频分配器的原理与应用

学习目标

掌握视频分配器的工作原理，会使用视频分配器。

任务引入

如果一台摄像机输出的视频信号同时要送给多台监视器显示或录像机记录，则要将这路视频信号均匀分配为多路视频信号，此时就需要采用视频分配器。

【相关知识】

一、视频分配器原理

在视频安防监控系统中，一台摄像机输出的视频信号往往要提供给多台监视器或其他视频设备使用，这就是视频信号的分配。视频信号输出的标准电平是 $1V_{p\text{-}p}$，其中图像信号是 $0.7V_{p\text{-}p}$，同步信号是 $0.3V_{p\text{-}p}$。视频信号配接的标准阻抗是 75Ω，这在视频设备的设计和系统设备配置时要注意，否则会引起信号失真、反射或重影等。在视频信号分配时，尤其要遵守信号幅度相适应和阻抗匹配的原则。因此，不能以简单的并联方式来分配，因为并联会改变结点处的特性阻抗，视频信号衰减较大，送给多个输出设备后由于阻抗不匹配等原因，图像会严重失真，线路也不稳定。一般也不用三通头来分配，因为这样虽不会改变结点处的特性阻抗，但信号仍会衰减 6dB。经视频分配器输出的每一路信号仍保证与输入的信号格式相同。其原理如图 2－56 所示。

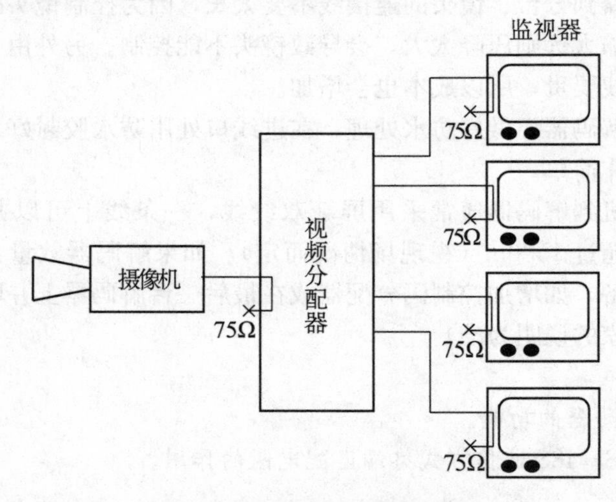

图 2－56　视频分配器原理图

视频分配器根据输入信号的个数分为单输入视频分配器和多输入视频分配器。

1. 单输入视频分配器

单输入视频分配器指对单一的视频信号进行分配，常见的有1分2、1分4、1分8等。

2. 多输入视频分配器

其实质是将上述的单输入视频分配器组合为一个整体，以减少单个分配器的数量，减小设备体积，降低造价，提高系统稳定性。常见的有8路1分2和16路1分2等。

常见的视频分配器还兼有信号放大功能，称作视频分配放大器，它一来可补足因分配而造成的能量损失，二来可满足输出信号远距离传输的需要，是应用较多的一种分配器。

二、视频分配器的使用

视频分配器的使用方法很简单，只要将欲分配的视频信号接到输入端，就可以在多个输出端同时得到相同的视频输出信号。由于进入视频分配器的视频信号都是经宽带放大后再经输出缓冲器输出，所以其后续外接视频设备的输入阻抗不会对视频放大器本身的性能指标造成影响，因此，对没有输出任务的输出端口可空接。

在实际工程中，多路1分2视频分配器的用量较多，因为它可以将多个摄像机的信号分成两组，一组进入视频矩阵主机，供实时监视；另一组进入硬盘录像机，供实时记录。对于有些视频矩阵主机，利用其后面板上的视频环路输出功能将输入给该矩阵主机的视频信号再环路输出，就可以省去视频分配器了。但是，如果系统需要将信号分成3组以上，还是需要由多路视频分配器来实现。

在有些场合，有人在进行视频信号的分配时并不使用视频分配器，而是简单地用T型BNC连接器（俗称“三通”）进行分配，结果虽然也能看到稳定的图像显示，但实际图像质量已经下降。特别是在电缆长度较长的监控系统中，通过这种无源“三通”进行分配会使图像的稳定性受到影响：单路信号可能使图像稳定地显示，而分为两路信号后则每一路图像信号的显示都不能稳定了。实际上，如果通过示波器来观察信号，经“三通”分配后的视频信号的幅度与分配前相比有了较大的衰减。因此，在实际工程中，即使信号经“三通”分配后可以在监视器上稳定地显示，也不推荐这种信号分配方式，而是应通过视频分配器或视频环路输出来提供多路信号源。

需要注意的是，由于视频分配器（特别是多输入视频分配器）的输出端口较多，后面板上各BNC座之间的距离较小，因而用BNC连接器进行连接时往往不太方便，很容易出现某几路输出无信号的现象，原因大都是线缆与分配器的连接端子接触不良。在实际工程中要特别注意BNC连接器的质量。

讨论分析

1. 简述视频分配器的功能。
2. 视频分配器输出信号的格式是什么？

任务三　数字硬盘录像机的原理及应用

学习目标

了解硬盘录像机的作用、种类和特点，掌握硬盘录像机的录放功能、录像机对前端设备的控制及相互间的接线关系。

任务引入

视频录像在安全防范系统中有着极其重要的意义，对于过程的记录，事后的取证等防范工作而言，视频录像是其他防范措施所取代不了的。长期以来，传统的视频录像都是通过录像机将视频图像记录在录像带上，这种录像又称模拟录像，它具有很多无法克服的缺陷：①检索困难，录像和检索都要倒带、预卷带时间。②维护费用高，大量的录像使录像机磁头磨损，故障率升高。检修与维护困难。③重复质量差，录像带的视频信号在长期存放后图像质量会不断下降；尤其是定期重复录像的系统，经过画面分割器后，录像带的质量就大为降低，单帧画面几乎无法分辨。④管理烦琐，由于录像带是容量很小的，它需要管理人员定时更换和保管，否则就会中断录像。此外对于大批量录像带的保存也较为麻烦。为此人们迫切需要一种新的录像设备以改进传统模拟录像的缺点。随着数字压缩技术的不断改进，以及磁介质性能价格比不断提高，推出了数码录像机（Digital Video Recorder，DVR），根据录像介质的不同又分为硬盘录像和光盘录像两种，这里只介绍讨论硬盘录像。

【相关知识】

录像机是视频安防监控系统中最常用的记录设备。早期使用的主要有普通磁带录像机和时滞录像机。随着图像压缩技术和计算机技术的发展，数字视频记录设备得到了迅速的发展，逐渐取代了磁带录像机。数字视频记录设备原本是一个很宽泛的概念，如多媒体计算机、数字磁带录像机等都可以存储数字视频信号。数字硬盘录像机（DVR）以微机为平台、硬磁盘为介质，专门为视频监控系统开发，已成为一个专门名词。

一、数字图像压缩编码技术

将视频和音频模拟信号进行采样并分别进行模数转换，则这些视频、音频信号就成为数字化的信息流。但这些数据流是不能直接进行传送和存储的，因为未经压缩的图形、视频和音频数据需要非常可观的存储容量。例如，用PAL制式采集的视频信号在一般清晰度时要求25帧/秒、352×288像素/帧，彩色图像每像素占用空间24bit，则该数据流速度为352×288×25×24=60825Kb/s。显然这样庞大的数据流对大多数传输线路来说是无法承受的，而且也是无法存储的。为此人们开始专门研究将这些视频、音频数据流进行压缩。很多压缩编码标准相继推出，主要有JPEG/M-JPEG、H.261/H.263和MPEG等标准。其中JPEG标准主要是用在静止图像的压缩。M-JPEG是将JPEG改进后用到运动图像上，在压缩比不高时，有较好的复现图像质量，但占用存储空间大；在压缩比高的情况下，复现图像质量差。H.261/H.263标准是专门为图像质量要求不高的视频会议和可视电话设计的。MPEG（Moving Picture Expert Group，活动图像专家组）是由ISO（国际标准化组织）和IEC（国际电工委员会）于1988年联合成立的，专门致力于运动图像及伴音编码标准化工作，它们推出了MPEG编码标准，即MPEG视频及MPEG音频。到现在为止，专家组已制定了MPEG-1、MPEG-2和MPEG-4三种标准，不同的标准具有不同的质量和用途。

目前，常用的图像压缩编码标准主要有M-JPEG、H.263、H.264、MPEG-4等。

1. M-JPEG

M-JPEG技术即运动静止图像压缩技术，它把运动的视频序列作为连续的静止图像来处理，这种压缩技术方式单独完整地压缩每一帧，在编辑过程中可随机存储每一帧，可进行精确到帧的编辑。但M-JPEG只对帧内的空间冗余进行压缩，不对帧间的时间冗余进行压缩，故压缩效率不高。

2. H.263

H.263是ITU-T提出的作为H.324终端使用的视频编解码建议，H.263经过不断地完善和多次的升级已经日臻成熟，如今已经大部分代替了H.261，而且H.263由于能在低带宽上传输高质量的视频流而日益受到欢迎。

H.263是基于运动补偿的DPCM的混合编码，它在运动搜索的基础上进行运动补偿，然后运用DCT变换和“之”字形扫描编码，从而得到输出码流。H.263在H.261建议的基础上，将运动矢量的搜索增加为半像素点搜索；同时又增加了无限制运动矢量、基于语法的算术编码、高级预测技术和PB帧编码等四个高级选项；从而达到了进一步降低码速率和提高编码质量的目的。

3. H.264

H.264是ITU-T的VCEG和ISO/IEC的MPEG的联合视频组开发的一个新的数字视频编码标准，它既是ITU-T的H.264，又是ISO/IEC的MPEG4的第十部分。

在相同的重建图像质量下，H.264能够比H.263节约50%左右的码率，比目前根据MPEG4实现的视频格式在性能方面提高了33%左右。

4. MPEG-4

所谓MPEG标准就是指由ISO的活动图像专家组制定的一系列关于音视频信号以及多媒体信号的压缩与解压缩技术的标准。到目前为止，已经制定完成并批准执行的有：1991年批准的MPEG-1、MP3；1994年批准的MPEG-2；1999年批准的MPEG-4和MP4。

5. 三种MPEG标准的比较

MPEG-1是将视频数据压缩成1～2Mb/s的标准数据流，它对动作不激烈的视频信号可获得较好的图像质量，但当动作激烈时，图像就会产生马赛克现象。它没有定义用于对额外数据流进行编码的格式，因此这种技术不能广泛推广。它主要用于家用VCD，它需要的存储空间比较大，下面的例子可说明这点。

对于清晰度为352×288的彩色画面，采用25帧/秒，压缩比为50：1时，实时录像一个小时，经计算可知需存储空间为600MB左右，若是8路图像以每天录像10小时、每月30天算，则要求硬盘存储容量为1440GB，这显然是不能被接受的。

MPEG-2是为了力争获得更高的分辨率（720×486），提供广播级视频和CD级的音频，它是高质量视频音频编码标准。传输速率在3～10Mb/s之间。作为MPEG-1的兼容性扩展，MPEG-2支持隔行扫描视频格式和其他先进功能，可广泛应用在各种速率和各种分辨率的场合。但是MPEG-2标准数据量依然很大，不便存放和传输。

MPEG-4视频质量分辨率很高，而数据速率相对较低。主要原因在于，MPEG-4采用ACE（高级译码效率）技术，它是一套首次使用于MPEG-4的编码运算规则。与ACE有关的目标定向可以启用很低的数据率。它与MPEG-2相比，可节省90%的储存空间。MPEG-4还可以在声频与视频流中广泛的升级。当视频在5Kb/s与10Mb/s之间变化时，声频信号可以在2Kb/s与24Kb/s之间进行处理。

特别要强调的是MPEG-4标准是面向对象的压缩方式，不是像MPEG-1和MPEG-2简单地将图像分为一些像块，而是根据图像内容，将其中的对象（物体、人物、背景）分离出来分别进行帧内、帧间编码压缩，并允许在不同的对象之间灵活分配码率，对重要的对象分配较多的字节，对次要的对象分配较少的字节，从而大大提高了压缩比，使其在较低的码率下获得较好的效果。

MPEG-4 的面向对象的压缩方式也使图像探测功能和准确性更充分体现，该图像探测功能使硬盘录像机系统具有较好的视频移动报警功能。

总之，MPEG-4 是一种低码率、高压缩比的视频编码标准，传输速率为 4.8～64Kb/s，使用时占用的存储空间比较小，例如：对于清晰度 352×288 的彩色画面，其每帧占用空间为 1.3KB 时，选 25 帧/秒，则每小时需 120KB，按每天 10 小时、每月 30 天算，则每路每月需 36GB。若是 8 路则需 288GB，这显然是能接受的。

DVR 目前有纯硬件解压缩、软件解压缩和硬件软件相结合解压缩三种技术，采用后两种技术的硬盘录像机因为软件解压缩比较占用计算机的 CPU 和内存资源，因而能够处理和录制图像的能力有限，主要是每秒处理图像的帧数。例如，纯软件解压缩的硬盘录像机处理图像帧数不能超过 200 帧/秒，在有些要求图像质量高，压缩比高的压缩算法下，例如 MPEG4 格式时，能够处理的图像帧数更少，为 100 帧/秒。因而硬盘录像机必须是采用纯硬件解压缩方式进行，并且尽可能地节省占用计算机 CPU 和内存资源，同样减少了软件运行的不确定因素，这样系统的稳定性和可靠性也大大地加强了。所以目前在 DVR 市场中占主导地位的是 MPEG-4 硬压缩方式的。

二、数字硬盘录像机

数字硬盘录像机（DVR）系统是第二代视频安防监控系统，是目前应用最广泛的视频安防监控系统。DVR 是计算机硬件与音视频压缩卡的整合。硬盘录像机从其功能来看具有视频切换、图像任意分割和组合显示、图像录像、云台镜头控制、报警联动控制和远程网络传输控制功能，从某种意义上讲，一台高性能的硬盘录像机可以替代传统监控系统的矩阵切换器、图像分割器、磁带录像机、控制键盘和报警主机，实现高度集成化的数字化报警和视频监控系统。

（一）数字硬盘录像机的分类

数字硬盘录像机系统经过一段时间的发展，已产生了众多产品，功能和应用各不相同，分类的方式也多种多样，这里简单作一介绍。

1. 从功能上分类

（1）单路数字硬盘录像机：如同一台长时间录像的录像机，只不过使用数字方式录像，可搭配一般的影像压缩处理器或分割器等设备使用。

（2）多路数字硬盘录像机：本身包含多画面处理器，可作画面切换和同时记录多路图像。

（3）多功能硬盘录像机：是集多画面处理器、视频切换器、录像等全部功能于一体的产品。

2. 从所用操作系统上分类

（1）PC式硬盘录像机：在通用的商用机或工控机上加装一块或多块视/音频采集压缩卡，以Windows为操作系统，实现数据采集，配以编制的专用软件来实现视/音频的压缩解压功能和编辑查询功能，再配一组硬盘阵列存储操作系统、图像和音频信号，即构成一台完整的DVR。

（2）嵌入式硬盘录像机：嵌入式DVR是专业应用于安防监控领域的记录设备。一般指非PC系统，使用特定的集成固化的处理器和软件，面向特定的用户群所设计开发的产品，具有稳定、高效等特点。

3. 按编解码的方式分类

（1）硬件编解码硬盘录像：利用集成芯片进行图像编解码，工作效率高，图像较好，系统资源占用少，但不易进行扩展。

（2）软件编解码硬盘录像：利用特定软件算法对图像进行编解码处理工作，对系统的依赖较大，但开放性和可扩展性好。

（二）数字硬盘录像机工作原理

数字硬盘录像机（DVR）是一种数字化、智能化、网络化的监控记录设备。它以计算机为平台来实现监控系统的全部图像处理与控制功能，因而，除了能够完成多路监视、录像、多画面处理、视频切换、遥控等模拟监控系统能实现的功能外，更具有硬盘存储、快速检索打印、网络传输与控制、密码保护等模拟设备难以提供和无法比拟的功能，以及由此带来的方便性和优越性。其前、后面板外形图如图2-57和图2-58所示。

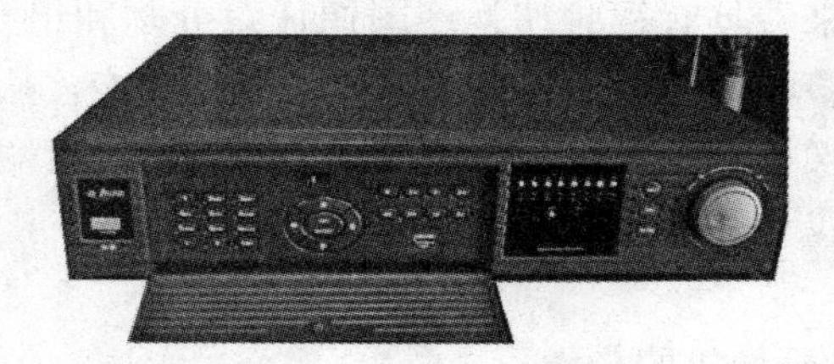

图2-57　数字硬盘录像机的前面板外形

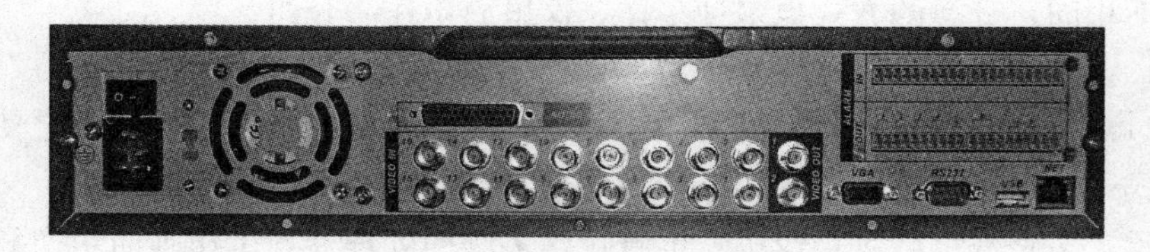

图2-58　数字硬盘录像机的后面板外形

图 2－59 所示为一种基于 PC 的硬盘录像机（视频部分）原理图。

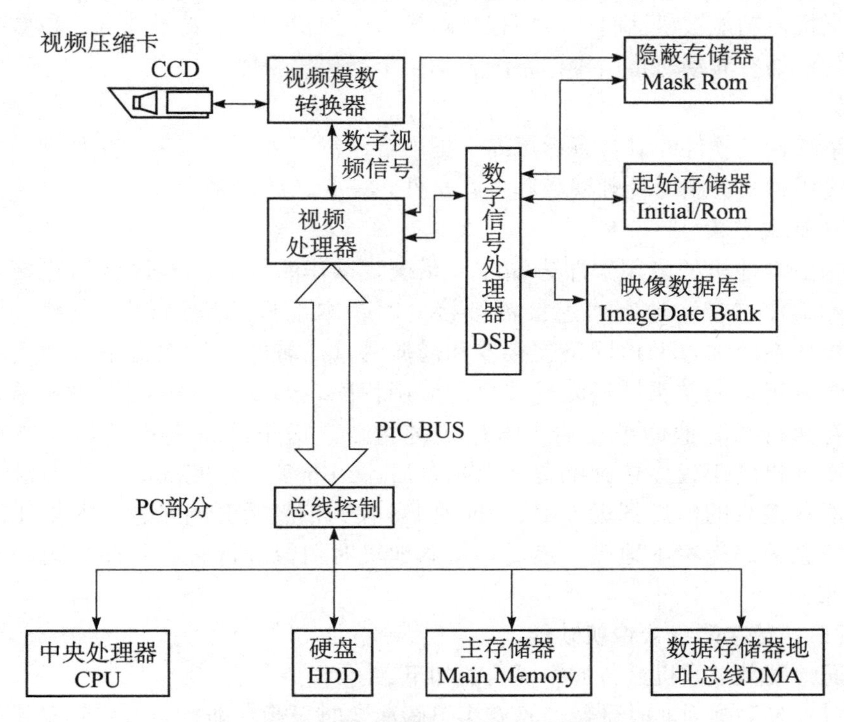

图 2－59　硬盘录像机原理图（视频部分）

图中视频模数转换器是将视频模拟信号转换成数字信号；视频处理器用来处理视频信号，调整图像大小，提供 PCI 界面；数字信号处理器专门负责数字压缩功能，它相当于一个 CPU 与掩膜存储器、起始存储器、映像数据库一起构成一个数字压缩处理单元。其工作原理说明如下：

1. 录像

在录像时由硬盘机的应用程序和操作系统通过 PC 的 CPU 对视频处理器下指令，由它通知视频模数转换器截取图像信号，该信号经压缩处理后送入 PC 存盘。

2. 回放

回放过程是将保存于硬盘上的压缩文件通过应用程序在 PC 上解压缩，而不需要视频卡的支持。

3. 监控

在监控时由硬盘录像机的应用程序和操作系统通过 PC 的 CPU 对视频处理器下指令，由它通知视频模数转换器截取图像信号，该信号不经压缩处理，直接由视频处理器送入 PC。

4. 报警

当报警功能被激活时，应用程序对送入的图像数据中被框选的一段数据进行检测，如有异动时将由操作系统告知声卡播放出报警声。

5. 录音

系统通过软件控制音频后压缩卡把声音录制下来，并与视频文件连接，播放时应用程序会同时处理视频和声音文件，一并播放出来。

6. 远端监看

先由本地机的应用程序告知操作系统，操作系统告知本地网络连接器完成接网动作。当远地网络连接器被接上时，本地机的应用程序告知操作系统，操作系统通过两地网络连接器和局域网（广域网）发送指令告知远端操作系统，远端操作系统通知远端机的应用程序，远端机的应用程序开始先停下正在执行的其他命令，响应本地机的指令，送出准备发送的信息给本地机。本地机应用程序接到准备发送指令后，当准备工作完成时，会回应可以发送准备接收的信息到远地 PC，远地 PC 收到信息后开始录像，并把压缩的图像信息编码送给本地机。最后，由本地机对图像进行解码并还原为一帧帧的图像。

（三）数字硬盘录像机功能

通常硬盘录像机具备的主要功能如下：

（1）多路画面实时录像。具有多路画面实时录像功能，具有三种录像触发模式：手动录像、定时录像和报警录像，定时录像时间段可以设置。

（2）多路画面实时显示。具有多路画面实时显示功能，具有多种显示方式：1 路显示，4 路、9 路或 16 路同时显示。实时显示滞后时间不大于 0.2 秒，应满足前端控制要求。相当于传统设备中的画面分割器。它能实现通过一个屏幕观察多个摄像机图像，或一台录像机记录多个图像的目的，起到节省监视器和图像记录设备并提供较多图像的作用。

（3）图像压缩质量设置。视频采集率、图像压缩质量、帧率可根据需要进行调节。视频采集率有 384×288、768×288、768×576 等几种；图像压缩质量分最好、好、普通、较差、差五档；图像帧率分 10 帧/秒、15 帧/秒、20 帧/秒、25 帧/秒（PAL 制）。

（4）报警录像可外接 1 个报警控制器（该控制器可接 16 路防盗报警探头），录像机具有报警联动录像功能。

（5）音、视频自适应同步记录。采用实时音频压缩卡，具有 1 路、4 路、9 路、16 路音频视频自适应同步记录功能。

（6）字符、时钟叠加。每路视频都可叠加日期、时间、摄像机标题字幕，字幕位置可调。

(7) 视频移动报警联动录像。具有视频图像动态检测功能，每路图像可设置若干个不同的检测区域，检测灵敏度可调。在每个检测区域如果有人入侵或物体位置挪动而导致这些点的图像亮度变化时，会产生报警并联动录像机工作。

(8) 视频丢失报警。每路视频信号一旦消失，录像机会给出视频丢失报警指示。

(9) 查询、回放。可按日期、时间迅速找到欲查对象，查询手段方便、简单，在查询回放时，录像机操作具有快进、快退、单帧进、单帧图像存储及打印功能。

(10) 云台、镜头控制。当配置前端解码器时，可对云台、摄像机镜头等前端设备进行实时控制。

(11) 视频参数设置。可对每路视频的亮度、对比度、饱和度和色调进行设置。

(12) 自动监测。具有无人值守的自动监测功能，具有每路视频状态显示和报警显示。录像硬盘使用容量和剩余容量显示。

(13) 自动覆盖。硬盘录像机存储图像具有自动循环、自动覆盖功能，当所有录像硬盘全部录满时，录像机会自动循环到最初的硬盘，将新的记录覆盖在最初的硬盘上。

(14) 远程图像显示。通过局域网、Internet 网可实现远程图像实时显示录像回放功能。DVR 的网络功能使之成为分布式系统的节点设备，是实现远程监控的关键技术手段。

(15) 全中文操作界面。

(四) 数字硬盘录像机的评价及技术指标

1. 数字硬盘录像机的评价

数字硬盘录像机的评价是一件十分重要的事。因为数字视频与模拟视频在许多概念上是完全不同的。DVR 的评价必须兼顾两个方面，一是要考虑到与传统（模拟）的视频评价技术的可比性，因为就电视监控系统整体而言，当前仍是以模拟视频为主流，DVR 的输入设备也主要是模拟摄像机，而且大多嵌入式 DVR 仍是一种视频入/视频出设备。另一方面又要求能表现出 DVR 作为数字视频产品的技术特点，与相关数字视频技术（多媒体、电视会议等）的图像评价方法相吻合。为此，要认识到模拟视频评价和数字视频评价的两个主要差别：

(1) 模拟视频的评价主要是针对图像本身的，将经处理（传输、记录/重放）后的图像与原图像比较，判断其受损的程度或重视图像的观察效果，并不关心具体的处理如何。数字视频评价许多则是针对工作平台和处理方法（压缩算法的优劣的比较）的，而且评价结果与图像质量（主观观察）的相关程度并不高。

（2）模拟视频信号的测试（包括图像的客观测试和视频信号的波形测量）与图像具有直接的对应关系，无论是在空间、时间上，还是在图像的观察效果上，这是模拟信号的本质所决定的。数字视频信号则不然，它的各项测试大多不具备上述对应关系。现在还无法通过对处理过程中的数据流的测量来反映重建图像的质量。

2. DVR 评价的技术指标

DVR 作为一种图像设备，对其评价的核心和基本内容是图像质量。主要技术指标有：

（1）图像格式

图像格式又称显示分辨率，用像素的阵列来表示。图像格式是数字视频设备的设计目标，是其分辨图像细节能力的最高限度。它是对图像表示方法的规定。它与现行电视的扫描方式有关，与压缩处理的图像分割有关。由于现行电视的扫描方式就是一种分解图像的方法，DVR 首先要进行的一个变换就是把用这种方法表示的图像转换为点阵的格式，如 CIF、D1 等。图像格式还包括图像的亮度和色度分量的关系，如 Y：U：V 是 4：2：2，还是 4：1：1。对图像细节的分辨能力则主要取决于图像的亮度分量。这个指标与模拟图像的分辨率有一定的对应性。图像阵列水平像素的数量与图像水平分辨率（TVL）如何换算，可通过理论的分析或试验来确定。

目前，国内主流的 DVR 主要采用以下几种分辨率：CIF 和 HD1、D1。CIF 格式的像素数为 352×288，HD1 格式的像素数为 704×288，D1 格式的像素数为 704×576。

（2）帧码长

帧码长是一帧图像压缩后的编码长度。它是表示 DVR 压缩比的一个指标。通常压缩比的定义是：压缩前源信号的数据量与压缩后的输出数据量之比。也可用压缩后分配给每个像素的比特数（熵）来表示。这些都可以通过帧码长来计算得出。压缩比表示系统压缩处理（算法）的效率，是评价数字视频设备（系统）的重要指标。但是，单纯地比较系统的压缩比，并不能说明系统综合能力的优劣。因为，任何系统（压缩技术）都是在效率（压缩比）和图像质量（保真性）之间进行权衡和折中，在系统效率与技术复杂性之间进行权衡和折中，高压缩比往往是通过牺牲图像质量获得的。

（3）记录帧率

DVR 对每一路或对所有资源处理的能力，实质上是系统（CPU）运算速度，操作系统、总线和硬盘管理功能的表现。它关系到图像的连续性及记录图像信息的完整性。有人把它与图像的实时性混为一谈是不全面的。由于人眼的视觉暂存特性，只要每秒能显示足够帧数的图像，就能感觉到一个连续的活动图像。如果显示帧数不够，图像就可能出现跳动，这种现象主要影响图像的观看效果。而记录图像的帧率还涉及信息的完整性，不足的记录帧率可能导致图像内容的丢失。

（4）PSNR

它是测量图像在数字化和压缩处理过程中所产生的失真（图像各像素亮度值的改变，对于彩色图像以亮度分量来计算）的客观指标。实际测量时，通常以图像的平均量化值来计算，即不是计算重构图像的每个像素的量化值与源图像该像素量化值的差，而是计算其与源图像平均量化值的差，而且，把图像的平均量化值定为视频信号图像部分的额定值（对于每像素 8 比特的编码，即为 256），所以，又称其为图像峰值信噪比。

对于 DVR，这个测量只能在系统对图像完成二次取样，构成了规定图像格式后（作为源图像）和解压缩后重构图像的数字视频序列之间进行（需要采用专用的测试设备），因为只有它们之间具有空间上的对应性（一致性）。

（5）主观评价

对于任何图像技术主观评价都是最主要和基本的，因为它直接反映观看者的感觉。可以说，上述几项客观测试主要是对系统压缩算法的效率和性能的评价，而主观评价则是对图像的观察效果的测试。图像主观测试也具有客观和公正性，它是通过测试图像的选择、评价内容和方法及测试人员的能力来保证和实现的。规定 DVR 标准测试图像应是主观评价的重要前提，这个图像不仅用于主观评价，也作为上述客观测试时的基准。

测试方法是将标准测试图像作为 DVR 的输入，进行记录，然后重放记录的图像，与源图像进行比较，按通用的损伤制五级评分法进行判别。比较可从分辨率、层次、色彩、运动效果、几何失真几个方面进行，最后给出综合的判定。

（6）通用的评价指标

完整的 DVR 评价指标体系，除了图像质量外还应包括它与外部设备的接口关系和电子产品通用的强制性要求。

（五）数字硬盘录像机的连接

图 2－60 所示为以 DVR 为核心的视频监控系统结构示意图。

1. 数字硬盘录像机与前端摄像机的连接

数字硬盘录像机与摄像机的连接很简单（如图 2－61 所示）。只需将摄像机的视频输出用视频信号线接入数字硬盘录像机的视频输入端即可。

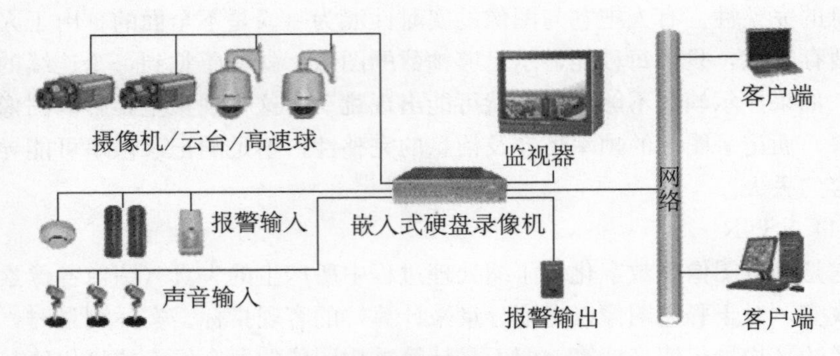

图 2-60　硬盘录像机系统结构示意图

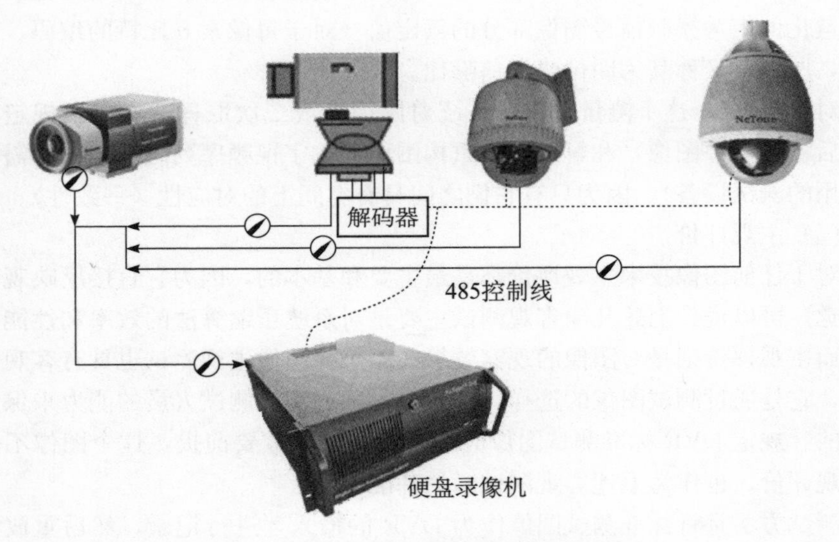

图 2-61　DVR 与前端设备连接示意图

2. 数字硬盘录像机与解码器的连接

数字硬盘录像机 RS-232 经过码转换器转成 RS-485 后，通信端口的 DATA+、DATA-、GND 与解码器 A（485+）、B（485-）、GND 端子对应连接。系统连接示意图如图 2-62 所示。

多个解码器可采用链式和星型连接，同时应在最远一个解码器的 A、B 两端之间并接 120Ω 的匹配电阻。

3. 硬盘录像机与光端机的连接

目前光端机的运用在逐渐减少，当然很多大型的监控工程中仍然使用光端机。图 2-63 所示为传统的模拟光端机与硬盘录像机的连接示意图。

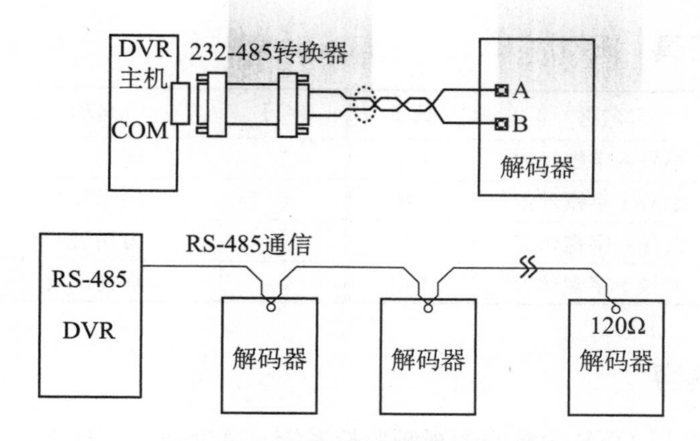

图 2－62　DVR 与解码器连接示意图

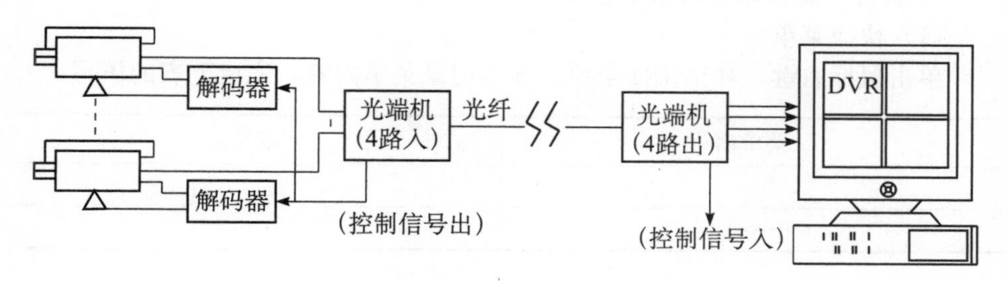

图 2－63　DVR 与光端机的连接

【技能训练】

一、实训目的

1. 熟悉硬盘录像机的功能，了解 DVR 系统的相关设备驱动电路参数。
2. 掌握硬盘录像机的日常操作。
3. 掌握应用硬盘录像机通过解码器控制云台、镜头的方法。

二、实训设备

序号	名称	规格型号	数量	序号	名称	规格型号	数量
1	硬盘录像机	DH-DVR0804LK	1 台	7	全方位云台		1 个
2	室内解码器	通用型	1 台	8	彩色监视器	14 寸	1 台
3	一体摄像机		1 台	9	普通云台		1 个
4	枪式彩色摄像机		3 台	10	BNC 接头		若干
5	镜头		2 台	11	两芯屏蔽线		若干
6	三可变镜头		1 个	12	同轴电缆		若干

三、实训工具

序号	名称	数量	序号	名称	数量
1	小号一字螺丝刀	1把	5	剪刀	1把
2	小号十字螺丝刀	1把	6	绝缘胶布	1卷
3	大号一字螺丝刀	1把	7	万用表	1只
4	大号十字螺丝刀	1把	8	焊锡工具	1套

四、实训内容

构建一个以DVR为核心的视频监控系统，并完成以下操作：

1. 获得硬盘录像机的菜单系统

（1）快捷菜单

单击鼠标右键，弹出快捷菜单。逐项记录菜单内容，完成下表的填写：

菜单项	实现功能
……	……

（2）主菜单

用系统默认账号及密码（均为888888）进入硬盘录像机主菜单。逐项记录菜单内容，完成下表的填写：

主菜单	一级子菜单	二级子菜单	实现功能

2. 硬盘录像机的日常操作

写出以下的操作步骤：

（1）屏幕显示

多画面的切换____；

调看第 n 路实时图像________________________________。

（2）录像调看

调看录像操作________________________________；

其中，可按____________________等方面进行录像文件的搜索。

（3）录像方式的选择和设置

将第 n 路通道设为定时录像（时间为早上 8 点到晚上 5 点）__________。

（4）动态侦测的设置

将第 n 路通道的右下角设为动态侦测区域____________________。

（5）录像文件备份

将指定的录像文件备份到 U 盘________________________。

（6）用户管理

增加一个名为 baoan 的组，只能实时监看实时图像______________。

增加一个名为 zhangsan 的用户，并加入刚建立的组，更改其密码______。

3. 实现硬盘录像机对云镜的控制

（1）完成 RS－485 总线的连接。

（2）完成硬盘录像机的相应设置。

五、参考资料

1. 实验工位视频监控系统

实验工位视频监控系统组成如图 2－64 所示。

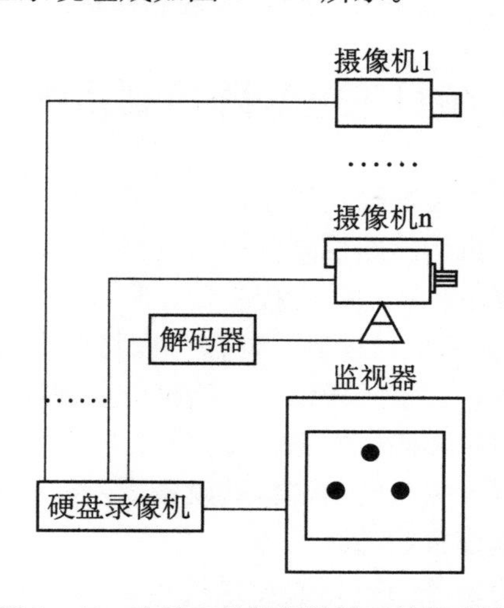

图 2－64　实验工位视频监控系统组成图

2. 硬盘录像机后面板 RS－485 转换器

如图 2－65 所示。

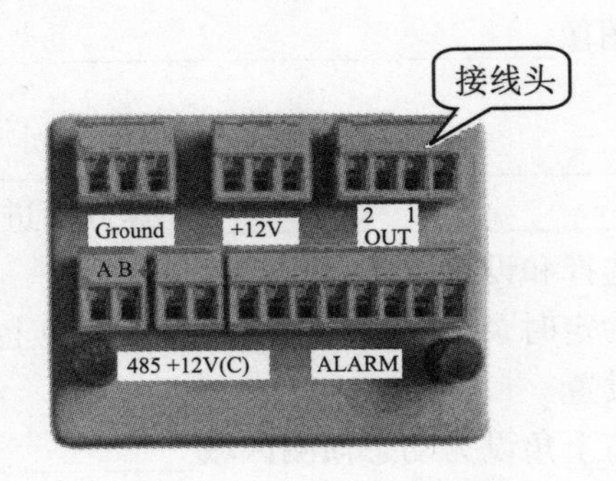

图 2－65 RS－485 转换器

3. 解码器参数设置

协议：PelcoD；波特率：2400b/s；地址：与工位台号相同。

六、思考题

1. 如果画面多了，如何在画面上直观地知道每个画面的拍摄位置？

2. 每路画面每小时大约需要多少硬盘容量？如何计算 4 路、1 个月、每天 24 小时需要的硬盘容量？

3. 如何操作实现画面的暂停、快进、倒放、慢放？

讨论分析

1. 简述硬盘录像机的功能。

2. 如何配置以硬盘录像机为核心的视频监控系统？

项目三 矩阵控制系统

矩阵控制系统是大中型视频安防监控系统中的典型系统，采用以视频矩阵设备为主的监控系统主机构成的视频监控系统称为集总式监控系统。其中视频矩阵又可称为监控系统主机或系统主控制器，它可以对整个监控系统中的所有输入/输出信号进行路由切换、控制，即：可以将前端任何一个摄像机传来的图像信号通过路由选择，切换到任何一个指定的监视器上显示；可以向任意选定的一个确切地址的前端解码器发送指令信号，控制摄像机电动镜头、云台作方位运动；启动与解码器关联的前端辅助设备进入或退出工作状态；响应各类报警信号，并实施外部设备联动需求等。

以视频矩阵为主要设备的视频监控系统也是最典型的安防监控系统之一，它可以组成从几路到几千路摄像机信号传输路由切换与控制功能，以控制键盘为人机对话界面，通过键盘操作对整个系统实施人工干预控制，或按预定方案进行编程设定，实施程序自动化控制。

任务一　模拟矩阵主机的原理与应用

学习目标

了解模拟矩阵主机在视频安防监控系统中的作用，掌握模拟矩阵主机的原理、功能、产品概况、主要技术指标；会使用矩阵控制系统。

任务引入

对于大型视频监控系统，要完成视频信息资源的共享分配、切换、附加信息叠加、系统控制等功能，利用前面介绍过的设备来实现是很复杂的，同时可靠性差，操作烦琐。将这些功能集成在一起，构成一个综合的系统控制设备则是必然的选择，这个设备就是视频矩阵主机。通过它还可实现报警等非图像信息和图像信息的关联，实现与其他安全防范技术系统在同一个平台上进行集中管理与维护，实现系统的多级级联式视频监控系统等，从而能使每个用户都能根据自身已设定的权限，享有系统全部或部分资源。

【相关知识】

一、视频监控系统控制方式

前端设备的控制，主要是指对摄像机及配套设备的控制，是对摄像机方位、视场范围、工作环境的调节，它是视频监控系统功能中很重要的部分。通常，大型中心控制设备具有对前端设备控制的功能。视频监控系统对前端设备控制有两种方式：直接驱动和编/解码驱动。

1. 直接驱动控制方式

直接驱动控制方式是一种最简捷、可靠的方式。它是从控制室直接给前端设备各种功能的伺服电动机提供电源。如给云台旋转电动机提供 24 V 交流电压，给镜头变焦电动机提供 6 V 直流电压，使它们通过转动来改变摄像机方位和镜头的焦距。前端设备往往有多个功能，需要用多根电缆来控制。因此，又称多线并行制，这种方式显然适合于控制距离比较近、前端设备比较少的系统。否则，距离长了，会因线路的电压降增加，电源不能有效地供给电动机；设备数量多了会使线缆布线变得非常复杂。直接驱动是系统控制的基础，其本质是提供能量，这种方式在小型监控系统中经常应用。

2. 编/解码驱动控制方式

编/解码驱动控制方式是应用最普遍的控制方式，特别适用于中、大型视频监控系统。所谓中大型系统是指前端设备数量大，系统传输距离远。在这种方式中，操作者通过键盘（或其他交互方式）表达的意愿被转换为编码数据包，这个数据包主要包含地址码和指令码两部分。地址码表示对前端设备的选择，指令码表示对控制功能的选择。控制设备将数据包通过传输链路发送给所有的前端设备。这种方式需要有一个安装在现场的解码驱动器，它的功能：一是解码，将接收到的数据包解码，首先识别地址码是否为本机地址，若是本机地址，再读取指令码；二是驱动，根据指令码控制相应的端口，向前端设备的伺服电动机提供驱动电源。解码驱动器与前端设备的连接如同直接驱动方式。根据摄像机外围设备的情况，解码驱动器一般可实现多个动作的控制，驱动电压可视需求设定。这种控制方式是接受后端指令由前端提供能量的方式，控制器与解码驱动器使用双线连接，故称串行控制方式。

二、视频矩阵控制主机的组成及工作原理

（一）视频矩阵控制主机的组成

视频矩阵控制主机是视频安防监控系统的核心。多为插卡式箱体，内有电源装置，并插有一块含微处理器的CPU板、数量不等的视频输入板、视频输出板、报警接口板等，有众多的视频BNC接插座、控制连线插座及操作键盘插座等。对于大型视频监控系统，几乎所有的品牌的模拟视频矩阵都是模块化结构，这种结构便于系统的设计、产品的维护、系统的扩展。视频矩阵主机外形如图2-66所示。

图2-66　视频矩阵主机外形图

视频监控系统中使用较多的矩阵都为模拟视频矩阵，一般由视频矩阵主机和配套的一个或多个控制键盘组成。矩阵主机内含视频输入模块、视频输出模块、中心控制模块、报警模块、电源模块等；控制键盘则主要由按键、显示、摇杆、权限控制锁等构成。

视频矩阵主机主要由以下模块组成：

1. 视频输入模块

其对输入的模拟视频信号进行隔离、缓冲和放大处理，主要目的是将视频信号转换为符合切换要求的信号。常见的视频信号缓冲隔离电路采用分立三极管组成的同相放大电路形式，也有采用集成电路芯片对视频信号进行缓冲放大处理的。

2. 视频输出模块

此模块对切换后的视频信号进行再次处理，以满足显示或者记录设备的信号输入要求。常见的视频输出模块要对输入视频信号进行幅度放大、字符叠加处理等。

3. 中心控制模块

此模块是视频矩阵切换系统的控制核心，一般由 CPU（MCU 微处理器）、存储器、通信芯片、汉字库芯片等组成。

4. 报警模块

报警模块用来检测报警输入，通常也会由另外的 CPU 来做报警检测处理。

视频矩阵主机后面板接口如图 2-67 所示。

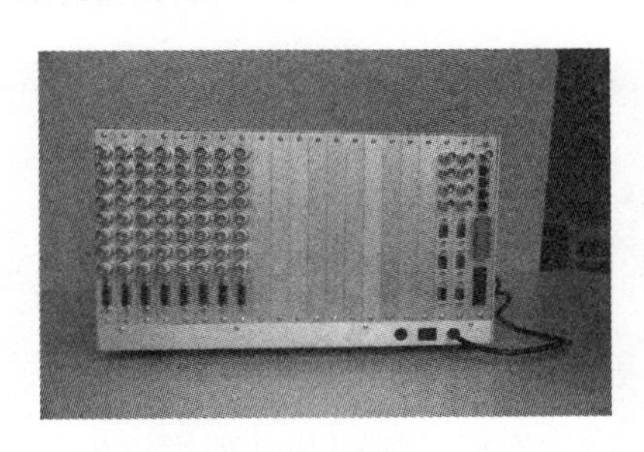

图 2-67　视频监控主机接线端子图

（二）视频矩阵主机的工作原理

视频矩阵主机主要由微处理器（CPU）及程序存储器、编解码器、信号收发器、状态显示器等组成，其中 CPU 是矩阵主机的核心。工作中，微处理器通过各种接口芯片随时扫描控制面板上各种控制按键的状态，同时扫描通信端口是否有由主控键盘或分控键盘传来的控制命令，还会扫描报警端口是否有报警输出。当控制面板或控制键盘上有键按下时，微处理器经优先级及功能判别后将其转换成相应的控制码，并分别送往相应的受理设备，实现对多路视/音频信号的选择切换（输出到指定的监视器或录像机），并通过通信总线对指定地址的前端设备（云台、电动镜头、雨刷器、照明灯或摄像机电源等）进行各种控制。

矩阵主机控制部分的组成如图 2-68 所示。

三、视频矩阵控制主机的功能

视频矩阵主机可以实现显示器和摄像机分组自动切换、时序切换、显示器循环自动切换等多种显示切换方式，还可带有音频输入、报警输入功能。其功能选择可用屏幕菜单的编程方式进行选定。

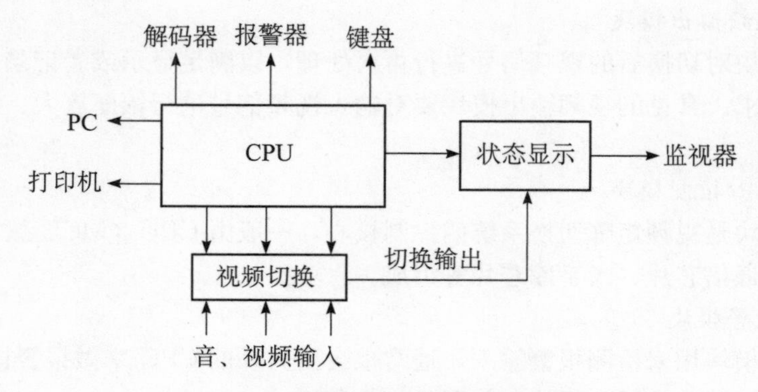

图 2-68　控制主机控制部分的组成图

视频矩阵主机的容量有大有小，功能越来越丰富，所具有的基本功能如下：

1. 图像的任意切换和时序切换

矩阵开关的特点是可以做到任一输入到任一输出的切换和任意顺序显示的排列。

2. 图像附加信息叠加

为所有摄像机图像增加地点、时间和其他标识信息。

3. 前端设备控制

接收操作键盘指令，对云台的方位、镜头的焦距、光圈、聚焦等及其他防护设备的功能进行实时控制或预先设定的控制。

4. 与报警系统联动

这也是系统对视频监控系统的基本要求。将不产生图像的系统与相关的图像连接起来，当报警发生后，将报警点的相关图像（一个或几个）立刻显示出来。而这一功能是由视频矩阵完成的。

5. 编程和调用

通过编程对上述功能设定不同的预案，根据现场情况调用运行。

6. 状态预置

对前端设备状态和系统状态按正常情况要求、报警触发要求或按不同时间要求进行预置，使摄像机和系统在操作者完成各种动作后，可以自动回到正常状态；报警发生后，立即锁定在预置位置和状态；或按时间规定转换到不同位置和状态。

7. 具有视频丢失检测

通过对视频信号的同步信号的检测，判断图像信号是否丢失，并给出提示。这一功能可以用来初步地判断图像信号丢失或不正常的原因。

8. 视频矩阵的配套设备

视频矩阵要实现上述功能并成为与其他系统集成的核心，必须配备一些配套设备，主要有：

（1）音频矩阵。从信号的交换功能上看，它与视频矩阵是完全相同的，但电路相对要简单一些，因为音频信号的处理要比视频信号简单得多，在视频监控系统中音频矩阵通常要求与视频矩阵统一控制、同步切换，但容量往往会比视频少得多。

（2）报警控制箱。此设备是视频矩阵与报警系统的中间设备，主要功能是将并行输出的报警信号转换成串行信号送到视频矩阵，以实现与报警系统联动，自动切换图像的功能。一般小型视频控制设备（包括小型矩阵）都是采用多线制，直接与报警探测器的输出连接的。但是，大型视频矩阵要求与大量报警探测器连接，多线制使矩阵背面接线端非常多、乱，甚至空间位置容纳不下，通过报警控制箱的转换，可以很好地解决这个问题。它具有安全防范报警系统主机的主要功能。当前端报警探测器被触发报警时，矩阵控制主机在布防情况下，自动响应报警并联动显示器和录像机自动显示和实时录像，自动调用联动报警设备。

（3）控制信号分配器。将视频矩阵控制信号输出分配为多路，以提高驱动能力和实现传输线路的阻抗匹配。

四、矩阵控制主机的主要技术指标

矩阵控制主机主要技术指标包括：电源，最大功率；断电保护；视频输入：1Vp-p 75Ω（BNC）；视频输出：1Vp-p 75Ω（BNC）；音频输入幅度：0～2Vp-p（RCA）；音频输出功率：0.5W（8Ω）（RCA）；控制码方式：RS485；报警输入：开路/短路报警；报警输出：继电器节点输出 2A/30VDC 或 1A/125VAC 等。

其中，能对视频矩阵进行客观评价的主要是视频通道的技术指标，主要有：

（1）最大视频输入/视频输出量。它表示系统的容量。

（2）视频通道带宽。它是当任一输入与任一个输出导通后，形成的视频通道带宽。它由模拟电子开关的性能决定，应大于 10MHz。

（3）视频通道信噪比。它是当任一输入与任一输出导通后，形成的视频通道的信噪比，表示通道受视频矩阵电路的干扰程度。一般应大于 60dB。

（4）相邻通道串扰。它是指一个输入端与一个输出端导通后，形成一个视频通道，当矩阵控制主机传送视频信号时对相邻的一个通道的干扰。可以通过信噪比的测量方法来计算串扰值，通常小于 60dB。

（5）视频通道插入增益。作为视频设备要保证矩阵控制主机的视频输入和视频输出符合接口标准，其视频通道的插入增益理想的应为 0dB，实际上应达到 0～0.5dB。

（6）微分增益 DG 和微分相位 DP。它用于评价彩色图像信号通过视频矩阵后产生的失真，一是色饱和度的改变，二是色调的改变。一般不作测量，但应达到 DG≤1%，DP<2°（2 度）。

（7）图像可叠加字符的数量。特别是每个摄像机图像标题最多允许的汉字数。

（8）可接分控键盘的数量。它表示系统图像资源共享的能力。

五、控制键盘

在大中型视频安防监控系统中，控制键盘一般独立配置，通过导线（双绞线或多股平排线等）与控制器相连，通过对控制键盘的操作来实现对于摄像机画面的选择切换、对于云台及电动镜头的全方位控制等。不过，当系统主机支持外挂多媒体计算机时，控制键盘的功能则可由计算机以软件方式来实现。控制键盘一般由按键、显示、摇杆、权限控制锁等构成。

（一）控制键盘的组成及接口

1. 控制键盘前面板

控制键盘前面板（如图 2 - 69 所示）上有变速控制摇杆、按键和显示屏、权限控制锁等。

图 2 - 69 控制键盘的前面板

（1）按键输入部分

按键输入部分用来接收用户的按键输入，由数字键和相关的功能键组成。单独的功能键设置会让用户操作起来更方便。

（2）键盘显示部分

键盘显示部分既可采用液晶显示，也可采用数码管显示。液晶显示又可分为英文显示、汉字显示等。

（3）摇杆

摇杆分为两维摇杆、三维摇杆、四维摇杆等。两维摇杆可以控制前端设备上、下、左、右动作；三维摇杆不仅可以实现两维摇杆的控制功能，还在摇杆上增加了变倍控制功能，四位摇杆在实现三维摇杆全部控制功能的基础上再增加某些控制功能。

（4）权限控制锁开关

有些控制键盘设计有权限控制锁开关，用来防止非授权人员操作和控制矩阵。

2. 控制键盘后面板

控制键盘后面板如图 2－70 所示。

图 2－70　控制键盘后面板

（1）电源输入端：由此端连接外部稳压电源输入 DC12V 直流电压。

（2）拨码开关：设置协议和通信波特率。

（3）通信口：通过专用连线与转接盒相连。

（二）控制键盘的工作原理

控制键盘是大中型视频安防系统中实现人-机对话功能的设备。控制键盘上一般都设有 LED 显示屏或液晶显示屏，用于显示控制指令或系统内各监视点的工作状态。当按下按键时，可使相应键实现开关动作，然后由编码器将这种动作转换成相应的一组二进制数字代码，再由按键控制逻辑电路产生所需的控制信号。控制键盘逻辑电路内含 CPU、程序存储器、编码器、信号收发器及状态显示器等，通常为一单片机。控制键盘的工作原理如图 2－71 所示。

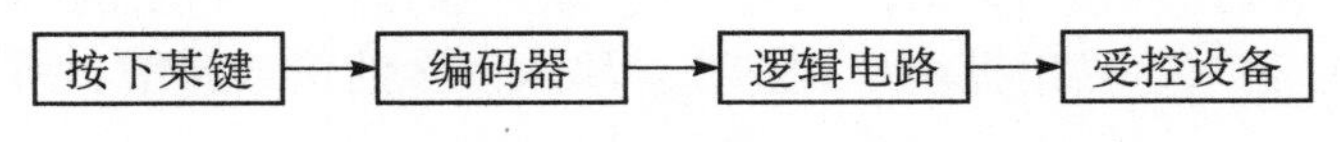

图 2－71　控制键盘的工作原理示意图

（三）控制键盘种类

1. 主控制键盘

主控制键盘通常指设置于视频安防监控系统主控室内的控制键盘，在大中型视频安防监控系统中，主控制键盘一般是独立的必选设备。它内含 CPU、程序存储器、控制数据编码器、数据收发器及状态显示驱动器等，有通信线与系统主机相连；而在有些中小系统中，往往将主控制键盘与主机做在一起，由于与系统主机做成一体，因而这种键盘可以不再设置独立的 CPU 及程序存储器，而是与系统主机共用，也不再需要控制数据编码器或数据收发器。

2. 分控制键盘

为便于在异地多个地点都具有对系统设备的控制能力，有许多系统主机允许外接若干个分控制器，这些分控制器内部也包括了 CPU、程序存储器、控制数据编码器、数据收发器及状态显示驱动器等，并也有一个与主控制键盘外观相似的控制键盘，因而其对于整个监控系统的控制功能与主控制键盘对于系统的控制是完全一样的。由于分控制键盘与分控制器是集成在一起的，因此在实际应用中提到的分控制器或分控制键盘指的都是同一设备。实用中的分控制键盘常常被简称作分控、分控键盘或副控键盘。

在实际应用中，为了防止多个分控键盘与主控键盘同时对同一设备进行控制而造成冲突，主控键盘及各分控键盘须具有对于系统控制的优先级次序，也就是说，当优先级高的分控键盘欲对系统进行控制时，只要当时没有比其优先级更高的主控键盘或分控键盘在行使对于系统的控制，则该分控键盘即可行使对于系统的控制，而不管系统中是否还有比其优先级低的分控键盘正在对系统进行控制。

为了能够正确区分系统中各分控键盘的优先级，大中型视频安防监控系统对每一个分控键盘都分配了一个标识其优先级的编号（简称 ID 号）。该编号可以通过置于分控键盘底部或后部的多路拨码开关来设置，一旦设定之后，则该分控键盘的优先级也就确定下来，通常是编号越低优先级越高。

六、模拟视频矩阵主机选择及使用

选择视频矩阵主机时首先要确定自己有多少个摄像机需要控制，是不是还会扩充，把现有的和将来有可能扩充的摄像机数目相加，从而选择控制器的输入路数。比如一个居住小区，目前只盖好了 10 栋楼房，后期会有 15 栋，每栋楼房安装 1 只摄像机，那么最少也要有 25 路视频输入给控制主机，（由于控制主机大部分以输入、输出模块形式扩充，输入以 8 的倍数递增）所以需要选择 32 输入主机。

选择主机的输出路数是看监控室内需要几台监视器。比如上面举的例子，如果监控室需要至少 4 台监视器，那么输出就选择 4 路或 5 路输出（输出多一些不会影响性能，但价格会增加）的控制主机。

目前控制主机常用的输入有 8、16、32、48、64、80、96、128 到 512 路，一般以 8 或 16 的倍数递增；输出从 2、4、8、16、24 到 32，一般以 2 或 4 的倍数递增。

主机的控制码有多种，大部分不兼容，必须配合其系列产品或说明可以使用的设备工作。如解码器、辅助跟随器、报警接口、分控键盘、多媒体软件等。解码器的通信协议要和矩阵主机的协议兼容，选配分控键盘，每个主机可以带分控键盘的个数不同，分控键盘的功能也有差异，使用过程中要注意，有的可以控制监视器的输出，有的可以控制变速云台。分控键盘与主机一般也用屏蔽双绞线连接。另外，在安装时要做好设备的接地工作，保证回路内没有强电反馈给通信口，否则会烧坏通信芯片，使主机无法工作。

七、以模拟视频矩阵切换器为核心组成的视频监控应用系统

基于视频矩阵主机的视频安防监控系统采用软件设计，实现摄像机到监视器的视频矩阵切换，云台和镜头的控制，通过串口连接报警设备的报警信息，并通过程序编程自动完成视频切换、云台控制、报警联动、报警录像等各项控制功能。系统能充分利用 PC 的资源，使视频监控系统随计算机技术的发展而不断进步，同时其开放性的结构特性更可使之与其他多种系统如与消防报警系统、出入口管理系统、楼宇自控系统等实现互动集成。其实质是一个数控模拟视频安防监控系统。由视频控制矩阵组成的视频监控系统如图 2-72 所示。

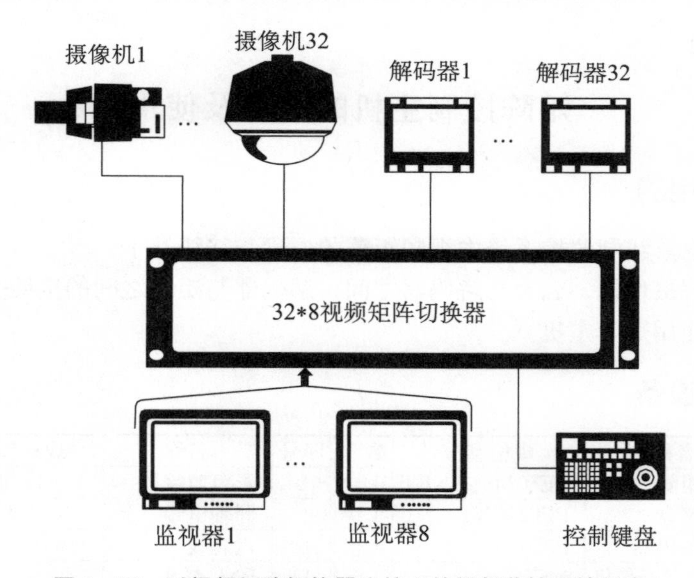

图 2-72　以视频矩阵切换器为核心的视频监控系统组成

图中最多有 32 路输入，8 路监视器输出。摄像机图像可经过光缆传送到视频矩阵切换器主机；通过控制键盘可对所有输入的视频信号进行切换，选择其中 1 路输出到监视器上（可置于控制台上）；对云台与镜头的控制，由监控人员操作控制键盘发出控制信号，主机收到控制信号，由解码器对传送来的信号进行译码，即确定执行何种控制动作，在经继电器功率放大，驱动云台或镜头完成相应的控制动作，以实现对监控点摄像机的镜头、云台等设备的遥控。

随着微处理器、微机的功能、性能的增强和提高，多媒体技术的应用，系统在功能、性能、可靠性、结构方式等方面都发生了很大的变化，视频监控系统的构成更加方便灵活、与其他技术系统的接口趋于规范，人机交互界面更为

友好。但由于视频监控系统中信息流的形态没有变，仍为模拟的视频信号，系统的网络结构主要是一种单功能、单向、集总方式的信息采集网络，具有介质专用的特点，因此系统尽管已发展到很高的水平，已无太多潜力可挖，其局限性依然存在，要满足更高的要求，数字化是必由之路。模拟监控系统的主要缺点有：

（1）通常只适合于小范围的区域监控。模拟视频信号的传输工具主要是同轴电缆，而同轴电缆传输模拟视频信号的距离不大于1km，双绞线的距离更短，这就决定了模拟监控只适合于单个大楼、小的居民区以及其他小范围的场所。

（2）系统的扩展能力差。对于已经建好的系统，如要增加新的监控点，往往是牵一发而动全身，新的设备也很难添加到原有的系统之中。

（3）无法形成有效的报警联动。在模拟监控系统中，由于各部分独立运作，相互之间的控制协议很难互通，联动只能在有限的范围内进行。

【技能训练】

矩阵控制主机的原理及使用

一、实训目的

1. 熟悉总线制监控系统中视频矩阵的原理与接线端子。
2. 掌握摄像机、云台与解码器之间，解码器与矩阵之间的接线关系。
3. 会使用矩阵主机。

二、实训设备

序号	名称	规格型号	数量	序号	名称	规格型号	数量
1	视频矩阵	PE50M64-8NET	1台	8	彩色监视器	14寸	1台
2	矩阵键盘	PE5122NT	1块	9	同轴电缆		若干
3	室内解码器	PE5131	1台	10	六芯线		若干
4	枪式彩色摄像机	MCC-2020	1台	11	BNC接头		若干
5	一体摄像机	MCC-4168	1台	12	四芯线		若干
6	精工二可变镜头	SSL06036A	1个	13	两芯屏蔽线		若干
7	全方位云台	YA3939W	1个				

三、实训工具

序号	名称	数量	序号	名称	数量
1	小号一字螺丝刀	1把	6	尖嘴钳	1把
2	小号十字螺丝刀	1把	7	剪刀	1把
3	大号一字螺丝刀	1把	8	绝缘胶布	1卷
4	大号十字螺丝刀	1把	9	万用表	1只
5	电笔	1把	10	焊锡工具	1套

四、实训要求

1. 能得到清晰图像。

2. 能对图像放大缩小，清晰模糊进行调节（即能对镜头的焦距与聚焦进行控制）。

3. 能对全方位云台进行上、下、左、右操作，能进行自动扫描。

4. 能对矩阵主机进行简单的系统设置。

5. 能对矩阵主机进行简单的操作，如手动图像切换、区域图像切换、图像显示时间设置等。

五、实训内容

按以下步骤构建一矩阵控制系统（如图 2-73 所示），并完成相关功能测试。

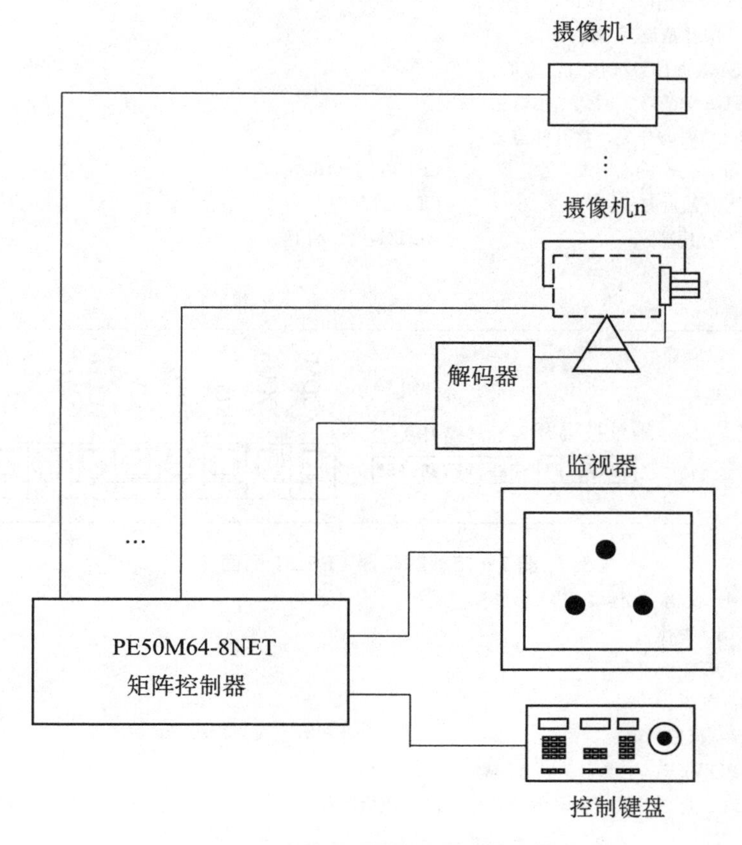

图 2-73　简单的矩阵控制系统组成图

1. 完成镜头与摄像机的对接（了解镜头 C 口与 CS 口的关系）。
2. 完成镜头、摄像机与云台之间的接线。
3. 完成云台与解码器、监视器之间的接线。
4. 完成解码器与矩阵之间的接线。
5. 进行整体测试与调试。

PE5131 解码器（如图 2－74 和图 2－75 所示）相关知识如下：

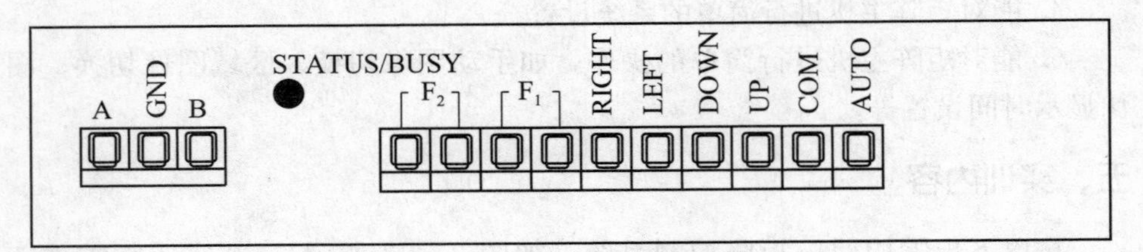

图 2－74　解码器 PE5131 侧面 1

A：RS485 通信总线接口，为正。
GND：接屏蔽层。
B：RS485 通信总线接口，为负。
STATUS/BUSY：通信指示灯。
F1、F2：辅助开关，常开触点。
RIGHT：云台向右。　　LEFT：云台向左。
DOWN：云台向下。　　UP：云台向上。
COM：公共端。　　AUTO：自动扫描。

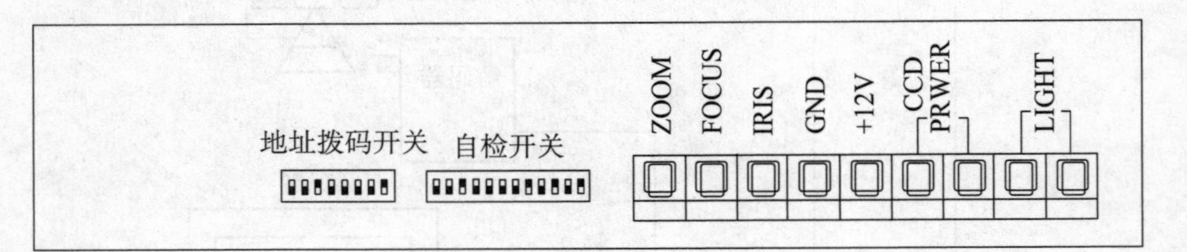

图 2－75　解码器 PE5131 侧面 2

ZOOM：变倍（变焦）。
FOCUS：聚焦。
IRIS：光圈。
GND：电源公共端。
＋12V：摄像机电源。
CCD POWER：电源开关，常闭触点。
LIGHT：灯光开关，常开触点，对应防区报警时闭合。

解码器地址拨码说明：PE5131 解码器有 8 位地址拨码开关，拨至 ON 表示 1，拨至 OFF 表示 0。表 2-5 为二进制拨码所对应的地址。

表 2-5　　PE5131 解码器地址拨码表

地址	8位地址拨码开关							
	1	2	3	4	5	6	7	8
1	1	0	0	0	0	0	0	0
2	0	1	0	0	0	0	0	0
3	1	1	0	0	0	0	0	0
4	0	0	1	0	0	0	0	0
5	1	0	1	0	0	0	0	0
6	0	1	1	0	0	0	0	0
7	1	1	1	0	0	0	0	0
……								
255	1	1	1	1	1	1	1	1

六、矩阵键盘操作指令（部分简单的矩阵键盘操作指令）

1. 选择指令

N + MON：选择 N 号监视器。　　N + CAM：选择 N 号摄像机。

2. 云台镜头控制指令

摇杆：控制云台方向。　　FAR：调整镜头的聚焦远。

NEAR：调整镜头的聚焦近。　　OPEN：打开镜头的光圈。

CLOSE：关闭镜头的光圈。　　TELE：镜头特写，图像放大。

WIDE：镜头全景，图像缩小。

3. 其他特殊控制指令

T + TIME：把当前监视器画面运行切换停留时间设为 T 秒。

RUN + ON：启动当前监视器的自动切换。

RUN + OFF：停止当前监视器的自动切换。

N + MON + Y + ENTER + OFF：在 N 号监视器上不显示 Y 路摄像机图像。

N + MON + Y + ENTER + ON：在 N 号监视器上恢复 Y 路摄像机图像显示。

AUTO + ON：启动云台自动扫描。

AUTO + OFF：停止云台自动扫描。

N + MON + X + ON + Y + OFF：在 N 号监视器上循环显示从 X 号画面开始到 Y 号画面结束。

N + CAM + 移动云台到 M 点 + LINE + ON + 移动云台到 N 点 +

OFF：要求 N 号带云台摄像机在 M 点与 N 点之间线扫描。

N + CAM + LINF + OFF：停止 N 号带云台摄像机的线扫描。

讨论分析

与矩阵控制方式相比，云镜控制器控制有何优势？

任务二　数字矩阵主机的原理与应用

学习目标

了解数字矩阵控制设备在视频安防监控系统中的作用，掌握数字矩阵的原理、功能及使用。

任务引入

模拟矩阵发展时间比较久，系统稳定性以及成熟性都比较好，但是随着系统向复杂化远距离传输方向发展，模拟矩阵已经不太适合未来系统的要求。随着科学技术的发展，特别是数字化技术和互联网技术的发展，模拟矩阵将逐步被数字矩阵所取代。随着数字技术的高速发展，软硬件水平的提高，不断有高性能的 DSP 和高速的总线得到应用，使基于数字技术的视频矩阵方案能够得以实现。

【相关知识】

随着数字视频压缩技术的发展，数字产品逐渐大量进入视频安防监控系统，人们提出了网络虚拟矩阵的全数字化矩阵概念。网络虚拟矩阵和传统模拟矩阵不同，它以视频压缩模块（或视频编码软件）代替模拟矩阵中的视频输入模块，以视频解压缩模块（或视频解码软件）代替模拟矩阵中的视频输出模块，以网络视频服务器代替模拟矩阵主机，以基于 TCP/IP 协议的 IP 网代替模拟总线（或模拟视频总线结合 IP 控制总线），以数字高速处理芯片代替模拟电开关，运用高速处理芯片的运算完成视频从输入到输出的切换。但是这种网络虚拟矩阵有一个弊端：必须支持实时图像并保证一定的带宽和延时的以 IPv6 为代表的新型网络技术的应用。而这项技术的应用目前在国内还是刚刚开始，还没有完全市场化。

数字化矩阵是矩阵未来的发展趋势，而且随着系统集成技术的发展矩阵的功能也将会向更多的方向发展，以更大的满足客户对系统的要求，比如：除了传统的切换、轮巡、云台控制、报警处理、日志查询、权限管理等功能外，还开发出电子地图、录像管理等诸多贴近客户实际需求的功能，不同客户还会提出一些不同的矩阵功能需求等。

一、数字矩阵的组成及功能

数字矩阵主要由视频编码解码设备和管理软件平台构成，以网络为视频交换平台，输入视频和输出视频之间的切换以数据包交换方式进行。数字矩阵能方便地与各种智能化系统集成。准确地说，数字矩阵并不是一台设备，是一个由 IP 摄像机、编解码设备、管理平台以及网络传输系统组成的一个数字化监控系统。其外形如图 2－76 所示。

图 2－76　数字矩阵外形

视频切换在数字视频层完成，这个过程可以是同步的也可以是异步的。其核心是对数字视频的处理，需要在视频输入端增加 A/D 转换，将模拟信号变为数字信号，在视频输出端增加 D/A 转换，将数字信号转换为模拟信号输出。视频切换的核心部分由模拟矩阵的模拟开关，变成了对数字视频的处理和传输。

二、数字视频矩阵种类

根据数字视频矩阵的实现方式不同，数字视频矩阵可以分为总线型和包交换型。

（一）总线型数字视频矩阵

顾名思义，总线型数字矩阵就是数据的传输和切换是通过一条共用的总线来实现的，例如 PCI 总线。

总线型矩阵中最常见的就是 PC－DVR 和嵌入式 DVR。对于 PC－DVR 来说，它的视频输出是 VGA，通过 PC 显卡来完成图像显示，通常只有 1 路输出（1 块显卡），2 路输出的情况（2 块显卡）已经很少；嵌入式 DVR 一般的视频输出是监视器，同时也可支持 VGA 显示。总线型数字视频矩阵如图 2－77 所示。

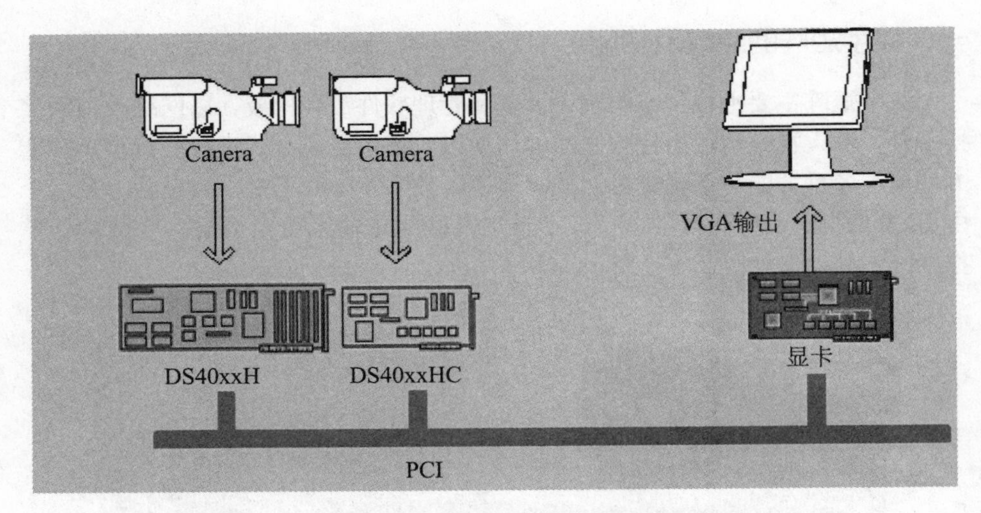

图 2-77　PC－DVR（PC＋H 卡、HC 卡）构成的总线型数字矩阵

（二）包交换型数字视频矩阵

包交换型矩阵通过包交换的方式（通常是 IP 包）实现图像数据的传输和切换。包交换型矩阵目前已经比较普及，比如已经广泛应用的远程监控中心，即在本地录像端把图像压缩，然后把压缩的码流通过网络（可以是高速的专网、Internet、局域网等）发送到远端，在远端解码后，显示在大屏幕上。包交换型数字矩阵目前有两个比较大的局限性：延时大、图像质量差。由于要通过网络传输，因此不可避免地会带来延时，同时为了减少对带宽的占用，往往都需要在发送端对图像进行压缩，然后在接收端实行解压缩，经过有损压缩过的图像很难保证较好的图像质量，同时编、解码过程还会增大延时。所以目前包交换型矩阵还无法适用于对实时性和图像质量要求比较高的场合。包交换型矩阵如图 2-78 所示。

三、数字视频矩阵的优势

（一）成本优势：视频矩阵和 DVR 合二为一

采用数字视频矩阵只需一台设备就可以同时实现视频矩阵和 DVR 的功能，大大地节省了成本。对矩阵的控制和 DVR 的控制集成在一起，方便灵活。如果采用模拟矩阵，至少需要一台矩阵主机和一台 DVR 主机，安装调试复杂，除了 DVR 的成本外，还要为模拟矩阵付出高额的成本。此外，对于模拟矩阵的控制，可能还需要外接其他设备，比如显示设备、矩阵控制器、矩阵控制键盘等，有些复杂的功能甚至需要专门的 PC 来进行配置。模拟矩阵的方案还需要视频信号的分配、复用设备来实现 DVR 的录像功能，而采用数字矩

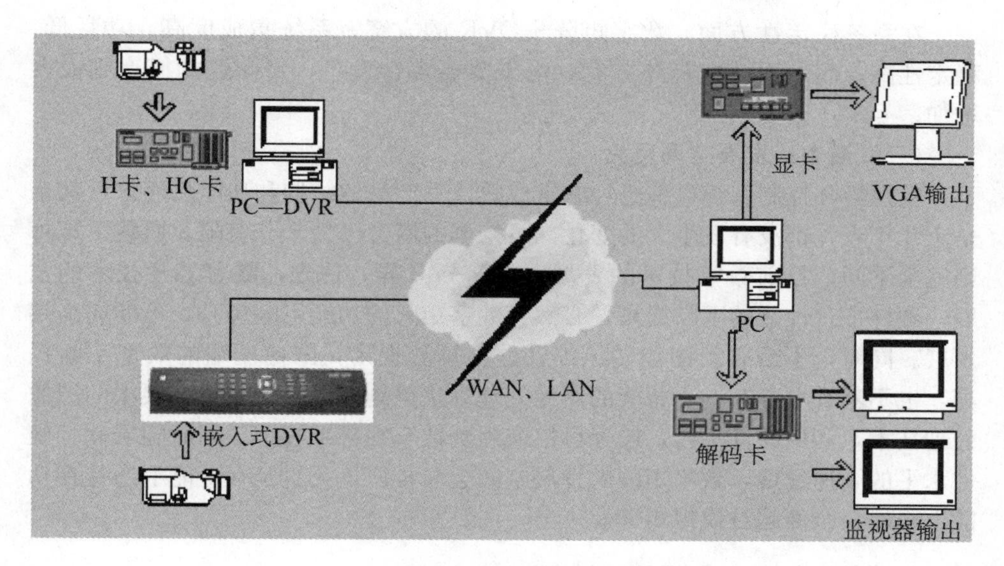

图 2-78　包交换型数字矩阵

阵，则只需在DVR的基础之上，增加简单的矩阵模块即可，成本相对低廉，且数字矩阵、录像系统的集成度高，稳定性增强，也降低了以后维护的成本。

（二）功能优势：配置灵活，功能强大，简单易用

在模拟矩阵＋DVR方案中，矩阵和DVR各自为政，需要分别控制，模拟矩阵提供的操作方式复杂，易操作性很差，且功能单一，如果要实现比较复杂的功能，需要很烦琐的操作流程；而采用数字矩阵，通过一个控制平台即可实现对切换矩阵和DVR的同时控制，操作界面可由二次开发商在Windows或Linux下自由开发，可以根据客户的需求定制应用程序，定制各种功能，所构建的系统，完全取决于开发商自己的软件。

在数字矩阵中，基于对图像的数字处理，可以在实现视频切换的同时，对图像进行很多处理，比如叠加字符、叠加图像、区域遮盖等，这些都是目前DVR所普遍具有的功能，但是对于模拟矩阵，由于它的核心是基于模拟信号的处理，在面对这些功能时，则显得力不从心。这里以字符叠加功能为例，模拟矩阵往往需要外接字符叠加芯片来实现，通常只能实现ASCII码也就是英文字符的叠加，而能够实现汉字叠加的模拟较少，更不用说同时支持简体、繁体，甚至日文了。至于图像叠加等功能，在模拟信号层基本是无法实现的。

数字矩阵可以提供更丰富的图像显示模式。传统的模拟矩阵只能进行最简单的1∶1的图像输出；而数字矩阵在此基础上还可以实现N→1（通过对图像的缩放处理，可以实现多路图像在一个窗口显示）和1→N（一个输入图像同时在多个输出端显示）的显示方式，甚至是画中画等高级功能。

在系统稳定性方面，数字矩阵＋DVR 的方案，系统集成度高、功耗低，稳定性高；而采用模拟矩阵方案，由于需要多台设备，出问题的概率则大大增加。

（三）潜力：发展空间巨大

模拟矩阵控制系统目前已经非常成熟，其产品的结构和功能几年来，甚至是十几年来，都没有发生大的变化，可挖掘的潜力已经十分有限。而数字矩阵则完全不同，目前数字技术的发展可谓日新月异，首先，随着芯片技术的发展，硬件平台性能的不断提高，必然使数字矩阵的功能不断提升，不断向高端发展。同时，不断有新图像的压缩、处理算法提出，图像压缩的效率不断提高，也不断有更复杂、更智能的图像处理算法得到应用，这些更高层次的图像处理技术，利用硬件平台，已经可以应用到数字视频系统中。因此随着软、硬件水平的飞速发展，数字矩阵的发展空间会非常广，无论是在性能上还是在功能上必然会全面超过模拟矩阵。

四、模拟矩阵与数字矩阵的比较

模拟矩阵通过微处理器的数字电路控制视频通路开关，稳定性能不受外界设备影响，可靠性高。数字矩阵系统通过后台管理平台控制编解码设备之间的路由通道，视频切换的时候，首先由计算机发送命令到编解码器，确定断开当前连接后，再重新接通新的连接，所以可靠性能由台管理软件和工作站稳定性决定，另外系统也同时受到编解码设备以及网络可靠性的影响。还有，模拟矩阵是集中控制形式，前端所有图像信号需要通过电缆或者光缆传输到中心主机。数字矩阵系统建立分布式接入系统，摄像机直接接入网内就可以实现切换控制和存储，在已经有完善通信网络的场所，数字矩阵系统的布线比较灵活和节约成本。另外模拟矩阵在图像实时性、图像质量方面比数字网络矩阵有优势，数字矩阵在系统集成、管理以及存储方面比模拟有明显的优势。模拟矩阵和数字矩阵各有优缺点，不过数字矩阵的优势是建立在网络接入以及软件平台上的，所以系统的运行受到多方面因素影响。尽管数字化发展是必然方向，但是就目前情况来看，编解码技术还没有完善，IPv6 网络技术的更新换代，都带给数字系统许多不确定性。另一方面，一般的网络设备能否承受高质量数字图像信号的巨大数据传输还有待考验，如果专门针对监控系统建立一个可靠、高速的网络成本也非常巨大。

讨论分析

与模拟矩阵相比，数字矩阵有什么特点及优势？

项目四　数字视频监控系统

任务一　数字视频监控系统的发展

学习目标

了解数字视频监控系统的传输方式、常用设备及应用要点，会使用数字视频监控设备。

任务引入

在社会信息化日益发展的今天，信息技术、网络技术、通信技术以及多媒体技术已经进入人类生活的各个领域，视频监控以其直观、方便和内容丰富等特点，日益受到人们的青睐。视频监控正从传统的安防监控向管理、生产监控发展，并逐步与管理信息系统相结合，达到资源共享，为管理者提供更直观、更有效的决策信息，数字视频监控不仅符合社会信息化的发展趋势，而且代表了监控行业的发展方向。数字化所带来的优势将全面改变视频监控领域的格局，数字硬盘录像机、基于IP网络的数字视频服务器以及IP摄像机正逐步成为视频监控领域的主流。

【相关知识】

一、视频监控系统的发展历程

视频监控系统的发展经历了三个不同阶段：模拟视频监控；多媒体微机平台（嵌入式系统）的数字视频监控；基于嵌入式网络视频服务器技术的数字化网络视频监控。

（一）模拟视频监控系统

1. 模拟视频监控系统的特点

模拟视频监控系统发展较早，目前常称为第一代监控系统，其特点如下：

（1）视频、音频信号的采集、传输、存储均为模拟形式，质量最高。

（2）经过几十年的发展，技术成熟，系统功能强大、完善。

2. 模拟视频系统存在的问题

（1）只适用于较小的地理范围。

（2）与信息系统无法交换数据。

（3）监控仅限于监控中心，应用的灵活性较差。

（4）不易扩展。

（二）基于微机平台的数字视频监控

基于微机平台的数字视频监控（DVR）是近几年迅速发展的第二代监控系统，采用微机和 Windows 平台，在计算机中安装视频压缩卡和相应的 DVR 软件，不同型号视频卡可连接多路视频，支持实时视频和音频，是第一代模拟监控系统升级实现数字化的可选方案，适合传统监控系统的改造，不适合新建而又要求实现远程视频传输（超过 1～2km）的系统。

DVR 系统的特点：

（1）视频、音频信号的采集、存储主要为数字形式，质量较高。

（2）系统功能较为强大、完善。

（3）可与信息系统交换数据。

（4）应用的灵活性较好。

DVR 系统从监控点到监控中心为模拟方式传输，与第一代系统相似存在许多缺陷，要实现远距离视频传输需铺设（租用）光缆、在光缆两端安装视频光端机设备，系统建设成本高，不易维护，且维护费用较大。

随着信息处理技术的不断发展，嵌入式 DVR 系统近几年异军突起，由于其可靠性高、使用安装方便在银行系统应用特别广泛，通常称嵌入式 DVR 为 2.5 代监控系统。

（三）基于嵌入式视频服务器的网络化数字视频监控

简单地说，网络数字监控就是将传统的模拟视频信号转换为数字信号，通过计算机网络来传输，通过智能化的计算机软件来处理。系统将传统的视频、音频及控制信号数字化，以 IP 包的形式在网络上传输，实现了视频/音频的数字化、系统的网络化、应用的多媒体化以及管理的智能化。网络视频监控系统使用现有的网络系统，采用嵌入式的“网络视频服务器”，实现从监控点前端、监控中心、监控工作站的数字化处理，是监控系统发展的必然趋势。网络数字视频系统与上述第一、第二代系统相比具有明显的优势：

（1）利用现有的网络资源，不需要为新建监控系统铺设光缆、增加设备，轻而易举地实现远程视频监控。

（2）系统扩展能力强，只要有网络的地方增加监控点设备就可扩展新的监控点。

（3）维护费用低，网络维护由网络提供商维护，前端设备是即插即用的免维护系统。

（4）系统功能强大、利用灵活、全数字化录像便于保存和检索。

（5）在网络中的每一台计算机，只要安装了客户端的软件，给予相应的权限就可成为监控工作站。

二、数字传输方式

在监控系统中，监控图像的传输是整个系统的一个至关重要的环节，选择何种介质和设备传送图像和其他控制信号将直接关系到监控系统的质量和可靠性。目前，在监控系统中用来传输图像信号的介质主要有同轴电缆、双绞线和光纤，对应的传输设备分别是同轴视频放大器、双绞线视频传输设备和光端机。要组建一个高质量的监控网络，就必须搞清楚这三种主要传输方式的特点和使用环境，以便针对实际工程需要采取合适的传输介质和设备。

自20世纪80年代末期以来，视频监控技术得到越来越广泛的应用，随着系统应用的不断推广，相应的视频监控传输技术方案也处于不断的淘汰更新的过程之中。在视频监控系统的初期，人们利用同轴电缆进行视频信号的传输，在监控中心采用画面分割器、小型矩阵等设备来搭建系统，由于同轴电缆传输模拟视频信号受距离的限制，即使在利用放大器进行中继的情况下，采用这种方式构建的系统一般为覆盖方圆几百米的小型监控系统。20世纪90年代为视频监控技术高速发展的时期，随着光纤通信技术的发展及在视频传输领域的应用，采用光端机将视频信号转化为光信号，利用光纤进行传输的方式使得视频监控系统的覆盖范围得到了很大的延伸，由于光纤传输的众多优势以及系统建设成本的持续下降，采用光纤传输的方案成为建设大型视频监控系统的主流传输方案。在视频光端机不断发展的同时，互联网技术开始兴起并逐渐深入到人们的生活之中，由于互联网商用非常的成熟，覆盖范围广泛，利用网络进行视频图像高质量的传输成为众多网络硬件、软件厂商努力的方向。到目前为止，利用互联网进行可视及时通信已经成为现实，下面介绍数字传输中的常用传输介质及设备。

(一) 光纤

光纤自问世以来，由于其多方面的优势，迅速在通信领域引发了一场关于传输线路的革命，利用光纤进行信号传输的优势体现在：带宽大，可传输的信号容量大；衰减小，可远距离传输；抗干扰性强，不受电磁场干扰；不燃烧、不导电，可用于各种危险环境；体积小、重量轻；保密性强。光纤应用在监控领域里主要是为了解决两个问题：一是传输距离；二是环境干扰。由于双绞线和同轴电缆都是以电信号的方式进行信号传输的，传输距离受到信号衰减、失真等因素的影响，仅仅适用于短距离、小范围内的视频监控系统。如果需要传输数公里甚至上百公里距离的图像信号则需要采用光纤传输方式；另外，在一些超强干扰场所，为了不受环境干扰影响，也可以采用光纤传输的方式。光纤分为多模光纤和单模光纤两种。多模光纤由于色散和衰耗较大，其最大传输距离一般不能超过5km，然而随着单模光纤成本的大幅度下降，目前除了先前已经铺好了多模光纤的地方外，在新建的工程中一般不再使用多模光纤，而主要使用单模光纤。

（二）光端机

在光纤中传输监控信号要使用光端机，它的作用主要就是实现电-光和光-电转换。光端机又分为模拟光端机和数字光端机。

1. 模拟光端机

20 世纪 90 年代初，以视频传输为主要业务的模拟光端机进入中国市场，此时，市场上主要是 1 路视频（加数据）、2 路视频（加数据）、4 路视频（加数据）和 8 路视频（加数据）等几种较简单的产品系列。应用领域主要集中在公安、交警、市政等资金情况较好、对视频业务有迫切需求以及有较高品质要求的行业。模拟光端机采用了 PFM 调制技术实时传输图像信号。发射端将模拟视频信号先进行 PFM 调制后，再进行电-光转换，光信号传到接收端后，进行光-电转换，然后进行 PFM 解调，恢复出视频信号。由于采用了 PFM 调制技术，其传输距离很容易就能达到 30 km 左右。但是采用模拟信号传输技术，信号在远距离传输过程中产生的失真等非线性效应导致其传输距离和容量受到严重的限制，而且模拟光端机业务类型相对比较单一。

2. 数字光端机

由于数字传输技术与模拟技术相比在很多方面都具有明显的优势，所以正如数字技术在许多领域取代了模拟技术一样，数字光端机也逐渐取代了原先的模拟光端机，从而占据了市场的主流地位。目前国内能够提供视频光端机的厂家很多，其产品也各不相同，但是其基本原理及结构大同小异。随着视频监控系统的发展，特别是近两年来全国各地多个城市建设社会治安监控系统目标的提出，原来仅仅局限于单一部门、单一行业的中小规模的视频监控系统已经难以满足需求，在建设囊括了成千上万个监控点、覆盖整个城域范围的超大规模的视频监控系统的过程中如何保证视频和控制信号高质量、远距离的传输成为影响系统成败的关键问题。

数字图像光端机主要有两种技术方式：一种是 MPEG II 图像压缩数字光端机；另一种是非压缩数字图像光端机。图像压缩数字光端机一般采用 MPEG II 图像压缩技术，它能将活动图像压缩成 N×2Mb/s 的数据流通过标准电信通信接口传输或者直接通过光纤传输。由于采用了图像压缩技术，它能大大降低信号传输带宽，以利于使用较少的资源就能传送图像信号。同时，由于采用了 N×2Mb/s 的标准接口，可以利用现有的电信传输设备的富余通道传输监控图像，为工程应用带来了方便。不过，图像压缩数字光端机也有其固有的缺点，其致命的弱点就是不能保证图像传输的实时性。因为图像压缩与解压缩需要一定的时间，所以一般会对所传输的图像产生 1～2s 的延时。因此，这种设备只适合用在对实时性要求不高的场所，在工程使用上受到一些限制。另外，经过压缩后图像会产生一定的失真，并且这种光端机的价格也偏高。

非压缩数字图像光端机的原理就是将模拟视频信号进行 A/D 变换后和音频、数据等信号进行复接，再通过光纤传输。它用高的数据速率来保证视频信号的传输质量和实时性，由于光纤的带宽非常大，所以这种高数据速率也并没有对传输通道提出过高要求。非压缩数字图像光端机能提供很好的图像传输质量，达到了广播级的传输质量，并且图像传输是全实时的。由于采用数字化技术，在设备中可以利用已经很成熟的通信技术比如复接技术、光收发技术等，提高了设备的可靠性，也降低了成本。非压缩数字图像光端机的优势体现在：

(1) 采用了数字化技术，极大地提高了图像传输质量。

(2) 数字化技术和大规模集成电路的使用，保证了设备工作的稳定性和可靠性，克服了模拟光端机的弊病。

(3) 不会产生传输延时，保证了监控图像的实时性。

(4) 可以方便地将多路图像和音频、数据等多种信号集成在一起通过一根光纤传输，目前，这种非压缩数字图像光端机可以做到在单方向传输几十路，甚至上百路图像。

数字图像光端机的技术含量高，其在监控工程中的使用时间还不长，目前大都用在多路图像传输方面，主要原因在于目前能够提供这种光端机的厂家还不多，价格相对模拟光端机而言也偏高。不过，由于数字图像光端机特别是非压缩数字图像光端机的突出优势，再加上大量使用后会降低成本，模拟光端机会逐渐被数字图像光端机所取代。

3. 光端机的发展趋势

光端机的发展必然会表现出新的发展趋势：

(1) 超大容量

光纤从理论上来讲提供了无限的传输带宽，在视频监控系统中，其利用率是很低的。传统的光端机最多能够提供八路视频信号的传输通道，在特殊情况下有少量的系统需要 16 路或者 32 路视频传输通道。可以想象，无论是采用波分复用技术还是采用更高带宽的光器件，如何在一条光纤上传输更多路数的视频一定会成为光端机的一个发展方向。

(2) 多业务传输

目前市面上有着各种各样的复用光端机，除了可以传输视频信号外，还可以传输音频、数据、电话、控制等信号。然而这样的光端机需要定制，且业务传输类型还比较单一。

(3) 多种传输模式

光端机提供点对点的信号传输模式，一般一对光端机需要提供一条光纤进行传输。利用波分复用技术或时分技术可以实现视频信号的总线式传输，然而前者会极大地提高系统建设成本，后者总线传输的容量十分有限。目前市面上还出现了一种新的自愈环网光端机，其按照环形的方式组建传输网络，信号按照双向传输，采用这种方式构建的传输网络具有很高的可靠性，光纤的断裂不会影响信号的传输，可是价格相对较高。

(4) 具备交换功能

传统的光端机仅仅具备传输功能，视频信号的交换在监控中心利用视频矩阵实现。在超大规模视频监控系统的建设中，采用这种方式会带来众多问题。把传输与交换功能进行有机的结合，形成全数字的传输、交换系统对于改善系统的性能，简化系统结构意义重大。

(5) 智能化

光端机的智能化主要体现在其可管理性方面，传统的光端机一般不具备网管功能，在中小型视频监控系统中，由于系统规模不大，设备不多，系统的管理及维护工作相对比较简单，然而在大规模的视频监控系统中，具备网管功能的光端机会给用户在管理和维护方面带来极大的便利。

三、网络传输及设备

近年来，数字视频监控系统以其控制灵活、信息容量大、存储和检索便利等优点逐步取代了传统的模拟视频监控系统，被广泛于安防、监控、质检等方面。随着计算机及网络技术的普及和网络带宽的迅速扩大，视频监控又逐渐产生了新的需求，即将数字视频监控技术与网络技术相结合，在现场监控主机无人职守情况下，实现局域网或 Internet 远程监控的功能。这样，将监控信息从监控中心释放出来，提高了管理水平和效率。

(一) 路由器

1. 路由器的功能及特点

路由器工作在 OSI（开放式系统互联）体系结构中的网络层，这意味着它可以在多个网络上交换和路由数据包。路由器通过在相对独立的网络中交换具体协议的信息来实现这个目标。比起网桥，路由器不但能过滤和分隔网络信息流、连接网络分支，还能访问数据包中更多的信息，并且用来提高数据包的传输效率。路由表包含有网络地址、连接信息、路径信息和发送代价等。

路由器比网桥慢，主要用于广域网或广域网与局域网的互联。

2. 路由器的种类

(1) 接入路由器

接入路由器连接家庭或 ISP（Internet 服务提供商）内的小型企业客户。接入路由器不只是提供 SLIP（串行线路网际协议）或 PPP（点对点）连接，还支持诸如 PPTP 和 IPSec 等虚拟私有网络协议。这些协议能在每个端口上运行。诸如 ADSL 等技术提高了各家庭的可用带宽，这将进一步增加接入路由器的负担。由于这些趋势，接入路由器将来会支持许多异构和高速端口，并在各个端口能够运行多种协议，同时还要避开电话交换网。

（2）企业级路由器

企业或校园级路由器连接许多终端系统，其主要目标是以尽量便宜的方法实现尽可能多的端点互联，并且进一步要求支持不同的服务质量。许多现有的企业网络都是由 Hub 或网桥连接起来的以太网段，尽管这些设备价格便宜、易于安装、无需配置，但是它们不支持服务等级。相反，有路由器参与的网络能够将机器分成多个碰撞域，并因此能够控制一个网络的大小。此外，路由器还支持一定的服务等级，至少允许分成多个优先级别，但是路由器的每端口造价要贵些，并且在能够使用之前要进行大量的配置工作。因此，企业路由器的成败就在于是否提供大量端口且每端口的造价很低，是否容易配置，是否支持 QoS。另外还要求企业级路由器有效地支持广播和组播。企业网络还要处理历史遗留的各种 LAN 技术，支持多种协议，包括 IP、IPX 和 Vine。它们还要支持防火墙、包过滤以及大量的管理和安全策略以及 VLAN。

（3）骨干级路由器

骨干级路由器实现企业级网络的互联。对它的要求是速度和可靠性，而代价则处于次要地位。硬件可靠性可以采用电话交换网中使用的技术，如热备份、双电源、双数据通路等来获得。这些技术对所有骨干路由器而言差不多是标准的。骨干 IP 路由器的主要性能瓶颈是在转发表中查找某个路由所耗的时间。当收到一个包时，输入端口在转发表中查找该包的目的地址以确定其目的端口，当包越短或者当包要发往许多目的端口时，势必增加路由查找的代价。因此，将一些常访问的目的端口放到缓存中能够提高路由查找的效率。不管是输入缓冲还是输出缓冲路由器，都存在路由查找的瓶颈问题。除了性能瓶颈问题，路由器的稳定性也是一个常被忽视的问题。

（4）太比特路由器

在未来核心互联网使用的三种主要技术中，光纤和 DWDM 都已经是很成熟的并且是现成的。如果没有与现有的光纤技术和 DWDM 技术提供的原始带宽对应的路由器，新的网络基础设施将无法从根本上得到性能的改善，因此开发高性能的骨干交换/路由器（太比特路由器）已经成为一项迫切的要求。太比特路由器技术现在还处于开发实验阶段。

（5）无线路由器

无线路电器就是带有无线覆盖功能的路由器，它主要应用于用户上网和无线覆盖。市场上流行的无线路由器一般都支持专线 XDSL/ CABLE、动态 XD-

SL和PPTP等接入方式，它还具有其他一些网络管理的功能，如DHCP服务、NAT防火墙、MAC地址过滤等功能。

（二）集线器

1. 集线器的功能及特点

集线器（Hub）基于MAC地址转发数据，但不能分辨需要转发的端口和不需要转发的端口，一律同等对待。有要转发的数据向除进入端口外的所有端口转发。这种方式下，广播报文泛滥，网络较大时，甚至造成网络瘫痪，所以只适合较小的网络。比如家庭内部的局域网。

2. 集线器的种类

（1）独立型Hub

独立型Hub是最早使用的设备，它具有低价格、容易查找故障、网络管理方便等优点，在小型的局域网中广泛使用。但这类Hub的工作性能比较一般，尤其是在速度上缺乏优势。

（2）模块化Hub

模块化Hub一般带有机架和多个卡槽，每个卡槽中可安装一块卡，每块卡的功能相当于一个独立型的Hub，多块卡通过安装在机架上的通信底板进行互连并进行相互间的通信。现在常使用的模块化Hub一般具有4～14个插槽。模块化Hub在较大的网络中便于实施对用户的集中管理，所以在大型网络中得到了广泛应用。

（3）可堆叠式Hub

可堆叠式Hub是利用高速总线将单个独立型Hub“堆叠”或短距离连接的设备，其功能相当于一个模块化Hub。一般情况下，当有多个Hub堆叠时，其中存在一个可管理Hub，利用可管理Hub可对此可堆叠式Hub中的独立型Hub进行管理。可堆叠式Hub可非常方便地实现对网络的扩充，是新建网络时最为理想的选择。

（三）交换机

1. 交换机的功能及特点

交换机在Hub的基础上添加了一个寻址转发机制，可以区分数据出端口和不相关的端口。它将MAC地址和端口绑定。经过学习后会有所有端口和MAC地址的对应关系。当知道目的MAC之后只向对应的端口转发，可以避免多余的数据包。三层交换机引入VLAN功能，可以将广播报文限制在VLAN域内。进一步限制广播报文对网络的影响。

2. 交换机的种类

分类标准有很多，如按工作方式可分为二层交换机、三层交换机、多层交换机；按在网络中部署的位置和性能可分为核心交换机、接入交换机等；按外形可分为固定端口交换机、模块化（箱式）交换机；按协议可分为以太网交换机、ATM 交换机、帧中继交换机；按接口类型可为分普通双绞线交换机、光纤交换机；按转发可分为 10/100M 交换机、千兆交换机、万兆交换机等。

（四）交换机与路由器的区别

路由器与交换机的主要区别体现在以下几个方面：

1. 工作层次不同

最初的交换机是工作在 OSI/RM 开放体系结构的数据链路层，也就是第二层，而路由器一开始就设计工作在 OSI 模型的网络层。由于交换机工作在 OSI 的第二层（数据链路层），所以它的工作原理比较简单，而路由器工作在 OSI 的第三层（网络层），可以得到更多的协议信息，路由器可以作出更加智能的转发决策。

2. 数据转发所依据的对象不同

交换机是利用物理地址或者说 MAC 地址来确定转发数据的目的地址。而路由器则是利用不同网络的 ID 号（即 IP 地址）来确定数据转发的地址。IP 地址是在软件中实现的，描述的是设备所在的网络，有时这些第三层的地址也称为协议地址或者网络地址。MAC 地址通常是硬件自带的，由网卡生产商来分配的，而且已经固化到了网卡中去，一般来说是不可更改的。而 IP 地址则通常由网络管理员或系统自动分配。

3. 分割区域不同

传统的交换机只能分割冲突域，不能分割广播域；而路由器可以分割广播域。

由交换机连接的网段仍属于同一个广播域，广播数据包会在交换机连接的所有网段上传播，在某些情况下会导致通信拥挤和安全漏洞。连接到路由器上的网段会被分配成不同的广播域，广播数据不会穿过路由器。虽然第三层以上交换机具有 VLAN 功能，也可以分割广播域，但是各子广播域之间是不能通信交流的，它们之间的交流仍然需要路由器。

4. 路由器提供了防火墙的服务

路由器仅仅转发特定地址的数据包，不传送不支持路由协议的数据包传送和未知目标网络数据包的传送，从而可以防止广播风暴。

交换机一般用于 LAN-WAN 的连接，交换机归于网桥，是数据链路层的设备，有些交换机也可实现第三层的交换。路由器用于 WAN-WAN 之间的连接，可以解决异性网络之间转发分组，作用于网络层。它们只是从一条线路上接受输入分组，然后向另一条线路转发。这两条线路可能分属于不同的网络，并采用不同的协议。相比较而言，路由器的功能较交换机要强大，但速度相对也慢，价格昂贵。第三层交换机既有交换机限速转发报文能力，又有路由器良好的控制功能，因此得以广泛应用。

任务二　基于 DVR 的网络视频监控系统

学习目标

了解 DVR 的网络功能，掌握 DVR 在远程数字视频监控系统中的应用要点及使用特性。

任务引入

基于 DVR 的网络视频监控系统，是通过设定端口、网关和路由，控制现场的数字硬盘录像机作为服务器，在远程客户的计算机上安装专用监控软件或插件，用户便可以通过互联网看到数千里之外的现场，实现单路、多路视频远程监控和录像。系统组成如图 2－79 所示。

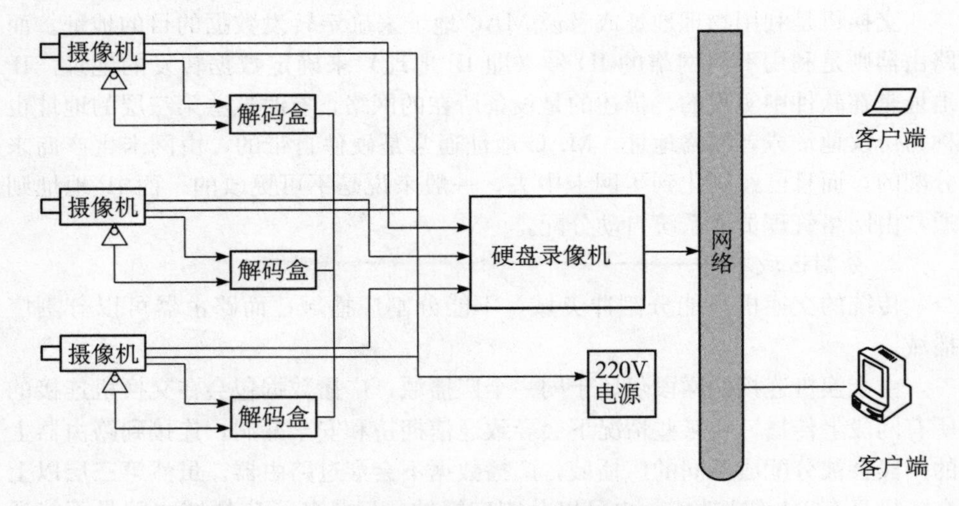

图 2－79　以硬盘录像机为核心的网络视频监控系统组成

【相关知识】

硬盘录像机的其他性能在前面章节中已经介绍过，这里就不再详细介绍了，本部分主要介绍硬盘录像机的网络特性及相应的操作功能。

一、硬盘录像机的网络功能特性

（1）远程访问前端通道监控画面。

（2）通过网络客户端软件或浏览器访问、设置系统参数。

（3）通过客户端或浏览器网络升级程序，实现远程维护。

(4) 可以通过网络查看视频丢失等报警信息。

(5) 支持网络云镜控制。

(6) 支持远程下载存储及录像回放。

(7) 与相关软件(中心管理软件)配套可实现多台设备联网共享信息。

(8) 双工透明串口。

(9) 网络方式报警输入、输出。

(10) 语音对讲。

(11) 多画面预览。

二、网络连接

录像机提供了标准的 RJ-45 接口，可以方便地联入局域网或者广域网。在进行网络连接时应保证足够的带宽。例如，在组建局域网的过程中，采用交换机而不推荐使用集线器，避免过长的布线距离等。在连接入广域网时则选择合适的宽带接入方式。下面以大华 CIF 4 路产品为例来介绍说明，其产品的网络设置界面如图 2-80 所示。

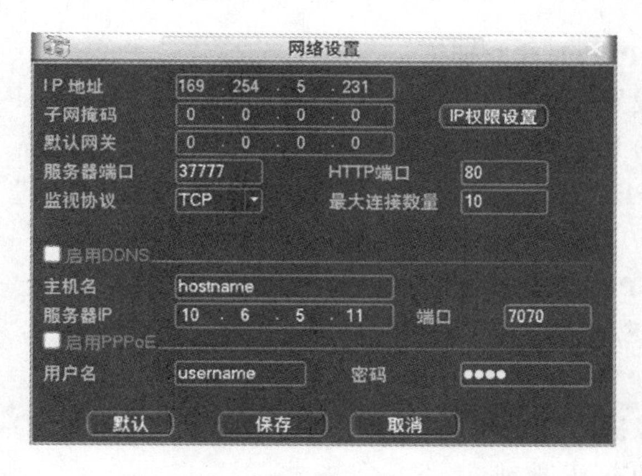

图 2-80　硬盘录像机网络设置界面

(一) 网络设置

"IP 地址"：按上下(▲▼)键或输入相应的数字键更改 IP 地址参数值(IP 地址设置只能在此项设置中完成)，然后设置相应的该 IP 地址的子网掩码和默认网关。

"服务器端口"：一般默认为 37777，可根据用户实际需要设置端口(注：服务器端口号 37778 保留为网络 UDP 端口使用，不能再配置给其他用途)。

"HTTP 端口"：一般默认为 80。

"监视协议"：选择相应的网络传输协议(TCP、组播协议)。

“最大连接数量”：连接数量为 0～10，如果设置 0 则不允许网络用户连接，最大连接数为 10 个。

“IP 权限设置”：选中“是否开启”按钮（反显■表示选中，如图 2－81 所示），则只有列表中的 IP 才能连这台硬盘录像机，可增加多个 IP。

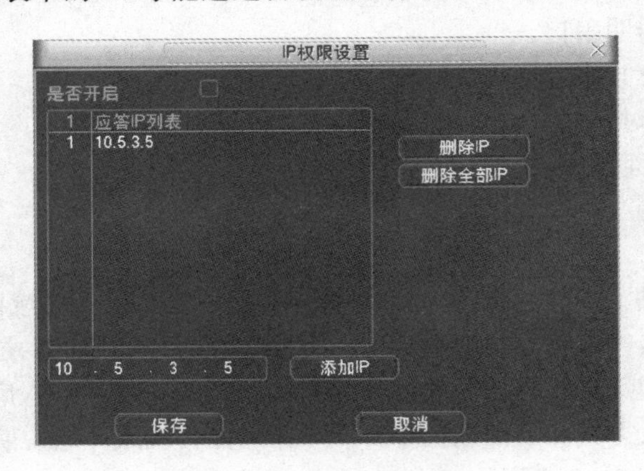

图 2－81 IP 权限设置

（二）使用 PPPoE 建立连接

在“网络设置”菜单里，选中“启用 PPPoE”，输入 ISP（Internet 服务提供商）提供的 PPPoE 用户名和密码，保存后重新启动系统。启动后硬盘录像机会自动以 PPPoE 方式建立网络连接，成功后，“IP 地址”上的 IP 将被自动修改为获得的广域网的动态 IP 地址。

（三）使用 PPPoE 时通过客户端进行访问

使用 PPPoE 时通过客户端进行访问有两种方式。

1. 直接通过当前设备的 IP 地址进行访问

当硬盘录像机以 PPPoE 方式建立网络连接后，“IP 地址”上的 IP 就是设备当前获得的动态 IP 地址。

操作：PPPoE 拨号成功后，查看“IP 地址”上的 IP，获得设备当前的 IP 地址，然后通过客户端访问此 IP 地址。

2. 通过动态域名解析服务器

采用该方式需要有一个位于 Internet 上的有固定 IP 地址的 PC，且在该 PC 上运行动态域名解析服务器。

操作：在“网络设置”菜单里，选中“启用 DDNS”，输入 ISP 提供的 PPPoE 用户名，在“服务器 IP”中输入作为解析服务器的 PC 的 IP 地址，保存后重新启动系统。然后打开 IE，在地址栏中输入 http：//（DDNS 服务器 IP）/（虚拟目录名字）/webtest. htm，如 http：//10. 6. 2. 85/NVS_DDNS/

webtest. htm，并连接，就打开了 DDNSServer 的 Web 查询页面。

三、网络客户端操作

（一）网络连接操作

（1）确认硬盘录像机正确接入网络。

（2）给计算机主机和硬盘录像机分别设置 IP 地址、子网掩码和网关（如网络中没有路由设备请分配同网段的 IP 地址，若网络中有路由设备，则需设置好相应的网关和子网掩码），硬盘录像机的网络设置前面已介绍过。

（3）利用 ping ***. ***. ***. ***（硬盘录像机 IP）检验网络是否连通，返回 TTL 值一般等于 255。

（4）打开 IE 网页浏览器，在地址栏中输入想要登录的硬盘录像机的 IP 地址。Web 控件自动识别下载，升级新版 Web 时将原控件删除。

（5）删除控件方法：在“开始”菜单中单击“运行”弹出对话框，输入命令 regsvr32-u WebRec. ocx 可删除控件或运行 uninstall Web. bat（Web 卸载工具）也可自动删除控件。

（二）登录及注销

在浏览器地址栏里输入录像机的 IP 地址，本文档以录像机 IP 地址为 10. 1. 27. 200 ，即在地址栏中输入 http：// 10. 1. 27. 200，并连接。登录界面图如图 2 - 82 所示。

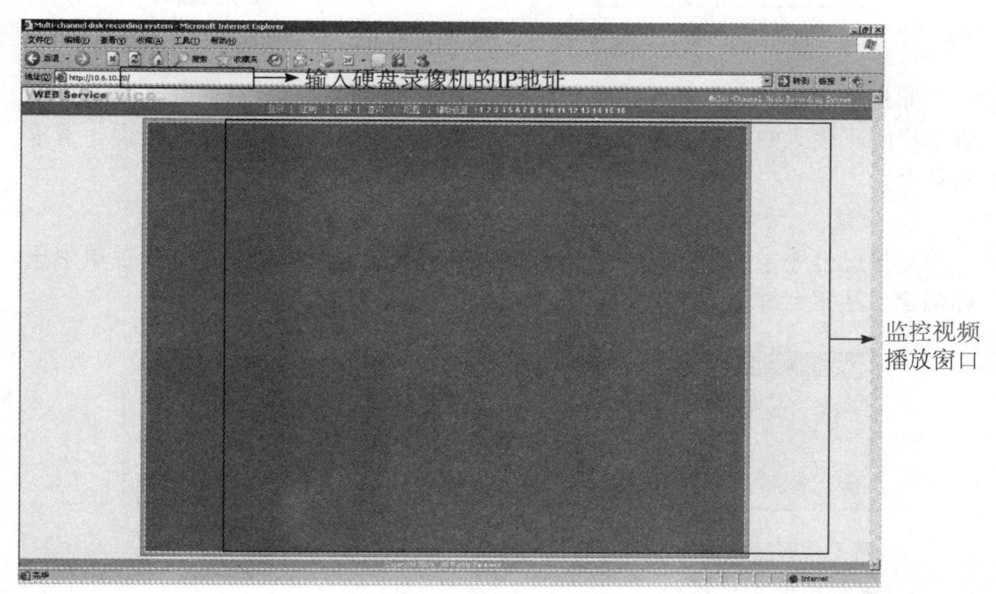

图 2 - 82　硬盘录像机登录界面

Web 控件下载及删除：初次输入硬盘录像机网址，打开系统时，弹出安全预警是否接受硬盘录像机的 Web 控件 webrec. cab，应选择接受，系统会自动识别安装。卸载 Web 控件时只要在“开始”菜单中单击“运行”弹出对话框，输入命令 regsvr32-u WebRec. ocx 即可删除控件，或者直接到系统盘的 system32 中将 WebRec. ocx 删除即可。

在该界面有监控视频播放窗口，有登录、注销、视频、查询、配置、辅助设置等功能。

1. 登录

单击“登录”按钮，出现登录对话框，如图 2－83 所示。

输入用户名和密码，公司出厂有默认管理员用户名和密码，请用户及时更改管理员密码。

如果输入用户名和密码后弹出如图 2－84 所示的对话框，则系统警告已经有另外的用户用以上输入的用户名登录，请用户用其他用户名登录。

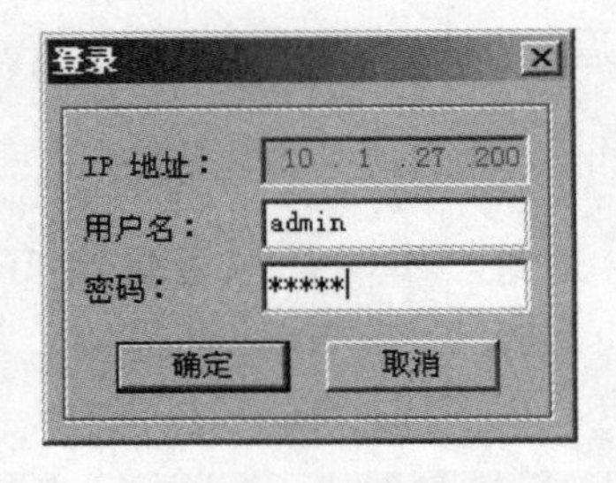

图 2－83　登录对话框

图 2－84　已登录信息提示对话框

如果输入用户名和密码后弹出如图 2－85 所示的已登录对话框，则系统警告用户刚刚输入的用户名是未授权的用户或合法用户所输入的密码错误，请重新登录。

2. 注销

如果已经登录的用户需要退出系统则单击“注销”按钮，在弹出菜单中选择确定后注销系统，如图 2－86 所示。

图 2－85　登录失败信息提示对话框

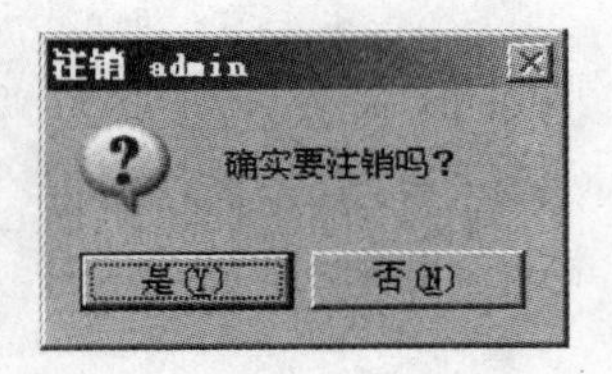

图 2－86　注销对话框

3. 快捷菜单及其操作

登录成功后，注销、视频、查询、配置、辅助设置等按钮被激活。单击右键弹出快捷菜单，即可以对相应功能进行操作和使用。快捷菜单如图 2－87 所示（以 16 路录像机为例）。

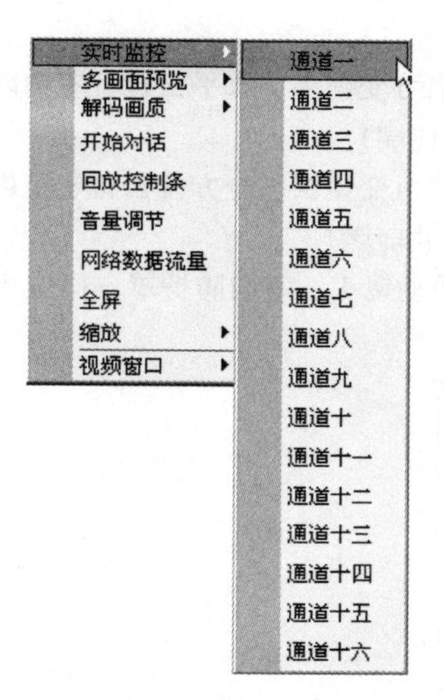

图 2－87　快捷菜单示例

（三）无法进行网络登录的解决办法

若通过客户端登录，应注意登录失败时的对话框提示。若提示“网络连接失败”，则表示计算机与硬盘录像机网络连接有问题，检查计算机和硬盘录像机的 IP 地址设置是否正确，网线连接是否正确，最后选择“程序”｜“运行”命令，在打开的对话框中输入“ping ＜硬盘录像机 IP＞－t”，看是否 ping 得通。若 ping 通了，再进行网络登录。

若提示“该用户已登录”或“用户名或密码错误”，则需确认当前用户名密码是否已有用户登录或用户名和密码是否不匹配。

【技能训练】

基于 DVR 的网络视频监控系统应用

一、实训目的

1. 熟悉视频监控系统网络化的系统构建。

2. 认识视频信号、控制信号的网络传输数据量，体验数字化、网络化。

3. 通过 C/S、B/S 两种方式，经网络远程控制前端的 DVR，熟悉网络设置及相关操作。

二、实训器材

1. 设备

（1）彩色摄像机、二可变镜头、水平云台、室内防护罩、室内云台支架组合的前端设备一套（1＃前端）。

（2）彩色摄像机、三可变镜头、全方位云台、室内防护罩、室内云台支架组合的前端设备一套（2＃前端）。

（3）黑白摄像机、手动镜头、室内防护罩、摄像机支架组合的前端设备一套（3＃前端）。

（4）彩色监视器 1 台。

（5）硬盘录像机 1 台。

（6）解码器 1 台。

（7）本地计算机 1 台。

2. 工具

小号十字螺丝刀 1 把。

3. 材料

（1）全方位云台控制电缆 1 条。

（2）三可变镜头控制电缆 1 条。

（3）1＃、2＃、3＃前端摄像机视频电缆各 1 根。

（4）AC24V/DC12V 电源适配器 2 只，AC220V/DC12V 电源适配器 1 只。

（5）远程摄像机视频电缆 1 条。

（6）DVR 连接解码器的控制电缆 1 条（2 芯线）。

（7）DVR 后面板配套的转换接口 1 个。

（8）直连网线 2 根。

注：（1）云台、镜头的控制电缆均为标准接线，包括标准接头。

（2）三台本地摄像机端已与视频信号电缆连接。

（3）1＃、2＃前端摄像机电源已与适配器连接。

（4）远程摄像机视频信号电缆已敷设在各个实训工位，编号为 13xx。其中 xx 表示本实训工位二位数的编号。

（5）计算机网络口选择扩展槽中安装的网卡接口。

三、实训原理图

实训原理图见图 2－88。

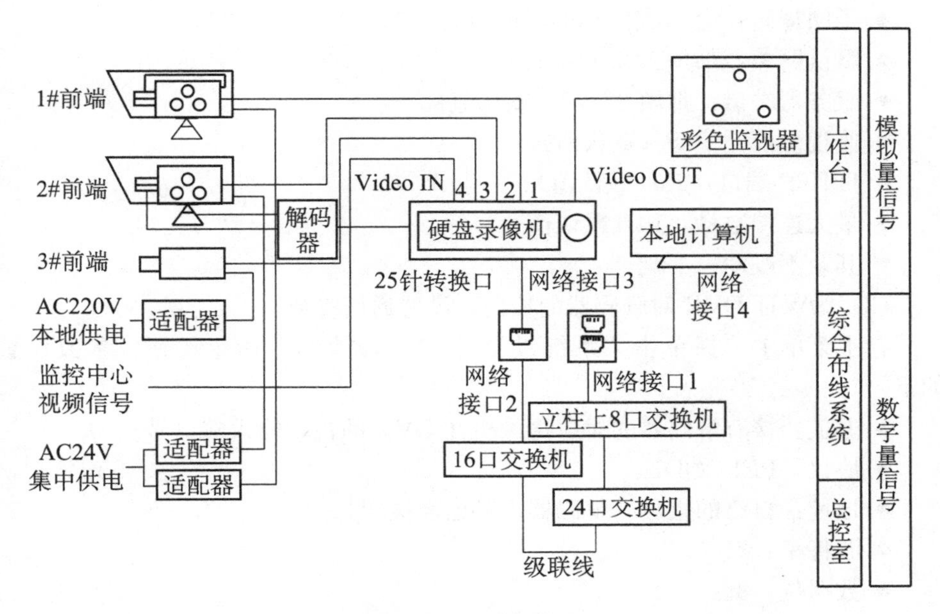

图 2-88　系统连接图

四、实训内容

（一）构建视频网络监控系统

根据系统原理图，按照以下信号和相关设备进行接线：

（1）视频信号：摄像机、DVR、监视器。

（2）控制信号（RS485/云台/镜头）：DVR、解码器。

（3）网络信号：DVR、计算机、网络插座 2 个。

（4）电源：摄像机、计算机、DVR、监视器、解码器。

注：实训台后面接线端子引出编号和解码器的功能对应关系如下：

编号	解码器功能	有关接线
110	控制总线 RS485	A 接红，B 接黄
102	云台控制线	
101	镜头控制线	

（二）DVR 的设置

（1）为保证网络联通，设置网络参数。

在主菜单中选择单击“系统设置”|中选择“网络设置”命令按钮，参数设置如下：

● IP 地址：选用 C 类地址，网段为 1，最后一段修改为 100＋当前桌号，如 2 号桌改为 192.168.1.102，8 号桌改为 192.168.1.108，其余类推。

- 子网掩码：为C类的标准子网掩码，都填255.255.255.0。
- 默认网关：都填192.168.1.1。
- 服务器端口：都填37777（默认值）。
- 监视协议：TCP（默认值）。
- HTTP端口：80（默认值）。
- 最大连接数量：10（默认值）。
- 其余不改动。

（2）为保证DVR对解码器的控制，设置通信参数。

在主菜单中选择单击“系统设置”|“云台控制”命令按钮，参数设置如下：

- 通道：接有解码器的对应摄像机在DVR的视频输入端口号。
- 协议：PELCOD1。
- 地址：自己的桌号（解码器内部已经拨码）。
- 波特率：2400。
- 数据位：8。
- 停止位：1。
- 校验：无。

（三）B/S（浏览器/服务器）访问

（请关闭监视器开关，模拟远程网络控制）

1. 通过IE登录DVR

（1）在计算机中打开IE浏览器，选择“工具”|“Internet选项”，在打开的对话框中选择“安全”选项卡，单击“自定义级别”按钮，在打开的对话框中将“ActiveX控件和插件”项下的“下载未签名的ActiveX控件”设置为“启用”，之后单击“确定”按钮退出。

（2）打开IE浏览器，在地址栏中输入需要访问的DVR地址（比如自己的桌号对应的192.168.1.102），在打开的窗口中选择安装Web控件。

（3）以用户名admin和密码admin登录。

2. 进行画面切换，实现通过网络的基本控制

思考并操作：如何实现4个画面的手动切换？预览4个画面？写出操作步骤。

3. 为体验网络的数字量传输，观察网络流量。

写出操作步骤____________________，记录下表：

通道号	静止画面时观察到的最小流量 Kb/s	画面变化时观察到的最大流量 Kb/s

4. 为体验画面的质量，查找每帧画面的分辨率

单击 DVR 鼠标右键，在弹出窗口中选择单击“视频”按钮，在弹出窗口中选择“回放控制条”，再点击弹出窗口中的“抓图”，在 C 盘的 picture 目录中，填写每个画面的分辨率为________。

5. 为便于多用户同时访问 DVR，需要添加用户

在 DVR 的命令菜单中选择点击“输助设置”按钮，在弹出窗口中选择点击“用户管理”在 admin 组中添加 3 个用户，便于相邻计算机的网络访问；然后把用户名和密码告诉旁边的计算机使用者，让其他计算机也能远程访问。

注意：同一个用户名不能同时访问两次。

6. 通过网络控制云台和镜头

在单画面中选中解码器连接的云台/镜头对应的视频通道，单击鼠标右键，选择“云台控制”，实现对镜头和云台的控制（注意观察效果）。

（四）C/S（客户端/服务器）访问

（请关闭监视器开关，模拟远程网络控制）

1. 通过客户端软件登录 DVR

打开 DS-IRECClient 软件，用正确的用户名密码登录系统后，选择“网络登录”命令，在弹出窗口中点击“添加”，然后点击登录。

- 名称：便于操作者识别的名称。
- IP 地址或域名：需要访问的 DVR 的 IP 地址（如访问 2 号台的 DVR，则填 192.168.1.102）。
- 端口号：和需要访问的 DVR 设定的端口号相同，如 37777。
- 通道：可以是无。

2. 通过客户端软件做有关操作

（1）如何实现画面的自动循环监视？

操作步骤：________________________；

（2）如何控制录像的启动和停止？

操作步骤：________________________；

（3）如何修改通道名称，使观察的视频有一个确定的场景名称？

操作步骤：________________________；

（4）如果需要对通道 2、每周 7 天、8：30～11：30 和 13：30～17：30 时间段，进行自动录像，并启动，如何操作？

操作步骤：________________________；

（5）如何查询当前课堂时间的录像？

操作步骤：________________________。

注意，关机步骤如下：

(1) 单击鼠标右键，在弹出菜单中选择“关闭系统”，关闭DVR，待监视器画面消失后，再关闭后面板上的开关。

(2) 关闭彩色监视器电源开关。

(3) 关闭实训台后面电源插座的总开关。

(4) 拔除所有电源插头。

讨论分析

1. 如果DVR和解码器的通信协议选择其他，是何效果？简单说明原因。
2. 针对本实训，简述网络视频监控必要的硬件连接和软件设置。

任务三　基于视频服务器的数字视频监控系统

学习目标

了解基于视频服务器的数字视频监控系统的特点及应用，掌握视频服务器在数字视频监控系统中的作用及其原理、应用要点等。

任务引入

模拟摄像机输出的信号是模拟信号，计算机处理的信号是数字信号，在网络中传输的也是数字信号，能不能把模拟摄像机的模拟信号转换成数字信号，然后直接通过网络传输，网络视频服务器就是这样一种装置。摄像机的模拟视频信号经模拟/数字转换转换为数字信号，再经过高效压缩芯片压缩、编码，输出可以在计算机网络中传输的数字信号，实现在计算机网络中以数字信号的形式传输模拟视频信号。当视频服务器的一端连接着模拟摄像机的输出信号，另一端插上计算机网线，然后在互联网中的任一台计算机中设置好网关、路由，打开熟悉的IE浏览器，输入IP地址或者域名，就可以在计算机中看到监控的画面了。如果模拟摄像机配置有电动云台和可变镜头，还可以通过计算机对摄像机进行变焦、变倍、旋转等控制操作。只需一根网线，没有专用的数字硬盘录像机，也可实现在互联网上的远程监控。基于视频服务器的数字视频监控系统示意图见图2-89。

【相关知识】

网络视频服务器适合需要网络远程监控的各种场合，如：取款机、银行柜员、超市、工厂等的网络监控，智能化门禁系统；智能化大厦、智能小区管理系统；电力电站、电信基站的无人值守系统；户外设备监控管理桥梁、隧道、路口交通状况监控系统；流水线监控，仓库监管；对道路交通24小时监察；森林、水源、河流资源的远程监控。

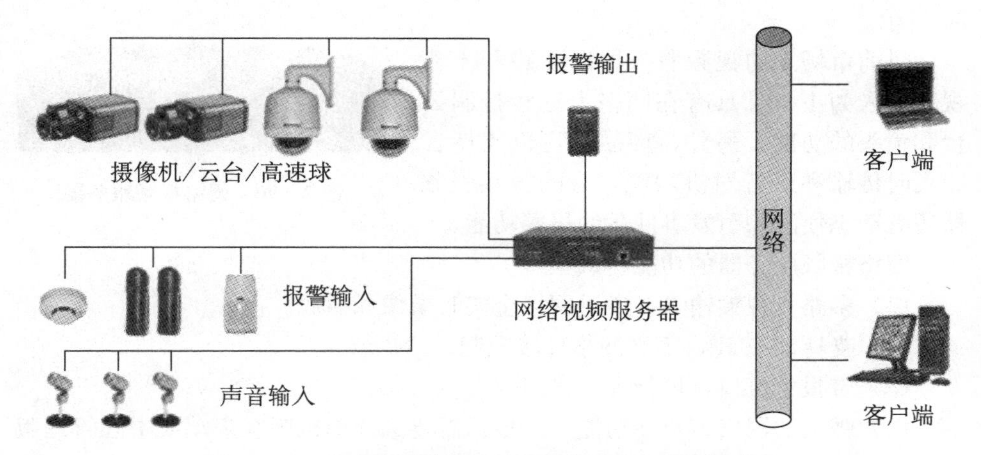

图 2－89　基于视频服务器的数字视频监控系统示意图

网络视频服务器可以在保留现有模拟视频监控设备的同时，将视频监视系统平滑升级到基于网络的视频监控系统，它非常适用于与现存的模拟视频监控系统相集成。网络视频服务器为模拟视频设备带来了全新的功能特性，并彻底消除了系统对于同轴电缆、模拟监视器和 DVR 等专用设备的依赖。DVR 将不再成为实现录像功能的必需品，因为在网络视频服务器的帮助下，视频图像可以通过标准的 PC 服务器来进行录制和管理。网络视频监控服务器由于具有独立完成网络传输功能，不需要另外设置计算机，故其能实现简单的 IP 方式组网，是传统的模拟监控所无法实现的。每部网络视频服务器具有网段内唯一 IP 地址，通过网络连接方便地对该设备（IP 地址）进行控制管理，也即通过 IP 地址识别、管理、控制该网络视频服务器所连接的视频源，故其组网只是简单的 IP 网络连接，新增一个设备只需要增加一个 IP 地址，极大地方便了由原模拟系统的升级改造。

从某种角度上说，视频服务器可以看作是不带镜头的网络摄像机，或是不带硬盘的 DVR，它的结构也大体上与网络摄像机相似，是由一个或多个模拟视频输入口、图像数字处理器、压缩芯片和一个具有网络连接功能的服务器所构成。视频服务器将输入的模拟视频信号数字化处理后，以数字信号的模式传送至网络上，从而实现远程实时监控的目的。由于视频服务器将模拟摄像机成功地“转化”为网络摄像机，因此它也是网络监控系统与当前 CCTV 模拟系统进行整合的最佳途径。

视频服务器除了可以达到与网络摄像机相同的功能外，在设备的配置上更显灵活。网络摄像机通常受到本身镜头与机身功能的限制，而视频服务器除了可以和普通的传统摄像机连接之外，还可以和一些特殊功能的摄像机连接，例如，低照度摄像机、高灵敏度的红外摄像机等。网络视频服务器外形如图 2－

90 所示。

图 2－90　网络视频服务器

目前市场上的视频服务器以 1 路和 4 路视频输入为主，且具有在网络上远程控制云台和镜头的功能，另外，产品还可以支持音频实时传输和语音对讲功能，有的视频服务器还有动态侦测和引发事件后的报警功能。

网络视频服务器的功能特点：

（1）多路音视频输入，通过网络全实时录像和播放。

（2）支持动态 IP，不受网络环境限制。

（3）带报警接口，可管理连接报警设备。

（4）强大的网络客户端功能，可根据需要选择单机版客户端或中心管理版客户端。

一、视频服务器的基本结构、原理及特点

（一）基本结构

前面说到的视频服务器其实是编码器，既然是编码器就必然对应着有解码器。编码器是按照一定的压缩标准，把模拟信号编码成可以在计算机网络中传输的数字信号；而视频解码器（Video-Decoder）则是把数字信号还原成模拟信号，通过模拟视频输出接口（NTSC/PAL）与电视墙连接，实现在电视机/监视器上显示。当使用电视墙显示的时候需要配置视频解码器。

视频服务器可以看作是不带硬盘的数字视频机，由一个或多个模拟视频输入口、图像数字处理器、压缩芯片和具有网络功能的 Web 服务器、RJ-45 网络接入口组成。

（二）基本原理

在 Web 服务器嵌入了实时操作系统，摄像机的视频信号经过模拟/数字转换，由高效压缩芯片压缩，通过内部总线传送到 Web 服务器，配置好 IP 地址、网关、路由后，网络上的用户可以直接用 IE 浏览器访问 Web 服务器浏览现场视频图像，可以进行镜头的变焦、变倍操作，控制摄像机云台的旋转。

（三）网络视频服务器的优势

数字硬盘录像机目前在安防业中有很大的应用领域，但视频监控的网络化是必然趋势。网络视频服务器具有以下优势：

1. 安装及维护的方便性

用光端机和光纤来进行远程传输，视频图像的质量和传输速度比网络传输要好，可是，敷设光纤昂贵的成本和复杂的布线工程，让许多客户和工程商难以承受。由于计算机网络的普及，有网络的地方就能构建网络监控系统，安装

成本大大降低。

2. 使用方便

网络监控还不受时间、地点限制，随时按需监控，可以选择性地观看指定地点的图像，而不需要观看的图像则不必传输，节约了网络带宽资源。

3. 具有更多的智能性

可以及时、自动地从视频流中提取大量信息，这些信息可以传输、保存、检索、异地存储、多机备份存储；可对摄像机进行编程使其只在特定事件发生时才传送图像。

4. 图像衰减小，质量有保证

采用了先进的数字压缩技术，数字信号在传输中衰减小，质量有保证。而模拟视频信号经过较长距离传输，信号就会衰减，需要配置视频放大器补偿。

5. 稳定可靠

网络视频服务器采用了嵌入式操作系统，硬件采用高性能芯片，工作稳定。

6. 可以实现无线组网传输

利用网络视频服务器把摄像机的视频信号转换成数字信号，在交通不便、布线困难的情况下，可以通过组建无线局域网，把数字视频信号发送到监控中心，然后由监控中心发布到互联网上供远端的管理部门观看。无线局域网的优点是组网方便，周期短，投资少，结构灵活。

二、以海康 DS-6100 系列产品为例来阐述视频服务器的功能及使用

（一）DS-6100 主要功能及特点

1. 基本功能

（1）视音频压缩技术：采用 H. 264 视频压缩技术及 OggVorbis 音频压缩技术，压缩比高，且处理非常灵活。

（2）网络功能：支持完整的 TCP/IP 协议簇，支持视频、音频、报警、语音数据、串行设备数据通过 TCP/IP 网络进行传输，内置 Web 浏览器，可进行 IE 访问。

（3）PTZ 控制功能：云台与电动镜头的控制，可以进行预置位、巡航、轨迹的设置与调用，支持众多解码器及球机类型。

（4）报警功能：报警输入信号、移动帧测报警、报警联动输出、网络联动输出。

（5）语音对讲：双向、双工语音对讲，单向语音广播。

（6）数据采集：串行设备数据采集。

（7）用户管理：多级用户权限管理方式。一个管理员可以创建多个操作

员，每个操作员的权限可以定制，系统安全性更好。

2. 压缩处理功能

（1）支持1/4路视频信号，可支持实时每秒25帧的独立硬件压缩，视频压缩采用H.264压缩标准，不仅支持变码率，而且支持变帧率，在设定视频图像质量的同时，也可限定视频图像的压缩码流。

（2）支持Full D1（PAL：704×576，NTSC：704×480）、DCIF（PAL：528×384，NTSC：528×320）、2CIF（PAL：704×288，NTSC：704×240）、CIF（PAL：352×288，NTSC：352×240）、QCIF（PAL：176×144，NTSC：176×120）分辨率。

（3）支持OSD，日期和时间可以设置，并自动增加。

（4）支持LOGO。

（5）支持水印（watermark）技术。

3. 远程访问、传输功能

（1）标配一个10M/100M兼容的以太网端口。

（2）支持PPPoE、DHCP协议。

（3）可以通过应用软件或浏览器设置参数、实时浏览视频和音频信号、查看视频服务器状态，可以通过网络报警，可以通过网络存储压缩码流。

（4）可以通过网络远程升级，实现远程维护。

（5）RS-485、RS-232接口皆支持网络透明通道连接，客户端可以通过视频服务器的透明通道控制串行设备。

（二）面板接口说明

1. 前面板

前面板示意图见图2-91。

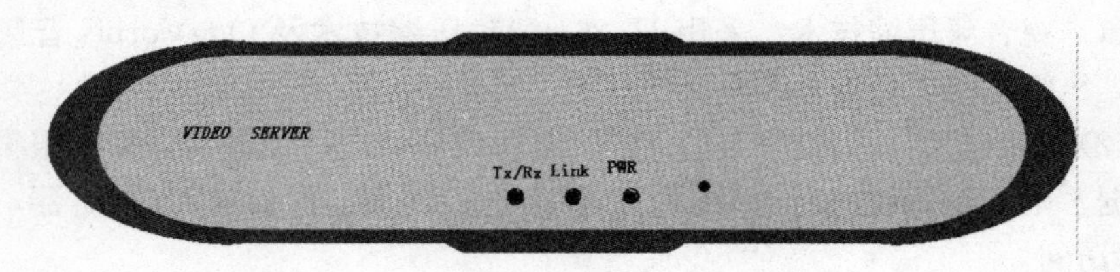

图2-91 前面板示意图

前面板说明（依次从左至右）：网络（发送/接收）指示灯；网络状态（通/断）指示灯；电源指示灯；系统复位孔。

2. 后面板接口

后面板接口图见图2-92。

后面板接口说明（依次从左至右，从上至下）：

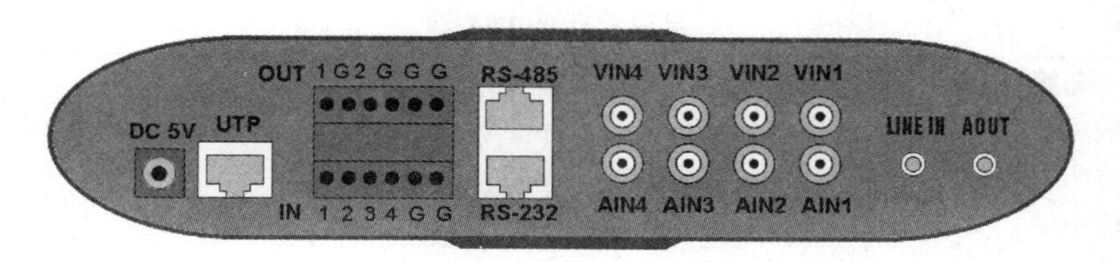

图 2-92　后面板接口图

电源插座：通过稳压器接 5V 直流电，请使用匹配的稳压器电源。

标准以太网（UTP）RJ-45 插座（10M/100M 自适应）。

报警输出（OUT）：2 路开关量。

报警输入（IN）：4 路常开/常闭型开关量，接地线共用。

标准 RS-485 串口 RJ-45 插座。

标准 RS-232 串口 RJ-45 插座。

1 路（DS-6101HC）/4 路（DS-6004HC）视频标准 BNC 插座输入（VIN1～VIN4）。

1 路（DS-6101HC）/4 路（DS-6004HC）音频标准 BNC 插座输入（AIN1～AIN4）。

1 路语音对讲输入（LINE IN）。

1 路语音对讲输出（AOUT）。

3. 硬件安装

硬件连接示意图见图 2-93，其接口说明见表 2-6。

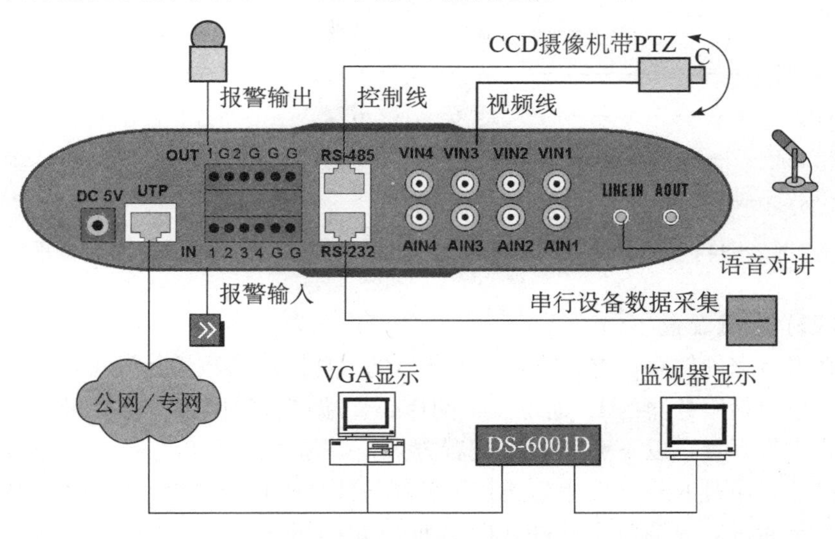

图 2-93　硬件连接示意图

表 2-6 接口连线端子说明

物理接口	连接说明
视频输入	连接摄像机视频电缆，标准 BNC 接口
音频输入	连接拾音器音频电缆，标准 BNC 接口
音频输出	连接音频设备，如喇叭等，用于语音对讲输出
语音输入	连接语音输入设备，如麦克风
RS-232 接口	连接 RS-232 设备，如调制解调器、计算机等。设备配件盒内提供了连接线，也可以自己做
RS-485 接口	连接 RS-485 设备，如解码器等，可使用 RJ-45 接口的 1、2 线连接解码器
UTP 网络接口	连接以太网络设备，如以太网交换机、以太网集线器（Hub）等
报警输入（IN）	接报警输入。4 路开关量
报警输出	接报警输出。2 路开关量
电源	5V DC

（三）10M/100M 自适应以太网口的双绞线制作

（1）视频服务器的网口与 Hub 相连的双绞线（直通线），如图 2-94 所示。

（2）视频服务器的网口与 PC 相连的双绞线（交叉线），如图 2-95 所示。

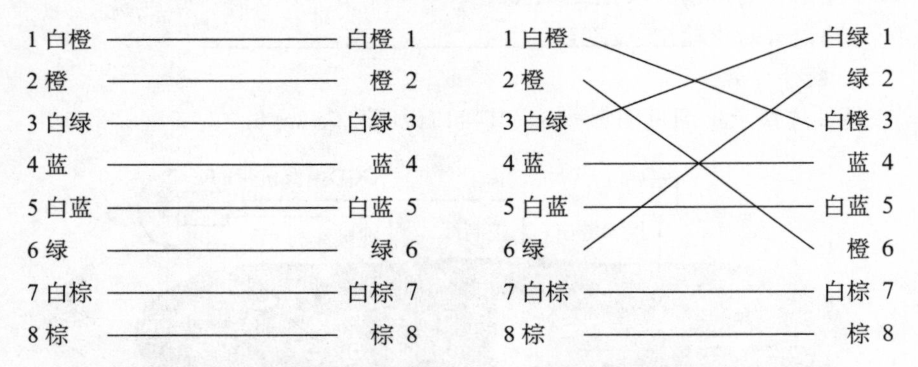

图 2-94 直通线连接示意图　　**图 2-95 交叉线连接示意图**

（四）参数配置

在安装完硬件后，首先需要对服务器的一些网络参数进行设置，必须要配置的参数包括服务器的 IP 地址、子网掩码、端口号等网络参数，可以通过多种方式进行配置，以下介绍两种配置方式：一是通过超级终端（IP 地址未知的情况下，通过 RS-232 串口连接服务器与计算机）配置 IP 地址及 PPPoE 参数；二是通过客户端应用软件（IP 地址已知的情况下，通过网络连接服务器与计算机）配置视频服务器的各项参数。

1. 通过 RS－232 串口配置 IP 地址

通过串口主要设置服务器的 IP 及 PPPoE 参数在配置前将 PC 的 RS－232 串口与视频服务器的 RS－232 串口进行直连。

（1）建立超级终端的连接

①进入超级终端。在 Windows 系统中，单击“开始”|“附件”|“通信”|“超级终端”，打开如图 2－96 所示的对话框。

②单击“开始”，在菜单中选择“附件”，在接下来的菜单中选择“通信”，点击“超级终端”按钮。

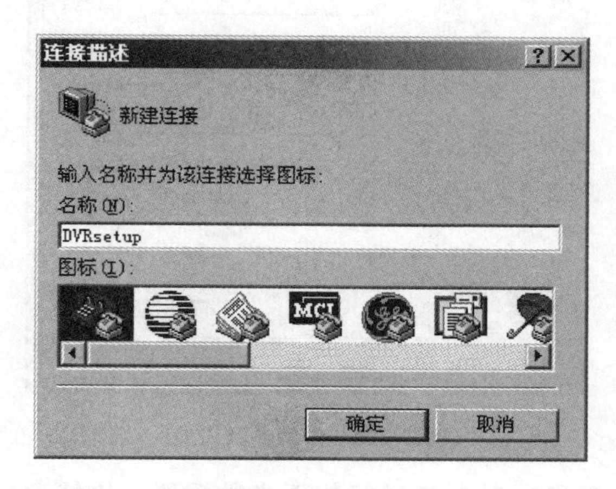

图 2－96　新建一个连接并定义名称与图标

③命名连接的名称及设定图标。输入一个名称（如 DVRsetup），选择一个图标，单击“确定”按钮，打开如图 2－97 所示的对话框。

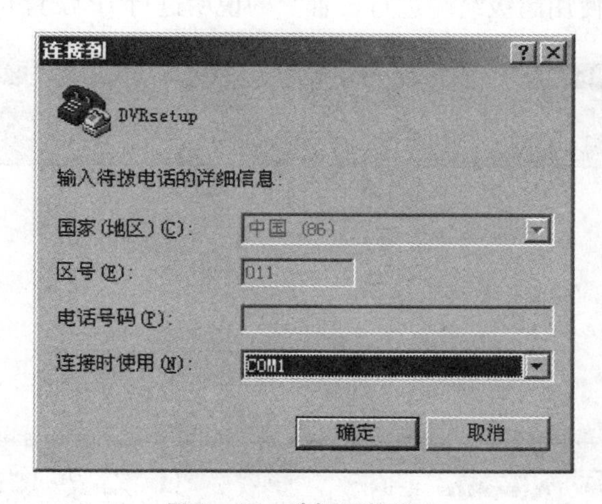

图 2－97　选择通信端口

④选择通信端口。在“连接时使用”下拉列表中选择 COM1 通信口（若有多个串口，根据实际接线情况选择），单击“确定”按钮，打开如图 2-98 所示的对话框。

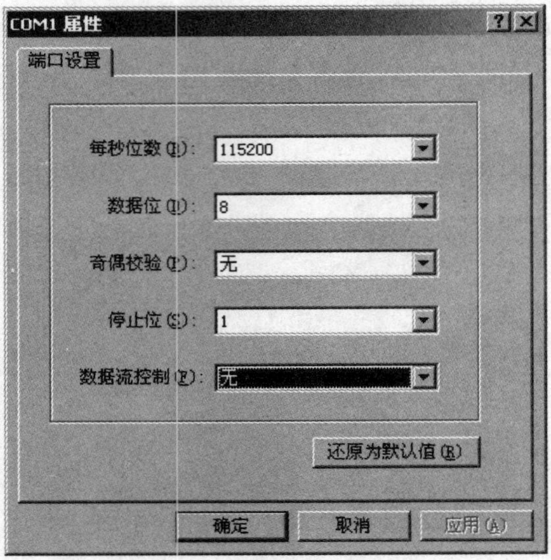

COM1 属性
端口设置
每秒位数(B)：115200
数据位(D)：8
奇偶校验(P)：无
停止位(S)：1
数据流控制(F)：无
还原为默认值(R)
确定 取消 应用(A)

图 2-98　串口参数设置

⑤设置串口参数。对串口进行如下参数配置：比特率（每秒位数）为 115200；数据位为 8；奇偶校验为无；停止位为 1；数据流控制为无。完成后单击“应用”和“确定”按钮，打开如图 2-99 所示的超级终端操作窗口（这时，参照以下“使用超级终端进行设置”的说明进行 IP 设置）。

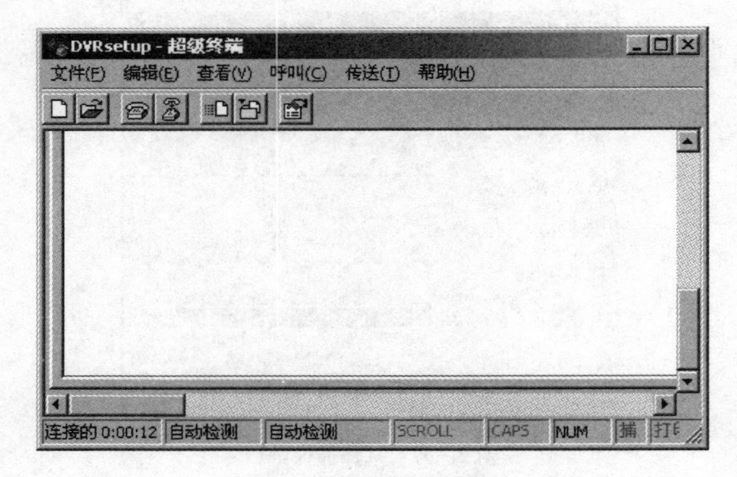

图 2-99　超级终端操作窗口

⑥关闭此窗口，出现如图 2－100 所示的提示框。选择“是”打开如图 2－101 所示的对话框。

图 2－100　中断连接

图 2－101　保存建立的超级终端

⑦保存建立的超级终端连接，以便下次使用。保存以后，在单击“开始”选择“附件”｜“通信”的程序组中会新建一个“超级终端”项目，它包含了所有超级终端的“连接”名称。这里，可以看到一个 DVRsetup。

（2）使用超级终端进行设置

①进入超级终端。单击“开始”｜“附件”｜“通讯”｜“超级终端”｜DVRsetup，打开如图 2－102 所示的超级终端操作窗口。

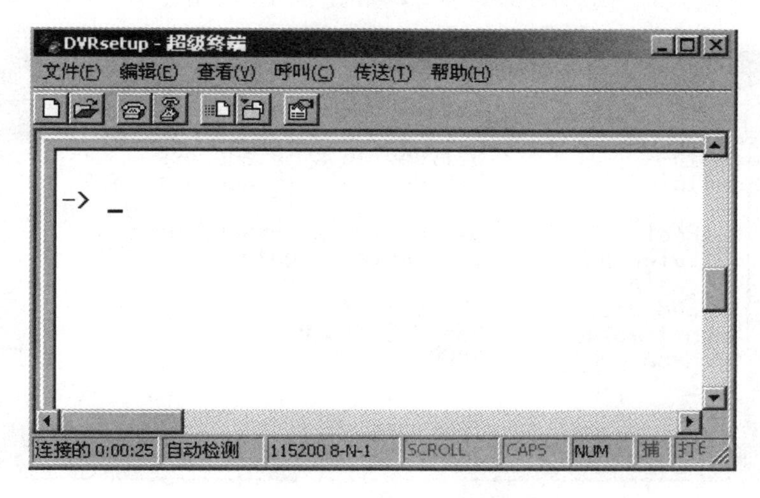

图 2－102　超级终端命令提示符

②按 Enter 键，出现“—>”提示符，在该提示符下可以输入以下所介绍的操作命令来完成参数的设置。

输入 help 就可以查看所支持的配置命令了，如图 2－103 所示。

以下对 getIp、setIp 命令的使用进行说明。

● getIp

功能：得到设备的固定 IP、子网掩码、命令端口号。

参数：无。

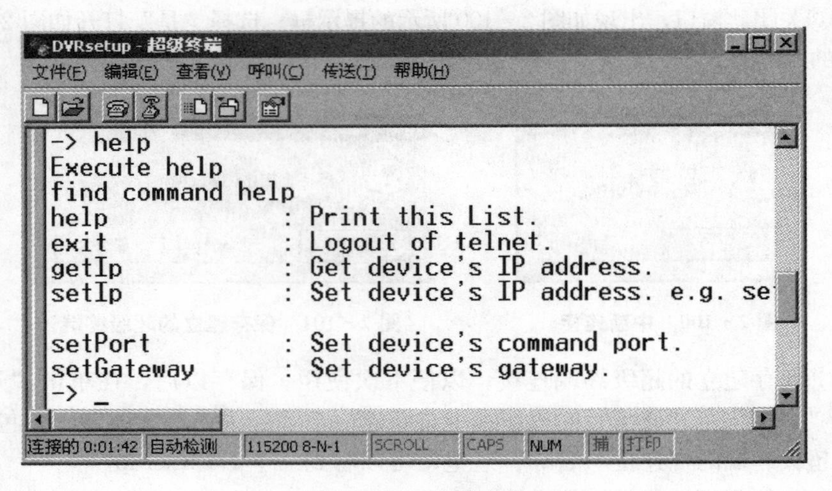

图 2-103　查看命令

语法格式：输入命令直接按 Enter 键。

说明：输入时注意字母的大小写，如图 2-104 所示。

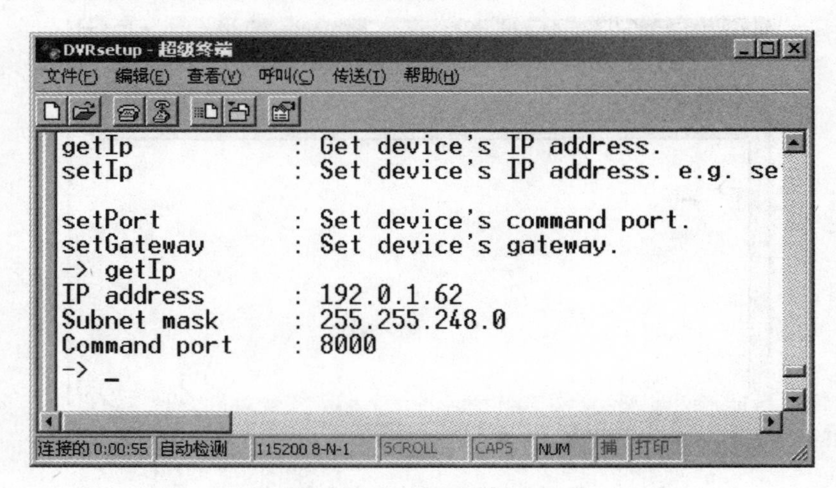

图 2-104　获取 IP 参数

- setIp

功能：设置设备的固定 IP、子网掩码 。

参数：设备的固定 IP 地址、子网掩码。

语法格式：setIp IP：mask

说明：输入时注意字母的大小写，参数之间以冒号分开，如图 2-105 所示。

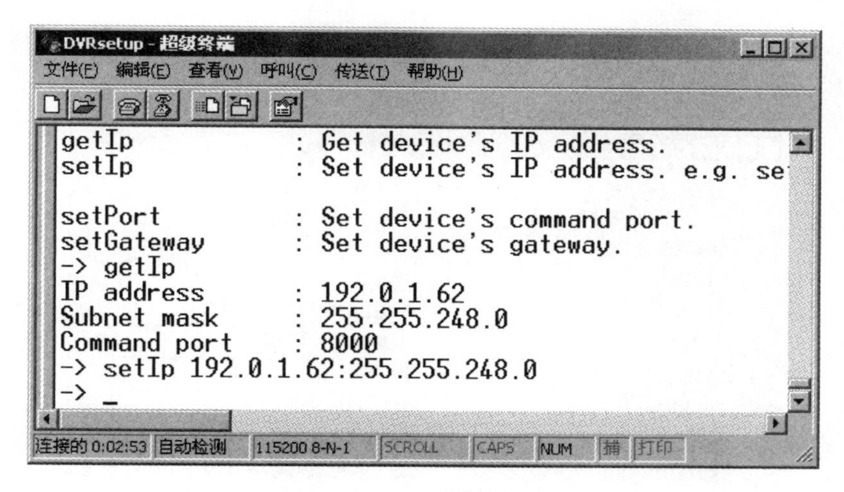

图 2-105 设置 IP 参数

2. 通过客户端进行参数配置

在配置前确认 PC 与服务器接通了网络连线，并且能够 ping 通要设置的视频服务器。其连接方式有两种，分别如图 2-106 和图 2-107 所示，同时确认在 PC 中已经安装了客户端软件。

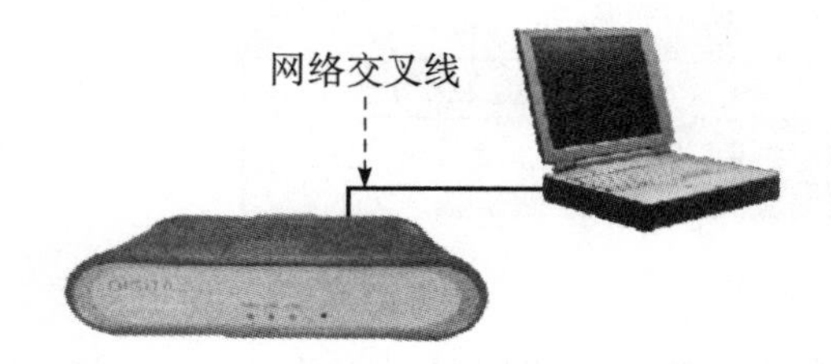

图 2-106 通过交叉线连接示意图

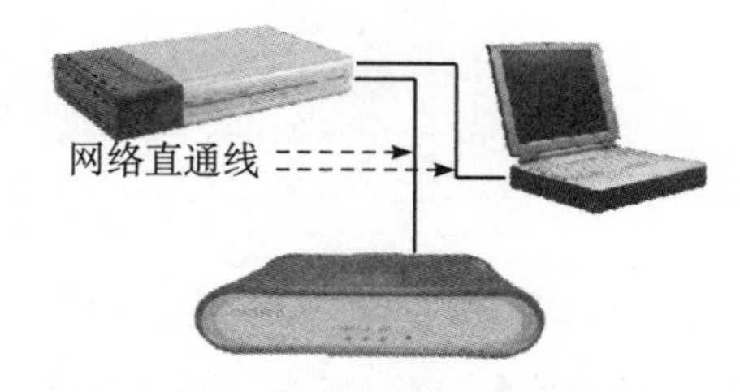

图 2-107 通过直通线连接示意图

通过客户端软件配置视频服务器的操作步骤如下：

(1) 运行客户端软件并以系统管理员身份登录。

(2) 进入“系统设置”。

(3) 指定视频服务器并配置参数。可以配置的参数包括：视频服务器参数（名称、网络参数、操作员等），通道参数（通道名称即 LOGO、定义码流、图像质量等），RS-232、RS-485 参数，报警参数（触发输出、报警延时等）。

（五）广域网接入

DS-6100 支持基于 PPPoE 协议的广域网接入。在使用这些网络功能之前，请先确认使用的设备软件是否支持该功能。

1. 使用 PPPoE 接入

在启动前，确认已经通过客户端软件正确设置好 PPPoE 用户名及密码，如图 2－108 所示，视频服务器每次启动后，自动以 PPPoE 方式建立网络连接，成功后，视频服务器获得广域网的动态 IP 地址。

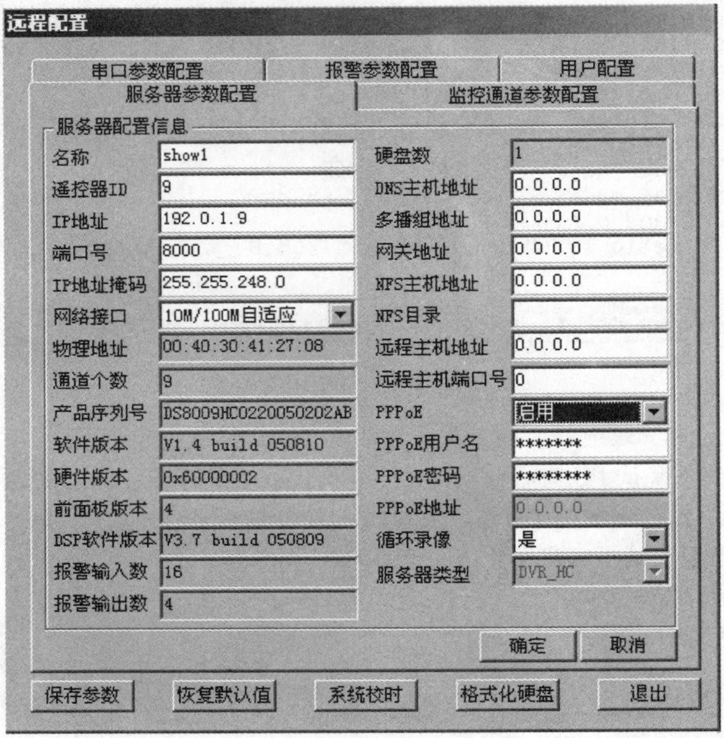

远程配置

串口参数配置　报警参数配置　用户配置
服务器参数配置　监控通道参数配置

服务器配置信息

名称	show1	硬盘数	1
遥控器ID	9	DNS主机地址	0.0.0.0
IP地址	192.0.1.9	多播组地址	0.0.0.0
端口号	8000	网关地址	0.0.0.0
IP地址掩码	255.255.248.0	NFS主机地址	0.0.0.0
网络接口	10M/100M自适应	NFS目录	
物理地址	00:40:30:41:27:08	远程主机地址	0.0.0.0
通道个数	9	远程主机端口号	0
产品序列号	DS8009HC0220050202AB	PPPoE	启用
软件版本	V1.4 build 050810	PPPoE用户名	*******
硬件版本	0x60000002	PPPoE密码	********
前面板版本	4	PPPoE地址	0.0.0.0
DSP软件版本	V3.7 build 050809	循环录像	是
报警输入数	16	服务器类型	DVR_HC
报警输出数	4		

确定　取消

保存参数　恢复默认值　系统校时　格式化硬盘　退出

图 2－108　远程配置

【说明】确认 ADSL Modem 已经开启。初次设置 PPPoE 参数以后，需要重启服务器以便建立连接。

2. 广域网访问

(1) 直接通过当前设备的 IP 地址进行访问

当视频服务器以 PPPoE 方式建立网络连接成功后，获取了广域网的 IP 地址，利用超级终端查看该地址，然后通过客户端访问此 IP 地址。

操作：通过串口运行命令 getIp，可以查看视频服务器 PPPoE 的 IP 地址，单击“系统设置”按钮在弹出菜单中单击“监控点设置”中双击视频服务器名称，在“服务器属性”对话框中替换原 IP 地址即可。

(2) 通过域名解析服务

采用该方式需要有一个位于 Internet 上的有固定 IP 地址的 PC，且在该 PC 上有域名解析服务软件在运行（该 PC 即为解析服务器）。

当视频服务器以 PPPoE 方式建立网络连接成功后，获取了广域网的 IP 地址，并将其名称和当前的 IP 地址发送到解析服务器。客户端软件要访问视频服务器时，先连接到作为解析服务器的 PC 上，告诉解析服务器要访问的视频服务器名称，解析服务器搜索已注册的所有视频服务器，找到该视频服务器名称和对应的 Internet IP 地址，将地址告诉给客户端软件，客户端软件得知当前的 IP 地址后，就可以和视频服务器建立网络连接，获取视频图像。

操作：在客户端单击“系统设置”按钮在弹出菜单中选择“监控点设置”按钮单击“增加服务器”按钮，在“服务器属性”对话框中输入视频服务器名称等参数，启用解析服务器，输入解析服务器的 IP 地址、用户名、密码等，完成后保存即可。

【技能训练】

基于网络视频服务器的数字视频监控系统应用

一、实训目的

1. 熟悉视频服务器的外部连接端口。

2. 了解视频服务器组合系统的相关设备驱动电路参数。

3. 熟悉构建前端、传输、处理与控制设备的电气连接。

4. 掌握网络视频服务器的画面分割与组合、图像记录与回放的系统操作。

5. 网络远程控制前端的视频服务器，熟悉网络设置、相关操作，体验数字化、网络化。

二、实训器材

1. 设备

（1）彩色摄像机、二可变镜头、水平云台、室内防护罩、室内云台支架组合的前端设备一套（1＃前端）。

（2）彩色摄像机、三可变镜头、全方位云台、室内防护罩、室内云台支架组合的前端设备一套（2＃前端）。

（3）黑白摄像机、手动镜头、室内防护罩、摄像机支架组合的前端设备一套（3＃前端）。

（4）经济型网络摄像机一台（4 # 前端）。

（5）彩色监视器一台。

（6）网络视频服务器一台。

（7）交换机一台。

（8）本地计算机一台。

2. 工具

小号十字螺丝刀1把。

3. 材料

(1) 1#、2#、3#、4#前端摄像机视频电缆各1根。

(2) AC24V/DC12V电源适配器2只、AC220V/DC12V电源适配器2只。

(3) 远程摄像机视频电缆1条。

(4) 网线8根。

注：(1) 云台、镜头的控制电缆均为标准接线，包括标准接头。

(2) 三台本地摄像机端已与视频信号电缆连接。

(3) 1#、2#前端摄像机电源已与适配器连接。

(4) 远程摄像机视频信号电缆已敷设在各个实训工位，编号为13xx。其中xx表示本实训工位二位数的编号。

(5) 计算机网络口选择扩展槽中安装的网卡接口。

三、实训原理图

实训原理图见图2-109。

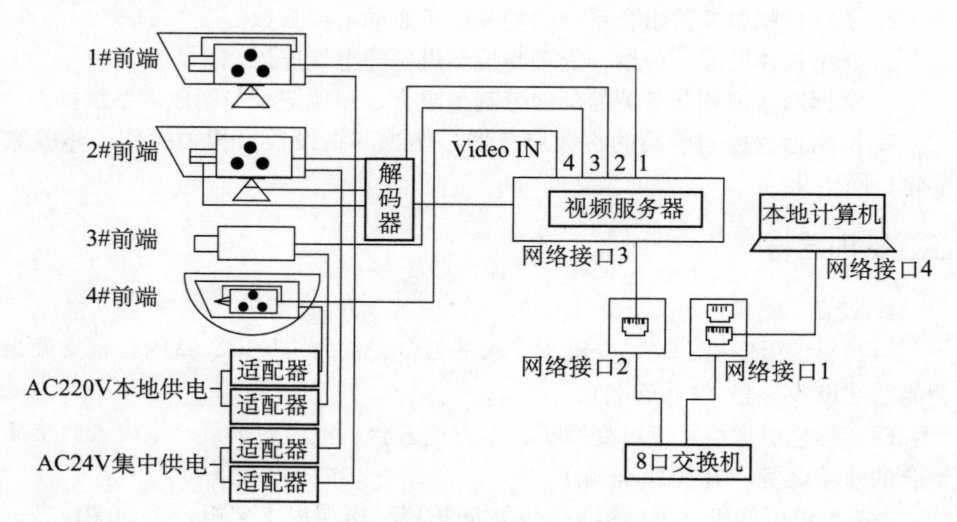

图2-109 系统连接图

四、实训内容

(一) 构建视频网络监控系统

根据系统原理图，按照以下信号和相关设备进行接线：

(1) 视频信号：摄像机、视频服务器。

（2）控制信号：网络摄像机、交换机、计算机。

（3）网络信号：网络视频服务器、交换机、计算机、网络插座。

（4）电源：摄像机、计算机、网络视频服务器、监视器。

（二）网络视频服务器的设置

为保证网络联通，设置网络视频服务器参数。

（1）通过超级终端（IP 地址未知的情况下，通过 RS－232 串口连接服务器与计算机）配置 IP 地址及 PPPoE 参数；写出操作步骤：＿＿＿＿＿＿＿＿

（2）通过客户端应用软件（IP 地址已知的情况下，通过网络连接服务器与计算机）配置视频服务器的各项参数。写出操作步骤：＿＿＿＿＿＿＿＿

（三）B/S（浏览器/服务器）访问

（1）通过 IE 登录网络视频服务器，步骤如下：

①在计算机中打开 IE 浏览器，选择“工具”菜单下的“Internet 选项”，在打开的对话框中选择“安全”选项卡，单击“自定义级别”按钮，在打开的对话框中将“ActiveX 控件和插件”项下的“下载未签名的 ActiveX 控件”设置为“启用”，之后单击“确定”按钮退出。

②在 IE 浏览器的地址栏中输入需要访问的视频服务器地址（比如自己的桌号对应的 192.168.1.102，在打开的窗口中选择安装 Web 控件。

③以用户名 admin 和密码 12345 登录。

（2）进行画面切换，实现通过网络的基本控制。

思考并操作：如何实现多个画面的手动切换？预览 8 个画面？写出操作步骤＿＿。

（3）为体验画面的质量，查找每帧画面的分辨率＿＿＿＿＿＿＿＿。

（4）多用户同时访问网络视频服务器。

思考并操作，多用户同时访问网络视频服务器或摄像机，体验操作与反应速度。

注意：同一个用户名不能同时访问 2 次。

（5）通过网络控制云台和镜头。

在单画面选中解码器连接的云台/镜头对应的视频通道，鼠标单击云台、“镜头控制按钮控制”命令，实现对镜头和云台的控制（注意观察效果）。

（四）C/S（客户端/服务器）访问

1. 通过客户端软件登录网络视频服务器

打开桌面网络视频监控软件登录系统，并设置以下参数。

- 名称：便于操作者识别的名称。
- IP 地址或域名：需要访问的网络视频服务器的 IP 地址。

- 端口号：和需要访问的网络视频服务器设定的端口号相同。

2. 通过客户端软件完成有关操作

(1) 如何实现多画面单画面的监视？操作步骤：____________。

(2) 如何控制录像的启动和停止？操作步骤：____________。

(3) 如何修改通道名称，使观察的视频有一个确定的场景名称？

操作步骤：____________。

(4) 如果需要对网络摄像机通道进行云台的控制，如何操作？操作步骤：____________。

(5) 如何查询当前课堂时间的录像和抓图？操作步骤：____________。

注意，关机步骤如下：

(1) 关闭所有软件后关闭计算机。

(2) 关闭彩色监视器电源开关。

(3) 关闭网络视频服务器电源开关。

(4) 关闭实训台后面电源插座的总开关。

(5) 拔除所有电源插头。

讨论分析

1. 如果网络视频服务器设置参数不对，有何效果？简单说明原因。
2. 简述网络视频监控必要的硬件连接和软件设置。
3. 如何实现多用户的访问？

任务四　网络摄像机的原理与应用

学习目标

了解网络摄像机的应用现状，掌握网络摄像机的组成、原理及应用要点。

任务引入

网络摄像机综合应用了嵌入式与多媒体通信技术，是一种能直接与网络相连的多媒体网络终端，该设备采用全嵌入式设计技术，无需依赖其他设备就能独立连入TCP/IP网络，并实现音视频的采集、编码、传输功能。局域网/互联网上的用户使用通用网络浏览器或专用监控管理软件就可以访问网络摄像机。另外摄像机还可以配置RS-485接口，用户可以通过网络远程控制现场的云台，对现场进行全方位的监控。随着网络应用的日益普及，网络摄像机在安全保卫、远程监控、远程教学、病房监护、社区服务等各领域得到广泛的应用。

【相关知识】

网络摄像机就是模拟摄像机+网络视频服务器整合在一起，在摄像机里面内置模/数转换、视频服务器功能，按照网络协议实现网络通信和数据传输，还可以接收报警信号及向外发送报警信号。只要把网络摄像机安装好插上网线就可以浏览了。这种模式可以理解为常规的网络视频监控模式，前端的网络视频监控设备，如网络视频服务器（视频输入由模拟摄像机提供）、网络摄像机、网络球等直接接入监控网络（LAN/WAN）。这种模式具备施工简便、分布灵活、管理方便的特点。在新的监控点建设中特别适合采用这种方式，目前在大多数的城市安防、智能小区监控、校园监控等项目中都大量采用这种方式来新建或者扩建监控系统。其结构示意图见图 2-110。

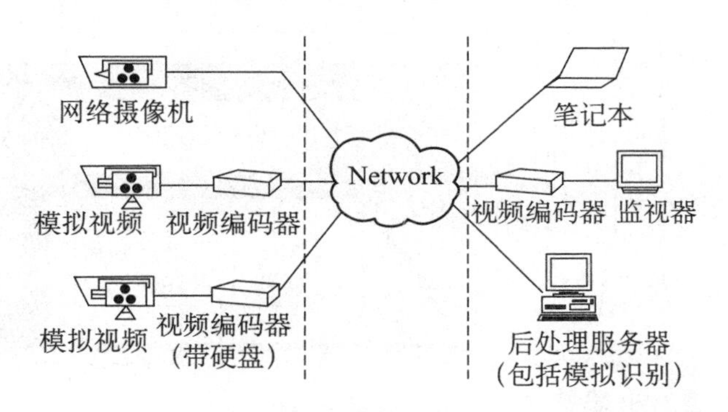

图 2-110　基于网络摄像机的数字视频监控系统图

网络摄像机是传统摄像机与网络视频技术相结合的新一代产品，除了具备传统摄像机的所有图像捕捉功能外，还内置了数字化压缩控制器和基于 Web 的操作系统，使得视频数据经压缩加密后，通过局域网、Internet 或无线网络送至终端用户。而远端用户可在自己的 PC 上使用标准的网络浏览器，根据网络摄像机带的独立 IP 地址，对网络摄像机进行访问，实时监控目标现场的情况，并可对图像资料实时编辑和存储，另外还可以通过网络来控制摄像机的云台和镜头，进行全方位地监控。

一、网络摄像机的组成、功能

网络摄像机结合了传统摄像机和网络视频的技术，除具备一般的摄像机图像捕捉功能外，还能让用户通过网络实现远程视频监视、储存以及对采集到的图像信息作出分析和采取相关的措施。网络摄像机的应用，使得图像监控技术有了一个质的飞跃。网络摄像机将图像转换为基于 TCP/IP 网络标准的数据包，使摄像机所摄的画面通过 RJ-45 以太网接口直接传送到网络上，通过网络即可远端监视画面。首先，网络的综合布线代替了传统的视频模拟布线，实现了真正的三网（视频、音频、数据）合一，网络摄像机即插即用，工程实施简便，系统扩充方便；其次，跨区域远程监控成为可能，特别是利用互联网，图像监控已经没有距离限制，而且图像清晰，稳定可靠；最后，图像的存储、检索十分安全、方便、可异地存储，多机备份存储以及快速非线性查找等。

（一）网络摄像机的组成

网络摄像机一般由镜头、图像传感器、声音传感器、A/D 转换器、存储器、网络服务器、外部报警、控制接口等部分组成。网络摄像机的内部结构如图 2－111 所示。

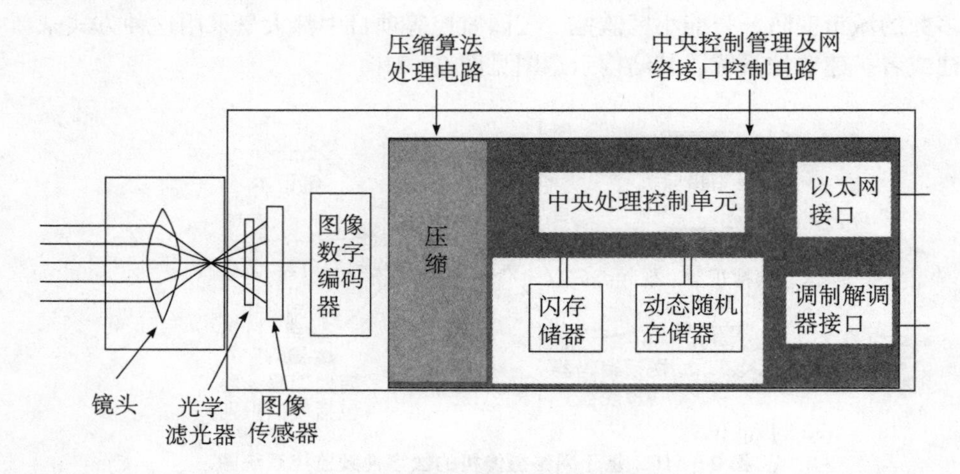

图 2－111　网络摄像机的内部结构

1. 镜头

镜头作为网络摄像机的前端部件，有固定光圈、自动光圈、自动变焦、自动变倍等种类，与模拟摄像机相同。

2. 图像传感器、声音传感器

图像传感器有 CMOS 和 CCD 两种模式。CMOS 即互补性金属氧化物半导体，CMOS 主要是利用硅和锗这两种元素所做成的半导体，通过 CMOS 上带负电和带正电的晶体管来实现基本功能，这两个互补效应所产生的电流即可被处理芯片记录和解读成影像。CMOS 针对 CCD 最主要的优势就是非常省电。

通常，传送优良图像质量的设备都采用 CCD 图像传感器，而注重功耗和成本的产品则选择 CMOS 图像传感器。但新的技术正在克服每种器件固有的弱点，同时保留了适合于特定用途的某些特性。这一部分与模拟摄像机相同。

声音传感器即拾声器或叫麦克风，与传统的话筒原理一样。

3. A/D 转换器

A/D 转换器的功能是将图像和声音等模拟信号转换成数字信号。

基于 CMOS 模式的图像传感器模块有直接数字信号输出的接口，无需 A/D 转换器；而基于 CCD 模式的图像传感器模块如有直接数字输出的接口，亦无需 A/D 转换器，但由于此模块主要针对模拟摄像机设计，只有模拟输出接口，故需要进行 A/D 转换。

4. 图像、声音编码器

经 A/D 转换后的图像、声音数字信号，按一定的格式或标准进行编码压缩。编码压缩的目的是为了便于实现音/视信号与多媒体信号的数字化；便于在计算机系统、网络以及万维网上不失真地传输。

目前，图像编码压缩技术有两种：一种是硬件编码压缩，即将编码压缩算法固化在芯片上；另一种是基于 DSP 的软件编码压缩，即软件运行在 DSP 上进行图像的编码压缩。同样，声音的压缩亦可采用硬件编码压缩和软件压缩，其编码标准有 MP3 等格式。

5. 控制器

控制器是网络摄像机的心脏，它肩负着网络摄像机的管理和控制工作。如果是硬件编码压缩，控制器是一个独立部件；如果是软件编码压缩，控制器是运行编码压缩软件的 DSP，即二者合二为一。

6. 网络视频服务器

网络视频服务器提供网络摄像机的网络功能，它采用了 RTP/RTCP、UDP、HTTP、TCP/IP 等相关网络协议，允许用户从自己的 PC 使用标准的浏览器，根据网络摄像机的 IP 地址对网络摄像机进行访问，观看实时图像，及控制摄像机的镜头和云台。

7. 外部报警、控制接口

网络摄像机为工程应用提供了实用的外部接口，如控制云台的 485 接口，用于报警信号输入输出的 I/O 口。如红外探头发现有目标出现，发报警信号给网络摄像机，网络摄像机自动调整镜头方向并实时录像；另外，当网络摄像机侦测到有移动目标出现时，亦可向外发出报警信号。

（二）网络摄像机的功能

1. 用户管理

（1）每个组有不同的管理权限并可以任意编辑，每个用户隶属于一个组。

（2）在无用户登录状态下，监视权限可以被任意设定。

2. 存储功能

（1）根据用户的配置和策略，比如通过报警和定时设置将相应的视频数据集中存储到中心服务器上。

（2）用户可以根据需要通过本地客户端进行录像，录像文件存放在客户端运行的计算机上。

（3）支持本地外存储卡存储功能，支持断网下短时存储。

3. 报警功能

（1）实时响应外部报警输入（200ms 以内），根据用户预先定义的联动设置进行正确处理并能给出相应的屏幕及语音提示（允许用户预先录制语音）。

（2）提供一个中心报警受理服务器的设置选项，使报警信息能够主动远程通知，报警输入可以来自连接的各种外设。

（3）对视频丢失可以根据用户的预先设置进行提示或报警。

（4）保留 9MB 内存空间预录声音图像。

（5）报警信息通过邮件通知用户。

4. 网络监视

（1）通过网络，将 IPC 经过压缩的一路音视频数据传输到网络终端解压后呈现。

（2）在带宽允许的情况下，延时在一秒以内。

（3）同时建立最大连接个数。

（4）音视频数据的传输采用 HTTP、TCP、UDP、RTP/RTCP 等协议。

（5）对于一些报警数据或信息使用 SMTP 协议传输。

（6）支持 Web 方式访问系统，应用于广域网环境。

5. 网络管理

（1）通过 Ethernet 网络实现对 IPC 配置的管理及控制权限管理。

（2）支持 Web 方式和客户端方式。

6. 外设控制

（1）支持外设的控制功能，对每种外设的控制协议及连接接口可自由设定。

（2）支持串行接口（RS－485）的透明数据传输。

7. 辅助功能

（1）支持自动彩黑转换。

（2）支持系统资源信息及运行状态实时显示。

（3）支持日志功能。

二、网络摄像机的基本原理

网络摄像机的基本原理是：图像信号经过镜头输入及声音信号经过麦克风输入后，由图像传感器和声音传感器转化为电信号，A/D 转换器将模拟电信号转换为数字电信号，再经过编码器按一定的编码标准进行编码压缩，在控制器的控制下，由网络服务器按一定的网络协议送上局域网或 Internet，控制器还可以接收报警信号及向外发送报警信号，且按要求发出控制信号。

从外部结构来看，目前市面上的网络摄像机有一种为内嵌镜头的一体化机种，这种网络摄像机的镜头是固定的，不可换；另外一种则可以根据需要更换标准的 C/CS 型镜头，只是 C 型镜头必须与一个 CS-C 转换器搭配安装。但从内部构成上说，无论是哪种机型，网络摄像机的基本结构大多都是由镜头、滤光器、影像传感器、图像数字处理器、压缩芯片和一个具有网络连接功能的服务器所组成的。

网络摄像机作为摄像机家族中的新成员，也有着与普通摄像机相同的操作性能，例如，具有自动白平衡、电子快门、自动光圈、自动增益控制、自动背光补偿等功能。另一方面，由于网络摄像机带有的网络功能，又可以支持多个用户在同一时间内连接，有的网络摄像机还具有双通道功能，即可同时实现模拟输出和网络数字输出。

三、网络摄像机的安装与使用

网络基本上都基于 TCP/IP，虽然网络本身的协议多，技术复杂，但是由于有统一的网络协议，各生产厂家的产品都做到了用户只要知道开机/关机等基本操作就可以，其他全部交由网络产品来完成，根本就不需要太多干预。

网络摄像机分为有线和无线两种，如图 2－112 所示。目前市场主流的网络摄像机的图像解析度一般在 320×240 到 640×480 之间，而且在高解析度情况下能达到 24 位真彩色。当然图像的传输速度也是至关重要的，从目前的市场需求情况来看，一般能够达到 10 帧/秒就能基本保证使用了。网络摄像机通常由感光摄像镜头、电源接口、电源指示灯和网络指示灯等各部分组成。网络摄像机的连接非常简单，只要将网线一端插入网络摄像机网口，另一端插入本地局域网提供的网口，接通电源，产品左侧指示灯开始闪烁，表明电源接通、网络接通，就可以使用了。其前视图及后视图接口外观如图 2－113 和图 2－114 所示。

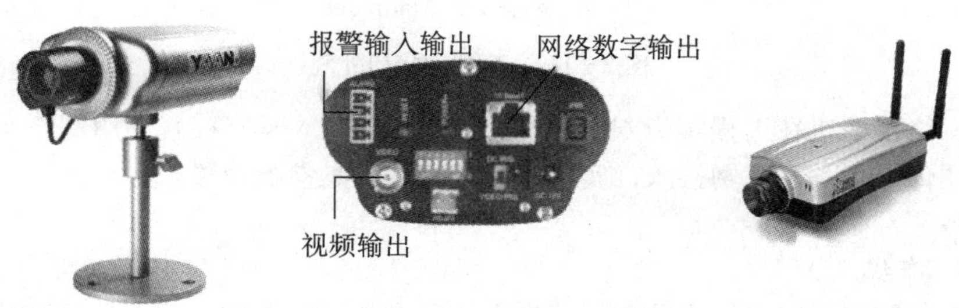

图 2－112　常见有线及无线网络摄像机

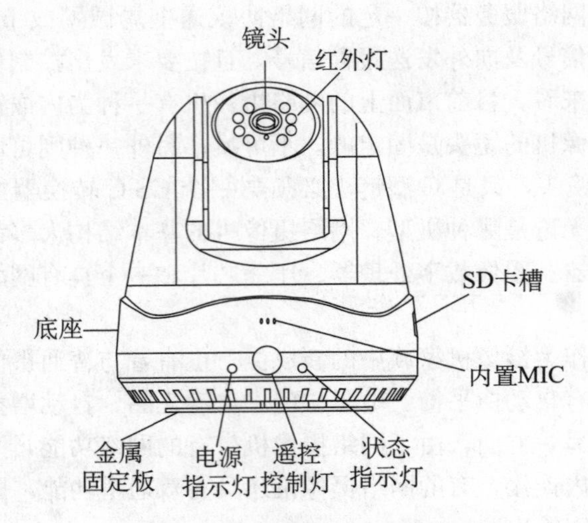

图 2-113　前视图接口外观

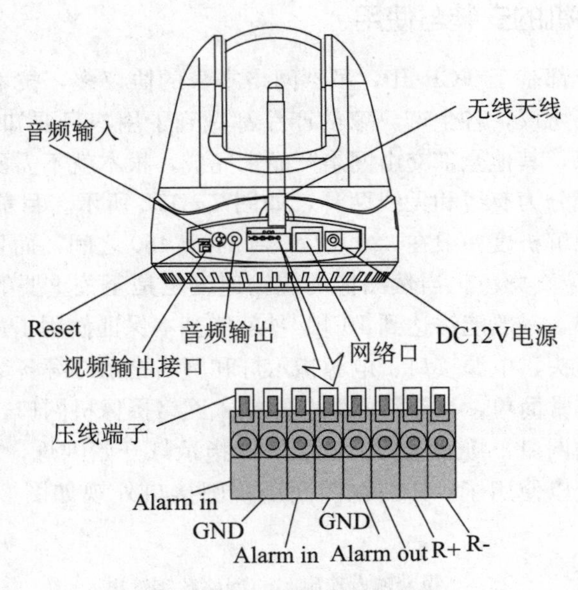

图 2-114　后视图接口外观

网络摄像机在工程实施方面主要有三个方面：一是布线，利用网络布线来传输图像；二是互联网接入，实现远程监控；三是参数设置，主要涉及一些网络参数。

1. 布线

安装网络摄像机要充分利用建筑内外已有的网线架构，首先考察监控现场的环境，选择最佳的安装点，然后铺设一条从安装点到最近网络接入点的网线，采用 RJ－45 接口。网络摄像机到最近网络接入点的距离控制在 100m 以内。在布网线同时，还要考虑安装点的供电。

2. 互联网接入

网络摄像机要通过互联网进行远程监控，就需要在被监控的现场有一条可接到公网的网线，比如 ADSL，还需要一个互联网接入设备，比如宽带路由器或防火墙。多个网络摄像机可以共用一条上网线，一般 1 条 512K ADSL 可以带 4～8 路网络摄像机，当然远程的效果不如在局域网上流畅。

3. 参数设置

网络摄像机要设置 IP 地址、授权账户和视频参数等，按照菜单设置即可。可用 IE 浏览器来设置网络摄像机，网络摄像机出厂时都有一个默认 IP 地址和管理账户。一般安装完毕后，客户把管理员密码改成客户容易记的密码，增强安全性。

如果要在本地进行监控录像，只需要 1 台计算机和 1 套客户端的软件，即可进行 24 小时监控录像。计算机可使用普通办公用的计算机，若需要录像就要多配硬盘，一般一路视频图像每小时所需存储量按压缩格式不同自 150～500MB 不等。对宽带路由器或防火墙要设置 ADSL 用户名和密码，可以自动拨号；如果没有固定 IP 地址，要设置 DDNS 动态域名解析；要设置端口映射，为每台网络摄像机映射一个端口。

远程用户在计算机上用 IE 浏览器访问摄像机，要求计算机能上互联网，用户有合法的授权账户。远程监控就像访问某网站一样，输入提供的二级域名、管理员授权的用户名、密码就可以看到监控现场的视频图像了。再复杂一点的，可以设计一个网站，建立超级链接，点击不同链接，就能访问不同的网络摄像机。

四、网络及参数配置

下面以海康经济型网络摄像机为例介绍网络摄像机的参数设置 。在安装完硬件后，首先需要对网络摄像机的一些网络参数进行设置。必须要配置的参数包括网络摄像机的 IP 地址、子网掩码、端口号等网络参数，可以通过多种方式进行配置，下面介绍两种配置方式：一是通过 IE 浏览器配置网络摄像机 IP 地址及 PPPoE 等参数；二是通过客户端应用软件配置网络摄像机的各项参数。

在配置前请确认 PC 与网络摄像机接通了网络连线，并且能够 ping 通需要设置的网络摄像机。

（一）网络摄像机硬件配置类型

1. 类型 1：通过以太网网络接口连接到局域网上

在此模式下，摄像机可通过交换机或集线器连接到局域网，如图 2－115

所示。

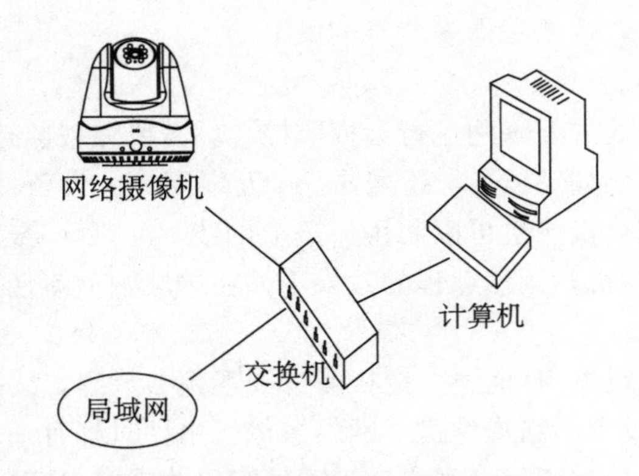

图 2-115　网络摄像机与交换机连接图

2. 类型 2：通过宽带路由器连接到 Internet 上

摄像机的监视画面可以通过 Internet 访问。宽带路由器需要配有 IP 端口映射（IP Masquerade），也就是虚拟服务器通过路由器连接到 Internet，如图 2-116 所示。

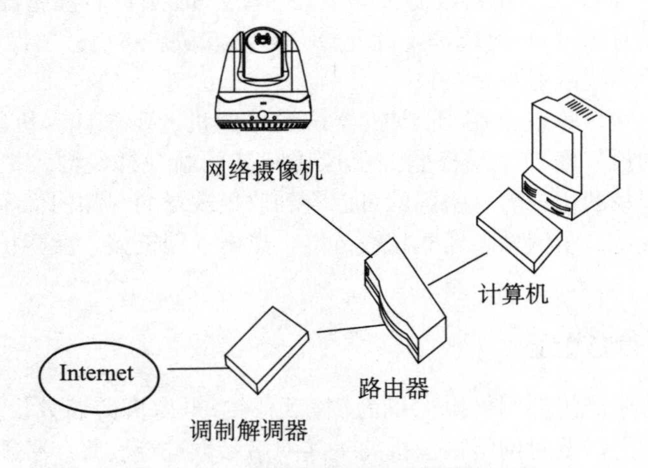

图 2-116　网络摄像机与路由器连接图

（二）通过 IE 浏览器进行参数配置

重要提示：通过 IE 浏览器来观看网络摄像机视频，前提是需要设置浏览器安全级别。打开 IE 浏览器，选择“工具”菜单中的“Internet 选项”命令，在打开的对话框中选择“安全”选项卡，把该区域的安全级别设置为“安全级一低”，或单击“自定义级别”按钮，在打开的对话框中把“ActiveX 控件和插件”下所有项都设置为启用，如图 2-117 所示。为了上网安全，在能看到网络摄像机视频后，可把 IE 浏览器里面的设置恢复成“默认级别”。

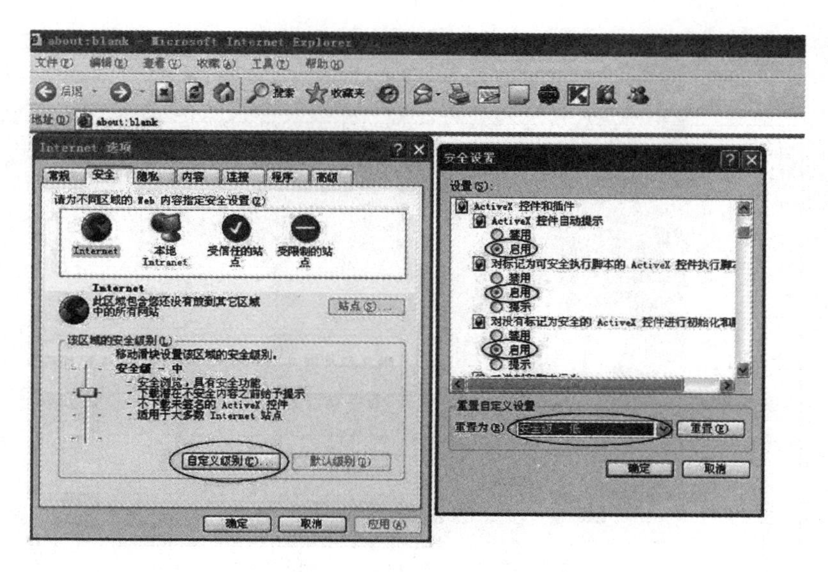

图 2-117　IE 安全级别设置

网络摄像机出厂默认 IP 为 192.0.0.64，默认端口为 8000，超级用户名为 admin，超级用户密码为 12345。由超级用户最多可创建 15 个操作员，并给每个操作员分配相应的权限。通过 IE 方式登录网络摄像机，在 IE 地址栏中输入 IP 地址，打开登录对话框，如图 2-118 所示，输入用户名、密码，单击“登录”按钮进入“预览”窗口。双击通道名称 Camera 01 或单击“阅览”按钮，阅览画面，如图 2-119 所示。右击通道名称 Camera 01，弹出的快捷菜单中含有“主码流”、“子码流”和“打开声音”选项。

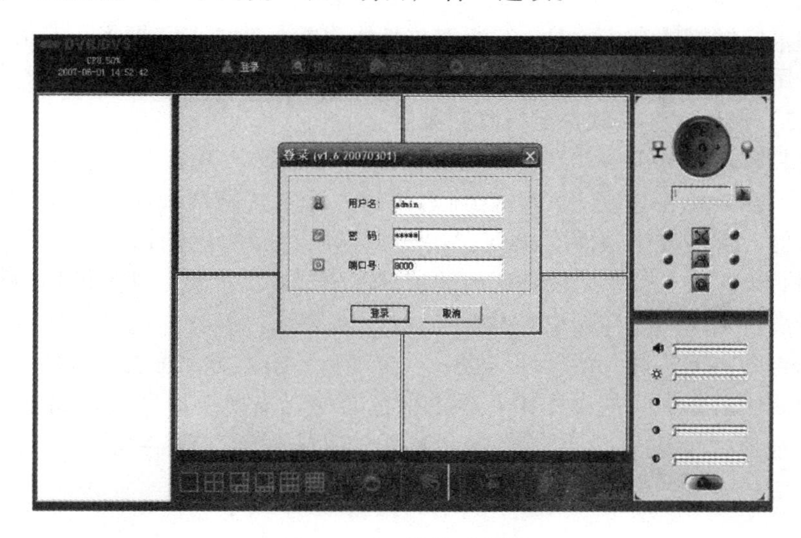

图 2-118　登录对话框

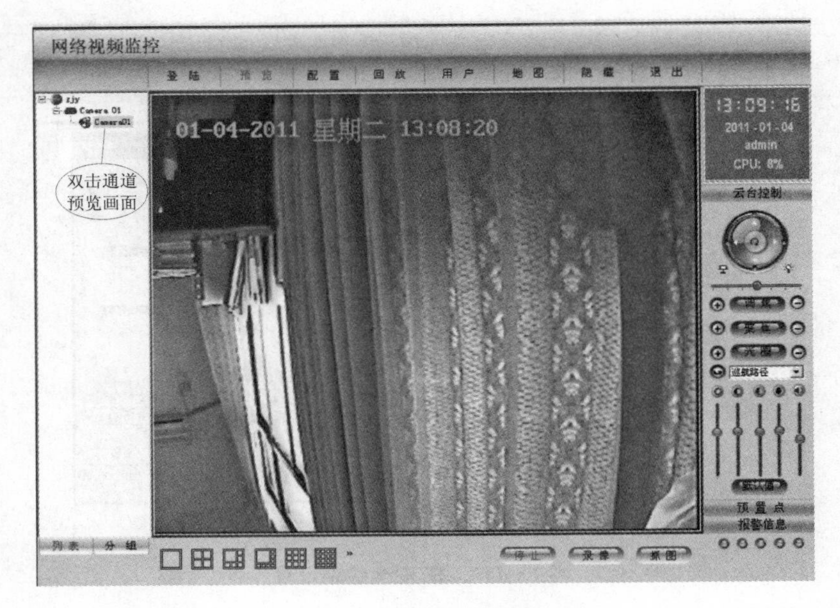

图 2－119　预览画面

在图 2－119 中，“回放”和“日志”功能只有在摄像机插有 SD 存储卡（1GB 以上）的前提下可用。通过调用第 95 号预置点可打开摄像机菜单，按上、下、左、右方向键可在菜单中进行选择，当要进入某个子菜单时，单击“光圈＋”按钮即可进入该子菜单，对菜单的操作与使用遥控器操作相似。

使用 IE 浏览器方式对网络摄像机的参数进行配置，单击“配置”按钮即弹出配置对话框，根据需要设置 IP 地址等各项参数，如图 2－120 所示。请注意：如果摄像机插有 SD 卡，须通过“其他功能”选项卡，把 SD 卡格式化后才能使用。

（三）通过客户端软件进行参数配置

安装客户端软件 4.01 后，在操作系统中选择“开始”按钮选择菜单中“程序”，在菜单中选择“网络视频监控软件”｜“网络视频监控软件 4.01”打开软件，首次使用软件会出现“注册超级用户”的提示框，用户名位数可选，而必须输入六位以上的密码，才可以注册成功。注意，注册的用户名和密码是下次进入“网络视频监控软件 4.01”的凭证，不要忘记注册的用户名和密码，否则将无法进入该软件 。进入客户端后单击上方“配置”按钮，进入配置界面。然后在中间的白框中，单击鼠标右键，出现快捷菜单，如图 2－121 所示。选择“创建根节点”命令，弹出“区域属性”对话框，如图 2－122 所示。

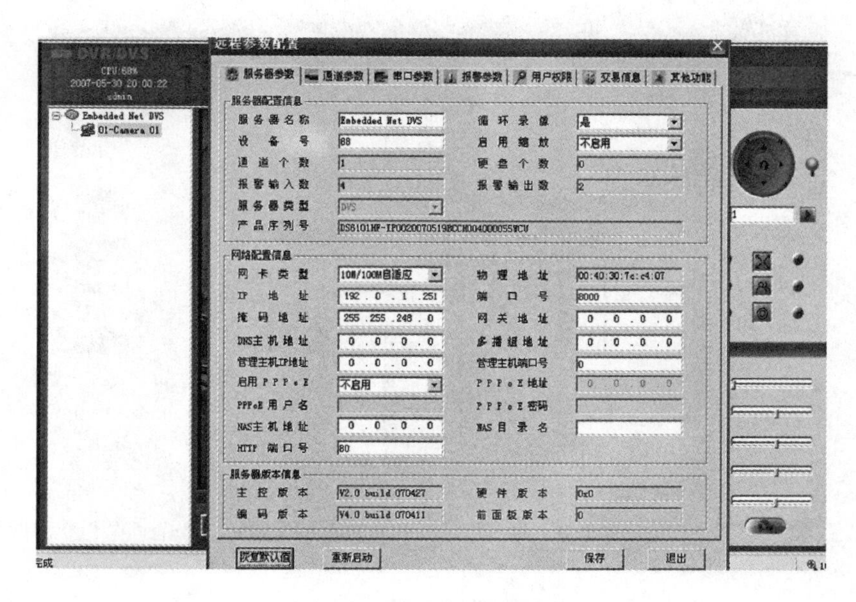

图 2 - 120　远程参数配置

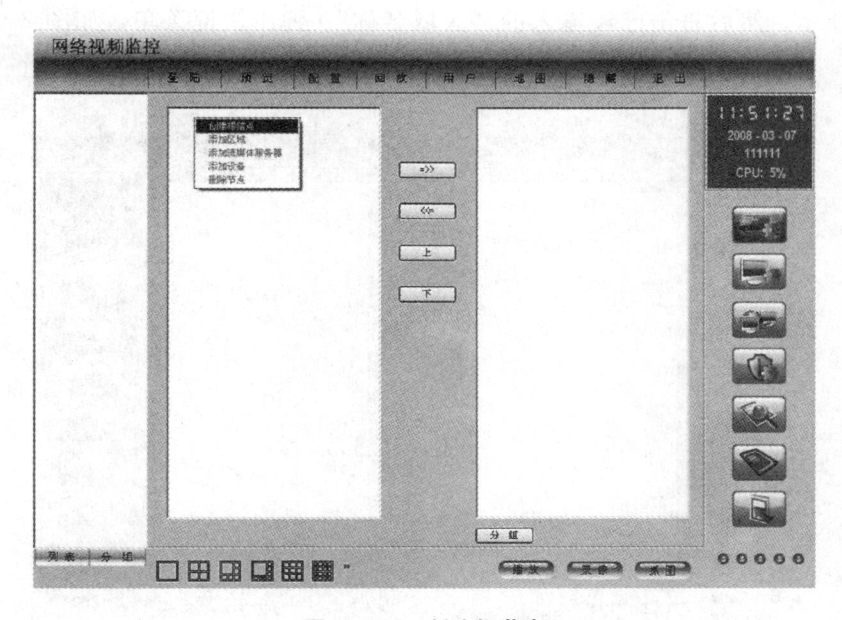

图 2 - 121　创建根节点

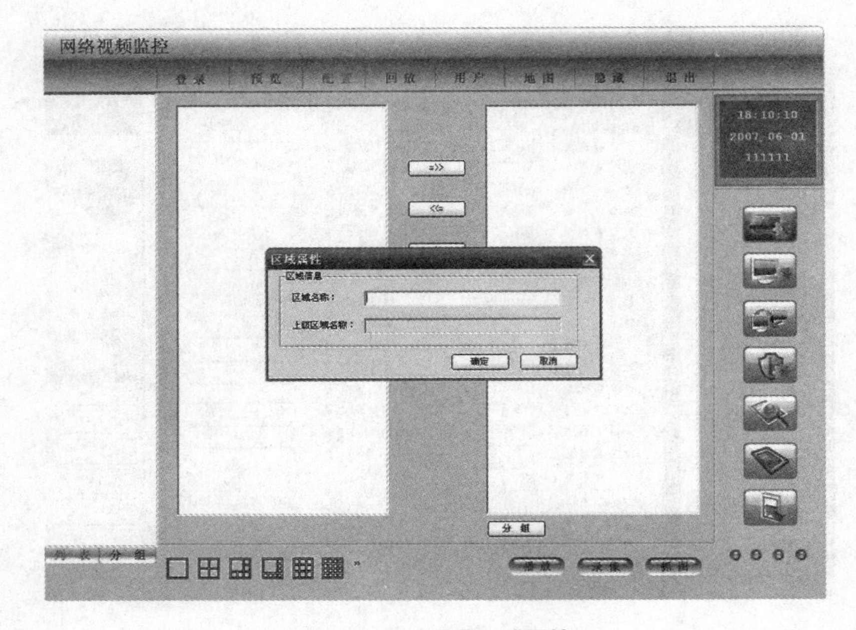

图 2－122　设置区域属性

在“区域名称”文本框中输入任意名字，单击“确定”按钮，如图 2－123 所示。然后右击已经输入的“区域名称”，弹出快捷菜单，如图 2－124 所示。

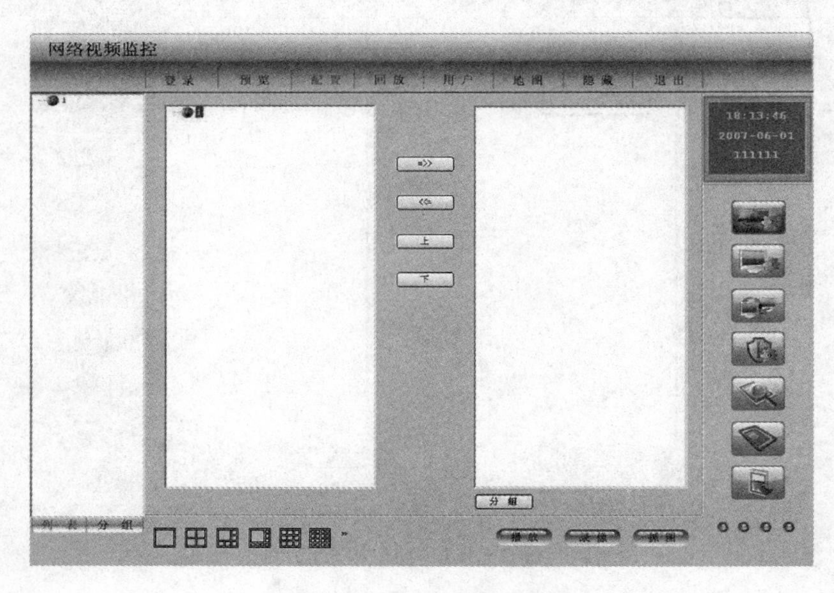

图 2－123　区域名称添加完成

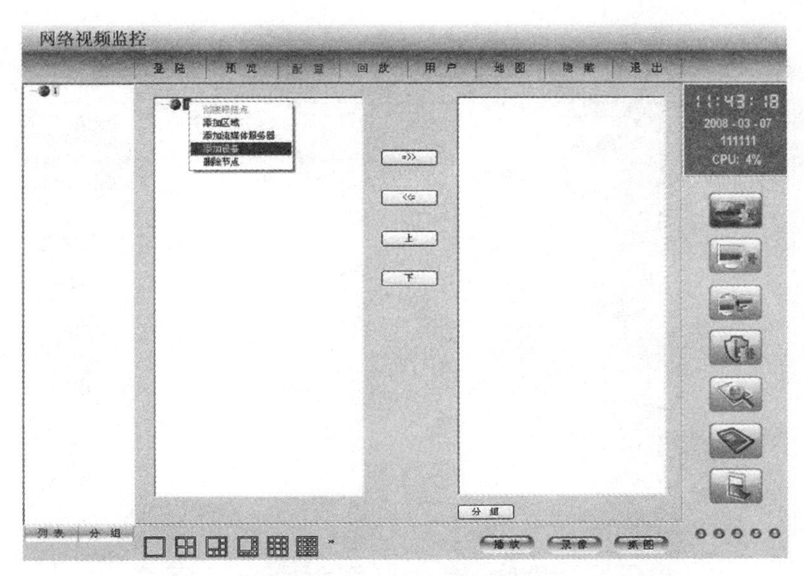

图 2-124　右击区域名称

选择“添加设备”命令，弹出“设备属性”对话框，如图 2-125 所示。在“设备属性”对话框中，任意填写“设备名称”；“设备类型”选择 HC；“注册模式”选择“普通 IP”；“设备 IP 地址”填写网络摄像机的 IP 地址，如 192.0.0.64；“用户名”填 admin，“密码”填 12345，“端口号”默认为 8000，“通道数”改为 1。设置完毕后单击“确定”按钮，显示如图 2-126 所示。

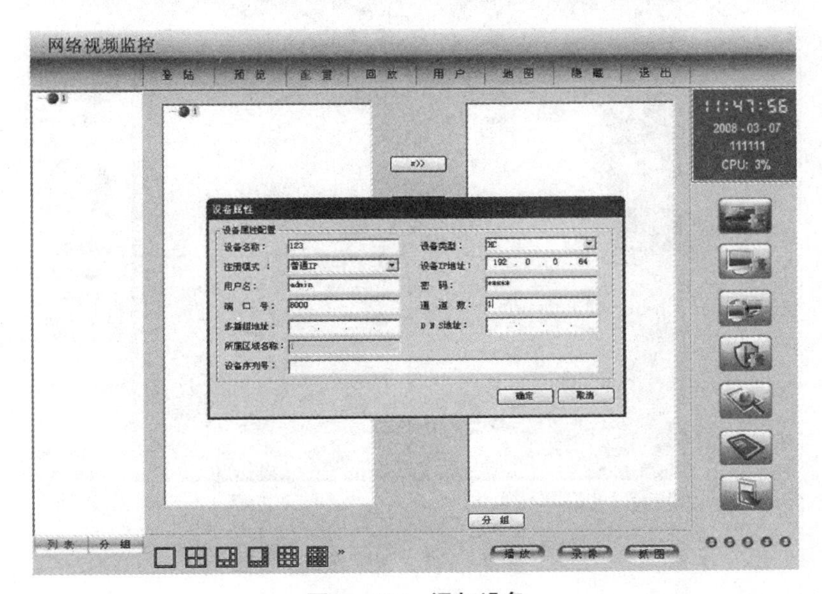

图 2-125　添加设备

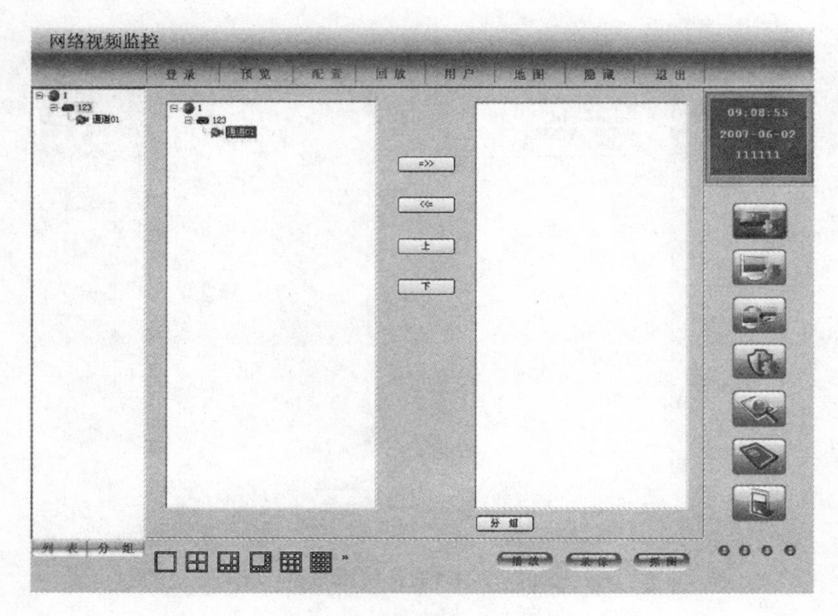

图 2-126　完成添加设备

单击上方“预览”按钮，进入“预览”界面，如图 2-127 所示。双击左边通道名称，即可预览画面。

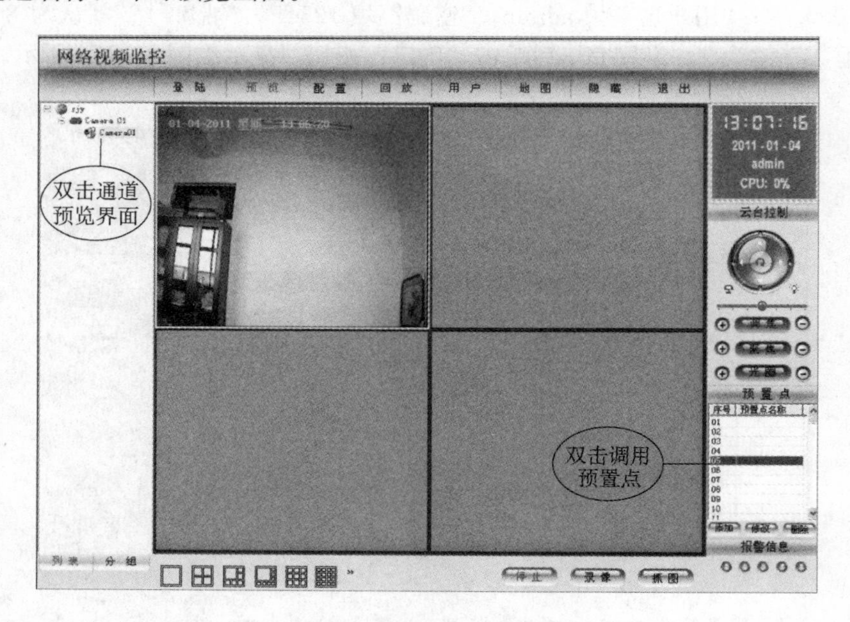

图 2-127　预览界面

通过调用第 95 号预置点可打开摄像机菜单，按上、下、左、右方向键可在菜单中进行选择，当要进入某个子菜单时，单击“光圈＋”按钮即可进入该子菜单。对菜单的操作与使用遥控器操作相似。

（四）搜索与修改 IP

运行随机光盘里面的 sadp 软件，点击“进入”列表中显示所有运行正常的设备 IP 地址、端口号、子网掩码、设备序列号以及版本信息等，如图 2－128 所示。

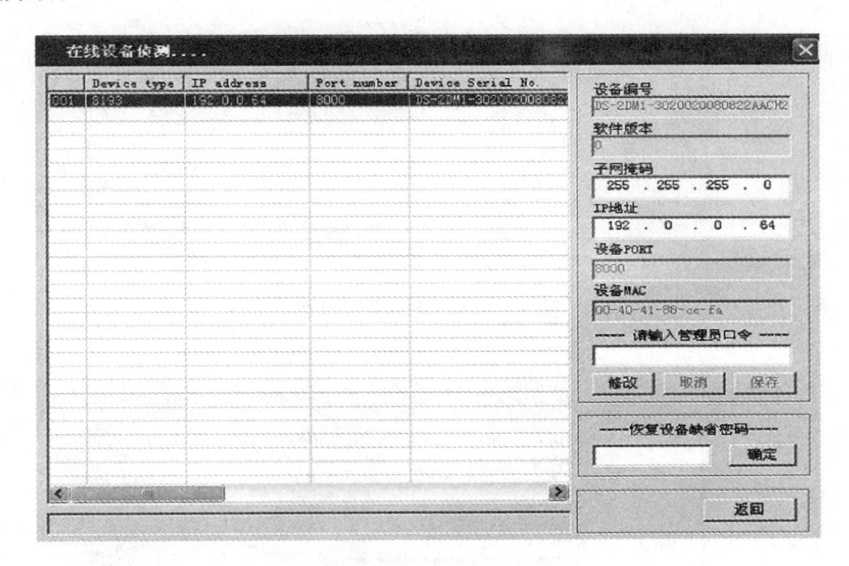

图 2－128　搜索 IP 工具

输入管理员口令（默认是 12345），单击“修改”按钮，就可以对设备的 IP 地址、端口号和子网掩码进行修改了，如图 2－129 所示。

（五）经济型网络摄像机的广域网接入

网络摄像机支持基于 PPPoE 协议的广域网接入。

1．使用 PPPoE 接入

在启动前，确认已经通过客户端软件正确设置好 PPPoE 用户名及密码，如图 2－130 所示。网络摄像机每次启动后，自动以 PPPoE 方式建立网络连接，成功后网络摄像机获得广域网的动态 IP 地址。

说明：请确认 ADSL Modem 已经开启。对于初次设置 PPPoE 参数，需要重启网络摄像机才能建立连接。

2．广域网访问

广域网访问有两种方式：

（1）直接通过从 ISP 运营商处获取的固定 IP 地址进行访问。

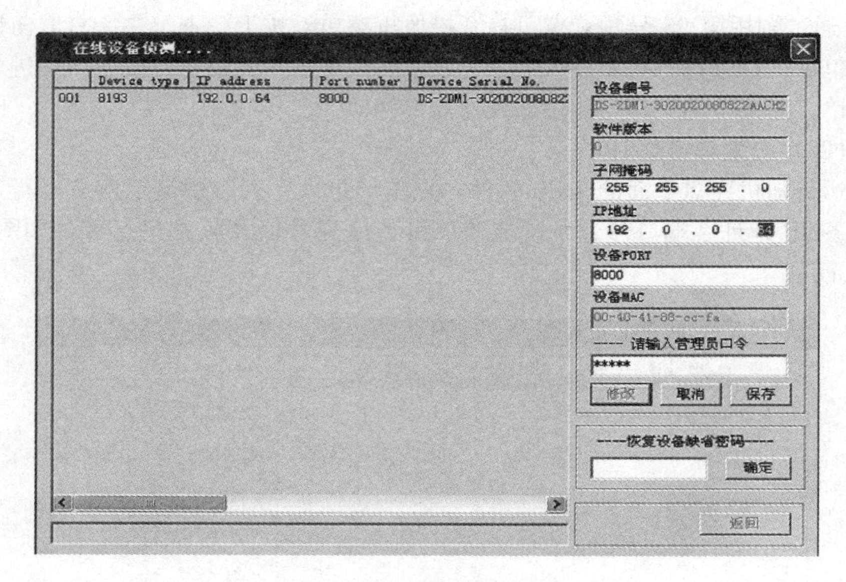

图 2-129　修改设备信息

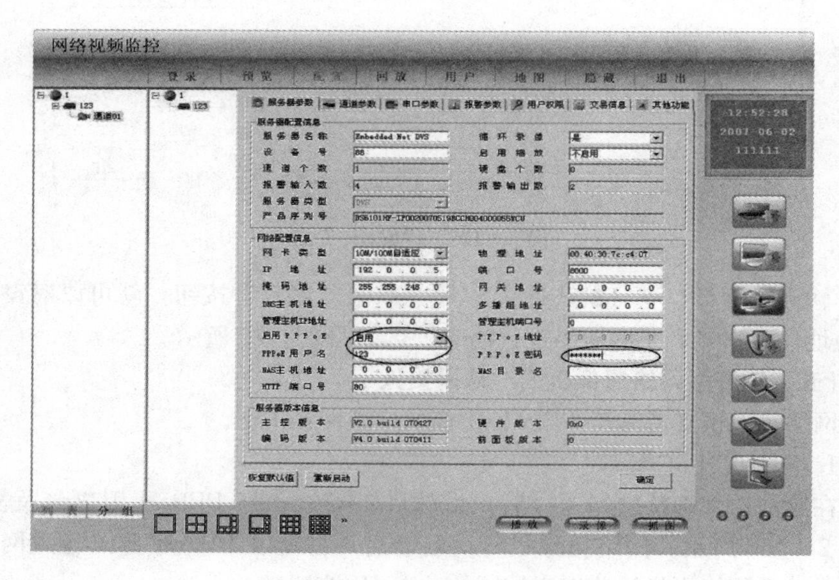

图 2-130　PPPoE 接入

当从 ISP 运营商处获取固定 IP 地址后，可以在获取固定 IP 的路由器中做一个端口映射（如映射 80 和 8000 端口），然后把网络摄像机接入该路由器，通过客户端软件即可访问；也可以把该 IP 直接给网络摄像机。

（2）通过域名解析服务。采用该方式需要有一个位于 Internet 上的有固定

IP 地址的 PC，且在该 PC 上有域名解析服务软件（如 IPServer）在运行（该 PC 即为解析服务器）。也可以去提供域名解析服务的厂商注册一个域名，通过注册的域名来访问。

当网络摄像机以 PPPoE 方式建立网络连接成功后，获取了广域网的 IP 地址，并将其名称和当前的 IP 地址发送到解析服务器。客户端软件要访问网络摄像机时，先连接到作为解析服务器的 PC 上，告诉解析服务器要访问的网络摄像机名称，解析服务器搜索已注册的所有网络摄像机，找到该网络摄像机名称和对应的 Internet IP 地址，将地址告诉给客户端软件，客户端软件得知当前的 IP 地址后，就可以和网络摄像机建立网络连接，获取视频图像了。

采用 IPServer 解析软件的简要操作如下：在客户端软件 4.0“配置”-“远程配置”界面中，选中左边所要配置的网络摄像机，在“服务器参数”对话框中，填写“服务器名称”和“DNS 主机地址”等信息，完成后单击“确定”按钮。然后在“配置”-“设备管理”中，双击已添加的网络摄像机名称，弹出“设备属性”对话框，如图 2-131 所示。“设备名称”与在“远程配置中”所填写的服务器名称一致；“注册模式”选择“私有域名解析”，“DNS 地址”填写解析服务器的 IP 地址，在其他参数配置完成后单击“确定”按钮，即可在“预览”界面中预览画面。

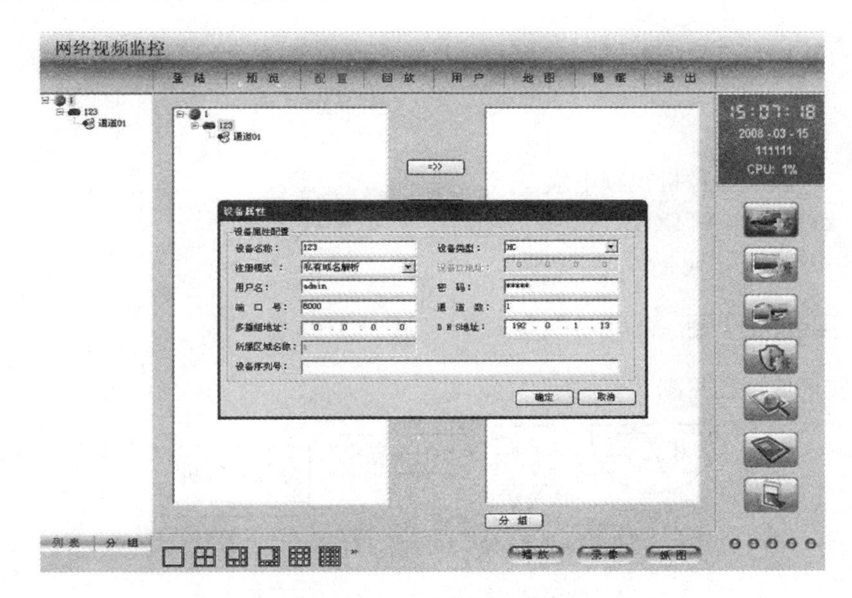

图 2-131　私有域名解析

【技能训练】

基于网络摄像机的数字视频监控系统应用

一、实训目的

1. 熟悉网络摄像机的外部连接端口。
2. 了解网络摄像机组合的网络系统的相关设备连接线路。
3. 熟悉构建网络摄像机组成的系统的电气连接。
4. 掌握网络摄像机的图像浏览、记录与回放等系统操作。

二、实训器材

1. 设备

(1) 网络摄像机	1台
(2) 本地计算机	1台
(3) 彩色监视器	1台
(4) 交换机	1台

2. 工具

(1) 小号十字螺丝刀	1把
(2) 万用表	1只

3. 材料

(1) 前端摄像机视频电缆	1根
(2) AC220V/DC12V 电源适配器	1只
(3) 网线	1根

三、实训原理图

实训原理图见图 2－132。

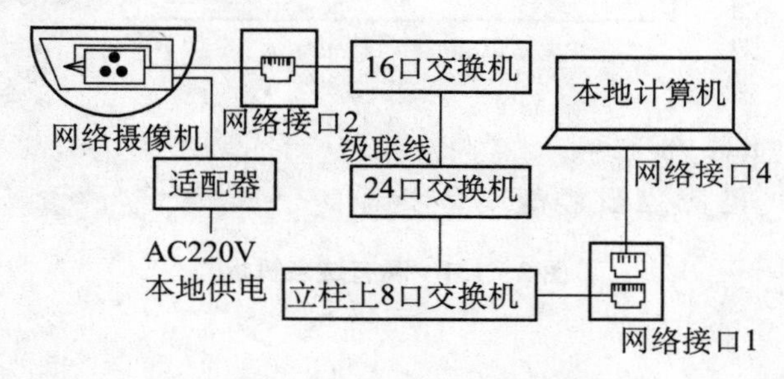

图 2－132　实训原理图

四、实训内容

（一）构建视频网络监控系统

根据系统原理图，按照以下信号和相关设备进行接线：

（1）视频信号：摄像机、监视器。

（2）网络信号：网络摄像机、交换机、计算机、网络插座。

（3）电源：网络摄像机、计算机、监视器。

（二）网络摄像机参数的设置

必须要配置的参数包括网络摄像机的 IP 地址、子网掩码、端口号等网络参数，可以通过多种方式进行配置，在配置前请确认 PC 与网络摄像机接通了网络连线，并且能够 ping 通需要设置的网络摄像机。以下介绍 两种配置方式：

1. 为保证网络联通，设置网络参数

通过 IE 浏览器配置网络摄像机 IP 地址及 PPPoE 等参数内容如下：

（1）通过 IE 浏览器来观看网络摄像机视频，前提是需要设置浏览器安全级别。打开 IE 浏览器，选择“工具” | “Internet 选项”命令，在打开的对话框中选择“安全”选项卡，把该区域的安全级别设置为“安全级一低”，或单击“自定义级别”按钮，在打开的对话框中把“ActiveX 控件和插件”下的所有项都设置为启用。为了上网安全，在能看到网络摄像机视频后，可把 IE 浏览器里面的设置恢复成“默认级别”。子网掩码为 C 类的标准子网掩码，都填 255.255.255.0。

（2）默认网关：都填 192.168.1.1。

（3）服务器端口：都填 8000（默认值）。

（4）监视协议：TCP（默认值）。

（5）HTTP 端口：80（默认值）。

（6）最大连接数量：10（默认值）。

2. 通过客户端应用软件配置网络摄像机的各项参数

具体步骤记录如下：________________。

（三）B/S（浏览器/服务器）访问

1. 通过 IE 登录网络摄像机

（1）在计算机中打开 IE 浏览器选择“工具” | 菜单下的“Internet 选项”命令，在打开的对话框中选择“安全”选项卡，单击“自定义级别”按钮，在打开的对话框中将“ActiveX 控件和插件”下的“下载未签名的 ActiveX 控件”设置为“启用”，之后单击“确定”按钮退出。

（2）在 IE 浏览器的地址栏中输入需要访问的网络摄像机的地址（比如自己的桌号对应的 192.168.1.102），在打开的窗口中选择安装 Web 控件。

（3）以用户名 admin 和密码 12345 登录。

2. 进行画面切换，实现通过网络的基本控制

思考并操作：如何实现多个画面的手动切换？预览 8 个画面？写出操作步骤：________________________________。

3. 进行多用户访问，实现网络化浏览

思考并操作：如何实现多多用户访问？有何体会？写出操作步骤：________________________。

4. 通过网络控制云台

写出操作步骤：________________________________。

（四）C/S（客户端/服务器）访问

1. 通过客户端软件登录网络摄像机

打开桌面网络视频监控软件登录系统，设置以下参数：

- 名称：便于操作者识别的名称。
- IP 地址或域名：需要访问的网络视频服务器的 IP 地址。
- 端口号：和需要访问的网络视频服务器设定的端口号相同。

2. 通过客户端软件完成有关操作

（1）如何实现多画面单画面的监视？操作步骤：____________________。

（2）如何控制录像的启动和停止？操作步骤 ：____________________。

（3）如何修改通道名称，使观察的视频有一个确定的场景名称？操作步骤：____________________。

（4）如果需要对网络摄像机通道进行云台的控制，如何操作？操作步骤：________________________________。

（5）如何查询当前课堂时间的录像和抓图？操作步骤：________________________。

注意，关机步骤如下：

（1）关闭所有软件后关闭计算机。

（2）关闭彩色监视器电源开关。

（3）关闭网络摄像机电源开关。

（4）关闭实训台后面电源插座的总开关。

（5）拔除所有电源插头。

讨论分析

1. 如何实现网络摄像机 IP 地址的修改？

2. 简述网络视频监控必要的硬件连接和软件设置。

模块三　出入口控制系统

出入口控制系统俗称门禁控制系统。出入口控制系统采用了现代的电子技术与信息技术，是对建筑物出入目标实行管制的智能化系统。使用该系统，可以提高出入口管理的效率和安全系数。所以，其开发与应用必须满足对出入目标的授权管理要求，完成对出入目标的访问级别设置，对出入目标的出入行为鉴别，对出入目标可出入次数的控制与记录，并具备多种任务同时处理的能力。

随着近几年感应卡技术、生物识别技术的迅速发展，现代的出入口控制系统也已由当初传统的机械门锁、电子磁卡锁、电子密码锁向更高级的感应卡式门禁控制系统、指（掌）纹门禁控制系统、虹膜门禁控制系统、面部识别门禁控制等系统发展，而且技术性能日趋成熟，其在安全性、方便性、易管理性等方面均各有所长，使出入口控制系统获得了越来越广泛的应用。

项目一　门禁控制系统

任务一　出入凭证与识别

学习目标

能够熟练辨别出入口控制系统常用的出入凭证的种类，掌握各种出入凭证结构原理与基本使用方法。

任务引入

出入凭证是出入口控制系统识别的依据，代表出入目标的个体身份，是一种区别于机械锁，具有不同形态的“钥匙”。掌握各种不同形态“钥匙”的结构原理，使其在不同的场合得到合理的选用是学习出入口控制技术的一项基本技能。

【相关知识】

在不同的出入口控制系统中，出入凭证可以是密码、磁卡、IC 卡等基本信息，也可以是人体特征的指（掌）纹、虹膜、视网膜、人像脸面、声音等生物信息。它们的具体特点分别是：通过密码识别方式来识别进出目标的权限，通过读卡或读卡加密码方式的卡片（包括磁卡、IC 卡在内的各种卡片）识别方式识别进出目标的权限，通过信息技术与生物技术相结合的生物特征识别技术方式识别进出目标的权限。

一、密码与密码识别

（一）密码的作用

密码的主要作用有三个：其一，通过施加密码可以对系统设备的设置值进行安全保护，更改设备设置值时必须预先输入密码；其二，通过密码管理可以对系统设备的管理人员进行限定和操作授权，增加系统运行的安全性和保密性；其三，通过密码识别辨别用户的合法性，自动识别用户被赋予的权限。

（二）出入口控制系统密码配置与输入

出入口控制系统主要使用三类密码，不同类型的密码有不同的功能和权限：

（1）客户码：相对应每个有效客户密码，系统数据库存储有决定该客户码持有者出入的合法性（包括空间上和时间上的合法性）和被赋予权限等级的相关信息和资料，当客户输入密码准确无误后，即等同于对这些相关信息和资料进行了验证识别并获得认可。

（2）主用码：除具备客户码的功能外，向管理人员提供了系统设备的操作使用权限，在被授权范围内对系统设备进行管理与维护。

（3）主管码：属于安全机制的主要密码，是启用密码。除具备客户码、主用码的功能外，这个密码控制着对出入口系统的特权模式的访问，这个模式允许主管人员修改配置和进行系统运行的测试等，属于最高级别码。

在系统的配置中，主要用键盘来输入密码，键盘一般按 3×4 或 4×4 矩阵形式排列，有固定式键盘和乱序键盘两种，前者的各位数字因在键盘上位置排列是固定不变的，在输入密码时容易被人窥视而造成失密，后者的各位数字在键盘上的位置排列是随机的，每次使用时在每个显示位置上的数字都不尽相同，这样避免了被人偷窥之虑，提高了系统安全性。

密码是进出出入口的“钥匙”，忘记了密码，就等于丢失了打开大门的钥匙，但是密码使用一段时间后，就有可能失去了它的安全性，因此，有必要定时更改密码。

二、卡片与卡片识别

（一）磁记录卡（磁卡）

1. 磁卡物理结构及数据结构

磁卡是在符合国际标准的非磁性基片上用树脂粘贴上一定宽度的磁条，该磁条由一层薄薄的按定向排列的铁性氧化粒子组成，一般而言，磁卡上的磁带有 3 个磁道，分别为磁道 1、磁道 2、磁道 3。每个磁道都记录着不同的信息，这些信息有着不同的应用。此外，也有一些应用系统的磁卡只使用了两个磁道，甚至只有一个磁道。在应用过程中，根据具体情况，可以使用全部的三个或是二个、一个磁道。如图 3－1 所示。

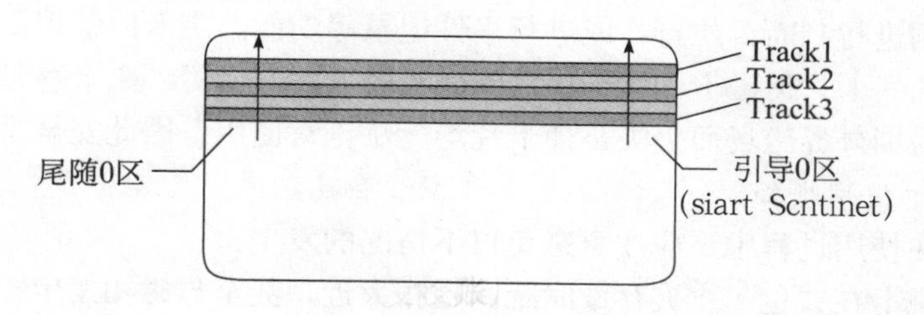

图 3－1　磁卡物理结构

其中，磁道 1、2、3 宽度相同，大约在 2.80mm（0.11 英寸）左右，用于存放用户的数据信息；相邻两个磁道约有 0.05mm（0.02 英寸）的间隙，用于区分相邻的两个磁道；整个磁带宽度在 0.29mm（0.405 英寸）左右（如果是应用 3 个磁道的磁卡），或是在 6.35 mm（0.25 英寸）左右（如果是应用 2 个磁道的磁卡）。银行磁卡上的磁带宽度会加宽 1～2mm，磁带总宽度在 12～13mm 之间。

在磁带上，记录 3 个有效磁道数据的起始数据位置和终结数据位置不是在磁带的边缘，在磁带边缘向内缩减约 7.44mm（0.293 英寸时）为起始数据位置（引导 0 区），在磁带边缘向内缩减约 6.93mm（0.273 英寸）为终止数据位置（尾随 0 区），这些标准是为了有效保护磁卡上的数据不易被丢失。因为磁卡边缘上的磁记录数据很容易因物理磨损而被破坏。

磁卡上 3 个磁道一般都是使用“位”（bit）方式来编码的。根据数据所在的磁道不同，5 个 bit 或 7 个 bit 组成一个字节。磁道 1 可以记录 0～9 数字及 A～Z 字母等；总共可以记录多达 79 个数字或字符（包含起始结束符和校验符）；每个字符（一个字节）由 7 个 bit 组成。由于磁道 1 上的信息不仅可以用数字 0～9 来表示，还能用字母 A～Z 来表示，因此磁道 1 上信息一般记录了磁卡的使用类型、范围等一些“标记”性、“说明”性的信息。例如，记录用户的姓名、卡的有效使用期限以及其他的一些“标记”信息。磁道 2 可以记录 0～9 数字，不能记录 A～Z 字母；总共可以记录多达 40 个数字或字符（包含起始结束符和校验符）；每个字符（一个字节）由 5 个 bit 组成。磁道 3 可以记录 0～9 数字，不能记录 A～Z 字母；总共可以记录多达 107 个数字或字符（包含起始结束符和校验符）；每个字母（一个字节）由 5 个 bit 组成。由于磁道 2 和磁道 3 上的信息只能用数字 0～9 等来表示，不能用字母 A～Z 来表示信息，因此磁道 2、3 一般用于记录用户的账户信息、款项信息等，当然还有一些特殊信息。

2. 磁卡识别

磁条上的三个磁道记录信息，分为只读磁道和读写磁道，在磁卡插入读卡器中时，读卡器将读出的磁条中的信息经识别后送入出入口控制器，控制器根据出入法则进行判断、执行，或进行事件记录等功能。磁卡门禁控制系统成本较低，一人一卡，但磁卡和读卡机之间磨损较大，寿命短，磁卡容易复制，卡内信息容易因外界磁场而丢失，使卡片均无法正常使用，因此安全系数不高。

3. 磁卡使用须知

磁卡在使用过程中，应注意避免以下情况的发生：

（1）磁卡在钱包、皮夹存放时距离磁扣太近，甚至与磁扣发生接触。

（2）与带磁封条的通讯录、笔记本接触。

（3）与手机套上的磁扣、汽车钥匙等磁性物体接触。

（4）与手机等能够产生电磁辐射的设备长时间放在一起。

（5）与电视机、收录机等有较强磁场效应的家用电器放在一起。

（6）与超市中防盗用的消磁设备距离太近甚至接触。

（7）多张磁卡放在一起时，两张卡的磁条互相接触。

（8）磁卡受压、被折、长时间曝晒、高温，磁条划伤弄脏等也会使磁卡无法正常使用。

同时，在刷卡器上刷卡交易的过程中，刷卡器磁头的清洁与老化程度，数据传输过程中受到干扰，系统错误动作，操作不当等都可能造成磁卡无法使用。

（二）集成电路存储卡（IC 卡）

IC 卡有接触式和非接触式读卡两种工作方式。接触式卡是将一个集成电路芯片镶嵌在塑料基片中，封装成卡的形式，大小和磁卡相似，卡内设有存储器，记录持卡人及其他相关信息，使用时必须与读卡机相碰触完成读卡任务。卡表面可以看到一个方形镀金接口，共有 8 个或 6 个镀金触点，用于与读写器接触，通过电流信号完成读写。

非接触式卡统称为感应卡或射频卡，通过射频识别技术和 IC 卡技术的结合，借助于卡内的感应天线解决了无源和免接触的难题，使读卡机在非接触情况下以感应的方式读取卡内资料。

1. 非接触式 IC 卡电气结构

非接触式卡片的电气部分通常是封装在一张卡中，由集成电路（IC）芯片、感应线圈（天线）与电容三大部件组成，天线只有几组绕线线圈，很适于封装到卡片内部，如图 3－2 所示。

IC 芯片是感应卡中存储识别号码及数据的核心部件，其内部由一个高波特速率的 RF 接口、一个控制单元和一个 EEPROM 组成。

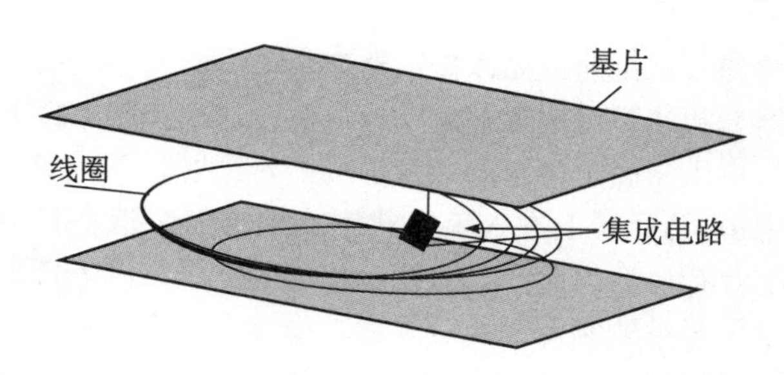

图 3-2　射频感应卡结构图

2. 非接触式 IC 卡工作原理

非接触性 IC 卡与读卡器之间通过无线电波来完成读写操作。当读写器对 IC 卡进行读写操作时，读写器发出的信号由两部分叠加组成：一部分是固定频率的电磁波信号，该信号由射频感应（IC）卡接收，卡内天线与电容构成了 LC 串联谐振电路，因其谐振频率与射频感应卡读写器发射频率相同，故使电路产生共振，在 L /C 回路中产生一个较大的瞬间能量，该能量在很短时间内将被转换成直流电源，经过升压电路升压至 IC 芯片的工作电压，启动 IC 芯片电路进入工作状态。IC 芯片最低启动电压为 2～3V，电流仅为 2μA；另一部分则是指令与数据信号，指令信号指挥芯片完成数据的读取、修改、存储等操作，并返回信号给读写器，完成一次读写操作。射频感应卡内电路结构及原理如图 3-3 所示。

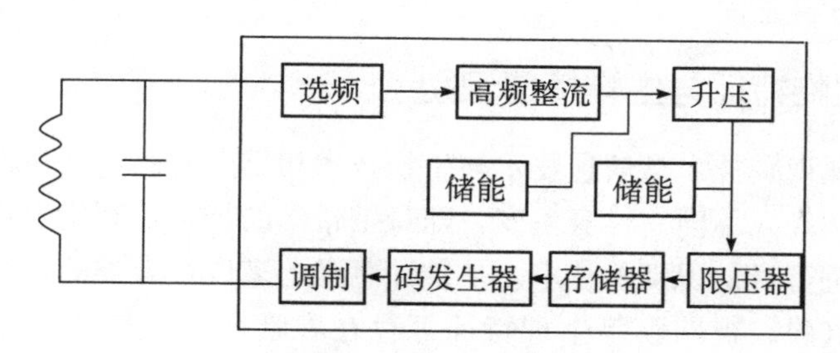

图 3-3　射频感应卡内电路结构及原理

射频感应式读卡机用于对射频卡内的数据读取，其电路结构及工作原理如图 3-4 所示。

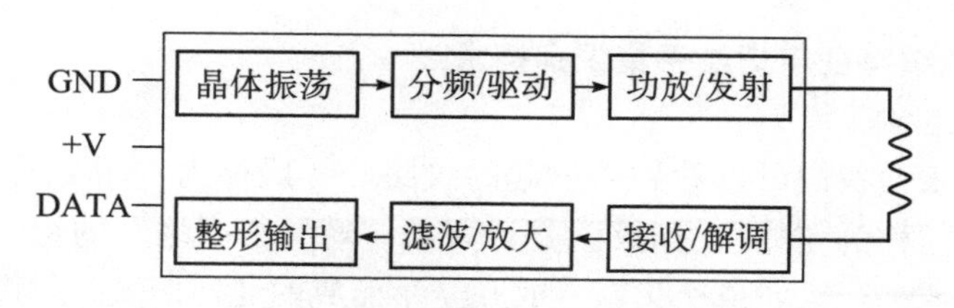

图 3-4　射频感应式读卡机电路结构及工作原理

射频感应式读卡机是通过晶体振荡器产生一个高度稳定的高频正弦等幅信号，经由分频器分频达到规定频率后，通过驱动放大和功率放大后由发射天线发射，向射频卡提供一固定频率的激发磁场区，当射频感应卡一旦进入激发磁场区范围，卡中IC芯片马上进入工作状态，卡内工作指令利用激发磁场提供的工作能量将芯片存储器内含有出入控制信息的数据编码等信息通过码发生器进行码型变换后再经过调制器调制后发射，由读卡器天线接收并通过解调器解调，最终送识别器识别。

3. 工作频率的划分与工作方式

射频感应卡根据工作频率的不同可分为高频、中频和低频三大系统：低频系统工作频率一般在100～500KHz；中频系统工作频率一般在10～15MHz；高频系统工作频率一般在850～950MHz，甚至是2.4～5GHz的微波短。

高频系统具有发射距离远、传输速率高的特点，适用于长读写距离和较高读写速度的场合，如高速公路收费系统和停车场系统。中频系统适用于传送大量数据信息的门禁控制系统，而低频系统则用于短距离、低成本的普通门禁控制系统或一般收费系统，包括公交和食堂收费系统。

射频感应卡是采用接收和发射频率不同的全双工工作方式，接收频率一般为发射频率的一半，当射频感应卡一进入感应读卡器的有效范围时能马上发射回返信号，此回返信号和激发电磁场同时存在，并保证双向发送的频率偏差量维持在一定的范围内。

三、人体生物特征与生物特征识别

生物特征识别技术是信息技术与生物技术相结合的产物，是根据人体生物特征具有的“人人不同，终身不变，随身携带”的特点，利用生物特征或行为特征对个人进行身份识别的技术。从统计意义上来说，人类的指纹、掌形、面部、发音、虹膜、视网膜等生理特征都存在着唯一性，是其他介质无法替代的，而这些特征都可以成为鉴别用户身份的依据。所以，基于人体生物特征识别技术设计的出入口控制系统，其安全性显然要比其他系统高得多，其中的指纹识别技术是生物识别技术的热点，这里就以指纹识别技术为例，讲述其工作原理。

（一）指纹特征与指纹采集识别技术

1. 指纹特征

在手指表面我们可以看到的突起的纹路，一般称为“嵴”或“嵴线”。嵴线与嵴线之间称为“峪”。指纹就是许多条“嵴”与“峪”的组合，是嵴线与嵴线之间“或平行”、“或交叉”、“或并笼”而成的几何图案。如图3-5所示，展示了指纹的嵴与峪。

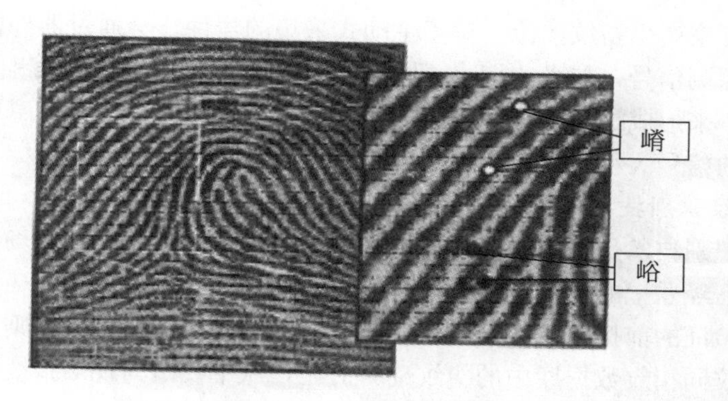

图 3-5　指纹的嵴与峪

指纹特征一般包括指纹的总体特征和局部特征。总体特征包括指纹纹形、核心点（或者称为中心点）、三角点和嵴密度（或者称为纹密度）。指纹纹形是指指纹整体走向形成的三大类（斗形、拱形、箕形）六亚型，如图 3-6 所示。

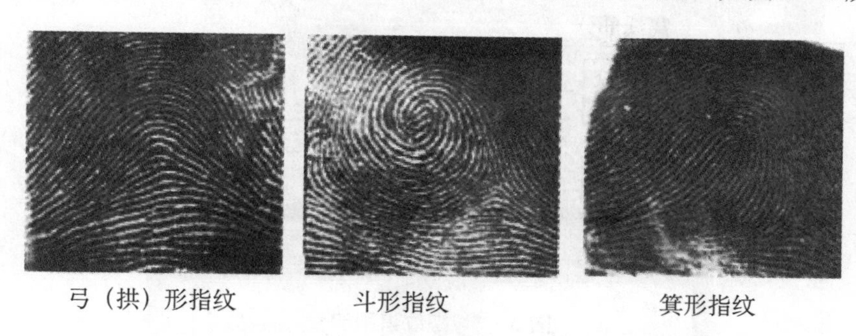

弓（拱）形指纹　　斗形指纹　　箕形指纹

图 3-6　指纹三大纹形

2. 指纹采集

指纹采集的过程本质上是指纹成像的过程。指纹采集的方法有两种，一种是由指纹采集器件主动向手指发出探测信号，然后分析反馈信号，以形成指纹嵴与峪的图案。如光学采集和射频（RF）采集，属于主动式采集。另一种指纹采集器件是被动感应的方式。当手指放置到指纹采集设备上时，因为指纹嵴和峪的物理特性或生物特性的不同，会形成不同的感应信号，然后分析感应信号的量值来形成指纹图案。如热敏采集、半导体电容采集和半导体压感采集属于第二种。

就指纹采集，一般经过“感知手指”、“图像拍照”、“质量判断与自动调整”三个主要过程。当手指接触到采集设备时，采集器会迅速感知到手指的接触并切换到工作状态。

“图像拍照”是采集过程的关键步骤。指纹采集器件以每秒几十帧甚至几百帧的速度来产生指纹图像。对于主动式采集的器件，会通过器件内部的控制电路发出探测信号，如光、RF、超声波，然后根据嵴与峪对探测信号的反馈值的大小，来形成指纹图像。对于被动感应式采集的器件，根据感应到的嵴与峪所形成的信号大小来绘制指纹图像。

3. 指纹识别技术

指纹识别技术是实施验证和辨识的重要手段。通常把一个现场采集到的指纹与一个已经登记的指纹进行一对一的比对来验证身份的过程。

作为验证的前提条件，有关指纹须已在指纹库中注册，辨识则是把现场采集到的指纹同指纹数据库中的指纹逐一对比，从中找出与现场指纹相匹配的指纹，即一对多匹配。

综上所述，指纹识别技术原理主要涉及 4 个功能：读取指纹图像、提取特征、保存数据和比对，最终得到两个指纹的匹配结果——通过或不通过。其流程如图 3-7 所示。

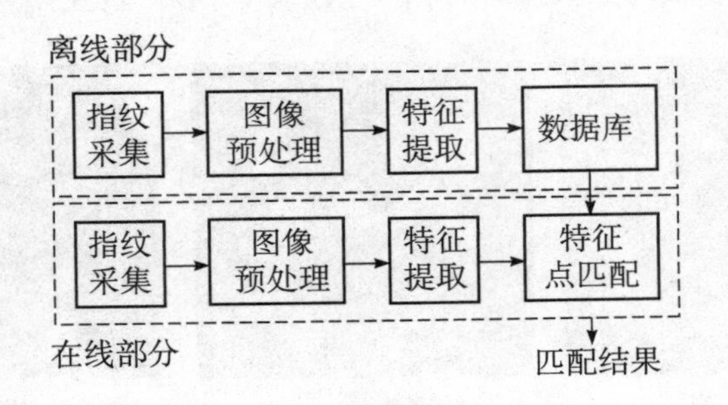

图 3-7　指纹识别流程

4. 常用指纹采集器

指纹传感器是实现指纹自动采集设备的关键器件。按指纹传感器传感原理（即指纹成像原理和技术），可分为光学指纹采集器、半导体电容采集器、半导体热敏采集器、半导体压感采集器、超声波采集器和射频 RF 采集器等。

超声波采集技术被认为是指纹采集技术中最好的一种，但因其成本较高，在指纹识别系统中还不多见。超声波指纹取像的原理是：用超声波扫描指纹的表面，紧接着接收设备获取其反射信号，由于指纹的嵴和峪的声阻抗不同，导致反射回接收器的超声波的能量不同，通过测量超声波能量大小，进而获得指纹灰度图像。积累在皮肤上的脏物和油脂对超声波取像影响不大。所以这样获取的图像是实际指纹纹路凹凸的真实反映。

RF（射频）采集技术是把射频信号发射到手指，手指上嵴和峪对射频信号产生一定的反馈，RF 接收端接收反馈信号。因为嵴和峪的对射频信号的干涉不同，因而形成的反馈信号量也不同，根据接收到的信号量的不同可以识别出哪个位置是嵴、哪个位置是峪。

光电采集技术的原理基于光电成像技术。在光电采集表面是一种聚合物，这种聚合物在合适的电压激励下可以发出散射光。当手指放到聚合物表面时，其嵴与峪对光的反射量不同，根据反射光的量值，利用CCD或者CMOS成像机理，可以把指纹图像显现出来。

其他方式的生物识别原理与指纹识别相似，都是预先建立特征模板数据库，通过计算机模糊比较的方法，计算出它们的相似程度而实现识别功能的。

（二）虹膜比对识别技术

1. 虹膜特征

人眼睛结构，如图3－8所示。

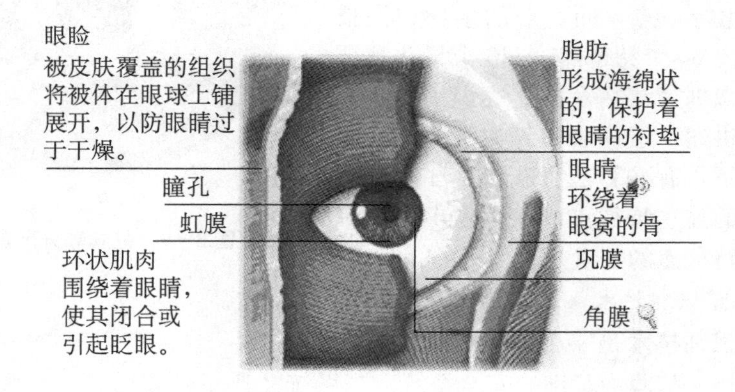

图3－8　眼睛外观图

巩膜即眼球外围的白色部分，约占总面积的30％；眼睛中心为瞳孔部分，约占5％；虹膜位于巩膜和瞳孔之间，占据65％的面积。虹膜由相当复杂的纤维组织构成，其内部包含了丰富的纹理信息，包括许多腺窝、皱褶、色素斑等。即：每一个虹膜都包含一个独一无二的基于像冠、水晶体、细丝、斑点、结构、凹点、射线、皱纹和条纹等特征的结构，是人体中最独特结构之一。虹膜的细部结构在出生之前是以随机组合的方式形成的，主要由遗传基因决定，即人体基因决定了虹膜的形态、生理、颜色和总外观。除非极少见的反常状况或身体、精神上遭受较大的创伤才有可能造成虹膜外观上的改变外，虹膜形貌可以保持数十年不变或少变。另外，虹膜是外部可见的，同时又属于内部组织，位于角膜后面。要改变虹膜外观，需要非常精细的外科手术，而且要冒着视力损伤的风险。虹膜的高度独特性、稳定性及不可更改的特点，是虹膜可用作身份鉴别的物质基础。

2. 虹膜的采集

通过一个距离眼睛3英寸的精密全自动相机来确定虹膜的位置。当相机对准眼睛后，就自动寻找你的眼睛并在发现虹膜时，就开始聚焦，根据算法规则逐渐将焦距对准虹膜左右两侧，以确定虹膜的外沿，同时也将焦距对准虹膜的内沿（即瞳孔）并排除眼液和细微组织的影响。虹膜的定位可在1秒钟之内完成，产生虹膜代码的时间也仅需1秒。

在直径11mm的虹膜上，以一定的算法划分成若干平方毫米大小的单位面积，如图3-9所示。

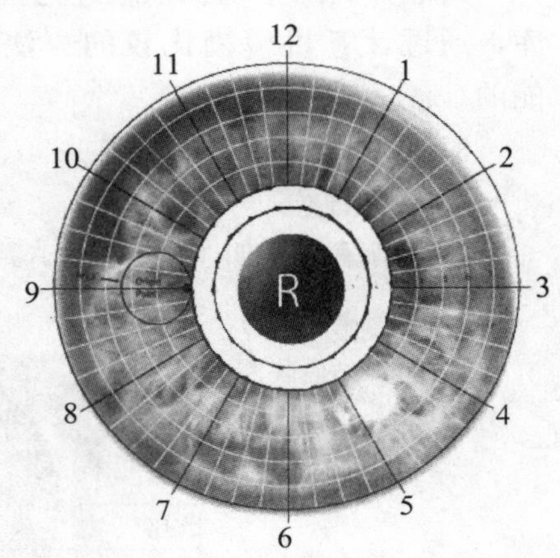

图3-9　虹膜划分示意图

用3～4个字节的数据来代表每平方毫米的虹膜信息，这样，一个虹膜约有266个量化特征点，而一般的生物识别技术只有13～60个特征点。266个量化特征点的虹膜识别算法在众多虹膜识别技术资料中都有讲述，在算法和人类眼部特征允许的情况下，有些算法可获得173个二进制自由度的独立特征点。在生物识别技术中，这个特征点的数量是相当大的。

3. 虹膜识别技术

虹膜识别技术是一种以人体最具独特性的器官——虹膜为基础的安全系统。当系统注册了虹膜后，会在服务器PC中产生一个独一无二的虹膜代码，并且将它保存起来。位于门旁边的远程光学单元采集虹膜图像，通过识别控制单元将虹膜图像形成虹膜代码，然后由识别控制单元将此虹膜代码与预先注册的虹膜代码进行比较。如果两个代码相互一致，则门打开。

当新用户的眼睛位于距离注册光学单元3～10英寸的地方时，摄像机会自动变焦，将焦点集中到虹膜上。当摄像机聚焦到用户的虹膜后，通过一个图像采集设备采集虹膜的视频图像。虹膜识别过程具有变革性的算法，会分析每个网格中的图形，并将它们转换为虹膜代码记录。这种虹膜代码被注册到服务器PC中，并被下载到识别控制单元上。

4. 虹膜识别系统主要设备

（1）注册光学单元

注册光学单元（EOU）放置在靠近服务器PC的桌面或台面上，包含启动注册过程所需要的所有元素，照亮虹膜并获取虹膜图像。可以提供语音消息，并且会在虹膜注册过程结束时进行发光提示。

（2）远程光学单元

远程光学单元（ROU）安装在需要控制的门旁边，一般由两个部分组成，即带前防护壳的光学成像器及后部防护壳。在将后部防护壳安装在门旁边的墙中后，将带前部防护壳的光学成像器安装到后部防护壳中。含有用于获取虹膜图像的部件。提供语音和发光提示，用于指示用户是否被识别。

（3）识别控制单元

识别控制单元（ICU）安装在被控区内侧的墙中，以防有人破坏。可以将采集到的虹膜图像生成虹膜代码，并将该虹膜代码与所保存的虹膜记录进行比较。如果发现虹膜代码一致，则 ICU 会发出开门信号。通过加装图像捕捉卡 FGB 和门接口卡 DIB，可以控制多个门禁。

（4）图像捕捉卡

图像捕捉卡（FGB）可以采集黑白虹膜图像，并将模拟虹膜图像转换成数字化格式，以便在服务器 PC 中进行处理。

（5）门接口卡

门接口卡（DIB）用来检查和控制被控门的开和锁。门接口卡还可以提供 ROU 与 ICU 母板之间的接口。

（6）服务器

由服务器 PC 充当高级服务器、服务器、注册站、监控站及管理站的作用。这些作用既可以通过一台 PC 进行，也可以通过分开的 PC 进行。根据要求，高级服务器可以将数据库记录从一个服务器传送到另一个服务器。服务器则管理各个站和 ICU。注册站则负责的虹膜注册过程。监控站监控 ICU、ROU、EOU 及被控门的状态。管理站不仅维护用户的旧数据库和新数据库，而且还可以将必要的数据下载到 ICU 上。

（三）视网膜比对识别技术

1. 视网膜特征

视网膜是一种极其固定的生物特征，它的血管路径同指纹一样具有唯一性，为各人所有，除了患有眼疾或者严重的脑外伤外，视网膜的结构形式在人的一生当中都相当稳定。

视网膜是位于眼球后部十分细小的神经（1 英寸的 1/50），它是人眼感受光线并将信息通过视神经传给大脑的重要器官，它同胶片的功能有些类似，用于生物识别的血管分布在神经视网膜周围，即视网膜四层细胞的最远处。但在眼底出血、白内障、戴眼镜的状态下将无法识别比对。

2. 视网膜的采集

视网膜采集采用扫描设备获得视网膜图像，使用者的眼睛与录入设备的距离应在半英寸之内，并且在录入设备读取图像时，眼睛必须处于静止状态，使用者的眼睛在注视一个旋转的绿灯时，录入设备从视网膜上可以获得400个特征点。

（四）人像面部比对识别技术

1. 人像面部特征

人像面部是日常生活中人们最为熟知的对象之一，相对于一般对象，人脸具有六个重要特性：

（1）生理结构

面部的生理结构十分复杂，包括表皮、肌肉、骨骼三层，基本形状由最内层的骨骼决定，肌肉属于生理结构中的皮下组织，其末端附着于骨骼上，其表层与表皮紧密相连，面部的表情变化由肌肉层决定和驱动，肌肉和表皮间由韧带相连。肌肉的缩张、驱动表皮组织产生运动，导致面部表现形式的变化，所有面部肌肉运动综合作用就产生了丰富多彩的表情。表皮组织是直接映现于人们视野的内容，受肌肉驱动，会产生皱纹、舒展等各种表现形式。

上述生理解剖学的原理是计算机人脸图像生成、识别和处理的基础和依据。

（2）形态内容

面部形态表现为各种各样的表情，形态内容丰富。表情可以大概地分为六大类：高兴、生气、害怕、吃惊、厌恶、沮丧。所有的情绪表现都可以理解为六者的合成，这样就表现出纷繁复杂的各种各样的情感、气质、神态。

（3）结构、表情上的共性

除生理上的缺陷，所有人物面部结构和表情变化共性明确。每个人的生理结构上都由口、眼、鼻、耳、眉等五官组成，头颅结构相似，表情表达上甚至动态的变化过程也有相似之处。

（4）个性因素繁多

人眼睛虹膜近乎相同的概率是百万分之一，人耳朵形状的差别更大。不同人种具有不同的肤色、五官特征、五官位置。没有任何两个人笑容完全一样。

（5）易受环境影响

摄取人物视频图像随着周围光照环境的不同，差别会很大；因为面部的形状不是严格的凸结构，所以有时会出现光照上的遮挡；人们有时会佩戴眼镜。

2. 人像面部特征的采集处理

人像面部识别系统是通过分析面部特征的唯一形状、模式和位置来辨识人的。采集处理的方法主要是标准视频和热成像技术：标准视频技术是通过一个标准的摄像头摄取面部的图像或者一系列图像，在面部被捕捉之后，一些核心点将被记录。例如，根据人脸具有的六个重要特性之一：即具有识别特征的眼、鼻、口、眉、脸的轮廓、形状以及它们之间的相对位置，记录下来后形成模板。热成像技术则是通过分析由面部毛细血管流经的血液所产生的热线来产生面部图像，与视频摄像头不同，热成像技术并不需要在较好的光源条件下，因此即使在黑暗情况下也可以使用。

3. 人像面部识别技术

人像面部识别技术包括在动态的场景与复杂的背景中对人体面部的检测，判断是否存在面相，并分离出这种面相以及对被检测到的面部进行动态目标跟踪。人脸的检测可以简明地描述为：给定一个静态图像或视频序列，要求定位和检测出一个或多个人脸面或其五官的位置。问题的求解包括图像分割、脸的提取、特征的提取等几步。一个视觉的前-后端处理器应该能适应于光照条件、人脸朝向、表情、相机焦距的各种变化。其技术原理分三部分：

（1）人体面部检测

面部检测是指在动态的场景与复杂的背景中判断是否存在面相，并分离出这种面相。一般有下列几种方法：

①参考模板法：首先设计一个或数个标准人脸的模板，然后计算测试采集的样品与标准模板之间的匹配程度，并通过阈值来判断是否存在人脸。

②人脸规则法：由于人脸具有一定的结构分布特征，所谓人脸规则的方法即提取这些特征生成相应的规则以判断测试样品是否包含人脸。

③样品学习法：这种方法即采用模式识别中人工神经网络的方法，即通过对面相样品集和非面相样品集的学习产生分类器。

④肤色模型法：这种方法是依据面貌肤色在色彩空间中分布相对集中的规律来进行检测的。

⑤特征子脸法：这种方法是将所有面相集合视为一个面相子空间，并基于检测样品与其在子孔间的投影之间的距离判断是否存在面相。

值得提出的是，上述5种方法在实际检测系统中也可综合采用。

（2）人体面部跟踪

面部跟踪是指对被检测到的面部进行动态目标跟踪。具体采用基于模型的方法或基于运动与模型相结合的方法。

此外，利用肤色模型跟踪也不失为一种简单而有效的手段。

（3）人体面部比对

面貌比对是对被检测到的面部像进行身份确认或在面相库中进行目标搜索。这实际上就是说，将采样到的面相与库存的面相依次进行比对，并找出最佳的匹配对象。所以，面相的描述决定了面相识别的具体方法与性能。目前主要采用特征向量与面纹模板两种描述方法：

①特征向量法：该方法是先确定眼虹膜、鼻翼、嘴角等面相五官轮廓的大小、位置、距离等属性，然后再计算出它们的几何特征量，而这些特征量形成

一描述该面相的特征向量。

②面纹模板法：该方法是在库中存储若干标准面相模板或面相器官模板，在进行比对时，将采样面相所有像素与库中所有模板采用归一化相关量度量进行匹配。

此外，还有采用模式识别的自相关网络或特征与模板相结合的方法。

人体面貌的识别过程一般分三步：

a. 首先建立人体面貌的面相档案。即用摄像机采集单位人员的人体面貌的面相文件或取他们的照片形成面相文件，并将这些面相文件生成面纹（faceprint）编码储存起来。

b. 获取当前的人体面相。即用摄像机捕捉的当前出入人员的面相，或取照片输入，并将当前的面相文件生成面纹编码。

c. 上述的“面纹编码”方式是根据人体面貌脸部的本质特征来工作的。这种面纹编码可以抵抗光线、皮肤色调、面部毛发、发型、眼镜、表情和姿态的变化，具有强大的可靠性，从而使它可以从百万人中精确地辨认出某个人。

人体面貌的识别过程，利用普通的图像处理设备就能自动、连续、实时地完成。

4. 人像面部识别系统

用于安全防范的人像识别系统大多以 Windows 操作系统为平台，系统框图见图 3－10。

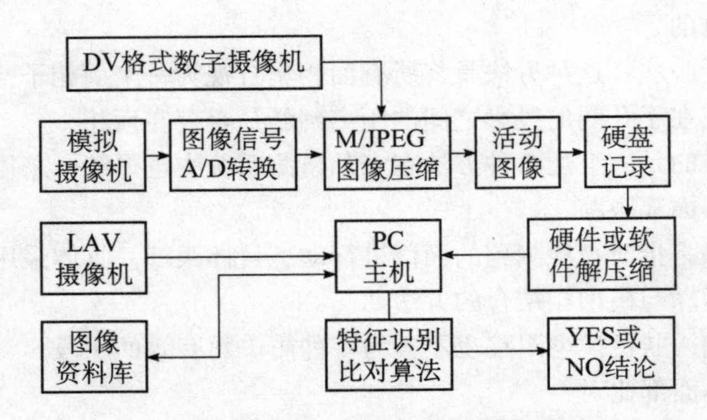

图 3－10 安全防范人像识别系统的基本结构

（1）主要功能

该系统在出入通道由正面隐蔽摄像机自动摄下多幅头部、脸部图像，其主要功能包括：

①面孔侦测：发现单个或多个人员的面孔（即使背景很复杂）。

②分割处理：从监视图像中，自动地将侦测到的多个人员头像分离、割取出来。

③跟踪能力：实时追踪现场人员的面孔，以捕捉其各个角度的头像。

④图像评估：对采集到的面孔图像进行评估和改善，选取出最“适合”的头像。

⑤压缩存储：经系统优化压缩后，将捕捉到的面孔“照片”依照时间顺序存入数据库。

⑥识别功能：通过真人识别功能防欺诈，以判断摄像机获得的面相，是一个真正人还是由一幅照片所产生。

（2）面相识别的基本步骤

①首先进行用户注册，可以用摄像机进行采集或直接从照片上采集用户的面相，生成面纹编码即特征向量，建立面相档案。

②在进行用户识别时，用摄像头采集用户的面相，进行特征提取。

③将待确定的用户的面纹编码与档案中的面纹编码进行比对。

④确认用户的身份或列出面相相似的人供选择。

讨论分析

1. 门禁控制系统根据其出入凭证的不同有哪几种识别方式？

2. 密码识别方式的门禁控制系统配置的键盘有哪两种？它们各自的特点是什么？

3. 卡片识别方式的门禁控制系统有哪几种卡片？它们各自的组成结构、原理和特点是什么？

4. 生物识别技术是根据人体生物特征的什么特点对个人进行身份识别的？

5. 人像面部识别系统对面部特征的采集处理有哪些方法？

任务二　门禁控制系统结构原理

学习目标

针对“出入口”通道的门禁系统，要求掌握门禁控制系统的基本组成结构和工作原理，熟悉门禁控制系统的使用以及门禁控制系统相关设备的选用。

任务引入

门禁控制系统产生于20世纪80年代，由于其使用简单，实用性强，已在我国得到了快速发展。门禁控制系统已实现了计算机网络化控制和管理，通过控制器不仅可以控制本地的门禁设备，对其进行操作和管理，同时还可以对远端的门禁设备进行控制或联动。所以，掌握门禁控制系统的结构原理和相关硬件设备的基础知识是从事安防领域工作中的一项基本任务。

【相关知识】

一、门禁系统的组成结构

门禁系统属于智能弱电系统中的一种安防系统。它作为一种新型现代化安全管理系统，集自动识别技术和现代安全管理措施为一体，涉及电子、机械、光学、计算机技术、通信技术、生物技术等诸多新技术。门禁系统通过在建筑物内的主要出入口或电梯厅、设备控制中心机房、贵重物品的库房等重要部门的通道口安装门磁、电控锁、控制器与出入凭证信息采集器（例如读卡器）等控制装置，由计算机或管理人员在中心控制室监控，并对各相应通道口的位置、通行对象及通行时间、方向等进行实时控制或设定程序控制，从而实现对出入口的控制。

门禁系统根据出入凭证的“钥匙形态”不同来划分，它们分别具有不同的工作方式。一个完整的门禁系统（以IC智能卡工作方式为例）通常由门禁控制器、门禁读卡器、IC卡片、电控锁、门禁软件、电源和其他相关门禁设备几部分组成。门禁系统网络组成如图3－11所示，每个门禁控制器都配有RS－485和RS－232总线接口，即可以通过RS－485总线与通信适配器或中央控制器（未画出）连接，通信适配器或中央控制器再以RS－232总线方式与控制中心管理计算机连接组成网络；门禁控制器又可以RS－232总线接口形式与控制中心管理计算机直接连接组成网络。每个门禁控制器都有一个相互不同的地址号，作为管理中心计算机区分不同门禁控制器的标识。

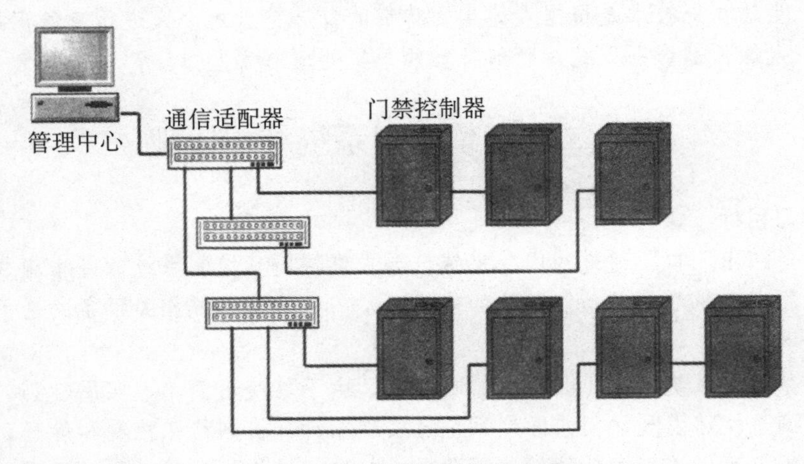

图3－11　门禁系统网络组成

每个门禁控制器分为单门控制器或多门控制器，单门控制器的组成结构如

图 3－12 所示，现场安装连接示意图如图 3－13 所示：其每个出入口均由读卡器、出门按钮、电磁锁、门磁传感器等现场组件组成。多门门禁控制器与单门门禁控制器组成结构相同，有多套相同现场组件，一个控制器可以控制多个出入口。

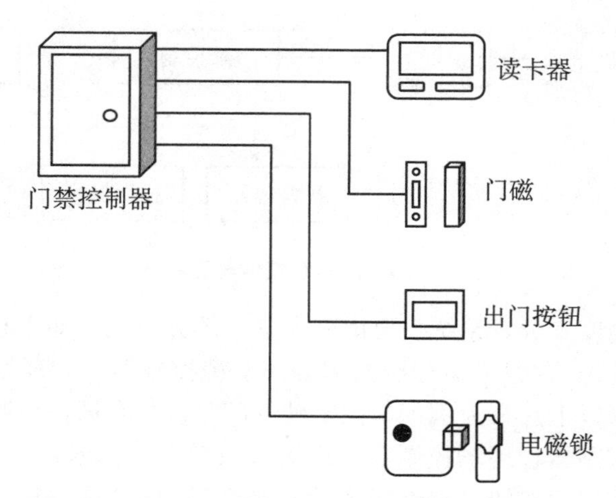

图 3－12　单门控制器的组成结构图

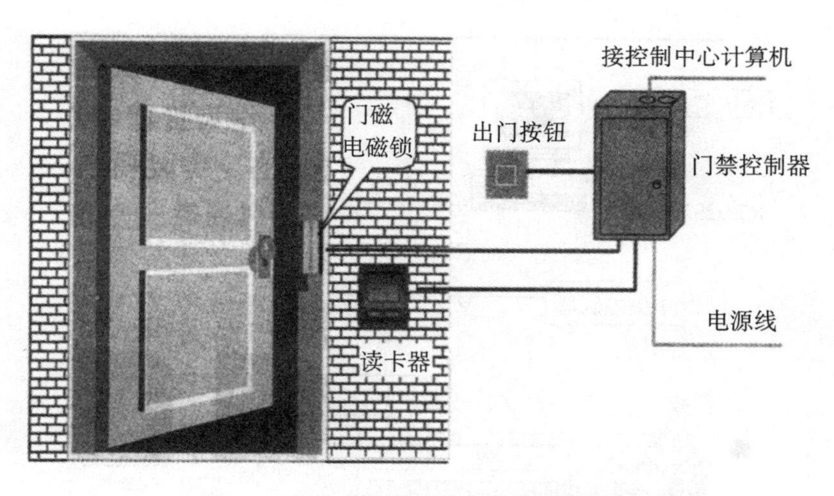

图 3－13　门禁系统现场安装连接示意图

二、门禁系统工作原理

根据门禁系统的组成结构，系统的信号传输与控制流程如图 3－14 所示。其中，输入装置是门禁控制系统身份信息输入口，是对出入凭证有效信息进行采集、转换、传输的专用设备，在系统配置上，应根据不同形态的“钥匙”配置相应的输入装置。

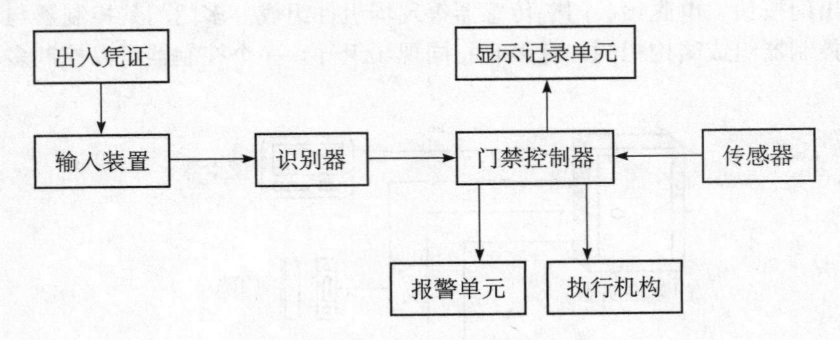

图 3－14　门禁系统信号流程图

从功能的角度来分，系统主要由三大基本部分组成，即中心控制部分（服务器、管理软件）、数据传输与控制部分（系统控制器）和现场部分。所以一个完整的系统（以卡片式为例）其主要硬件部分包括有通信控制功能的计算机服务器、集中控制器、现场控制器、现场接口单元、读卡器、延时驱动模块、线缆，以及前端出门按钮、刷卡用卡片和终端磁力电控锁锁具、报警设备等。如图 3－15 所示。

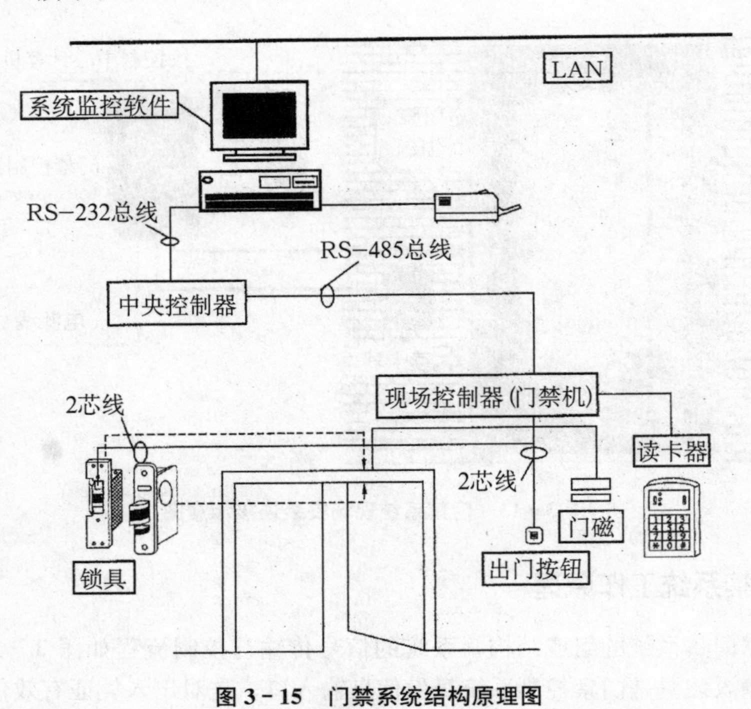

图 3－15　门禁系统结构原理图

将门禁监控软件安装在计算机系统中，通过计算机操作软件下传控制指令执行操作，计算机命令的下传通过网线连接到在同一网络上的计算机，或通过计算机的 RS－232 通信串行口直接与中央控制器相连。计算机通过 RS－232 通信串行口下传指令给中央控制器后，中央控制器接收指令并打开相应的通信信道（一般中央控制器具有若干个通信信道，每个通道都可以挂接门禁机设备），通过 RS－485 总线将计算机指令再下传到现场控制（门禁机），执行对现场所安装设备的控制。

用户通过对读卡机刷卡操作或按钮操作，把要进门或出门的指令通过控制器上传给计算机。如果该用户已经在监控软件中经过合法登记或授权，并符合管理规则和通行法则，则计算机判断后通过中央控制器下传开门指令给现场控制器（门禁机），系统执行开门动作。如果该用户没有经过监控软件登记或授权，即执行的是非法操作，则系统给予用户提示，不执行开门指令。

当门没经过合法操作而被强行打开时，安装在门扇和门框的门磁将被强行断开，系统报警装置则被触发报警。

用户的所有操作以及受控制门的状态，在门禁监控软件都有详细记录。管理者可以通过软件系统进行查询或打印任意时间的数据信息资料。

计算机与中央控制器属于一级管理器，即中心控制部分。主要任务是负责与二级控制部分设备的通信联络，并通过监控软件对系统进行实时监控、命令下传、数据上传、数据查询等任务。计算机安装门禁软件和数据库，中央控制器提供 12V 直流电源输出及 RS－232、RS－485 通信接口。人员通过授权卡进入授权区域或进入非授权区域，其所有刷卡信息都在中心控制室中显示出来；当人员利用授权卡设防，撤防受控区域内的防盗系统，系统可及时将防盗设备的工作状态向监控中心报告，并可以通过监控中心在远端开启或关闭各通道门及设防、撤防各区域的防盗系统，改变或重新确认防盗系统设备的工作状态；当出现突发事件时，报警系统通过触发相应设备自动向管理中心报告。中心控制设备属于门禁控制系统主要核心部分，一般要求安装在管理中心中央控制室，便于监控人员可以直观地监控被监视区域的情况。

系统传输部分主要设备是系统集中控制器。集中控制器主要是作为门禁系统内多台门禁机与计算机之间通过通信串行口或通过网络连接进行通信用。集中控制器根据系统分布的实际情况可以安装一台和多台。在门禁机安装的地点比较集中时使用一台集中控制器就可以了，如果安装点比较分散，例如安装在不同楼层就需要安装多台集中控制器在各个区域，各区域的门禁机连接到本地区的集中控制器，再通过通信网络连接到计算机。根据系统需求，一般使用 4 路或 8 路集中控制器，门禁机数量较多时可考虑使用更多通信口的多路集中控制器。

集中控制器具有九针 RS－232 接口，主要提供与计算机之间的通信之用。如果是网络型集中控制器，它自身安装有上网模块，外部连接通过 RJ－45 接口将上网模块与集中控制器连接在一起。

现场控制部分的现场控制器经过几代升级，已由磁卡门禁机、单门门禁控制器发展到四门门禁控制器和多门门禁控制器，硬件上增加了 DIP 地址开关，输出方式选择、管理卡制作等功能。门禁机采用 RS－485 通信协议与集中控制器相连，可以根据设定的监控门状态，出门按钮、辅助报警信号的输入控制电控锁。

三、门禁系统部分基本功能

（一）注册卡权限

每台控制器具备一定数量的注册卡权限，例如权限是 2 万张，如果是单门控制器就可以管理 2 万个人的权限，双门控制器如果 1 号门管理了 5000 个注册卡的话，二号门就最多可以授权 15 000 张卡的权限，可以任意分配，四门控制器依次类推。

（二）脱机存储记录功能

可以脱机存储相当数量条的打卡记录，每条记录信息中包含卡号、时间、地点、是否通过等完整信息。如果存储满后，会以堆栈的方式，挤掉最老的信息，保存最新的信息。如果启用了按钮信息记录和报警信息记录功能，这些信息也将被记录。

（三）时间段权限管理功能

可以设置某个人对某个门，星期几可以进门，每天几点到几点可以进哪个部位门。

（四）脱机运行功能

通过软件设置上传后，控制器会记住所有权限和记录所有信息，如果计算机软件和计算机关闭，系统依然可以正常脱机正常运行，即使停电信息也永不丢失。

（五）实时监控、显示功能

可以实时监控所有门刷卡情况和进出情况；实时显示刷卡人预先存储在计算机里的照片，以便保安人员核对；如接上门磁信号线可以实时显示门开关状态；有区分合法卡的记录方式与非法卡的记录方式；加装视频门禁设备，可以在客户刷卡的时候进行实时照相和录像。

（六）强制开、关门功能

如果某些门需要长时间或在某个特定时段打开或关闭，可以通过软件设置其为常开或关闭。

（七）远程开门功能

管理员可以在接到指示后，单击软件界面上的“远程开门”按钮，远程控制开、关某个门，远程开门记录通过设置也是可以形成记录的。

（八）界面锁定功能

操作员临时要离开一下工作岗位（例如去洗手间），可以进行界面锁定，后台软件继续运行和监控，其他人无法趁机操作软件，操作员回来后输入密码后重新回到软件操作界面。

（九）消防报警及紧急开门功能

控制器接入消防报警输出及联动扩展模块，当消防报警输出开关信号到来时，扩展模块所接控制器所辖的门全部自动打开，便于人员逃生。并可以启动消防警笛和存储记录消防报警记录时间。

（十）联动输出功能

控制器接如报警输出及消防联动扩展模块，当门被合法打开时将会驱动另外设备联动。

（十一）非法卡刷卡报警功能

非法卡刷卡报警功能又称无效卡刷卡报警。当未授权卡试图刷卡，系统会提示性报警。如果控制器接入报警输出及消防联动扩展模块，还可以现场驱动报警器鸣叫，威慑现场不良企图人员。

（十二）反潜回防尾随功能

执卡者从某个门刷卡进来就必须从某个门刷卡出去，刷卡记录必须一进一出严格对应。如果进门时未刷卡，尾随别人进来，出门刷卡时系统就不准他出去，如果出门未刷卡，尾随别人出去，下次就不准他进来。

（十三）互锁功能

某个门没有关好前，另外一个门是不允许人员进入的。双门控制器可以实现双门互锁，四门控制器可以实现双门互锁、三门互锁、四门互锁。该功能主要用于银行储蓄所、金库等严格场合。

（十四）定时提取记录功能

设置计算机程序自动提取控制器内的记录。一天可以设置多个提取记录时间。该功能需要计算机和软件当时都处于运行状态。

（十五）电子地图功能

将门的图标放在相应的地图的某个位置，实时监控时显示更加直观和人性化。

除了上述有关门禁系统所具备的部分功能外，系统还可具备考勤、在线巡更、定额就餐等方面的管理功能，这里不再一一叙述。

【技能训练】

门禁系统的工作原理及参数测试

一、实训目的

1. 认识门禁系统的组成结构。
2. 熟悉门禁系统的工作原理。
3. 掌握门禁系统设备的间电气连接及系统的功能。

二、实训设备

(一) 设备

1. 单门控制器　　1台
2. 读卡器　　1个
3. 出门按钮　　1个
4. 电插锁　　1只

(二) 工具

1. 6″十字螺丝刀　　1把
2. 6″一字螺丝刀　　1把
3. 小号一字螺丝刀　　1把
4. 小号十字螺丝刀　　1把
5. 剪刀　　1把
6. 尖嘴钳　　1把
7. 万用表　　1只

(三) 材料

四芯线、二芯线　　若干

三、实训原理

1. 门禁系统工作原理

(1) 对需控制的出入口，安装受电锁装置和感应器（如电子密码键盘、读卡器、指纹阅读器等）控制的电控门。

(2) 授权人员持有效证卡，或密码和自己的指纹，就可以开启电控门。

(3) 所有出入资料，都被后台计算机记录在案；通过后台计算机可以随时修改授权人员的进出权限。

2. 门禁系统的组成及功能

门禁系统由被控制的门、控制器、锁具、读卡器及卡片、手动按钮、钥匙、指示灯、与上位机通信的线缆、上位 PC、专用软件等组成。

门禁系统的功能主要包括：

(1) 刷卡开门：若卡号不对或属黑名单将闭门并报警。

(2) 手动按钮开门：门内人员出门用。

(3) 钥匙开门：门禁系统管理员使用。

(4) 上位机指令开关门：在特殊情况下由上位机指令门的开关。

(5) 门的状态及被控信息记录到上位机中：可方便地进行查询。

上位机负责卡片的管理：发放卡片及登录黑名单。

系统结构示意图见图 3-16。

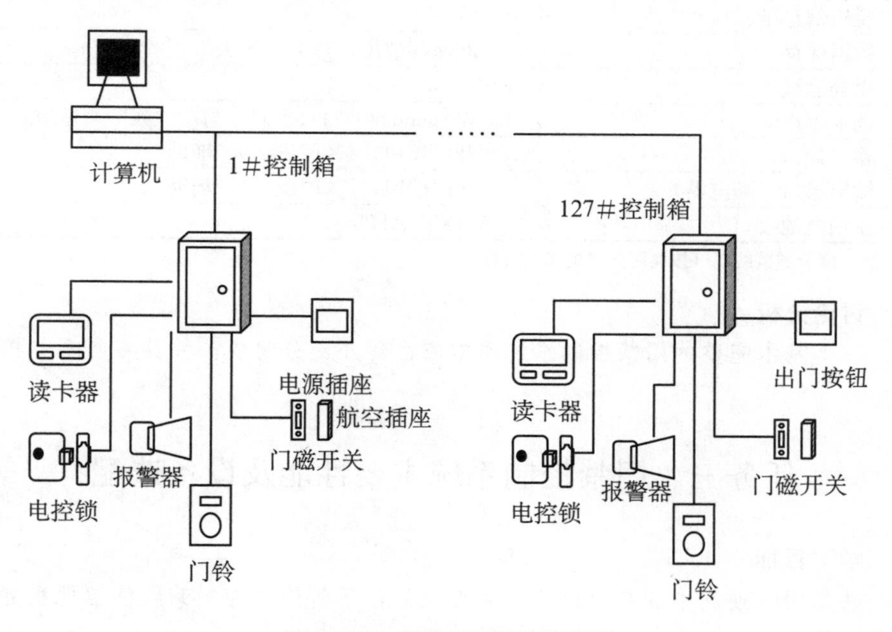

图 3-16　门禁系统结构示意图

四、实训要求

1. 要求画出实验操作所用实验台的门禁系统设备连接示意图。
2. 测量门禁控制器、读卡器、电控锁的工作电源。
3. 门禁系统中开关节点（出门按钮、锁、门磁输入）的测量信号。
4. 体会门禁系统的功能。

五、思考题

1. 门禁控制器电路板上 AD0 - AD7 的作用是什么？

2. 控制器的有效卡的数量是多少？

3. 控制器的 RS-422 和 RS-485 的接口作用是什么？

附录：

表 3-1　　拔克单门控制器参数表

型号	单门控制器（PK-C360）
工作电压	12V DC±5%
功耗	160～200mA
指示灯	2×LEDS
卡片存储量	3000～5000
脱机信息量	20 000
数据保存	Flash 保存数据，掉电不丢失
现场总线	RS-485
读卡器接口	1×Wiegand26—34（密码“与”、“或”自适应）
输入接口	1×开门按钮；1×门磁；5×辅助
输出接口（继电器）	1×开门按钮；1×门磁；1×辅助
备用电池接口	12V DC/7AH

注：读卡器接线图（按实际提供的型号连接）。

讨论分析

一个基本完整的门禁控制系统通常应由哪几部分组成？并具备有哪些扩展功能？

任务三　门禁控制系统主要性能及设备选配

学习目标

熟悉门禁控制系统常用设备的主要性能，了解门禁控制系统的常规配置方案与性能要求。

任务引入

门禁系统在使用过程中已远远超出一般意义上的门禁控制。因此，门禁系统往往需要根据实际情况选购设备或根据已选用设备的产品质量、基本功能、技术指标等因素制定日常维护措施和手段。所以，要求达到上述的学习目标是相关从业人员必备的基本技能之一。

【相关知识】

一、处理与控制单元部分

处理与控制设备部分通常是指门禁系统的控制器。门禁控制器是门禁系统的中枢，是门禁系统的核心设备，相当于计算机的CPU，里面存储有大量被授权人员的卡号、密码等信息。门禁控制器担负着整个系统的输入、输出信息的处理和控制任务，根据出入口的出入法则和管理规则对各种各样的出入请求作出判断和响应，并根据判断的结果，对执行机构与报警单元发出控制指令。其内部由运算单元、存储单元、输入单元、输出单元、通信单元等组成。门禁控制器性能的好坏将直接影响系统的稳定，而系统的稳定性直接影响着客户的生命和财产的安全。所以，一个安全和可靠的门禁系统，则首先必须选择更安全、更可靠的门禁控制器。

(一) 门禁控制器的安全性

影响门禁控制器安全性的因素很多，通常采取以下几个方面措施予以避免：

1. 控制器集中管理

控制器必须放置在专门的弱电间或设备间内集中管理，控制器与读卡器之间须具有远距离信号传输的能力（一般不能使用通用的Wiegand协议，因为Wiegand协议只能传输几十米的距离，不利于控制器的管理和安全保障）。设计良好的控制器与读卡器之间的距离应不小于1200m，控制器与控制器之间距离也应不小于1200m。

2. 控制器机箱防破坏

控制器机箱必须具有一定的防砸、防撬、防爆、防火、防腐蚀的能力，尽可能阻止各种非法破坏的事件发生。

3. 供电安全保障

控制器箱内部本身必须带有UPS与备用电池系统，并保证不被轻易切断或破坏，在外部电源无法提供电力时，至少能够让门禁控制器继续工作几个小时，以防止有人切断外部电源导致门禁系统瘫痪。

4. 控制器自检报警

控制器必须具有各种即时报警的能力，如电源、UPS等各种设备的故障提示，机箱被非正常打开的警告信息，以及通信或线路故障等。

5. 开关量信号处理

门禁控制器输入不能直接使用开关量信号，门禁系统中有许多装置会以开关量信号的方式输出，例如门磁信号和出门按钮信号等，由于开关量信号只有短路和开路两种状态，所以很容易遭到利用和破坏，会大大降低门禁系统整体的安全性。因此，将开关量信号加以转换传输才能提高安全性，如转换成TTL电平信号或数字量信号等。

(二) 门禁控制器的稳定性和可靠性

影响门禁控制器的稳定性和可靠性的因素也非常多，通常采取以下几个方面措施予以避免：

1. 硬件结构设计

门禁控制器的整体结构设计非常重要，设计良好的门禁系统尽量避免使用插槽式扩展板，以防止长时间使用而氧化引起的接触不良，应使用可靠的接插件，方便接线并且牢固可靠；元器件的分布和线路走向合理，以增强抗干扰能力；机箱布局合理，增强整体的散热效果。门禁控制器是一个特殊的控制设备，不应一味追求使用最新的技术和元件。控制器的处理速度不是越快越好，也不是门数越集中越好，而是必须强调稳定性和可靠性，够用且稳定的门禁控制器才是好的控制器。

2. 电源质量

电源是门禁控制器中的重要部分，提供稳定、干净的电路工作电压是稳定性的必要前提，针对 220V 市电存在的电压过低、过高、波动、浪涌等现象，需要电源具有良好的滤波和稳压特性。以及很强的抗干扰能力，所谓干扰包括高频感应信号、雷击等。

3. 程序设计

相当多的门禁控制器在执行一些高级功能或与其他弱电子系统实现联动时，是完全依赖计算机及软件来实现的，由于计算机是非常不稳定的，这可能意味着一旦计算机发生故障时会导致整个系统失灵或瘫痪。所以设计良好的门禁系统中所有的逻辑判断和各种高级功能的应用，必须依赖门禁控制器的硬件系统来完成，也就是说必须由控制器的程序来实现，只有这样，门禁系统才是最可靠的，并且也有最快的系统响应速度，不会随着系统的不断扩大而降低整个门禁系统的响应速度和性能。

4. 继电器的容量

门禁控制器的输出是由继电器的输出接触点担当的。控制器工作时，继电器要频繁地开合，而每次开合时都有一个瞬时电流通过。如果继电器触点容量太小，瞬时电流有可能超过继电器的容量，很快会烧坏继电器触点。一般情况下，继电器触点容量应大于电流峰值 3 倍以上。另外继电器的输出端通常是接电控锁等大电流电感性设备，瞬间的通断会产生高压电弧烧坏触点，所以宜装有压敏电阻等防护电路予以保护。

5. 电路的保护

门禁控制器的元器件的工作电压一般为 5V，如果电压超过 5V 就会损坏元器件，而使控制器不能工作。这就要求控制器的所有输入、输出口都有动态电压保护，以免外界可能的大电压加载到控制器上而损坏元器件。另外，控制器在读卡器输入电路还需要具有防错接和防浪涌的保护措施，良好的保护可以使得即使电源接在读卡器数据端都不会烧坏电路，通过防浪涌动态电压保护可以避免因为读卡器质量问题影响到控制器的正常运行。

（三）门禁控制器的选用

门禁控制器是门禁系统的核心部分。门禁控制器的质量和性能优劣直接影响着门禁系统的稳定性，而系统的稳定性将直接影响门禁系统使用者的工作和生活秩序，甚至影响到生命和财产的安全。因此，门禁系统的稳定性、操作的便捷性、功能的实用性是门禁控制器的评估和选用的重要因素和核心标准。由此应选择：

1. 具备防死机和自检电路设计的门禁控制器

如果门禁控制器死机，会使得用户开、关不了门，给客户带来极大的不方便，同时也会增大维护工作量和维护成本。同时，必须具备自检功能，如果电路因为干扰或者异常情况死机，系统可以自检并在瞬间进行自行启动。

2. 具备三级防雷击保护电路设计的门禁控制器

由于门禁控制器的通信线路是分布的，容易遭受感应雷的侵袭，所以门禁控制器一定要进行防雷设计。一般建议采用三级的防雷设计：一是首先通过放电管将雷击产生的大电流和高电压释放掉；二是通过电感和电阻电路钳制进入电路的电流和电压；最后通过 TVS 高速放电管将残余的电流和电压在其对电路产生损害以前高速释放掉。

3. 注册卡权限存储量大，脱机记录存储量也足够大

可以适合绝大多数客户对存储容量的要求，方便进行考勤统计。采用 Flash 等非易失性存储芯片，掉电或者受到冲击信息也不会丢失。

4. 通信电路的设计应该具备自检测功能，适用大系统联网的需求

门禁控制器通常采用 RS－485 工业总线结构联网，该电路须具备自检功能，如果内部芯片损坏，系统会自动断开对它的连接，使得其他总线上的控制设备能保证正常通信。

5. 应用程序简单实用，操作方便

必须注重门禁控制器软件系统的操作简单、直观、便捷，不片面强调功能强大。

6. 大功率知名品牌的继电器，输出端有触点保护电路

门禁控制器的输出是由继电器承担的。控制器工作时，继电器要频繁的开合，而每次开合时都有一个瞬时电流通过。如果继电器容量太小，瞬时电流有可能超过继电器触点容量，会烧坏继电器触点。输出端输出触点通常是接电磁锁等大电流感性负载，瞬间的通断会产生高压电弧，所以输出端宜有压敏电阻等触点保护电路予以保护。

7. 读卡器输入电路有防浪涌和防错接保护

有防浪涌和防错接保护，可以保护中央处理芯片不被意外事故烧毁，造成

整个控制器损坏失灵，防浪涌动态电压保护可以避免因为读卡器质量问题影响到控制器的正常运行。

8. 权威的质量认证

产品生产厂家须具有权威的 ISO9001 质量认证证书和政府质量监管机构的产品检测报告，有相应的第三方的认证证书。

二、输入装置与身份识别单元

输入装置是门禁控制系统的输入口，是对出入凭证进行信息采集的专用装置，根据不同形态的“钥匙”应配置相应的输入装置。身份识别单元起到对通行人员的身份进行比对识别和确认的作用。实现身份识别的方式和种类很多，主要有密码类识别方式、卡证类身份识别方式、生物识别类身份识别方式以及复合类身份识别方式等。

一般来说，应该首先对所有需要安装的门禁控制点进行安全等级评估，以确定恰当的安全性，安全性分为几个等级，如一般、特殊、重要、要害等级别，对于每一种安全级别我们可以采取一种身份识别的方式。例如：一般场所可以使用进门读卡器、出门按钮方式；特殊场所可以使用进出门均需要刷卡的方式；重要场所可以采用进门刷卡加乱序键盘、出门单刷卡的方式；要害场所可以采用进门刷卡加指纹加乱序键盘、出门单刷卡的方式。这样可以使整个门禁系统更具有合理性和规划性，同时也充分保障了较高的安全性和性价比。

三、执行机构

门禁系统常用的执行机构有多种种类和型号电控门锁，可以满足各种木门、玻璃门、金属门的安装需要。每种电子锁具都具有自己的特点，在安全性、方便性和可靠性上也各有差异，需要根据具体实际情况来选用。按其工作原理的差异，可以分为电插锁、磁力锁、阴极锁、阳极锁和剪力锁等。（按使用普及率排序）

（一）电插锁

停电开门的电锁称为阳极锁。电插锁是“阳极锁”的其中一种。因为按照消防要求，火灾时，大楼会自动切断电源，电锁应该打开，方便人员逃生，所以大部分电锁是断电开门的。

电插锁分为两线电插锁、四线电插锁、5 线电插锁和 8 线电插锁。

1. 两线电插锁

两线电插锁有两条电线，红色和黑色，红色接电源＋12VDC，黑色接 GND。断开任何一根线，锁头缩回门打开。两线电锁，设计比较简单，没有单片机控制电路，锁体容易发热烫手，冲击电流比较大，属于价格比较低的低档电插锁。

2. 四线电插锁

四线电插锁如图 3－17 所示。有两条电线，红色和黑色，红色接电源＋12VDC 黑色接 GND。还有两条白色的线，是门磁信号线，反映门的开和关状态。它通过门磁，根据当前门的开关状态，输出不同的开关信号给门禁控制器作判断，例如门禁的非法闯入报警、门长时间未关闭等功能都依赖这些信号作判断，如果不需要这些功能，门磁信号线可以不接。四线电插锁采用单片机控制器，发热良性，带延时控制，带门磁信号输出，属于性价比好的常用型电锁。

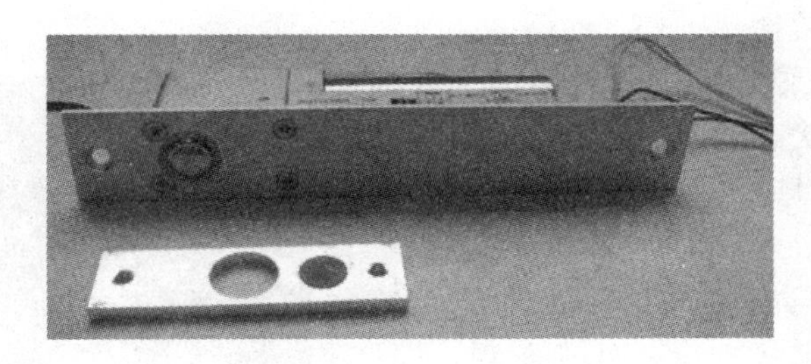

图 3－17 四线电插锁

所谓带延时控制，就是锁体上有拨码开关，如图 3－18 所示，可以设置关门的延时时间。通常可以设置为 0 秒、2.5 秒、5 秒、9 秒。根据每个厂家的规定略有不同。锁体延时控制和门禁控制器或门禁软件设置的开门延时控制是两个不同的概念。门禁控制器或门禁软件设置的是“开门延时”，或者叫“门延时”，是指电锁开门多少秒后自动合上。

图 3－18 电插锁上的关门延时设置

电锁自带的延时，是关门延时，是指门到位多久后，锁头下来，锁住门。一般门禁系统都是要求门一关到位，锁头就下来，把门关好。所以，电锁延时默认设置成 0 秒。而有些门，地弹簧不好，门在关门位置前后晃荡个几下，门才定下来，这个时候如果设置成0秒，锁头还没有来得及打中锁孔，门就晃荡过去了，门在晃荡回来会把已经伸出来锁头撞歪，这种情况就可以设置一个关门延时，使门晃荡几下后，稳定下来，锁头再下来，关闭门。

3. 5线电插锁

5线电插锁和四线电插锁的原理是一样的，只是多了一对门磁的相反信号，用于一些特殊场合，正式场合反而麻烦，工程师要测试该用哪一对。

红黑两条线是电源。还有COM、NO、NC三条线，NO和NC分别和COM组成两对相反信号（一组闭合信号，另一组开路信号）。门被打开后，闭合信号变成开路信号，开路信号的一组变成闭合信号。

4. 8线电插锁

8线电插锁原理和5线电插锁一样。只是除了门磁状态输出外，还增加了锁头状态输出，即锁头是不是伸出来信号不一样。

图3-19　电插锁带无框玻璃门附件安装后样图

电插锁通常用于玻璃门、木门等。其优点是：隐藏式安全，外观美观，安全性好，不容易被撬开和拉开。缺点是安装时要挖锁孔，比较辛苦。有些玻璃门没有门槛（即门框也是玻璃的），或者玻璃门面的顶部没有包边，需要买无框玻璃门附件来辅助安装。如图3-19所示，附件的费用由于产量不高，费用不低。

（二）磁力锁

磁力锁又叫电磁锁，如图3-20所示，是一种依靠电磁铁和铁块之间产生的吸力来闭合门的电锁。磁力锁也是一种断电开门的电锁。

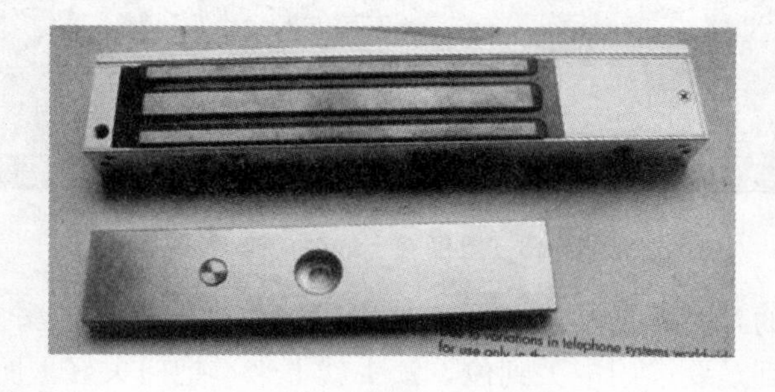

图3-20　磁力锁

有些磁力锁是带门状态（门磁状态）输出的，仔细观察接线端，除电源接线端子外，还有 COM、NO、NC 三个接线端子（接线端子示意图见图 3－21），这些接线端子的作用可以根据当前门是开着还是关着，输出不同的开关信号给门禁控制器作判断。例如，门禁的非法闯入报警、门长时间未关闭报警等功能都依赖这些信号作判断，如果不需要这些功能，门状态信号端子可以不接。

图 3－21　磁力锁内的接线端子

磁力锁通常用于木门、防火门，如图 3－22 所示。

图 3－22　磁力锁安装好后样图

优点：性能比较稳定，返修率会低于其他电锁。安装方便，不用挖锁孔，只用走线槽，用螺钉固定锁体即可。

缺点：一般装在门外的门槛顶部，而且由于外露，美观性和安全性都不如隐藏式安装的电插锁。价格和电插锁差不多，有的会略高一些。

由于吸力有限，通常的型号是 280kg 的，这种力度有可能被多人同时，或者力气很大的人忽然用力拉开。所以，磁力锁通常用于办公室内部等一些非高安全级别的场合。有些安全场合，例如“监狱”，如果用到磁力锁，会定做抗拉力 500kg 以上的磁力锁。

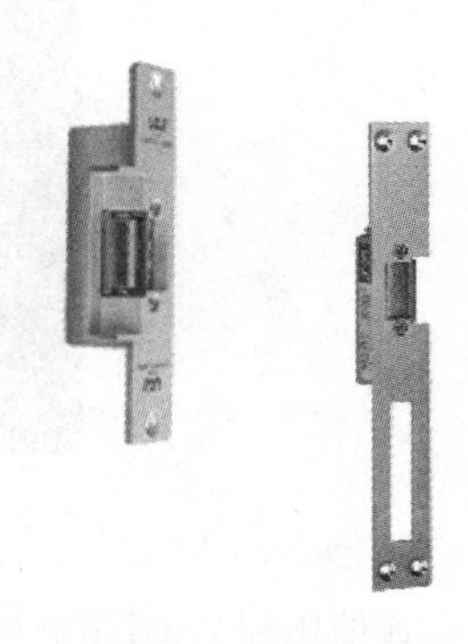

图 3－23　电锁扣

（三）电锁口（电锁扣）

如图 3－23 所示，是阴极锁的一种。它安装在门的侧面，必须配合机械锁使用。

优点：价格便宜。有停电开和停电关两种。

缺点：冲击电流比较大，对系统稳定性影响大，由于是安装在门的侧面，布线很不方便，因为侧门框中间有隔断，线不方便从门的顶部通过门框放下来。锁体要挖空埋入，安装比较吃力。不刷卡，通过球形机械锁也能开门，降低了电子门禁系统的安全性和可查询性。能承受的破坏力有限。

（四）电控锁

如图 3－24 所示，主要用于小区单元门，银行储蓄所二道门等场合。也可以用门内锁上的旋钮或者钥匙打开。

缺点：冲击电流较大，对系统稳定性冲击大，开门时“啪”的一声，噪声比较大。安装不方便，经常需要专业的焊接设备，点焊到铁门上。施工时要注意，开门延时不能长，只能设置在 1 秒钟以内，如果时间长，有可能引起电控锁发热损坏。

图 3－24　电控锁

针对这些缺点，新款的“静音电控锁”简称“静音锁”，有的人又叫“电机锁”，它不再是利用电磁铁原理，而是驱动一个小马达来伸缩锁头。如图 3－25 所示。

图 3－25　静音锁（电机锁）

其他电锁，例如玻璃门夹锁，磁力锁中的上下吸合的锁等电锁由于用量不大，有的还面临淘汰，这里就不介绍了。

四、传感与报警单元

传感与报警单元部分包括各种传感器、探测器和按钮等设备，应具有一定的防机械性创伤措施。门禁系统中最常用的就是门磁和出门按钮，这些设备全部都是采用开关量的方式输出信号，设计良好的门禁系统可以将门磁报警信号与出门按钮信号进行加密或转换，如转换成 TTL 电平信号或数字量信号。同时，门禁系统还可以监测出以下报警状态：报警、短路、安全、开路、请求退出、噪声、干扰、屏蔽、设备断路、防拆等状态，可防止人为对开关量报警信号的屏蔽和破坏，以提高门禁系统的安全性。另外门禁系统还应该对报警线路具有实时的检测能力（无论系统在撤、布防的状态下）。

五、线路及通信单元

门禁控制器可以支持多种联网的通信方式，如 RS－232、RS－485 或 TCP/IP 等，在不同的情况下使用各种联网的方式，以实现全国甚至于全球范围内的系统联网。为了门禁系统整体安全性的考虑，通信必须能够以加密的方式传输，加密位数一般不少于 64 位。

六、管理与设置单元部分

管理与设置单元部分主要指门禁系统的管理软件，管理软件可以运行在 Windows 2000、Windows 2003 和 Windows XP 的环境中，支持服务器/客户端的工作模式，并且可以对不同的用户进行可操作功能的授权和管理。管理软件应该使用 Microsoft 公司的 SQL 等大型数据库，具有良好的可开发性和集成能力。管理软件应该具有设备管理、人事信息管理、证章打印、用户授权、操作员权限管理、报警信息管理、事件浏览、电子地图等功能。随着智能化大厦应用的不断深入，一个新的需求逐渐被提出，那就是“一卡通系统”。

七、门禁系统布线时应注意的问题

（1）将控制器放于较隐蔽或安全的地方，防止人为的恶意破坏。

（2）室内布线时不仅要求安全可靠，而且要使线路布置合理、整齐、安装牢固。

（3）使用的导线，其额定电压应不大于线路的工作电压；导线的绝缘应符合线路的安装方式和敷设的环境条件。导线的截面积应满足供电和机械强度的要求。

（4）布线时应尽量避免导线中间有接头。如非接头不可的，其接头必须采用压线或焊接。导线连接和分支处不应受机械力的作用。

（5）线在建筑物内安装要保持水平或垂直。布线应加套管保护（塑料或铁水管，按室内的布线的技术要求选配），天花板的走线可用金属软管或 PVC 管，但需固定稳妥美观。

（6）信号线不能于大功率电力线平行，更不能穿在同一管内。如因环境所限，要平行走线，则要远离 50cm 以上。

（7）报警控制箱的交流电源应单独走线，不能与信号线和低压直流电源线穿在同一管内，交流电源线的安装应符合电气安装标准。

（8）报警控制箱到天花的走线要求加套管埋入墙内或用铁水管加以保护，以提高防盗系统的防破坏性能。

【技能训练】

电控锁具的原理及使用

一、实训目的

认识熟悉门禁控制系统常见电控锁具的结构特点，掌握不同类型锁具的使用方法和电气特性，以及锁具的一般安装与维护方法。

二、实训器材

1. 设备：各种不同类型锁具各 1 个（至少三种或以上），直流 10～28V 稳压电源 1 台。

2. 工具：万用表 1 只，电动工具 1 套，电工工具 1 套。

3. 材料：1m RVV（2×0.5）导线若干根，实训端子排 1 只，控制开关 1 个。

三、实训原理

1. 门禁锁具控制电路模型如图 3－26 所示。

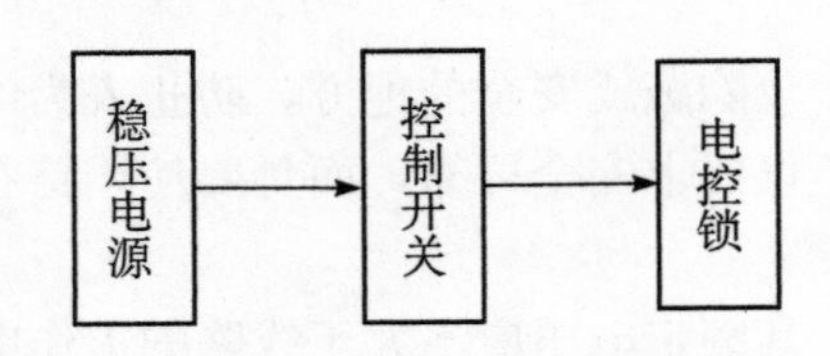

图 3－26　门禁锁具控制电路模型

2. 门禁锁具控制电原理示意图如图 3－27 所示。

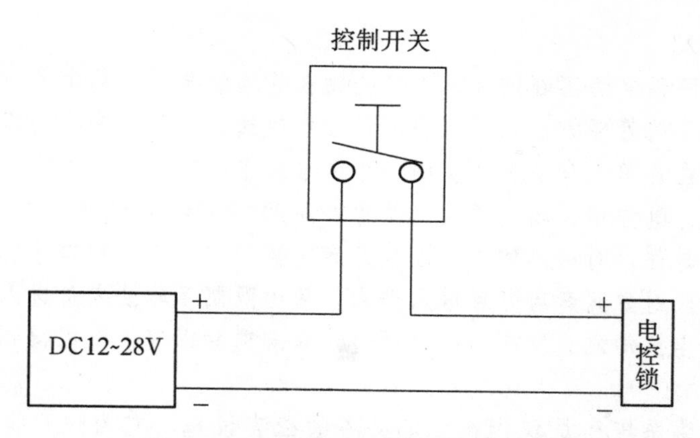

图 3-27　门禁锁具控制电原理示意图

四、实训步骤

1. 关闭实训操作台电源开关。

2. 拆开电控锁外壳，根据使用说明书辨认接线端子。

3. 用万用表合适的欧姆档位检查测量电控锁电磁线圈直流电阻和绝缘状态。

4. 按图 3-27 完成实训端子排上的接线，合闭电控锁外壳。

5. 每项实训内容的接线完成，检查无误后方可接通电源，并观察电控锁被控制及动作过程，做好记录。每项实训内容结束后，必须关断电源。

五、思考题

1. 通过对锁具结构的分解，理解电控锁工作原理。

2. 电控锁安装要求有哪些？如何进行维护保养？

讨论分析

1. 电控锁有哪些机械特性和电气特性？安装时应注意哪些问题？

2. 电控锁出现的常见问题有哪些？如何处理解决？

项目二　楼宇对讲系统

任务一　楼宇对讲系统结构原理

学习目标

掌握楼宇对讲系统的基本组成结构和工作原理，包括特点、性能，熟悉楼宇对讲系统的设备配置和应用。

任务引入

随着居民住宅的不断增加，小区的物业管理就显得日趋重要。其中访客登记及值班看门的管理方法已不适合现代管理快捷、方便、安全的需求。楼宇对讲系统是由在各单元口安装防盗门、小区总控中心的管理员总机、楼宇出入口的对讲主机、电控锁、闭门器及用户家中的可视对讲分机通过专用网络组成，以实现访客与住户对讲，住户可遥控开启防盗门。各单元梯口访客通过对讲主机呼叫住户，对方同意后方可进入楼内，从而限制了非法人员进入。同时，若住户在家发生抢劫或突发疾病，可通过该系统通知保安人员以得到及时的支援和处理。

楼宇对讲系统已是现代化住宅必备的配套设施，它为住户提供防盗、防灾、紧急呼救等需求，可以有效地维护个人生命和财产的安全。所以，掌握楼宇对讲系统的结构原理和相关硬件设备的基础知识是参与安全防范系统设施、设备生产、建设与维护的基本要素。

【相关知识】

一、楼宇对讲系统

楼宇对讲系统配置及连接示意图如图 3 - 28 所示。图 3 - 28 中 1 表示对讲室内机，其功能为：对讲、紧急呼叫、开锁与管理员通话。2 表示为楼层信号隔离分线器，其功能为：楼层分线；接线；音频信号隔离；室内机故障或线路短路时自动隔离开系统，使整个系统仍能正常使用，不受到影响。3 表示为编码式对讲室外机，其功能为：可与数个室内机连接通话，通话机数量视机型的不同而不同，可与中心管理机构成小区联网系统。通话保密性强，当一用户通话时，其他用户无法窃听。夜间自动照明密码键盘，控制开启电磁锁。4 表示为不间断电源供应器，其功能为：在市电停电时，可自动切换备用电源，以保证系统正常工作。5 表示为电磁锁。接线方式为：两芯电源线，四芯信号线。信号线传送的信号有音频信号、紧急呼叫信号和控制开锁信号。

二、楼宇可视对讲系统

楼宇可视对讲系统配置及连接示意图如图 3 - 29 所示。

图 3 - 29 中 1 表示为可视对讲室内机，其功能为：有双音“叮咚”铃声，提示有来访者；有可视功能，具有显示屏可显示来访者的图像及监看户外情况；有对讲功能，可与室外机及管理中心机双向通话；有分机占线提示，当有用户使用时，其他用户无法看到、听到影音及操作；有开锁功能，用户可在室内机上控制开启室外的大门，也可根据需要开启在同一区域内的其他室外大

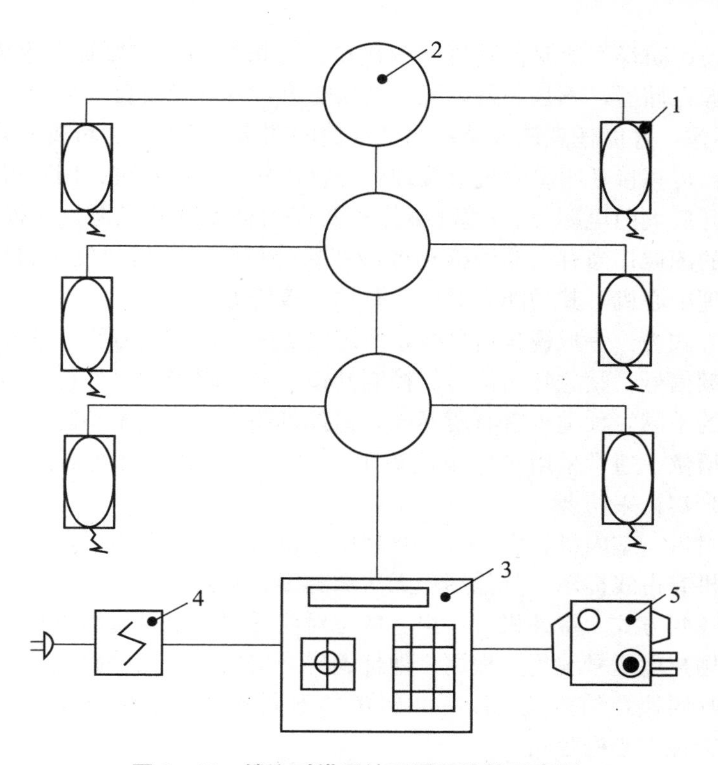

图 3 - 28　楼宇对讲系统配置及连接示意图

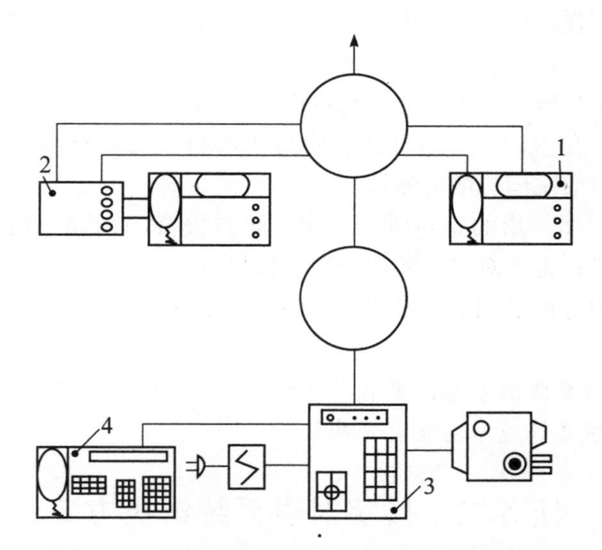

图 3 - 29　楼宇可视对讲系统配置及连接示意图

门，用户可在室内机上任意修改开锁密码：有的设备还增加了报警功能，具有防火、防盗、防煤气泄漏及紧急呼叫接口，可根据不同需要加接报警设备。2表示为图像存储器，不是必备设置，其功能为：具有触发自动存储功能，可存储16幅图像，并能任意调取某一幅已存储的图像。3表示为可视对讲室外机，其功能为：可直接呼叫室内机或管理中心机，并可双向对讲；用户可在室外机上按密码开启大门电磁锁；CCD摄像机及夜间补助红外光源，在夜间可以摄取到清晰的图像；当有人非法拆动或破坏室外机时，该机会发出报警声音。4表示为管理中心机，其功能为对讲、开锁、接警等。

接线方式为：一根视频信号线，两芯电源线，四芯信号线。信号线传送的信号有音频信号、紧急呼叫信号、控制开锁信号、报警信号。可视对讲机由于生产厂家的不同，种类也就有所不同，但都具备以下的基本功能：

(1) 摄像。通常采用带广角镜头1/3″CCD摄像机，并配有红外光源，夜间也可清晰辨认来访者。

(2) 对讲。室内机、室外机、管理中心机可三方双向通话，当有用户使用时，室内机有占线提示，其他用户无法看到影、听到声。

(3) 呼叫方式。室外机可一户一按键对应呼叫，也可按编码呼叫（按用户编码、按用户电话号编码、按用户地址编码、按用户密码编码）。

(4) 呼叫地点的辨认。以呼叫铃声的不同来区分是住户呼叫、室外机呼叫，还是管理中心机呼叫。

(5) 留言提示。管理中心当收到住户的挂号信件或包裹时，可按下控制机上的该住户留言提示按钮。室内机留言提示灯亮，提示住户管理中心有事找。

(6) 自检。管理中心机不定时地发出信号检测系统线路、设备有无故障，并能分辨出发生故障的地点及时进行修理。

(7) 开锁。在室内机、室外机、管理中心机上可根据需要输入相应的密码，开启楼门口或院门口的电磁锁。

(8) 三机一体。指的是对讲、影像、防盗报警都在同一机体上；也有对讲、影像一体机；也有对讲、防盗报警一体机等。

(9) 管理中心机可记录、打印、存储各类信息。

讨论分析

1. 楼宇对讲系统的基本配置有哪些?
2. 楼宇对讲系统基本功能有哪些?

任务二　楼宇对讲系统解决方案

学习目标

能根据住宅结构特点制订出相应的系统方案，通过学习基本掌握设备组成结构和系统集成技能。

任务引入

目前，安全防范在技术领域的现状，是以安全技术防范为主，辅以视频、通信、网络系统，楼宇对讲系统基于上述技术平台实现了对出入门口的控制，这就要求楼宇对讲系统在工程的实施、设备的安装及调试必须符合特别的规定，并要求根据有关规定和住宅结构、小区分布等特点制订出相应的系统方案予以实现之。

【相关知识】

一、楼宇对讲系统解决方案

楼宇对讲系统被喻为居家生活的“守护神”。选购楼宇对讲系统应该针对不同的住宅结构、小区分布和功能要求来选择，有些适宜于非封闭式管理的低层或高层的各种住宅结构，能够实现呼叫、对讲和开锁功能，并具有夜光指示的功能；有些适用于封闭式管理的小区，带有安全报警功能的室内机，用户可根据各自需要安装门磁、红外、烟雾、煤气泄漏等探测报警装置等。为兼顾不同用户的需要和经济条件，可视对讲系统中彩色与黑白机分机兼容，用户可采用彩色机，也可选用黑白机，还可选用不带可视功能的对讲室内机；为方便工程布线，根据不同的小区分布，大系统总线可采用星型布线和环型布线。为解决大系统信号衰减，在同一根电缆上视频双向传输放大可采用智能化信号增强器。封闭式的小区还可设置管理中心。管理中心机可储存报警记录，可随时查阅报警类型、时间和报警住户的楼栋号和房号，中心机可监控和呼叫整个小区与楼栋门口。所以选用楼宇对讲系统一定要根据住宅区的特点来选用，切不可盲目，以达到最高的性价比，最大限度地发挥此系统的功能。

（一）系统的组成与设备

楼宇对讲系统主要由非可视（或可视）直按门口主机、门禁一体机、层间分配器、住户室内分机、系统不间断电源及若干配件组成。系统的组成结构如图3－30所示。

1. 非可视直按门口机

供来访者操作使用，呼叫住户，并与之通话，提示明了，操作方便，直按主机在单元入口处安装。

2. 层间分配器

层间分配器用在每一层楼，起到系统解码、系统隔离等作用，保证系统正常工作。每个层间分配器可接 2～3 个住户。层间分配器在每一层的弱电竖井内挂墙安装，安装高度以距地 1.4～1.5m 为宜。

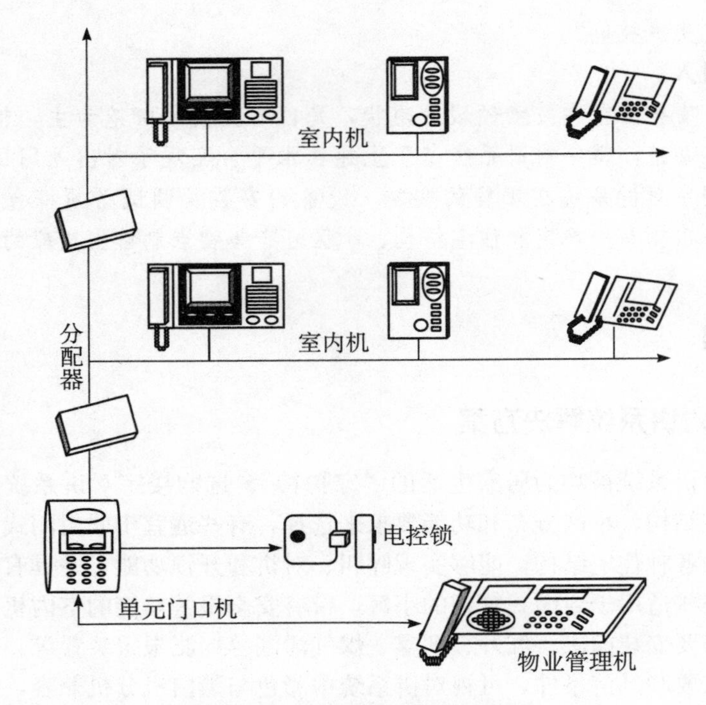

图 3-30 楼宇对讲系统组成结构

3. 室内分机

用于与来访者通话，按键可遥控开启防盗门。

（二）简介

来访者在单元门口机上按下所拜访住户的房间号，接通住户室内分机，与之通话，住户可以帮助遥控开锁。不速之客，可置之不理。系统操作简便，具有自保护功能，某一分机短路不影响其他分机的正常工作；无电待机，安全节能；维护容易，具有完善的自诊断功能，易用易维护。

系统采用总线制结构，非可视系统只需三芯总线两芯进户联结，系统的门口机、室内分机、层间分配器等每一部分，只需少数几根边接线即可联结一体，采用这种结构一方面可以节省材料、减少工程量，而且能大大提高系统的可靠性和稳定性，其他传统的对讲系统线制复杂，增加成本，且线多不便维修。

停电保护功能让系统配有后备电源，遇到停电，后备电源自动开始工作。

二、楼宇对讲系统在实施系统集成时应注意的几个问题

（一）布线

布线注意事项：布线前应设计好安装布线施工接线图，合理安排线路的走

向、支架固定，设备安放的位置等，应考虑以下几点：

(1) 走线最短。

(2) 高层楼房，视频放大器、中继器位置的安装应满足电气要求。

(3) 分散性小区应合理安排主干总线（包括视频总线）、分支总线的连接点，中继器、视频放大器应尽量安装在分支总线上。

(4) 应根据系统要求，采用总线制布线方式，通常使用六芯线，在可视系统中还应增加视频线。如表 3－2 所示（该表仅作示例）。

表 3－2　　楼宇对讲系统线材表

线路名称	线材规格	线数	备注
通信总线	0.75mm²	6	
视频总线	75－5	1	
电源线	1.0mm²	2	分正负极
分户通信线（可视）	1.0mm²	4	1 ＋18V，2、3 信号线，4 公用端
分户通信线（非可视）	0.5mm²	4	1 ＋18V，2、3 信号线，4 公用端
分户视频线	75－3	1	
单元门口机至电控锁	1.0mm²	2	2、1 常开，2、3 常闭
分机至小门口机	0.5mm²	4	L1 叫线，L2＋18V，L3 视频线，L4 公用端
分机至红外、煤气探头	0.5mm²	3	1 ＋12V，2 信号线，3 公用端
分机至火灾、紧急、门磁	0.5mm²	2	1 信号线，2 公用端

1. 布线要求

(1) 布线时要远离干扰源如：电力线、电话线及其他强辐射性传输线等；远离易燃、易爆及腐蚀性物体，做好防雷、防水措施。走线时建议采用铁管或铁槽单独走线，最大限度地减少外围因素对系统的干扰。

(2) 设备间连接线的布线与电力线的距离应大于 0.5m 以上，需要交叉的地方不能直接接触，必须绝缘防护及加强固定。与其他电气连接线的距离大于 0.2m 以上。

(3) 视频线、通信线一般不允许在地下线井内有接头，如确有需要，必须做好防水措施。

(4) 每层上下的通信主线、上下视频主线、进户线等分别标识清楚。

(5) 线路安装必须严格按照电工线路的要求进行安装。

(二) 设备安装位置与要求

(1) 管理机：一般安装在办公桌上，引线应留 1m 左右，能自由拉动。

(2) 小区门口机：一般安装在小区门口大门上或保安室内。

(3) 单元门口机：一般安装在防盗门常闭的一侧或门的两侧，距地1.5～1.6m。

（4）解码器：一般安装在楼栋的楼层走道上方或线井内，距地大于1.8m。

（5）中继器：楼层为30层以上，从第30层开始每30层增加一台中继器串联在通信总线上。

（6）视频放大器：楼层为15～20层以上，第15～20层开始每15～20层增加一台视频放大器。串联在视频总线上。

（7）分机：安装在客厅门边，距地1.2～1.5m，引出线应走暗线或接线槽。

（8）不间断电源要求如下：

①安装在楼栋的楼层走道上方或线井内，距地大于2m。安装在负载的中间部分，交流电源采用专线供电，不能接在其他设备供电电路上。

②当系统全部正确安装后，将电源的输出直流电接入门口机，且装上保险丝，再将电源的输入交流电源线插头插在插座上。

③开锁电源（18V脉冲）不能接门口机供电电源，应接开锁电源，以免影响图像效果。

④严禁在安装中接通电源，以免造成电源线短路烧坏设备。安装完毕再进行一次彻底检查，防止因疏漏造成不必要的损失。严禁带电给设备接线。

⑤注意人身安全，电源工作时不要随意接近，以防触电。

（9）系统所有设备应远离腐蚀性气体、强电、强磁物体，不能安装在特别潮湿、雨淋、多尘、高温或温度变化大的地方。

（10）系统安装应防止雷电；防止其他带电设备故障时对本系统产生破坏。

（11）每个线头连接处必须采用焊接形式。

（12）系统安装完毕前勿安装电源上的保险丝。

（13）分机供电应按技术要求分段供电（如每台电源带多少户分机为一段）。

（14）安装完毕，应把不用的或暂时没有接入设备的连接线进行绝缘、包扎，不应有任何短路现象，多余的线芯要全部剪掉。

（15）根据用户实际情况安装系统时，必须以保证各设备的使用寿命及性能稳定为前提。

（16）系统应有一份完整的系统配置平面图、接线图及各种维护用的资料。

（三）有关设置

（1）有小区门口机的系统，应对门口机进行设置。无小区门口机时不作此项设置。

（2）主管理机与副管理机并接使用时，应对主管理机进行设置。

（3）在联网的系统中，应设置小区门口机、单元门口机、副管理机的号码，其操作参见产品说明书。

讨论分析

楼宇对讲系统的基本配置有哪些？在施工布线时有哪些要求？

项目三　停车场管理系统

任务一　停车场管理系统结构原理

学习目标

掌握停车场管理系统的基本组成结构和工作原理，包括各类导航配套设施的特点、性能，熟悉停车场管理系统的设备配置与使用。

任务引入

作为智能交通和智能楼宇的重要组成部分，智能化停车场管理系统参与了城市交通和楼宇安全管理。停车场管理系统本身就属于出入口系统范畴，与门禁控制系统一样，完美地结合了计算机、电子、机械等专业技术，实现了对车辆的出入与车位的控制管理。因此，熟悉停车场管理系统结构原理，是掌握停车场管理系统的操作使用及管理与维护人员必须掌握的一项基本技能。

【相关知识】

停车场管理系统是出入口控制系统的又一应用领域。停车场管理系统是现代智能型停车场车辆收费及设备自动化管理的统称。停车场管理系统综合应用了视频、门禁、射频卡等先进的技术手段，实施对车辆的进出、停放和收费的自动化管理。智能型停车场管理系统具有强大的计算机网络数据处理功能，能够对整个系统的各项参数进行修改设定，自动采集、存储数据信息，IC（ID）卡管理，打印统计报表以及图像对比等多项功能。

一、停车场管理系统工作原理

停车场管理系统是以非接触式 IC 卡或 ID 卡作为车辆出入停车场的凭证，是通过计算机对车辆进行收费、车位检索、安全保障的全方位智能化管理系统。基本的停车场管理系统有入口系统、出口系统和管理系统三大系统组成。车辆管理系统如图 3-31 所示。

（一）入口系统

入口系统主要由自动发卡机（内含感应式 IC 卡读卡器、出卡机、车辆感应器、入口控制板、对讲分机）、自动路闸、车辆检测线圈、摄像头组成。

临时车辆进入停车场时，设在车道下的车辆检测线圈检测到车辆，入口处的自动发卡机显示屏用灯光提示司机按键取卡，待司机按键后，自动发卡机即发送一张 IC 卡，经输卡部件传送至自动发卡机的出卡口，并完成读卡过程，同时启动入口摄像机，摄录一幅该车辆的图像，并依据相应卡号，存入收费管理处的计算机硬盘中。

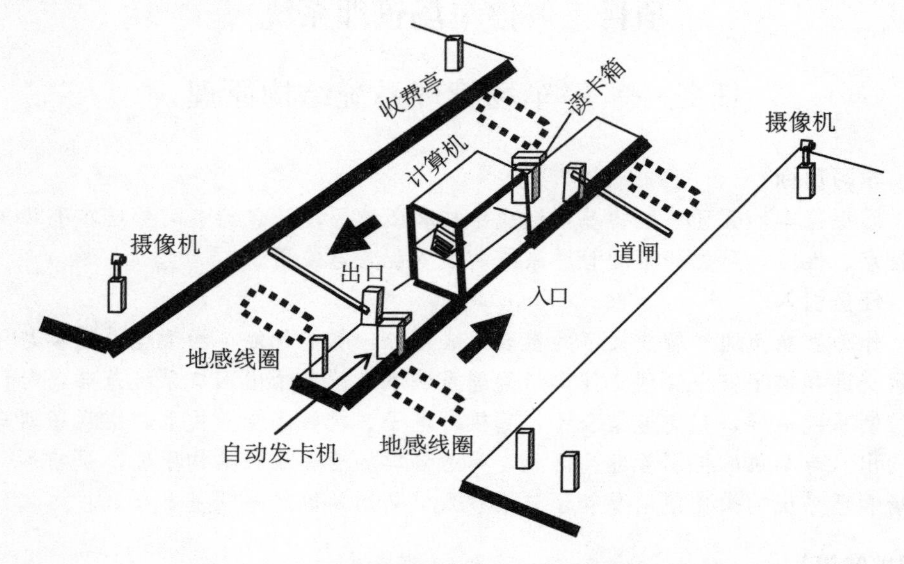

图 3-31　车辆管理系统示意图（单进单出系统）

司机取卡后，自动路闸起栏放行车辆，车辆通过车辆检测线圈后自动放下闸栏。

月租卡车辆进入停车场时，设在车道下面的车辆检线圈检测到车辆，司机把月租卡在入口自动发卡机 15cm 感应区距离内刷过，入口自动发卡机内 IC 卡读卡器读取该卡的特征和有关信息，判断其有效性，同时启动入口摄像机，摄录一幅该车辆的图像，并依据相应卡号，存入收费管理处的计算机硬盘中。

若该卡有效，自动路闸起栏放行车辆，车辆通过车辆检测线圈后自动放下栏杆；若该卡无效，则灯光报警，不容许进入。

当场内车位满位时，入口显示屏显示“满位”，并自动关闭入口处读卡系统，不再发卡或读卡。

（二）出口系统

出口系统主要由出口读卡箱（内含感应式 IC 卡读卡机、车辆感应器、出口控制板、对讲分机）、自动路闸、车辆检测线圈、摄像机组成。

临时车辆驶出停车场时，在出口处，司机将非接触式 IC 卡交收费员，收费员在收费所用的感应读卡机附近晃动一下，同时启动了出口摄像机，摄录一幅该车辆的图像，并依据相应卡号，存入收费管理处的计算机硬盘中，计算机根据 IC 卡的记录信息自动调出入口图像进行对比，并自动计算出应交费用，提示司机交费。

收费员收费及图像对比无误后，按确认键，路闸栏杆升起放行，车辆通过埋在车道下的感应检测线圈后，路闸栏杆自动放下，同时收费计算机将该车辆信息存入数据库内。月租卡车辆驶出停车场时，设在车道下的感应检测线圈检测到车辆时，司机把月租卡在出口读卡机 15cm 感应区内晃过，出口 IC 卡读卡机读取该卡的有关特征和信息，判别其有效性，同时启动出口摄像机，摄录一幅该车辆的图像，并依据相应卡号，存入收费管理处计算机硬盘中，收费管理处计算机自动调出入口图像进行比对。

若收费员确认无误并且该卡有效，自动路闸起栏放行车辆，车辆感应器检测车辆通过后，栏杆自动落下，若无效，则系统报警，不允许放行。

（三）管理系统

收费管理处设备由收费管理计算机（内配图像捕捉卡）、IC 卡台式读写器、报表打印机、对讲主机系统、收费显示屏组成。

收费管理计算机除负责与自动发卡机及出口读卡机通信外，还负责对报表打印机和收费显示屏发出相应的控制信号，同时完成同一卡号的入口车辆图像和出场车辆车牌号的对比、停车场数据采集下载、读取 IC 卡信息、查询打印报告、统计分析、系统维护和月租卡发售功能。

（1）车辆入口操作流程如图 3－32 所示。

（2）车辆出口操作流程如图 3－33 所示。

二、停车场管理系统的组成

从功能的角度来分，系统主要由三大基本部分组成，即中心控制部分（管理服务器、车库管理软件、工作站）、数据传输与控制部分（系统控制器）和现场部分。一个完整的系统其主要硬件部分包括有通信控制功能的计算机服务器、系统控制器、现场控制接口单元、出入口控制箱、车辆探测器、地感线圈、数据采集器、LED 车位显示器、线缆等；操作部分有自动闸杆机、读卡器、自动出卡机等。停车场管理系统结构组成如图 3－34 所示。

（一）中心控制部分

计算机与中央控制器属于中心控制部分。它们的主要任务是与现场控制部分设备的通信，并通过管理软件使用计算机进行实时监视、命令下传、车辆派位、数据上传、数据查询等任务。计算机安装停车场管理软件和数据库，固定卡和临时卡以及对应卡的图片都存在系统数据库中；中央控制器提供 12V 直流输出及 RS－232、RS－485 通信接口，连接收费显示屏、自动出卡机和其他设

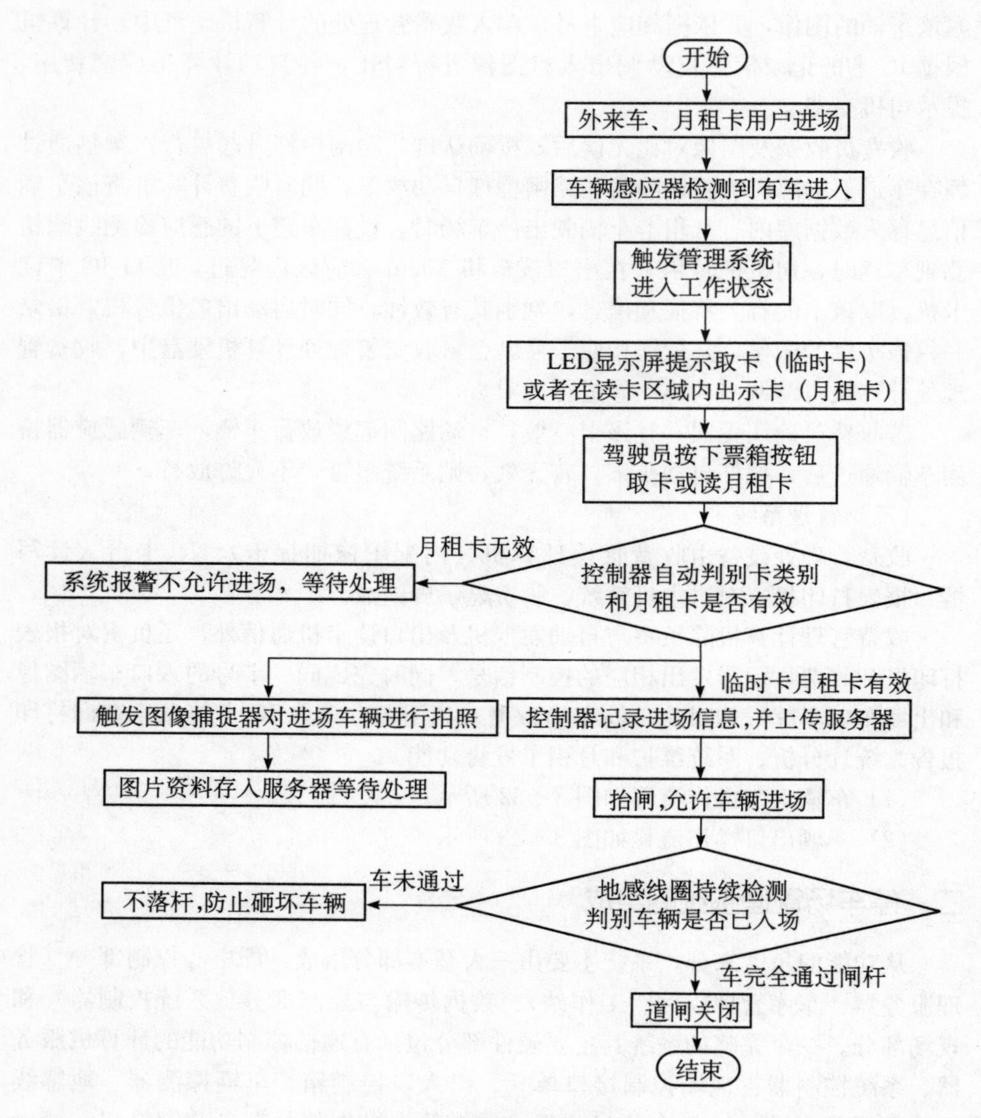

图 3-32　车辆入口操作流程

备的通信。用户的进出停车场情况信息都在中心控制室显示出来。用户车辆停在栏杆机处的线圈上时，摄像机实时抓拍的车辆图像显示在工作站的屏幕上，同时工作站自系统服务器数据库中调出该车辆进入时的历史图片资料，管理人员进行人工比对，判定车辆的符合性。中心控制设备属于车库管理系统主要控制部分，一般要求安装在管理中心中央控制室或收费亭内，管理人员可以直观地查明车辆进出的情况。

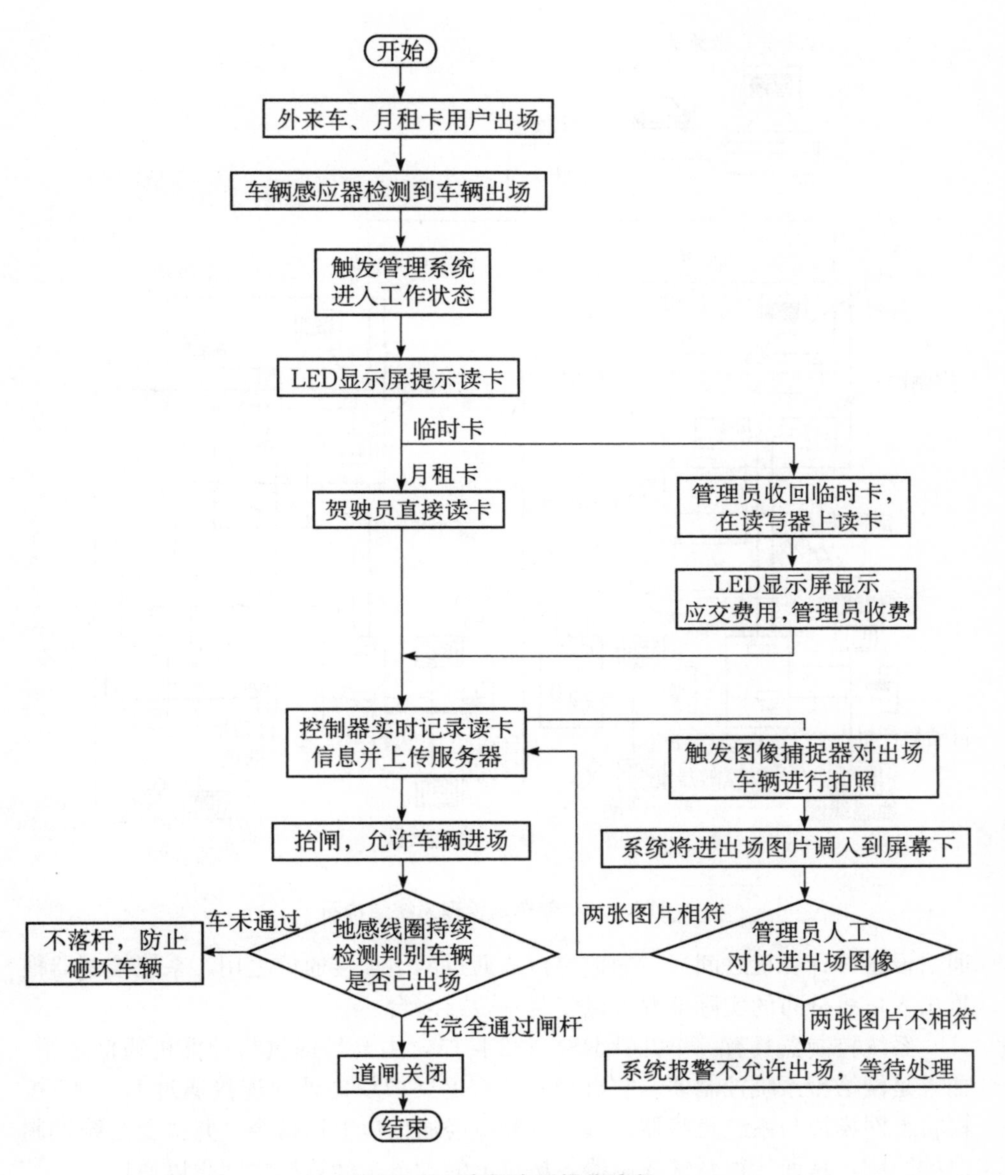

图 3-33　车辆出口操作流程

管理系统除通过系统控制器负责与收费显示屏、自动出卡机和其他设备的通信外，还负责收集、处理停车场内车位的停车信息，以虚拟的电子地图的形式反映出来，并负责对收费电子显示屏和满位显示屏发出相应的控制信号。

（二）系统传输部分

系统传输部分主要是系统控制器。系统控制器主要是作为管理系统内多台

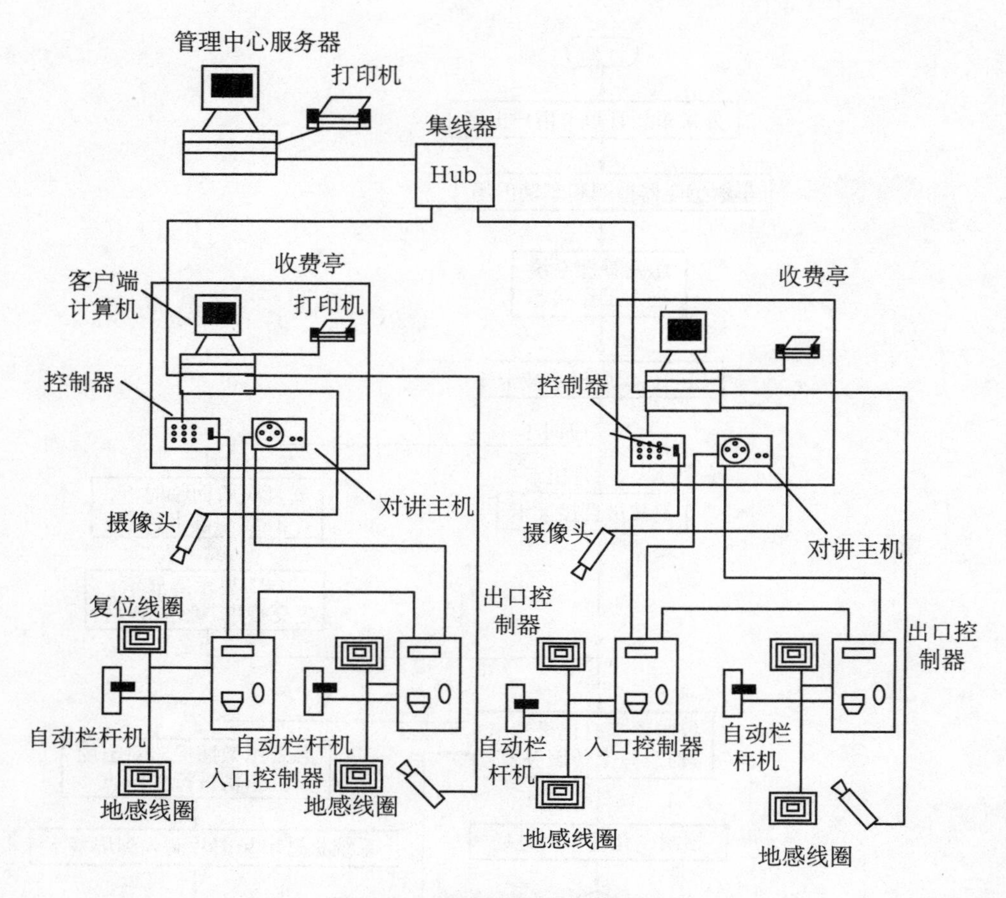

图 3－34　停车场管理系统结构图

通信设备与计算机之间通过通信串口或通过网络连接通信之用。系统控制器根据出入口机分布的实际情况可以安装一台或多台。

系统控制器具有一个九针 RS－232 接口，主要是提供与计算机通信之用。如果是网络型系统控制器，它自身安装有上网模块，外部连接通过 RJ－45 接口将上网模块与系统集线器连接。计算机经通信口下达指令，并接受系统控制器的回应，从而使得系统控制器各接口上的设备与计算机之间得以通信。

计算机与系统控制器之间的通信遵循 RS－232 接口标准。与收费显示屏、自动出卡机之间的通信遵循 R5－485 接口标准。

（三）现场部分

现场部分由现场控制单元、地感线圈、地感线圈探测器、数据采集器、自动栏杆机、自动出卡机、车辆探测器、读卡器，以及辅助的刷卡用卡片、语音对讲设备、各类显示屏等组成。

1. 现场控制单元

安装在车辆入口处的入口机内。当固定用户进入停车场时，只需将卡片在读卡机前晃动一下，系统确认后即可进入；临时用户按键取票进入，现场控制单元可以对地感线圈进行判断并通过本地控制，输出信号给自动栏杆机，控制抬杆、落杆动作。确认后将用户执行的操作信息上传至上位机，数据被存储在系统数据库，管理员利用数据库信息查询或打印有关报表。

2. 自动栏杆机

自动栏杆机使用220V交流供电。控制电机的正、反动作由外部信号控制。可以由现场控制单元自动控制，也可以使用按钮进行手动操作。抬杆、落杆时间可以通过调节旋钮进行控制。如果控制的车辆通道高度小于控制栏杆高度，可以使用专用折臂器工艺。

3. 地感线圈和地感线圈探测器

地感线圈配合地感线圈探测器工作。地感线圈探测到车辆时，提供一个低电平信号给地感探测器。现场控制单元在收到由地感探测器输出的电压信号后，控制驱动相应继电器动作。

4. 自动出卡机

车辆经过安装在入口处的地感线圈检测器时，驾驶员按下自动出卡机的按钮，自动出卡机会立即滑出一张卡片。自动出卡机具有RS-232通信接口，可以由计算机控制自动出卡动作。车库管理系统在没有检测有车辆进入时，主动出卡机按钮将不起作用，出票机不出卡。

5. 收费显示屏

车辆经过安装在出口处的地感线圈检测器时，驾驶员在读卡器前刷过感应卡或将感应卡交给管理人员经管理人员刷过卡后，刷卡数据上传。系统管理软件计算出使用该卡片的车辆停泊期间的费用并及时下传至收费显示屏，显示应交费用。

6. 语音对讲设备

车辆经过安装在出、入口处的地感线圈检测器并刷卡后，现场的语音对讲设备会进行预制的语音提示；同时，用户在操作中发生问题时也可以使用按钮通过现场的语音对讲设备与控制中心联系。

7. LED车位显示屏

当车辆经过地感线圈检测进入停车场时，系统的LED车位显示屏实时显示当前停车场的空余车位。当停车场的车位已全部被占用时，安装在车库入口处的LED车位显示屏将显示“车位已满”，并自动关闭入口处读卡系统，禁止车辆进入。LED车位显示屏具有RS-232通信接口，通过车库管理软件可以下传文字信息显示在显示屏上，显示的文字大小、字体可以调整。

8. 数据采集器

数据采集器是将前端停车位是否有车辆的信号进行收集，实时上传到系统管理计算机。利用管理软件的地图功能，在软件地图上实时显示车位情况。数据采集器与车辆探测器配合使用。

9. 车辆探测器

车辆探测器使用微波技术，一般安装在车位上方，探测距离达 10m。当有车辆入位后，车辆探测器将探测到的信息上传到数据采集器，保证管理人员及时、准确地判断车位使用情况。

10. 读卡器

停车场管理系统使用的读卡器感应精度高、距离远。车辆经过地感线圈时，读卡器进入工作状态。

用户在距离读卡器 1m 左右的距离就可以进行刷卡操作，刷卡数据上传到系统管理服务器进行数据比较。当确定为合法卡后系统执行抬杆操作。

三、停车场系统配套设施系统的组成

(一) 配套设施系统组成

一般的车库系统配套设施包括方向判别器、区域车辆数据处理器、泊位数据采集器、车位超声波检测探头以及泊位引导指示屏、信号输出板、电子指示屏等。如图 3-35 所示。

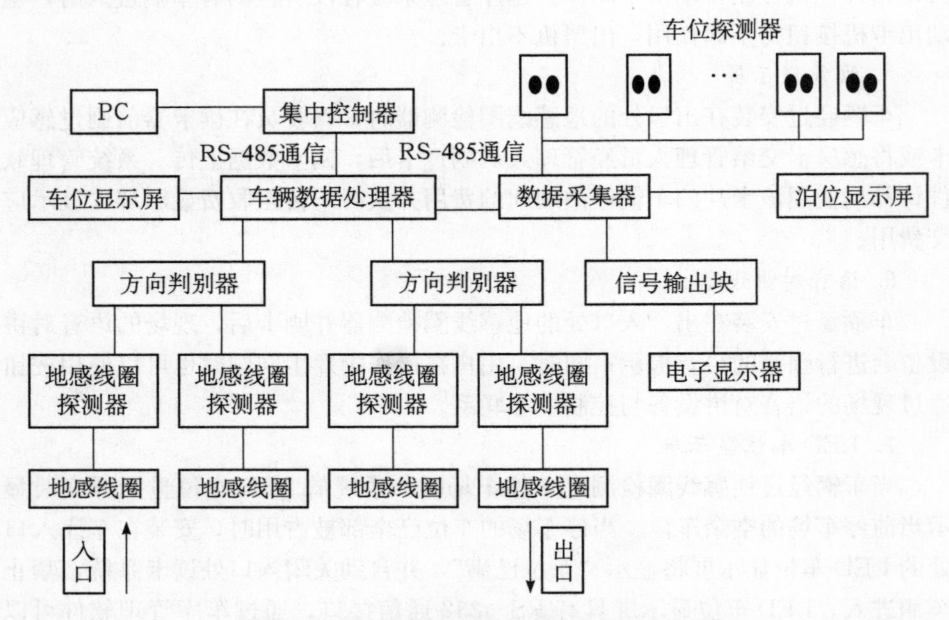

图 3-35 停车场系统配套设施工作方框图

1. 车位探测器

超声波检测探测器能够准确探测到车辆，并将信号反馈给车辆数据处。超声波检测探头安装在车辆泊位处（车位顶部悬挂安装），通过发射超声波、接收回波信号的变化，判断出该车位有无车辆，以降低泊车冲突，降低车库管理员的劳动强度。结合数据采集器、车辆引导指示屏构成完整的泊位引导检测系统，最大限度地实现停车场管理的自动化、无人化。

2. 方向判别器

方向判别器需配合地感线圈使用，能正确感知车辆是进入方向还是出去方向，并将信号上传到上位机使车位显示屏实时显示车位数。

3. 区域车辆数据处理器

区域车辆数据处理器能把接收到的车位输入信息输出到区域引导显示屏，为正确引导车辆泊位提供准确信息。可独立使用或以 R8—485 通信方式与上位管理计算机通信。采用数字式检测器，可对车辆进出状态进行动态统计。适用于多种类型通道控制设备，可接受车辆出入触发信号、方位识别信号及其他系统给出的通信控制信号，为数字逻辑提供准确的判断。

全天候设计，避免了外界环境变化对系统的影响。具有识别车辆进出方向功能，反应快速，可外接车位显示屏动态显示车位容量。适用于大流量的停车场系统。

4. 信号输出板

可输出信号控制电子指示屏的状态灯。指示泊车者按照箭头灯指示方向到达指定停车区。输出板具有 RS－485 通信接口。

5. 车位区域引导显示器

区域引导显示器能正确引导车辆进入可停泊的区域及车位号。区域引导显示器安装在车库系统中入口处，通过指示信号灯指导车辆行进，使进入车库的车辆迅速准确地找到泊车位，避免抢道、乱闯等无秩序事件发生。采用此设备可提高停车场的管理质量，指导车辆有序地行驶，降低事故发生率。与车辆数据处理器、方向判别器、地感线圈、地感线圈探测器组成完整的车辆引导系统。

6. 泊位引导显示器

泊位引导显示器主要用于停车场泊位指示系统，特别适用于多楼层、多区域的大型停车场使用。将停车场划分为不同的停车区域，可用 A、B、C、D 字母表示各区域。将泊位引导指示屏安装在入口处，当泊车者驶入到该区时，将根据显示屏上的指示位泊车，指示空车区域，便于车辆泊位，达到有条理泊车的目的，避免停车场管理的混乱，实现停车场的高利用率。

（二）配套设施系统功能

（1）能对进出停车场的车辆进行自动引导。

（2）能对整个停车场车位使用情况进行综合模拟监控和管理。

（3）能用车位状态模拟图，形象地对停车场各车位的使用状态进行实时监控。

（4）可随时查询和修改某停车位的使用状态。

（5）具有完善的数据库管理、报表输出和日常维护功能。

（6）能设有至少两级系统操作权限，保证系统所采集数据的安全性。

讨论分析

停车场管理系统的有哪些基本组成部分？其工作流程如何？

任务二　停车场管理系统的主要设备

学习目标

熟悉停车场管理系统常用设备和主要性能特点，了解系统设备的相关维护知识。

任务引入

停车场管理系统源于欧美和日本等发达国家，其功能主要是对出入车辆进行监控、收费、管理，防止车辆在停车场（库）内被盗、被破坏，这些因素决定了停车场系统建设的重要性，而系统工程建设的安全性和可靠性是衡量工程质量的主要标准。所以，达到上述学习目标是保证系统工程质量及日常运行安全的关键所在。

【相关知识】

一、系统控制器

系统传输部分主要是系统控制器。系统控制器作为停车场管理系统各通信设备与计算机之间的连接中继设备，承担了系统所有数据的检测与数据的传输职能。系统控制器连接通信设备结构如图 3－36 所示。

系统控制器的作用如下：

（1）由计算机控制系统控制器各路通信。现场通信设备挂接到系统控制器的通信串口上，实时将接收到的信号通过系统控制器上传到计算机，并接收计算机指令。

（2）系统控制器选配模块后支持 TCP/IP。系统控制器具有以太网网络接

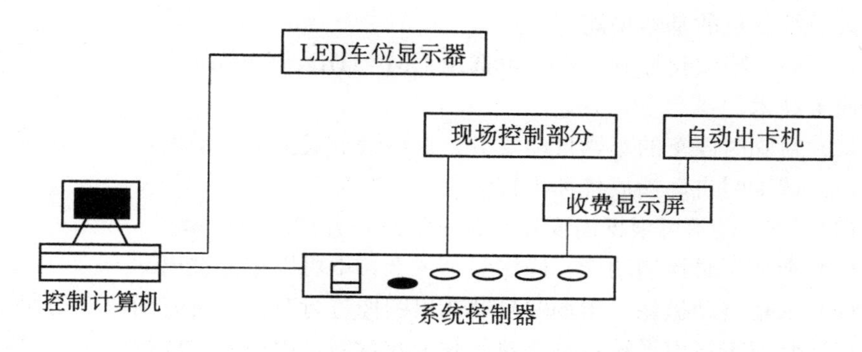

图 3-36　系统控制器设备连接示意图

口，不需连接管理 PC 即可直接挂在楼宇系统以太网上实现数据传输以及数据共享。

（3）具备与计算机通信的 RS-232 接口和与其他设备通信的若干 RS-485 接口，或一个 10M/100M 以太网接口。系统根据设备资源合理分配通信方式。

（4）系统控制器使用 220V、50Hz 交流电，输出电压为 DC18（1±15%）V。一般安装在控制室内。

（5）全金属外壳，静电屏蔽；抗雷击等瞬间电压抑制电路。

二、入口控制机

入口控制机是停车场入口主要管理设备，如图 3-37所示。设置在停车场入口处，入口控制机设计紧凑，内设有读卡器、语音对讲分机、语音接口板和语音存储器、自动出卡机和主控制板等。负责读取用户的卡片并进行判别、负责向用户播放定制的欢迎与提示等语音信息、负责处理地感线圈信号，控制入口电动闸杆的起落动作，保证车辆验证、控制。即当车辆压在地感检测线圈后，地感线圈探测器探测到有车辆时输出信号给主控板，读卡器处于工作状态，自动出卡机出卡，车主持有卡片进行刷卡操作，刷卡有效后主控制板输出指令给自动闸杆机一个抬杠信号，闸杆抬起后用户驾车驶入，经过防砸线圈和复位线圈进入停车场，主控制板收到复位线圈检测信号后发出指令，自动闸杆机落杆，系统恢复等待状态。

图 3-37　入口控制机

设计良好的专用电源有效防止高频噪声和冲击。光电耦合输入、输出，阻断外部信号对设备的影响。具有自检功能，保证稳定运行。

入口控制机的基本功能：

（1）完全模块化控制主机，可选配 EM/ HID / Mifare 1 / Legic / Indala 等感应卡技术。

（2）对临时停车的车辆自动发卡，卡箱缺卡或少卡自动报警。

（3）读卡时自动播放各种语言信息。

（4）LED 显示可根据需要发布各种信息，并能满位提示。

（5）智能逻辑控制功能，确保一车一卡，不可以重复进出。

（6）入场自动摄像，出场时自动调出图像进行对比，所有图像自动存储。

（7）临时卡可由系统自动计费，收卡收款后，由值班员放行。

（8）月租卡、特许卡可自动识别，合法卡自动放行。

（9）多方对讲功能，碰到问题及时解决。

（10）多种外形，可满足不同需要。

（11）采用冷扎镀锌钢板外壳，表面静电粉末喷涂、防水、防锈、防撞，外形美观、结构坚固，经久耐用。

（12）采用带灯光提示的大圆取卡按钮和对讲按钮。

三、自动出卡机

自动出卡机采用微计算机控制，具有 RS－232 通信功能，可以通过计算机控制远程操作，或者在本地接收闭合信号后自动弹出卡片。采用一体化出卡微型电机。

发卡过程由三个有序的皮带轮传输完成，具有反传送功能，发卡机很容易就能实现吞、吐卡功能，在发卡的同时即可读卡。其主要功能如下：

（1）二次发卡功能。只有当临时用户读卡头读到正确的卡号，卡片才会被正式发送到出卡口，等待用户取卡，否则自动回收卡片，避免卡片的丢失。

（2）少卡报警功能。在发卡盒少卡时，发出报警信息，提示加卡（少卡余量可自行调整）。

（3）自动区分长期用户和临时用户。取卡后长期用户就不能读卡，或长期用户读卡后临时用户就不能取卡。

（4）一车一卡功能。每辆车子同时间内只能取一张卡，避免一次性重复多次取卡。

（5）满位锁定功能。当停车场内临时车位余数为零时，能自动停止发卡。

（6）发卡器出错报警后自动复位。

（7）高亮度、大屏幕 LED 中文显示，提示操作。

（8）语音提示功能。可加装语音提示系统，引导临时用户正常操作。

（9）设有后备电池以防系统数据丢失。

（10）出卡口具有防雨、防尘及防误塞卡功能，储卡盒可拆卸，出卡口带有 LED 指示灯，具有两轮驱动及四轮平衡保证出卡平滑顺畅。

四、语音存储器

语音存储器安装在入口控制机或出口控制机中。用户在进入或驶离停车场时，语音存储模块接收检测线圈的信号来引导用户各项操作。语音存储器可存储多条语音信息，可根据用户要求调整录制内容和录制时间。体积小巧，操作方便。

五、地感线圈

地感线圈用于检测车辆信号，与地感探测器配合使用。在车辆出入口需安装三个地感线圈，按顺序分别是感应线圈、防砸线圈和复位线圈。由其探测到车辆后输出信号给地感探测器。

采用 1.0mm 以上铁氟龙高温多股软导线。具有良好的电气特性。线圈柔性好，灵敏度高，抗干扰能力强，具有防潮防水功能，安装方便。

通常探测线圈应该是长方形。两条长边与金属物运动方向垂直，彼此间距推荐为 1m。长边的长度取决于道路的宽度，通常两端比道路间距窄 0.3～1m。

为了使检测器工作在最佳状下，线圈的电感量应保持在 100～300μH 之间。在线圈电感不变的情况下，线圈的匝数与周长有着重要关系。周长越小，匝数就越多。在线圈的绕制过程中，应使用电感测试仪实际测试地感线圈的电感值，并确保线圈的电感值在 100～300μH 之间。否则，应对线圈的匝数进行调整。

在绕制线圈时，要留出足够长度的导线以便连接到环路感应器，又能保证中间没有接头。绕好线圈电缆以后，必须将引出电缆做成紧密双绞的形式，要求最少 1m 绞合 20 次。否则，未双绞的输出引线将会引入干扰，使线圈电感值变得不稳定。输出引线长度一般不应超过 5m。由于探测线圈的灵敏度随引线长度的增加而降低，所以引线电缆的长度要尽可能短。

线圈埋设首先要用切路机在路面上切出槽来。在四个角上进行 45°倒角，防止尖角破坏线圈电缆。切槽宽度一般为 4～8mm，深度 30～50mm。同时还要为线圈引线切一条通到路边的槽。但要注意：切槽内必须清洁无水或其他液体渗入。绕线圈时必须将线圈拉直，但不要绷得太紧并紧贴槽底。将线圈绕好后，将绞好的输出引线通过引出线槽引出。在线圈埋好以后，为了加强保护，可在线圈上绕一圈尼龙绳。最后用沥青或软性树脂将切槽封上。

六、地感线圈探测器

地感线圈探测器安装在入口控制机或出口控制机中，用于将信号上传至主控板，与地感线圈配合使用。该检测器自带 CMU 数字化集成，误报率低，可靠性强，提供脉冲输出、集电极开路输出和继电器输出方式。通过调节拨码开关的设置，检测器可以检测到不同大小的金属物品。

地感线圈探测器具有较高灵敏度，不受环境温度、湿度等影响；抗电磁干扰，拨码开关设置可调；具有指示灯显示，当金属物体进入探测范围，绿灯持续亮，蜂鸣器响，金属物体离开探测范围，红灯亮；安装、维护方便，对建筑物影响小，隐蔽性高；具有声光显示和加密保护功能。

七、主控制板

主控制板安装在入口控制机或出口控制机中，根据地感线圈探测器探测到的上传信号进行判断，并控制自动闸杆机的动作；智能化微计算机控制，适用于各类通道控制设备；可接受触发信号、开关信号、通信控制信号等；具有自检功能。

八、读卡器控制单元

读卡器连接到读卡器控制单元。读卡器控制单元具有 RS－232 通信功能，安装在入口控制机或出口控制机中。当用户在读卡器上刷卡后，刷卡数据上传到读卡器控制单元。读卡器控制单元通过存储器单元存储的数据对上传的读卡数据进行校核，确定此卡是否授权。如果是有效卡，则读卡器控制单元通过单片机执行命令，使一个继电器动作并驱动自动闸杆机抬杆。

可联机使用，也可脱机独立使用，具有数据存储功能，能够连接不同格式输出的读卡器，配合相应的读卡头使用，可以对自动闸杆机进行控制。

九、感应读卡机

读卡器内置天线不断向空间发送高频无线电波。卡片进入读卡器作用范围，卡上线圈切割磁场产生感应电流。卡上芯片工作，将芯片中的信息通过天线发送出去。读卡器接收到卡上芯片发送来的信息，送到读卡器控制单元进行识别，完成一次读卡过程。根据应用特性，管理系统使用读卡距离远的专用读卡器。一般安装在入口机或出口机中。

读卡器使用的是非接触式 IC 卡，卡片序列号以 34bit、26bit、32bit、44bit 等的 Wiegand 格式输出，配合现场控制器使用时可以接能够识别此格式的其他控制器。内置蜂鸣器，用声光提示读卡状态。

十、出口控制机

出口控制机是停车场出口主要管理设备。设置在停车场出口处，负责读取用户的卡片并进行判别。同时机箱内安装有语音接口板和语音存储器，负责向用户播放定制的语音信息。该设备还负责处理地感线圈的信号，控制出口电动闸杆的起落动作，保证车辆验证、控制闸杆动作放行。出口控制机设计紧凑，内带有读卡器、收费显示屏、语音对讲分机和主控板。当车辆压在地感检测线圈后，地感线圈探测器探测到有车辆时输出信号给主控板，读卡器处于工作状态。

车主持有卡片进行刷卡，有效后，主控板输出给自动栏闸杆机抬杠信号。闸杆抬起后用户驾车驶出，经过防砸线圈和复位线圈离开停车场。如果是临时用户，出口机的收费显示屏会出现相应的停车费金额，车主交完管理费后闸杆经工作人员使用手动键盘抬起，车辆驶出。主控板收到复位线圈检测信号后发出指令，自动闸杆机落杆，系统恢复等待状态。

箱体使用合金钢板外加特种喷塑，结构坚固，经久耐用。具有设计良好的专用电源，能有效防止高频噪声和冲击。光电耦合输入、输出，阻断外部信号对设备的电冲击。内部控制板带看门狗电路，程序运行异常时自动复位。箱体进行全天候设计，抗干扰、防雷、防尘、防水。系统具有自检功能，保证稳定运行。检测车辆有无，无车时不读卡。

十一、收费显示屏

收费显示屏安装在出口机中，具有 RS－232 通信功能，液晶显示中西文方式，支持各种语音提示；通过计算机连接，及时在出口机上显示临时车辆停车产生的费用，便于用户了解停车费用；支持 16 色显示。

十二、自动闸杆机

自动闸杆机安装在停车场入口或出口处，如图 3－38 所示。

自动闸杆机主要由控制板、微型电机和闸杆组成。当接收到主控制板指令后，电机进行正转和反转，达到抬杠和落杆的目的。

具有三种运行方式：键盘方式、人工手动及程序自动运行。同时匹配先进的液压自控传动系统。它的闸杆臂长可调，可折叠，开启时间可调节。具有光电耦合输入、电磁继电器输出，能接受手动输入信号，便于调试安装。可接收控制终端输出的 TTL 电平操作信号，带 RS－48S/RS－232 通信接口，可接受收费管理计算机的直接控制。检测到车辆通过后，自动落杆。具安全防护措施，防止闸杆砸车情况发生。可连续过车，具有延时、欠压、过压自动保护功

图 3-38 自动闸杆机

能；具有光电隔离保护。具有微型免维护直流电机，低功耗。电动闸杆外部箱体喷塑，全天候设计，防水、防锈、防腐蚀，结构紧凑、安装方便。

十三、车位显示屏

车位显示屏主要由微机、显示屏控制板及显示屏组成，安装在车辆入口处，通过计算机实时显示车库停车位数量，便于用户了解停车的实际车位数量并进行车位选择。使用时管理者也可以在微机上通过控制软件将编辑好的图像文字和相应的控制命令经通信卡传送至系统的显示屏控制板，显示屏即可根据选择的显示方式逐页循环显示用户编辑好的图像文字。

总线控制显示，最多可接至 128 屏。车位显示屏有独特的脱机显示方式。在这种方式之下，管理者将要显示的内容传至显示屏控制板后，计算机就不必继续介入显示过程，显示系统就可以根据设定的模式显示所要显示的信息。具有较高的通信可靠性。操作简便，上电后具有自动检测功能。

十四、手动控制键盘

车库管理人员通过键盘来控制电动闸杆，达到临时车辆出库的目的。键盘可实现单联、多联控制，每联均有开、关、停三个功能键，并具有相应的三个状态指示灯显示区别三种状态。

【技能训练】

停车场管理系统的原理及使用

一、实训目的

1. 掌握停车场管理系统的一般组成结构及原理。
2. 了解停车场管理系统的一般配置及安装。

3. 熟悉停车场管理系统软件的结构特点与操作使用方法。

二、实训设备

1. 多媒体计算机 1 台。
2. RS232 - RS485 协议转换器 1 个。
3. 停车场管理系统。
4. IC 卡若干。
5. DC 12V 一体化电源 2 个。
6. 摄像机 2 台。

三、实训要求

1. 熟悉停车场系统的工作流程。

2. 以实际停车场管理系统为对象，对照系统图，完成该系统的设备配置、接线等比对工作，以增强对该系统的操作和理解能力。

3. 画出停车场管理系统各设备之间的实物接线图。

4. 应用停车场管理系统软件（如密码设置、添加用户、发卡、卡号挂失、卡号注销等）。

5. 软件设置

（1）系统设置；对相关属性设置，如图像存放路径、保留天数、车位显示等。

（2）添加用户，并发卡；建立人事资料，添加员工编号、姓名、性别、籍贯、学历等有关个人信息。

（3）IC 卡发行；选择卡类型（临时卡、月卡、操作卡等），设置储值金额等其他相关信息。

（4）LED 剩余车位显示器设置。

（5）停车场收费设置；加载读取收费标准，对临时卡、储值卡的收费标准进行自行设置。

四、实训步骤

1. 熟悉、认知停车场管理系统设备及安装位置。

2. 停车场车辆进出场过程的演示，关注控制器及机械部件的动作过程。

3. 停车场车辆进出场过程的演示，关注应用软件的操作要领。

4. 系统处于断电状态，根据系统图比对系统配置的设备，并画出各设备之间的连接图。

5. 系统管理软件的调试。

讨论分析

1. 演示用停车场管理系统是如何配置的，为什么？有哪些基本功能？
2. 通过车辆进出场的现场演示，试阐述系统的工作原理与结构特点。
3. 试阐述管理软件有哪些基本功能，在使用过程中应注意哪些问题。

模块四　安全检查系统

近年来，国际形势复杂多变，各种形式的恐怖活动有增无减，在防范和打击这类犯罪活动的工作中，现代科学技术发挥着重要的作用，专业技术人员开发研制了各种仪器设备来检测和发现不同类型的爆炸物、金属武器等。如利用X射线成像技术进行集装箱、车辆和行李检查，使用离子迁移谱技术进行爆炸物、毒品和化学试剂的现场检测等。各国警方和安检部门也在探索研究更先进的安全检查技术和装备，从而更有效地对危险和违禁物品进行防范性安全检查。本模块主要介绍X射线安全检查技术、金属武器探测技术等常用安检系统。

项目一　安全检查系统

任务一　安全检查技术概述

学习目标

了解安全检查技术，熟悉安全检查设备的分类及其在安全管理方面的应用。

任务引入

安全检查设备广泛应用于机场、车站、海关、港口以及重要部门（国家机关、监狱、法院、博物馆、使馆、大型会议等活动场所）的安全检查。能有效地防范和阻止武器、炸药、违禁品和威胁物进入安全区域、重要部门及公共场所可能引发的爆炸、劫持等恐怖事件的发生，是保障公共安全的第一道防线。

【相关知识】

安全检查技术就是安全检查人员运用各种检查手段对被检查目标实施违禁物品检出的检查技术。安全检查的主要内容是检查被检查目标是否存在或携带枪支、弹药、易燃、易爆、腐蚀、有毒或放射性等危险物品。在安全检查领域里，常用的检查技术主要有X射线检查技术、金属探测技术、炸药探测技术及其他一些特殊检测技术等。

一、安全检查设备概述

由于国际恐怖活动的日益加剧，机场、车站以及重要部门、公共场所已经成为恐怖活动袭击的主要目标。为了防止恐怖事件的发生，各国政府采取了高标准的安全措施，使用了更先进的安全检查设备。在机场，对旅客手提行李、托运行李实行100%的检查，零担货物、航空集装箱、大型集装箱在装载之前也都要进行防爆安全检查。同时对旅客进行携带威胁品和违禁品的人体扫描检查，以阻止炸药、爆炸装置、易燃易爆的液体、武器、刀具等被带上飞机。车站、港口、重要部门、公共活动场所对旅客以及携带物也进行检查，严防威胁品带入火车、轮船以及其他重要的场所。

安全检查的检查对象是人员、物品、车辆等所携带、装载的物品。

对人体携带的威胁品可用金属探测设备、质谱仪、毫米波、X射线人体检查设备等手段进行探测。

对行李等物品的第一级检查目前主要使用能量型的X射线检查设备，大都使用140 kev能量的X射线能量探测器，不仅可以探测行李中隐藏的金属武器，更主要的是探测隐藏的炸药、毒品以及违禁品。第一级判定为可疑的行李被送到第二级或第三级再进行判识，后级设备采用更先进的多视角、衍射或断层扫描X射线设备。

对货物和航空集装箱的检查设备则使用较高的能量，范围在140～250 kev。大型集装箱的检查使用能量更高的450 kev X射线源、X射线加速器、放射性同位素源钴60以及其他类型的r射线源，有些设备使用了中子探测技术，使设备具有更高的穿透力和分辨力，从而得到高质量的被检客体的图像。

对瓶装易燃、易爆液体的非接触检查的设备正处于开发和试验阶段，这些设备使用了CT技术、理想双能量技术、微波技术、磁谐振技术、拉曼光谱技术等。

二、安全检查设备的分类

安全检查设备的种类很多，从不同的角度有不同的分类方式。

（一）按使用技术的不同分类

安全检查设备按使用技术的不同可分为X射线检查设备、中子探测设备、核四极矩谐振分析探测设备、质谱分析设备、毫米波探测设备、金属探测设备等。

（二）按应用方式分类

安全检查设备按应用方式不同可分为通过式、便携式、固定式和移动搜索式等。

（三）按探测对象分类

安全检查设备按探测对象不同可分为金属探测设备、炸药探测设备、液体炸药探测设备、毒品毒物探测设备和武器检查设备等。

（四）按检查对象分类

安全检查设备按检查对象不同可分为手提行李检查设备、人体检查设备、车辆检查设备、集装箱检查设备等。

三、安全检查设备的应用

安全检查是世界各国普遍采用的一种查验制度，凡是登机旅客都必须经过检查后，方能允许进入飞机。这种检查与海关和边防检查不同，不存在任何免检对象，无论是什么人，包括外交人员、政府部长和首脑，无一例外，一律要经过检查。主要是检查旅客是否携带枪支、弹药、凶器、易爆易燃物品、剧毒品，以及其他威胁飞机安全的危险物品。具体应用主要在以下几个方面：

（1）用于机场、铁路、港口以及重要部门的安全检查。

重要部门包括重要的国家机关、监狱、法院、博物馆、世博园等部门。防爆安全检查有效地防范和阻止了武器、炸药、违禁品和威胁物进入安全区域、重要部门以及公共场所可能引发的爆炸、劫持等恐怖事件的发生。

（2）重大活动的安全检查。结合活动的出入口管理系统对出入活动的人、物、车辆等进行检查，发现和阻止违禁品进入现场，防止恶性事件的发生。

（3）重大活动和重要部门环境和现场的安全检查。在重大活动中，通过安全检查，可以发现爆炸、生化等危险因素，防止重大事件的发生。

（4）海关和出入境的检查。发现非法携带和运输违禁品，有效地打击走私和倒买文物等活动。

（5）安全检查设备也广泛地应用于毒品、食品残毒的检查，打击有组织贩毒活动，保证食品安全。

讨论分析

安全检查设备主要有哪些？如何分类？

任务二　X射线安全检查技术

学习目标

了解X射线安全检查设备的分类，熟悉常用X射线安全检查设备的功能和原理，掌握8065型X射线安全检查设备的操作和使用。

任务引入

X射线安全检查设备是目前机场、车站、港口等重要出入口进行安全检查的常用设备，主要用于对通过出入口的行李等物品进行一级和二级检查。X射线CT技术可用于易燃易爆物品的非接触检查。

【相关知识】

X射线是电中性射线，具有粒子性和波动性，安检设备所使用的X射线都是由高速电子轰击阳极靶，发生的电离辐射而产生的，是由不同能量的电磁辐射光子组成的，其能谱从零到最大呈连续分布。在安全检查以及集装箱检测应用技术领域中，使用的都是韧致辐射型的X射线。选用的X射线均具有相当高的能量，足以穿透被检物。

一、X射线安全检查设备的分类

X射线安全检查设备是利用X射线和被检物（客体）相互作用时发生的光电吸收、康普顿散射、瑞利散射和电子对效应而得到被检物特征信息的设备。从不同的角度有不同的分类。

（1）X射线安全检查设备按使用的X射线能量谱可分为单能和双能的X射线检查设备；双能X射线检查设备又分为传统的双能量X射线检查设备和AT（先进）技术的X射线检查设备。

（2）按使用的放射源不同又分为X射线（450 kev）、X射线加速器和同位素放射源的集装箱检查设备。

（3）按使用射线源的投影方式可分为单视角、双视角和多视角X射线检查设备。

（4）按射线源射束的出射方向可分为侧照式、底照式和顶照式的X射线检查设备。

（5）按成像原理可分为点扫描、线扫描、CT检查设备，X射线CT设备又分为单能CT和双能CT。

（6）按X射线的利用原理可分为双能透射式、背散射式、衍射式探测设备。

（7）按设备的用途可分为手提式行李检查设备、托运行李检查设备、货物检查设备、人体扫描检查设备、集装箱检查设备。

（8）按工作方式不同，可分为通道式大型X射线检查系统和便携式X射线检查系统。

二、X射线安全检查设备的原理

X射线是一种比可见光波长短得多，穿透力极强的电磁波。当它照射密度不同的物质时，就会被不同程度的透射和反射。对这些被透射和反射的X射线用技术方法处理后，在显示系统（荧屏和底片）上就可以将不同密度的物质区分显示出来。据此，X射线检查系统可以利用透射原理和反射原理两种方法建立：在利用透射原理建立的X射线检查系统中，被照射的物体密度越大，物质吸收的X射线越多，透射过的X射线越少，显示系统显示出的图像颜色就越深（黑）；反之，被照射的物体密度越小，显示系统显示出的图像颜色就越浅（白）。而在用反射原理制成的X射线检查系统中，被照射的物体密度越大，吸收的X射线就越多，反射的就越少，在显示系统中显示出的图像颜色就浅；反之，被照射物体密度小，在显示系统中显示出的图像颜色就深。比如，被检查的物体是铁制手枪和木制手枪，在利用透射原理制成的X射线检查系统中的显示器上，铁制手枪的颜色深，图像清晰。而在利用反射原理制成的X射线检查系统中的显示器上的木制手枪颜色深，图像清晰。

早期使用的X射线安全检查设备一般是透射式的单能X射线设备，只能得到被检物按密度及原子序数衰减的黑白图像，而不能探测到塑料手枪以及陶瓷刀具和炸药等有威胁的物品，随之出现的双能X射线检查设备成为探测此类威胁物的有利工具。双能X射线检查设备利用了两个或多个X射线能谱和物质相互作用，从不同的高、低能谱信号中得到有关被检物原子序数的信息，从而得到被检物的物质组成信息，有效地区分有机物和无机物，并给出不同的颜色。此类设备被广泛用于机场、铁路、港口、海关以及重要部门。

双能X射线检查设备虽然能够得到被检物质的穿透图像，但由于多种物质的重叠，准确地探测混在不同种类物质中的炸药，特别是从有机物中识别出炸药是非常困难的事情，探测薄片形、无规则的炸药对于传统的双能系统也是不可能的。这种薄片形、无规则炸药的鉴别，可利用散射X射线检查设备。康普顿散射X射线检查设备可以用来探测片状炸药以及低原子序数的物质，特别是探测碳、氢、氧成分丰富的物质。利用X射线相干散射原理的X射线衍射设备，可以准确地探测物质的晶格常数，但由于检查速度慢以及探测器对温度的要求，目前只是作为第二级安全检查使用。

X射线CT设备不仅能得到被检物的透视图像，还可以得到被检物断层图像以及三维图像。单能X射线CT设备通过X射线被检物体密度信息去识别物质，双能X射线CT通过测量被检物的有效原子序数和密度两个信息去识别物质，这样就提高了设备的探测率，降低了误识率。

三、X射线安全检查设备的功能

X射线安全检查设备以计算机为平台，充分利用计算机图像处理、存储和显示技术的诸多优点，为用户提供了高质量图像和多种服务功能，如超级图像增强、多种组合控制、危险品图像自动插入、图像存储和图像转储、图像回拉、数据报告的浏览和打印输出、网络接口、操作员培训、系统自诊断等功能。利用折弯型高效半导体探测器，可以对被检物进行无死角检查。设备不仅提供反映被检物吸收特性的X射线透视图像，还可以提供有关被检物质化学组成的信息，并对不同物质赋予不同的颜色，对于被检物中某些过厚而穿不透或者密度较大的物品或区域自动给出提示。设备也能识别某些特定危险物，如炸药、毒品等，并赋予不同的颜色。设备装备了传送带系统，使被检物可以快速地通过X射线检测区域，检查效率大大提高。

四、常用的X射线安全检查设备

按工作方式的不同，X射线安全检查设备可分为通道式大型X射线检查系统和便携式X射线检查系统。

（一）通道式大型X射线检查系统

1. 双能量X射线安全检查设备

双能量X射线安全检查设备主要是利用了射线和物质相互作用的光电吸收效应，设备测量到穿过被检物品而被衰减的X射线的强度，并由X射线传感器将X射线信号转换成可处理的电信号，从而得到被检物的X射线透射投影图像。

双能量X射线安全检查设备对材料的识别是利用被检物品对高能X射线和低能X射线的衰减的不同来确定的。通过能量探测器分别测量被检物品对高能和低能X射线的衰减值，并计算出比值，该比值是与被检客体密度和厚度无关的量。能量型的X射线安全检查设备就是通过检测被检物质在两个能量的衰减截面的比值，而获得物质组成元素原子序数的信息，从而把有机物从无机物中区分出来。

(1) 传统双能量X射线检查设备

传统双能量X射线检查设备使用层叠型能量探测器，射线源的工作电压一般为140 kev。射线穿过被检物后首先到达低能探测器，低能探测器吸收衰减了的低能X射线。在低能和高能探测器之间有一个低能滤波器，穿过低能探测器和低能滤波器的高能射线被高能探测器吸收。探测器一般采用半导体探测器，将强度变化的X射线信号转换成可处理的电信号，专用处理电路把每一像素的模拟信号转换为数字信号，并对每个像素进行偏移和增益校正，然后将校正的信号送到计算机进行存储和多种图像处理，并在显示器上显示彩色的能量型X射线图像。典型的顶照式X射线检查设备的外形如图4-1所示。

(2) AT技术的双能量型X射线探测设备

AT技术的双能量型X射线检查设备通常使用两个X射线源和两套独立的探测器。通常低能X射线源的工作电压为75 kev，高能X射线源的工作电压为150 kev，滤波器能够滤除高能源的低能射线，低、高能射线可以很好地分离。低能探测器吸收低能源发出的低能X射线，得到被检物的低能信息；高能探测器吸

图 4－1 DEX—9080B 型线扫描多能量 X 射线安全检查设备

收高能源的高能射线，得到被检物的高能信息，然后再计算出被检物组成物质的有效原子序数信息。这种理想双能量设备探测物质的有效原子序数精度高，其炸药探测率要高于传统的双能量设备，这种设备也称为炸药自动探测设备。

2. 多视角 X 射线探测设备

多视角顾名思义就是 X 射线束从多个方位和角度穿过被检物，得到不同投影角度的 X 射线图像。操作员通过观察多个不同投影角度的被检物图像，分辨出行李内部重叠的物体；准确地从复杂背景物体中识别炸药以及其他危险物和违禁物。常用的多视角设备有 2（双）视角、3 视角和 5 视角设备等。

(1) 双视角 X 射线探测设备

传统双视角设备使用了 2 个射线源和 2 套能量探测器，射线从水平和垂直 2 个方向穿过被检物，得到被检物的水平和垂直投影 X 射线图像。设备的显示界面显示了同一个被检物的水平和垂直两个方向的投影图像，操作人员借助于 2 个不同的图像，可以更容易地从重叠的物体中识别出可疑物。公安部第一研究所生产的 FISCAN CMEX－DT8065 是典型的双视角多能量型 X 射线探测设备，如图 4－2 所示。

图 4－2 FISCAN CMEX－DT8065 型双视角多能量 X 射线安全检查设备

（2）三视角 X 射线探测设备

三视角 X 射线探测设备使用 3 个 X 射线源，从 3 个方位和角度对被检物进行检查，射线源和探测器相对位置如图 4-3 所示。

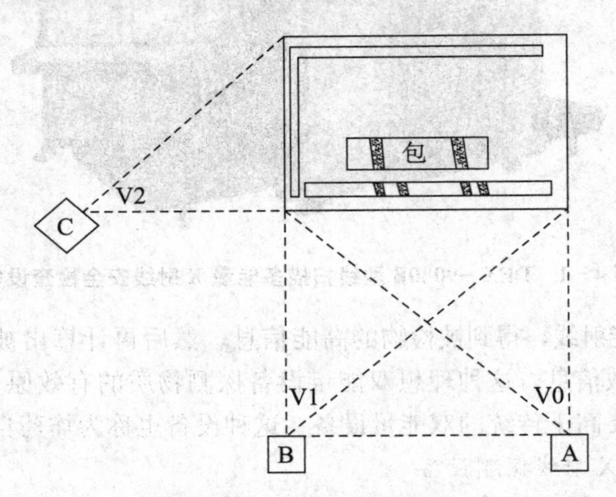

图 4-3　射线源位置示意图

设备的两个底照源的扇形射束从两个不同的投影角度穿过被检测的行李，第 3 个射线源水平照射被检行李，这样就得到了 3 个角度的被检行李的图像信息。设备采用断层成像三维分析技术，对行李内的物体进行三维重组，提取物体的二维截面图像。这样设备就可以测量行李内物体的数量、估算物体的有效原子序数和密度等物理特征量。根据有效原子序数和密度，确定物质的种类，从而识别出可疑物，这种设备改进了炸药探测率和降低了误报率。

3. X 射线 CT 探测设备

X 射线断层扫描仪一般称为"CT"，它的全称叫电子计算机 X 射线断层摄影。CT 是英文词组 Computerized Tomography 的首字母缩写。

目前广泛使用的双能量 X 射线检查设备只能显示被检物的二维图像，物体的重叠使得设备不能准确地探测识别隐藏的炸药，而 CT 安检设备可对被检物进行三维空间的观察，包括进行横断面的摄像。首先，对被检行李进行预扫描，发现可疑物后，能够在可疑物处自动做出标示，并在可疑物品处进行断层扫描，生成可疑物的二维断层图像。软件根据双能信息计算可疑物的有效原子序数，计算可疑物的密度；根据有效原子序数和密度，识别出炸药以及其他威胁物。同时，CT 又具有很高的密度分辨率和空间分辨率，图像的清晰度得到提高。它还能把被检物横断图像在几秒钟内显示在显示器上，从而帮助操作员准确地识别炸药以及其他威胁物，这是普通的 X 射线检查无法实现的。CT 检查属于无损伤检查法，从 20 世纪 90 年代开始逐渐大量用于安全检查。图 4-4

所示为 REVEAL 公司生产的 CT－80XL 爆炸物自动探测系统。

图 4－4　CT－80XL 爆炸物自动探测系统

（二）便携式 X 射线检查系统

通道式 X 射线检查系统固然穿透力强、分辨率高，但体积大、质量重、使用受环境和场所限制，对小件物品检查不免又“大材小用”，因此一些小型的能够携带的便携式 X 射线检查系统就逐步发展起来。目前主要品种有：

1. 储存屏式 X 射线机

储存屏式 X 射线机由 X 射线发生器、控制器（一般可远距离有线控制）和储存屏组成。使用时将被检物品放在 X 射线发生器和储存屏之间照射，将 X 射线图像呈现在储存屏上，该图像可以在储存屏上储存一段时间供检查人员分析辨别，分辨完毕后可将图像消除，储存屏可反复使用。这种器材虽然可以远距离有线控制，避免了 X 射线辐射的伤害，但储存屏反复使用，使图像清晰度不断下降，影响检查效果，因此目前已较少使用。

2. 一次成像式 X 射线检查系统

一次成像式 X 射线检查系统主要由 X 射线发生器、控制器（远距离遥控）、一次成像系统（照片/洗像）组成。使用时将被检物放在 X 射线发生器与照片之间照射，通过洗像系统处理，将 X 射线图像以正片的形式显现在一次相片上。这种器材体积小、重量轻、便于携带、无 X 射线泄漏伤害、照片清晰、穿透力强、分辨率高（铝板 60mm 铜线 0.1mm），是理想的便携式 X 射线检查仪，已被世界各国广泛使用。

3. 数字化 X 射线检查系统

数字化 X 射线检查系统主要由 X 射线发生器、控制器（有线或无线遥控）、数字化处理系统和计算机显示系统组成。使用时将被检物放在 X 射线发生器与数字化处理系统之间照射，通过数字化处理将图像在计算机上显现出来。这种器材不仅吸收了一次成像检查系统的全部优点，同时由于加入了数字化处理系统，可以在计算机上对图像进行多次处理并长期保存（可打印）。应该说数字化 X 射线检查系统是目前最先进的便携式 X 射线检查系统，代表了便携机的发展方向。图 4－5 所示为 120－I 型便携式数字化闪光 X 射线检查仪。

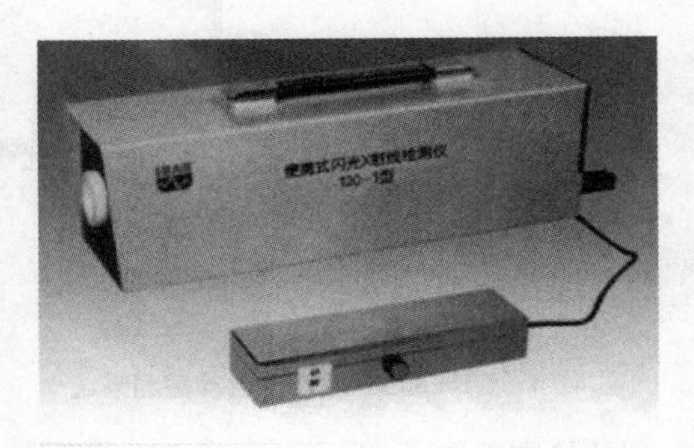

图 4－5　120－I 型便携式数字化闪光 X 射线检查仪

五、8065 型 X 射线安全检查设备的原理及使用

下面以 8065 型 X 射线安全检查设备为例，介绍 X 射线安全检查设备的原理和使用方法。

（一）系统组成及功能

8065 型 X 射线安全检查系统由硬件和软件两部分组成。系统组成框架如图 4－6 所示。

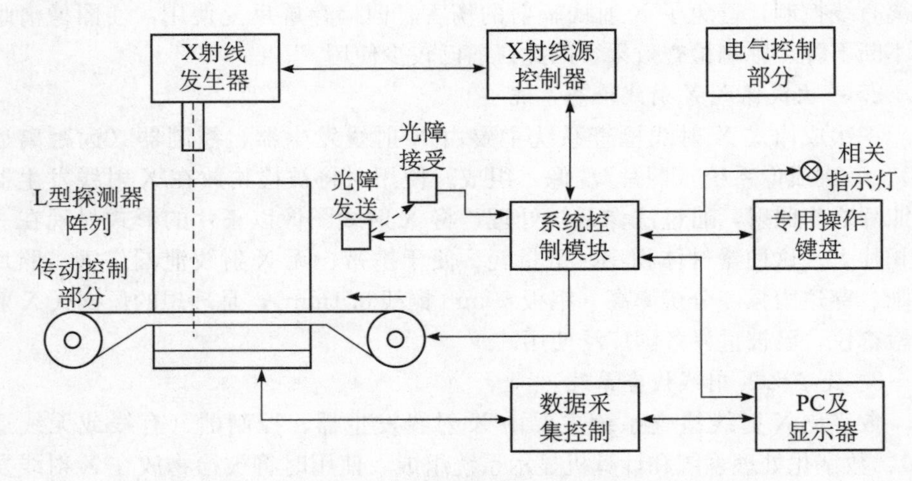

图 4－6　8065 型 X 射线安全检查系统组成框图

1. X 射线源

X 射线源包括三个部分：高压发生器（两个高压倍加及反馈电路）、X 射线管和准直器。

X射线管和两个高压倍加及反馈电路组成的高压发生装置放入充满油并具有铅屏蔽的壳体中，电缆WS9给X射线源提供灯丝和高压驱动信号，并将高压和阳极电流的取样信号反馈给X射线控制盒驱动机箱，以保持检查期间高压和阳极电流的稳定。准直器的作用是将X射线束整成扇形射束。

2. 探测器阵列盒

两个探测器阵列形成L形状，以解决探测死角问题。竖直侧（或称侧探测盒）及水平侧（或称底探测盒）中各有多块探测器板，每块板包括32个通道。高、低能模拟信号在探测板上经放大后进行数字化并传送到工业控制计算机进行处理。

3. 电子控制部分

控制板负责接收工业控制计算机的指令，控制电机运行与停止，监测光障状态，判断行李的进入与离开，控制X射线的发射与关闭，监测X射线控制模块是否正常工作，如发现异常，则自动报警。

4. 图像处理系统

图像处理系统由工业控制计算机来实现。计算机接收来自数据采集传输系统的探测信号，进行数据处理。

（1）图像处理功能

设备提供的图像处理功能包括边缘增强、超级图像增强、彩色、反色显示、局部穿透增强、图像回拉、放大等。

（2）数据存储和检索功能

设备提供存储图像、检索图像和记录操作人员工作情况的功能。

5. 显示装置

系统使用17英寸高分辨率显示器，可根据需要显示彩色图像和黑白图像。

6. 输送装置

输送装置包括：

（1）传送皮带。

（2）位于输送机出口端的一个电动（驱动）滚筒。

（3）位于输送机入口端的一个改向滚筒。

（4）位于设备下方两个引导皮带运行方向的拖动滚筒。

7. 光障装置

在通道的入口处装有一对光障装置（对射式光电开关），用于探测在传送带前进时进入检查通道的行李，若行李阻断光障，则光障接收端输出信号至电子控制单元，由控制单元通知射线控制器开始发射X射线。

8. 系统软件

（1）软件运行环境：软件运行环境为Microsoft Windows版本。

（2）系统软件由两部分组成：①专用驱动程序，②用户控制界面。

由软件将传输过来的信号进行复杂的数据处理，将处理后的图像显示在屏幕上，供操作人员进行辨别，软件提供边缘增强、反色显示、伪彩色、局部穿透增强等图像处理功能，便于对违禁物品进行识别，同时具有图像回拉、放大等图像处理功能及图像存储功能（50 000 幅以上）。

（二）系统工作原理

8065 型 X 射线安全检查设备由行李输送部分，X 射线源及控制部分，信号采集处理及传输部分，图像处理部分和电器控制部分组成。8065 型 X 射线安全检查设备是借助于传送带将被检查行李物品送入履带式通道完成的。物品进入通道后，检测装置将相关信息送至控制单元，由控制单元触发 X 射线源发射 X 射线。X 射线经过准直器后形成非常窄的扇形射线束，穿透传送带上的行李物品落到探测器上，探测器把接收到的 X 射线变为电信号，这些很弱的电流信号被放大后量化，通过通用串行总线传送到工业控制计算机作进一步处理。其工作原理如图 4－7 所示。

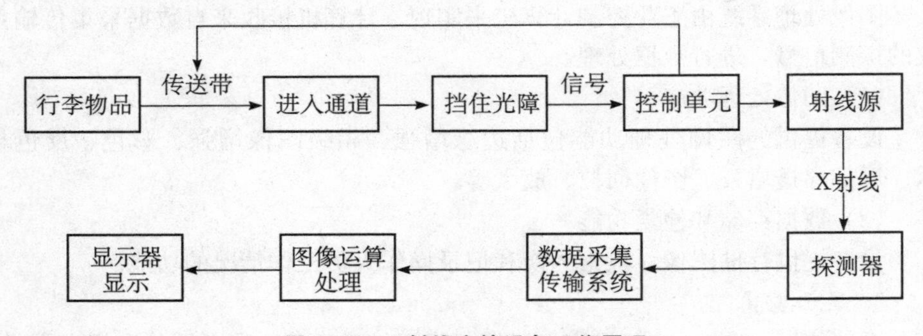

图 4－7　X 射线安检设备工作原理

（三）系统操作

1. 开机

（1）将钥匙插入钥匙开关中，顺时针旋转，按绿色启动按钮听到设备启动后，等待启动。

（2）设备上电源接通指示灯点亮。

（3）系统自动进入软件应用程序界面。

（4）程序自动检查通道里面是否有异物。若有异物，皮带会转动将异物送到出口。当异物清理完毕后，整个软件系统初始化完毕。

2. 进行物品检查

（1）将待检物品放在传送带上进行检查。

（2）按下“皮带正转”按钮，控制电机运转，启动传送皮带。

（3）物体一旦进入检查通道，首先遮挡住光障，从而启动 X 射线发生器。

（4）在物品通过检查通道时，设备对它进行逐行扫描，相应的检测图像则实时显示在显示器屏幕上，使图像从右向左传输。

3. 图像处理

（1）彩色/黑白显示

单击“彩色/黑白”按钮，两种颜色可以切换选择显示。彩色图像为 4 色图像，将扫描物体分为 4 大类，其中橙色代表有机物，蓝色代表无机物，绿色代表混合物，黑色（或者红色）表示物质属性不确定，一般指难以穿透的物体。黑白图像有 256 级灰度，由纯黑到纯白的灰度级显示。越白（灰度越大）的图像区域表示该物体区域对 X 射线的吸收率较低，即有更多的射线穿透。吸收率不同的物体对应于不同的灰度等级。当使用“彩/灰”按钮时，可进行彩色图像和灰度图像的显示转换。如图 4－8 所示。

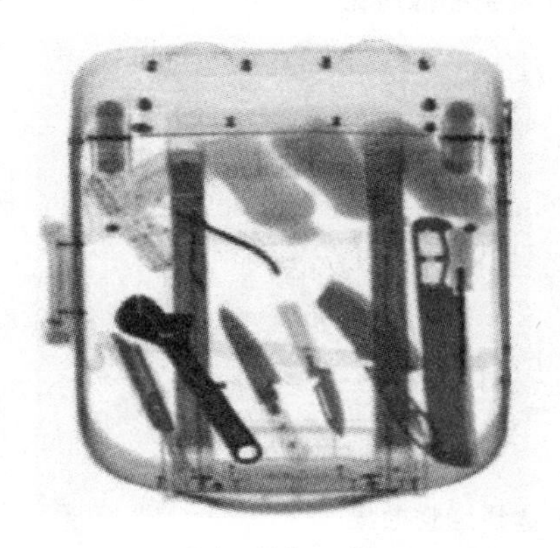

（a）彩色图像

（b）黑白图像

图 4－8　彩色黑白图像对比

（2）图像反色

在图像显示中，一般对 X 射线吸收率高的物体显示为深黑色，吸收率低的物体显示为亮白色。在反白显示中，则正好相反。单击“反色”按钮，可进行正负片显示切换，这样，较小或较细的高密度物体（如金属丝）将变得更加清晰。当使用“反色”按钮时，可进行彩色图像和灰度图像的反色操作。如图 4－9 所示。

（3）边缘增强（边增）

当需要对物体边缘进行进一步判读时，单击“边增”按钮，图像中的物体边缘会突出显示，更利于操作员区分不同的物体。当使用“边增”按钮时，可进行彩色图像和灰度图像的边缘操作。如图 4－10 所示。

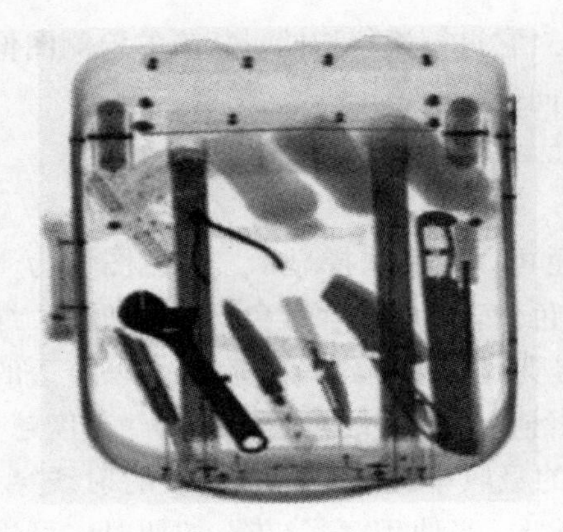

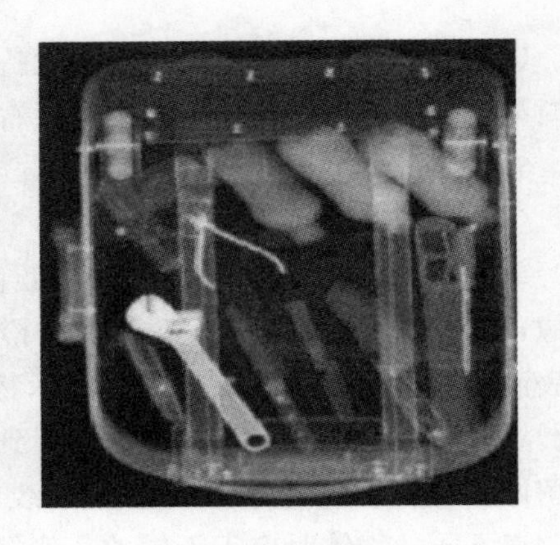

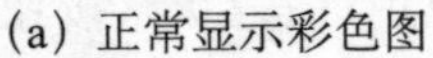

(a) 正常显示彩色图　　(b) 反色显示彩色图

图 4-9　正常、反色图像对比

(a) 未增强　　(b) 增强后

图 4-10　图像边缘增强效果

(4) 图像局部增强（局增）

对图像中较暗的区域进行增亮处理，使隐藏在厚物体后面的物体清晰显示，而正常的图像区域不受影响。按下此功能按键时图像自动在正常显示和局部增强显示之间切换。二次按下（或者“恢复”按键）可以停止显示切换。

(5) 高穿透力加强（高穿）

如图 4-11 所示，穿透力强的区域亮度较亮，对比度较小，通过“高穿”操作将较亮的区域以一个合适的对比度显示，清晰地显示高穿透力区域，但同时正常区域受到影响，对比度降低。

(6) 低穿透力加强（低穿）

如图 4-12 所示，穿透力低的区域亮度较暗，不易观察，通过“低穿”操作将该区域增亮，提高该区域的对比度，清晰地显示该区域图像，但同时正常区域受到影响，对比度降低。

(7) 有机物突出显示（有机）

该操作的效果就是将无机物（蓝色部分）以灰度显示，橙色部分（有机

(a) 正常显示彩色图

(b) 高穿透图像增强

图 4-11 高穿透力增强效果

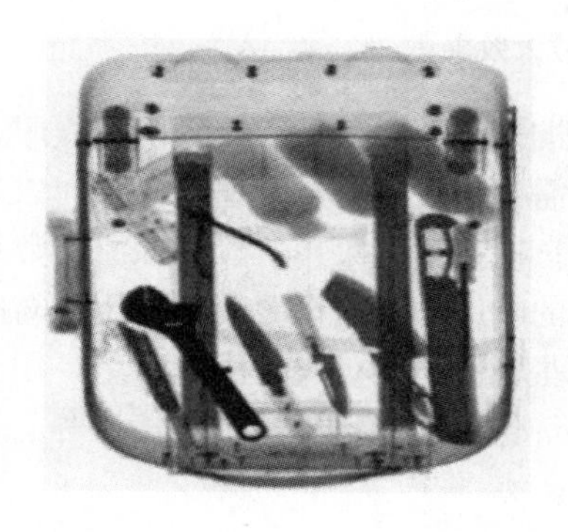

(a) 正常显示彩色图

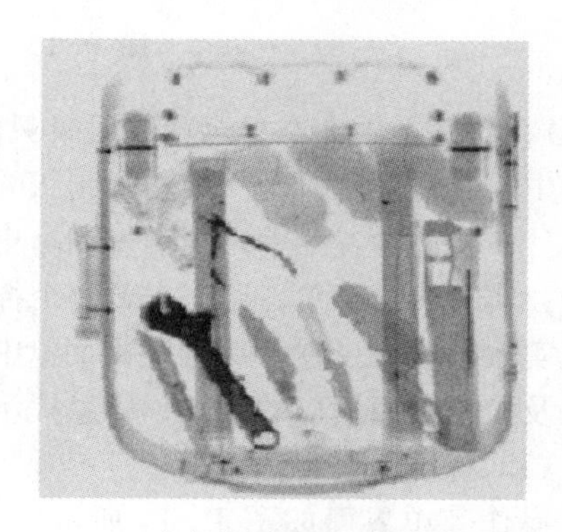

(b) 低穿透图像增强

图 4-12 低穿透力增强效果

物）突出显示。便于操作员对炸药、毒品和汽油等物品的判读。

(8) 无机物突出显示（无机）

该操作的效果与有机物突出显示相反，就是将橙色部分（有机物）以灰度显示，无机物（蓝色部分）突出显示。便于操作员对刀架、枪支和煤气罐等物品的判读。

(9) 图像放大

对整个图像区域无级连续放大，同时在右下角有一个增幅图像的缩图，放大显示的时候，将有个红色的方框将当前全屏显示的图像区域标示出来。使用方向键可以移动显示图像放大区域。如图 4-13 所示。

(10) 灰度扫描（灰扫）

按下此键图像会自动变换灰度映射，将暗区逐渐变亮，同时亮区逐渐变暗。便于操作员寻找一个最适合当前图像的对比度和亮度效果。

4. 软件操作

软件包含 8 个子菜单，如登录/注册菜单，可以进行用户登录，登录后在用

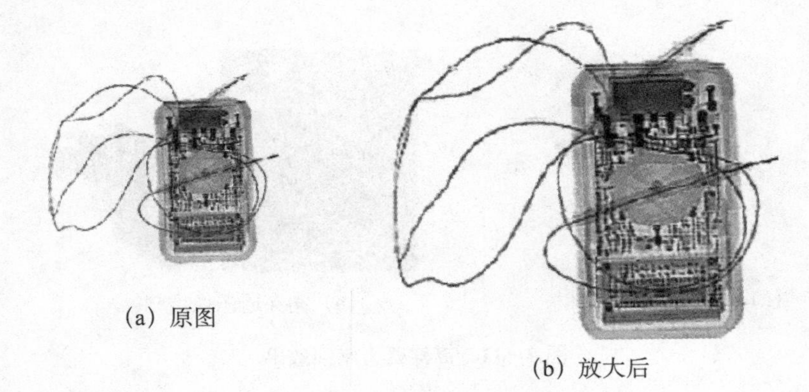

(a) 原图

(b) 放大后

图 4－13　图像放大效果

户 ID 在状态条中会有显示，注册时只能注册比当前用户低一级的用户权限，该菜单中还有软件注册码一项，限制版的软件需要将注册信息发送到厂家，以获取序列号；文件设置菜单，用于查询历史图像；探点设置菜单，设置探测器数量及位置；实时曲线菜单，用于查看每个探测器的响应；图像设置菜单，用于对图像的现实效果进行设置；功能设置菜单中有一些辅助功能；硬件配置菜单，用于射线源及控制板通信口的设置；信息提示菜单，包含厂家信息及过包信息等。

（1）操作菜单

操作菜单界面如图 4－14 所示。

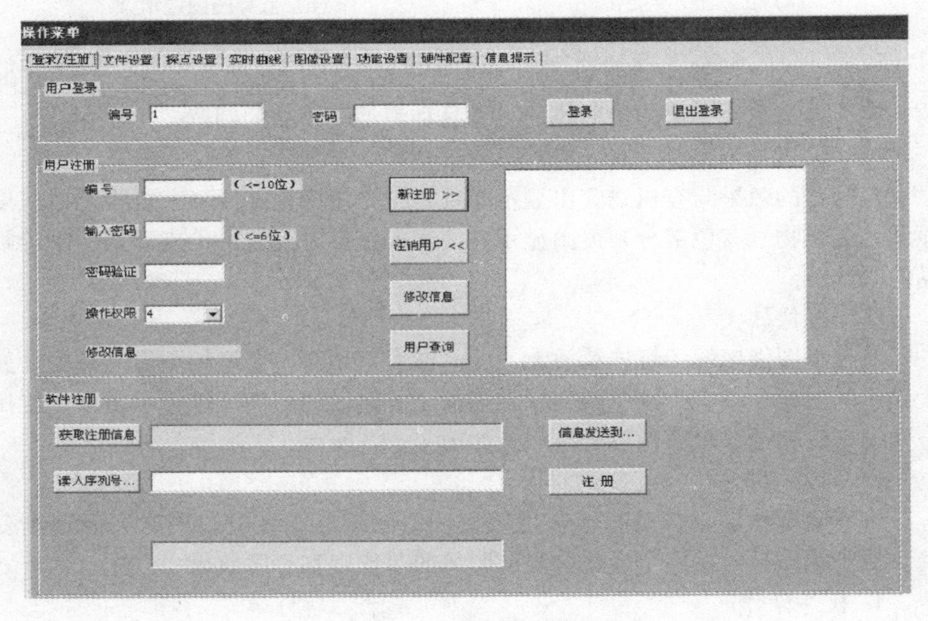

图 4－14　操作菜单界面

（2）用户登录

用户和密码设定好后，即可登录使用，如图 4-15 所示，编号栏里是对应的用户名。

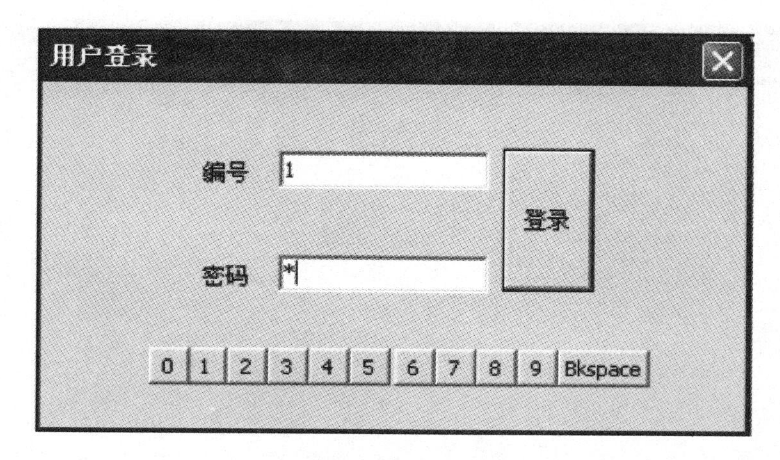

图 4-15 登录界面

（3）功能设置

单击菜单栏中的“功能设置”按钮，出现如图 4-16 所示界面，一般建议不要去更改设置。

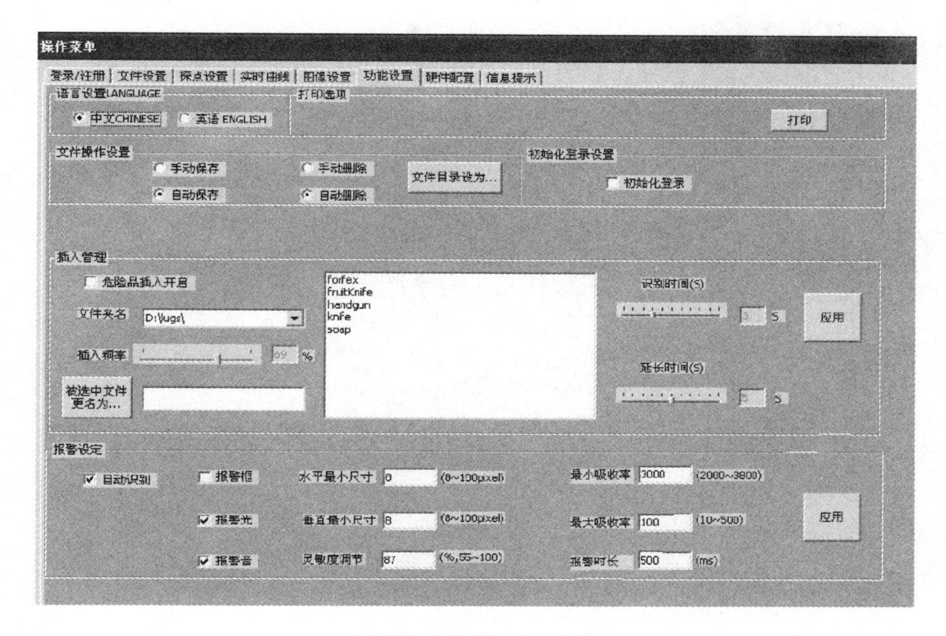

图 4-16 功能设置界面

（4）实时曲线

单击“实时曲线”按钮，显示采集到的探测板上的数据，此曲线是诊断功能的一个辅助调试，曲线数据和图像质量有一定关系。如图 4 - 17 所示。

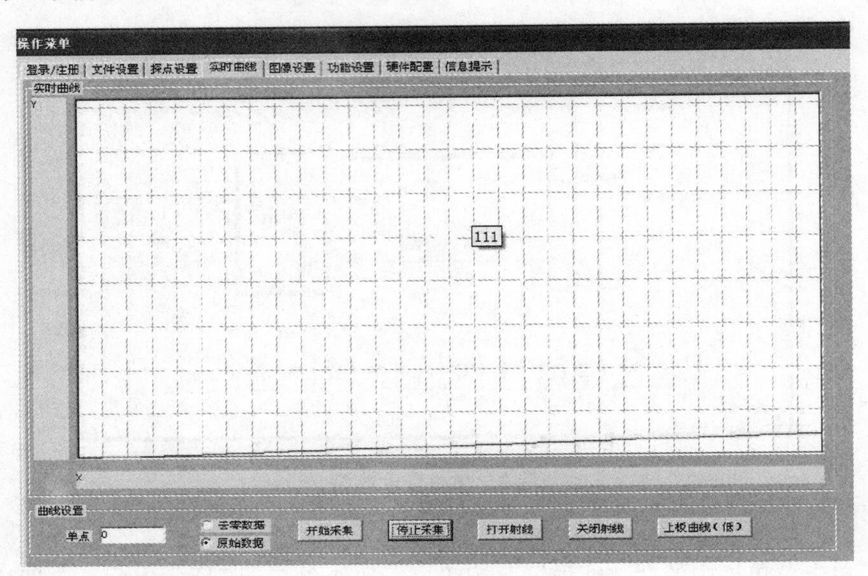

图 4 - 17 实时曲线显示

（5）图像设置

单击“图像设置”按钮，如图 4 - 18 所示，可以配置图像设置的相关参数。

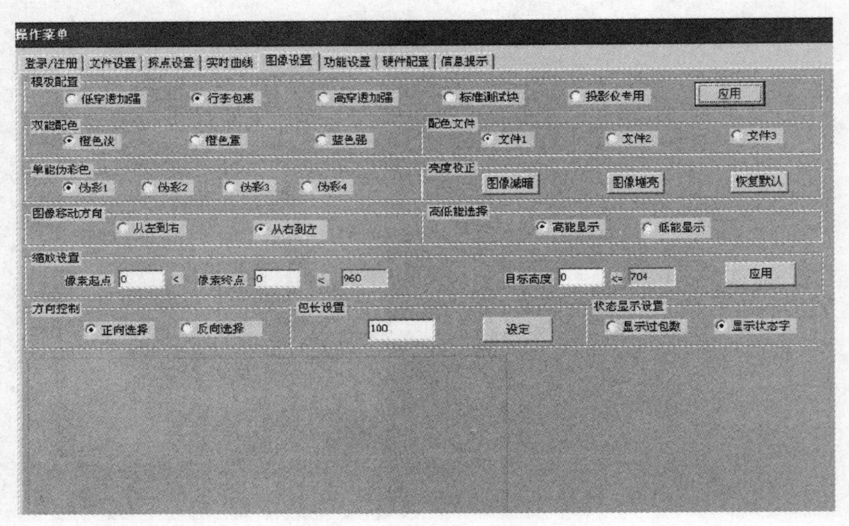

图 4 - 18 图像设置界面

（6）文件设置

单击“文件设置”按钮，可以回调历史记录的图像，根据条件设定，可搜索原来保存的记录。如图 4 - 19 所示。

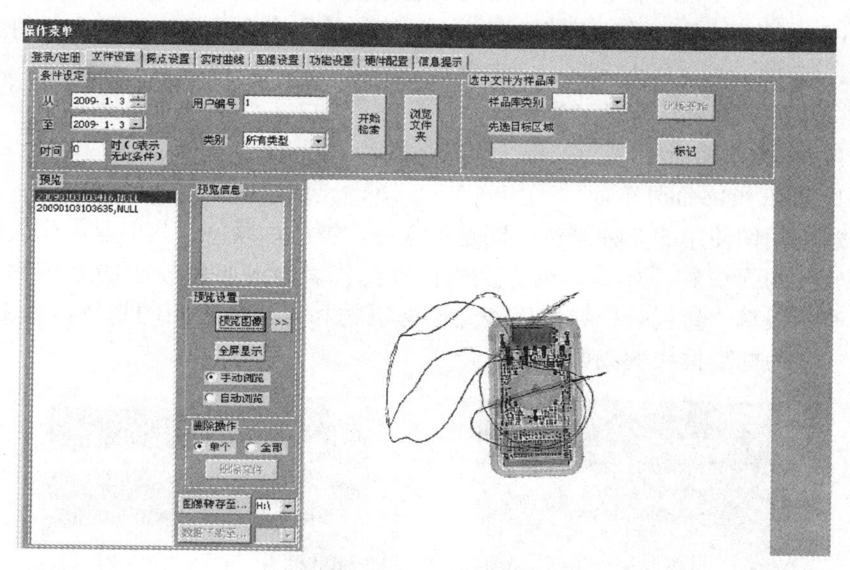

图 4 - 19　文件设置界面

（7）信息提示

单击“信息提示”按钮，显示对应的版本号和包裹记录等有效信息。如图 4 - 20 所示。

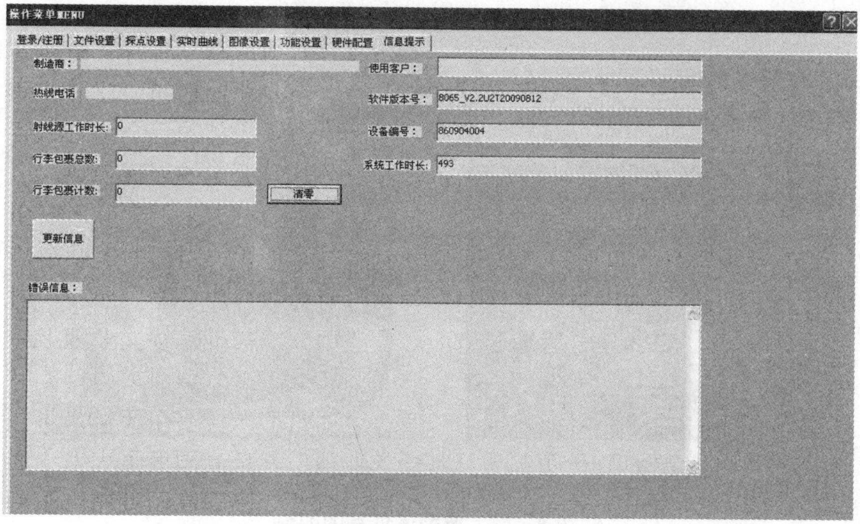

图 4 - 20　信息提示界面

5. 关机退出

(1) 确保传送带上未遗留任何行李物品。如有必要，将传送带向前或向后运转，直到确认传送带上未留有任何物品为止。

(2) 直接向左旋转一下钥匙开关，计算机便会安全关机，不需要任何其他操作，简单方便，人性化设计，实现真正意义上的“一键关机”功能。

(3) 拔掉钥匙，存放适当位置。

(四) 典型图像

1. 标准模块的图像

彩色图像使用的3种颜色分别是：蓝色，橙色，绿色。其中蓝色代表原子序数较大的无机物，如铁、钢等金属；橙色代表原子序数较小的有机物，如水、有机玻璃、塑料等；绿色代表介于有机物和无机物之间的物体，如铝等。图4-21为标准模块的成像效果。

(a)模块实物

(b)模块图像

图4-21　标准模块的图像

2. 典型违禁品的图像

典型违禁品包括刀具、打火机、鞭炮、液体等，其成像效果如图4-22所示。

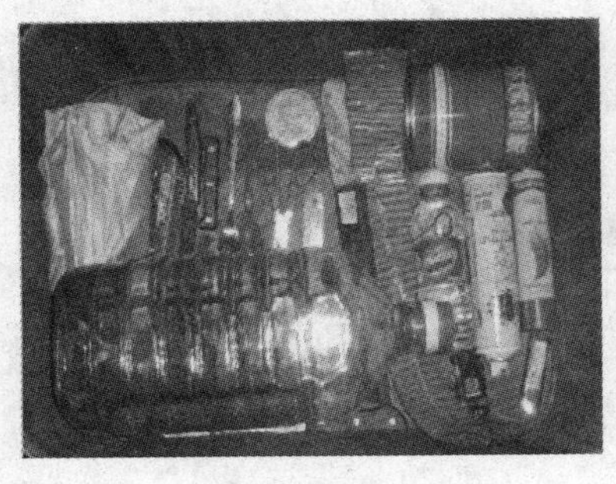
(a) 违禁品实物

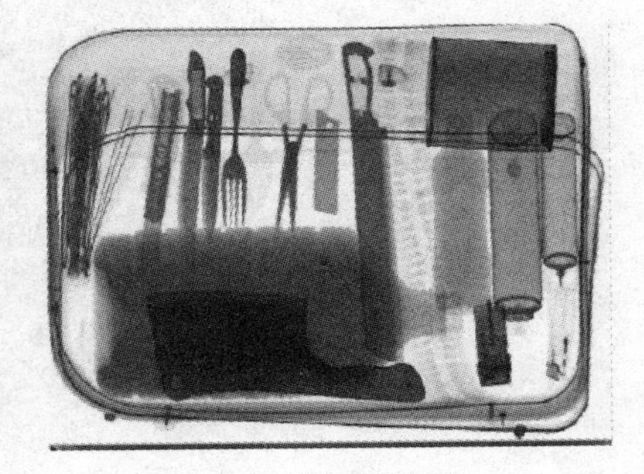
(b) 违禁品图像

图4-22　典型违禁品的图像

3. 典型细小物品的图像

典型的细小物品如针头、别针等，图 4-1-23 为各种大小的针头的图像。上面是实物，下面是成像，由于针尖从白纸中穿过，实物图中看到的效果是针之间缺失一段，而成像图中则会显示针的整体大小。

(a) 细小针头实物

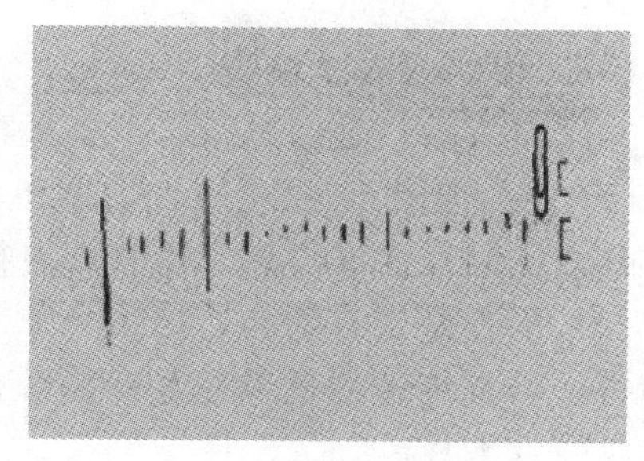

(b) 针头成像效果

图 4-23　典型细小物品的图像

图 4-24 是细小针头在鞋子里的典型图片（针头为 0.3～10.0mm）

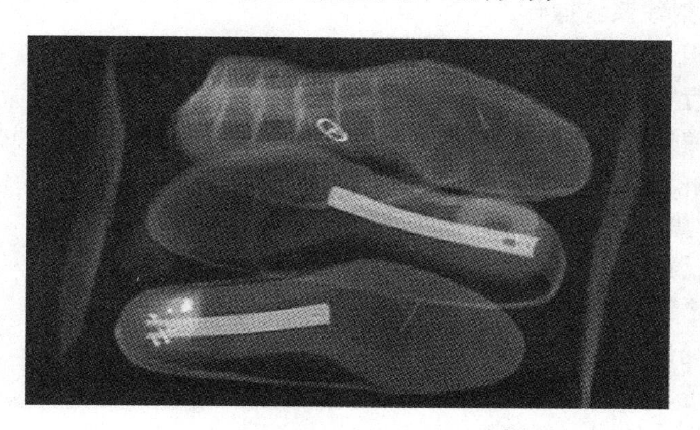

图 4-24　细小针头在鞋子里的典型图片

【技能训练】

X 射线安全检查设备的原理及使用

一、实训目的

了解 X 射线安全检查设备的原理及结构，掌握 X 射线安全检查设备的使用方法，正确辨识被检测物品的种类和性质。

二、实训设备

8065 型 X 射线安全检查设备，装有饮料、刀具等违禁物品的旅行包等。

三、实训内容

（一）设备的安全检查

使用设备前，确保进行以下各项检查。

（1）系统上电前必须检查通道入口和出口处的用于防止 X 射线泄漏的铅门帘是否完好，如有损坏，需立即更换。

（2）检查是否有物品遮挡住光障。

（3）检查传送带是否完好，是否有危害被检行李的尖刺和污迹，传送带是否偏离或者卡住。

（4）检查 X 射线安全检查设备的外壳板面、显示器、键盘及电缆是否有损伤。

（5）确认所有盖板均已盖好。

（二）X 射线系统操作

（1）开机。

（2）进行物品检查。

（3）图像处理。对所得物品图像进行如下图像处理，观察经过处理后的图像效果，理解和掌握图像处理方法。

①彩色/黑白显示。

②图像反色。

③边缘增强（边增）。

④图像局部增强（局增）。

⑤高穿透力加强（高穿）。

⑥低穿透力加强（低穿）。

⑦有机物突出显示（有机）。

⑧无机物突出显示（无机）。

⑨图像放大。

⑩灰度扫描（灰扫）。

（4）软件操作。根据系统提示进行系统软件操作，体会各文件操作菜单的功能，掌握标准模块图像、典型违禁品图像、典型细小物品图像的特点，以便在检测中加以区分。

（5）关机退出。

注意事项：

（1）任何一个产生 X 射线的设备都是有害的，因此，请尽量减少暴露在辐射环境中的时间。

（2）提供的外界电网、电源，必须有良好的接地，必须真正接入大地。

（3）8065 是具有辐射的 X 射线设备只能用于检查物品。严禁用于检查人体或其他生物。

（4）禁止坐或站在传送带上。

（5）禁止在启动 8065 X 射线设备时身体任何部位进入检查通道内。

（6）防止各种液体流入机器，如发生这种情况应立即关机。

（7）8065 X 射线设备及显示器上的散热口不能被挡住。

讨论分析

1. 试比较反射式和透射式 X 射线检查系统的区别。

2. 上网搜索除本书列举之外的 X 射线检查系统产品 2 个，写出具体网址、产品参数等信息。

任务三　金属探测技术

学习目标

了解金属探测技术的原理，熟悉金属探测门的组成，掌握 ST 系列数码金属探测门的操作使用。

任务引入

金属探测设备主要是用来探测被检人、物及场所内是否有金属存在。它可以探测出人及所携带包裹、行李、信件、织物等内所带武器、炸药或小块金属物品，是机场、车站、港口等重要出入口进行安全检查的常用设备。当金属探测器指示出被检物品或场所内有金属存在时就应引起警觉。

【相关知识】

生理学的研究表明，人的听觉对音量的变化是比较迟钝的（对数关系），而对音调的变化是比较敏感的（线性关系），金属探测器可以根据上述情况，用音调的高低来判定金属物品的大小，这是金属探测器有别于其他同类产品的优点。

一、金属探测器的种类

目前生产的金属探测器材，一般都由探头和报警系统组成。探头内装有一组电感线圈，工作时产生交变电磁场，又称发射场，发射场遇金属产生涡电流形成新的电磁场，使发射场产生畸变，传送到报警系统中。现在常用的金属探测器材有两类。一是被动式，这类器材只能探测黑色金属，如我国常用的铁磁物探测器和梯度仪等，它对探测矿产和战争年代投入地下没有爆炸的废旧航/炮弹相当有效；二是主动式，这类器材可以探测绝大多数金属制品，可以广泛应用于人身、场地的安检。现在常用的主动式金属探测器有金属探测门、手持式金属探测器、扫雷器等。

二、金属探测门

金属探测门也叫安全门，由于经常放置在机场、火车站等重要设施的入口处，检查进入的人员而得名。它外观类似一个门，两个“门柱”和脚下踏板部设有若干个探头。当人员从此门经过时，探头对通过人员的多个部位进行探测，如探测出金属就报警。由于金属探测门安装方便，探测部位多（能探测人员的脚、腰、腋下等多个部位），人员通过能力强，因此被广泛使用。如图 4-25 所示。

下面以 ST 系列数码金属探测门为例介绍金属探测门的功能及使用。

1. 金属探测门的功能

当有人从数码金属探测门经过时，如果身体上藏有含金属的物品，经过安检门时，安检门会发出报警声，并伴随有报警灯亮，报警灯可指示所藏物品的位置，多个地方藏有金属物品，会有多个报警灯亮。

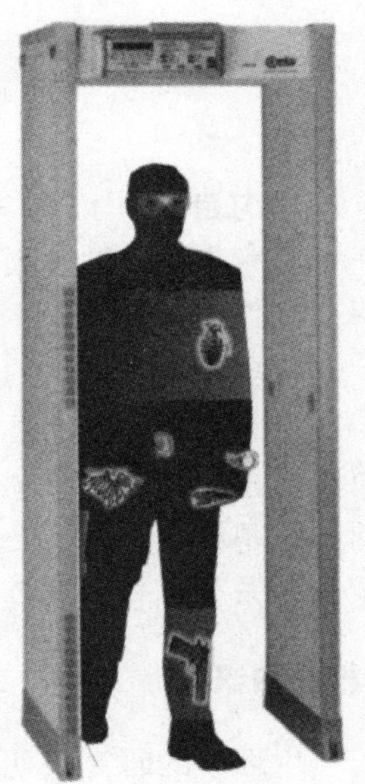

图 4-25　金属探测门

2. 金属探测门的结构

ST 金属探测门结构如图 4-26 所示。主要包括：

（1）主机箱调试面板。

控制面板上四个按键的功能说明如下：

“调试”键，调试各种数据的按键。

“选择”键，指程序键，对各个程序的选择。

“确认”键，调试以后对数据进行确认。

“复位”键，统计人数和报警次数的回零；灵敏度调试完后可以按此键直接确认。

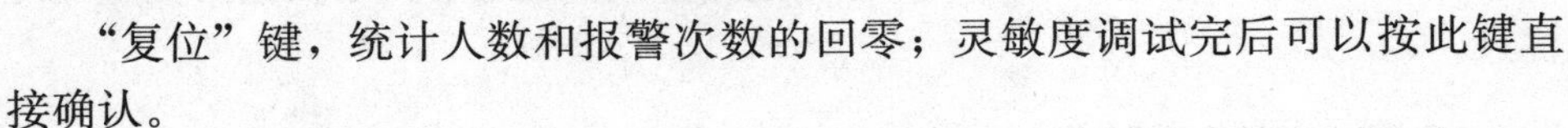

（2）红外线开关。

（3）区位显示灯。

（4）外接电源插座。

（5）电源开关。

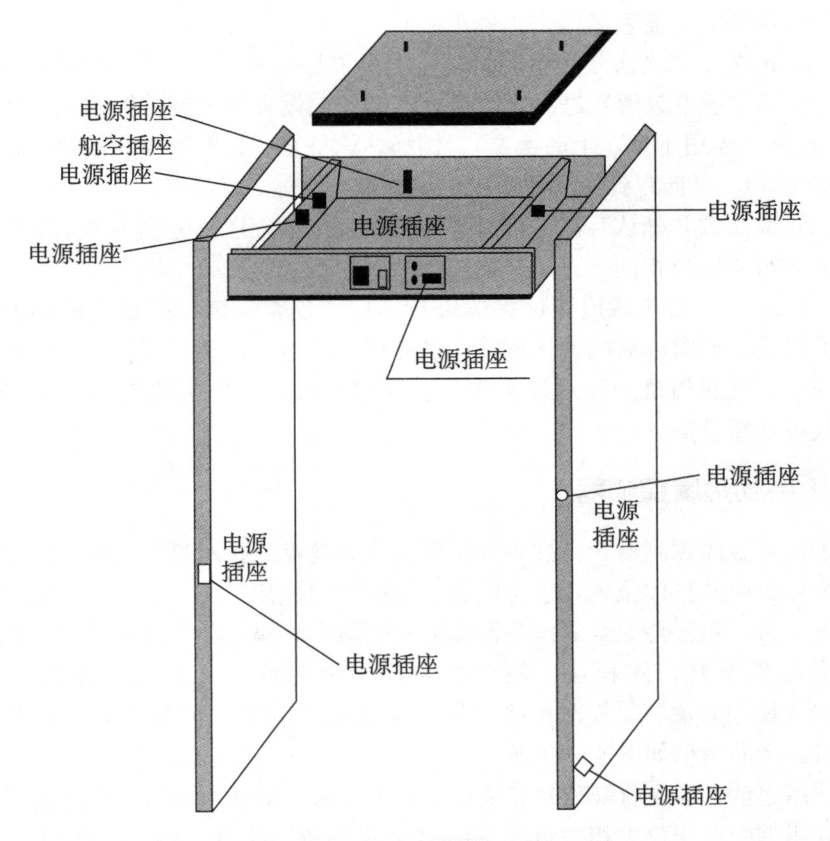

图 4-26　ST100 型金属探测门结构图

3. 控制面板说明

（1）待机灯（方绿灯）为电源指示灯，接通电源后，绿灯亮，说明安检门已通电工作。

（2）金属物品通过探测区时，信号指示灯闪烁，报警灯亮，喇叭发出报警声，同时区位指示灯亮，指示出被检测的金属物品在哪个区位。数码显示管左边显示通过人数，右边显示报警次数。

4. 灵敏度调试方法

（1）先按“确认”键，此时显示面板显示“1234”，此数字为出厂密码；(如果密码不是“1234”，则需要输入正确的密码，可通过“调试”键来更改目前正在跳动的数值，按“确认”键来换位)

（2）再按“确认”键，此时还是显示为“1234”；(显示为“1234”时，表示为正确的密码，此时也是更改密码的状态，如需更改可参考以下密码更改方法，如不需更改则按下一步操作，可以进入下一调试程序；显示为“E……”

表示为错误密码，需重新输入正确密码）

（3）再次按“确认”键后，此时显示为“1.××”（“1”代表第一区位，“XX”表示灵敏度数值）进入区位灵敏度的调试设置（“调试”键用于更改数值，“选择”键用于个、十的换位）。例如，调节至“1.85”时表示第一区位的灵敏度为85，可探测到一元硬币或更小的金属物体。

（4）依次按“确认”键，可以进入下一区调试程序，分别为2.7区位，其调试方法与1区位相同。

（5）2～7区位灵敏度调试完毕以后，按“复位”键保存所有的参数并退出设置模式，此时所有的调试程序调试完毕，设备可以正常工作。

（6）本探测门自动显示报警次数和通过人数，记忆次数为9999，按“复位”键可重新计数。

三、手持式金属探测器

手持式金属探测器，由探头和报警器（蜂鸣器或指示灯）组成。用于检查人身携带金属的具体位置，也可配合金属探测门使用，当“安检门”报警发现金属物品时，用手持式金属探测器即可找到藏有金属物品的准确位置。该种金属探测器重量轻，体积小，便于携带，灵敏度较高（大头针探测距离为10mm），使用方便，是探测被检目标（主要是人和物）内是否有金属的较理想器材。产品示例如图4-27所示。

使用之前，首先打开仪器背面的电池盒盖板，装入电池（注意电池的电压要和说明书中电压要求相一致）。每一个新装电池可累计工作50小时左右。当电池能量下降到10%时，仪器已经不能正常工作，这时喇叭会发出断续的嗒嗒声，提示必须更换新电池。

使用时，安检人员用手握住手柄，用拇指按一下启动按键，然后松开，仪器的信号灯便开始闪烁，喇叭同时发出极轻微的蜂鸣声，表示仪器进入工作状态。工作人员手持开机后的仪器在被检人（或物体）表面来回扫描，如果有金属物体，仪器就会发出声音。检查工作完毕之后，应该按下停机按键，以免浪费电池的电量。

当仪器的探头扫过人体（物体）时，如果发出较低沉的响声，而且探头停留在发声处的上方后这个响声会逐渐消失，我们可以判定它是一件很小的金属，如皮带扣、拉链等。如果发出的声音很尖锐，即使探头停着不动，声音仍然是持续不断的，那就一定是一块较大的金属，如匕首、手枪等。

四、扫雷器

扫雷器也称探雷器（如图4-28所示），主要由探头和报警系统组成，适

图 4－27　手持金属探测器

合于大范围场地的安全检查。使用时将探头接近被检场地表面平行移动，如遇金属就会报警，探测距离视金属体积大小而异（探测深度：子弹 10cm、炮弹大于 50cm）。目前世界先进的扫雷器不仅能探测金属，同时也能探测塑料地雷、陶制管道等埋在地下的突出异物，有的探测器还能部分地深入水中工作，报警方式上也从单纯信号报警，发展成仪表、数字形式报警，大大方便了使用。

图 4－28　扫雷器

五、信件炸弹检测仪

信件炸弹检测仪是专门检测信件/邮包内是否含有金属的器材。一般由送信口、探头组、显示灯三部分组成，使用时只需将邮件放入送信口，探头就会自动探测，显示灯就会作出正常/报警的指示。能无损地检测成捆信函和小件包裹，快速、准确地判断出被检物品是否含有潜在可疑物，并及时做出报警，最高灵敏度检测值为 0.1 mm 厚，对被检物中的胶卷及磁性物质（磁带、信用卡、磁盘等）无任何不良影响。图 4－29 为 FISCAN MD70 信件炸弹金属探测仪。

图 4-29 信件炸弹金属检测仪

讨论分析

1. 试说明金属探测器的工作原理。

2. 上网搜索除本书列举之外的袖珍金属探测器产品2个，写出具体网址、探测灵敏度等参数信息。

3. 上网搜索除本书列举之外的金属探测门产品2个，写出具体网址、探测灵敏度等参数信息。

4. 针对大型体育场馆的安全检查，该如何系统考虑?

任务四 其他安全检查技术

学习目标

了解磁共振成像（MRI）技术、中子探测技术、放射性物质检测技术等在安全检查工作中的应用。

任务引入

多年来广泛使用的安全检查设备，如金属检测门、X射线检测仪等，能发现武器和普通炸药等危险品，在安全检查工作中发挥了重要作用。随着科学技术的发展，犯罪分子和恐怖分子也利用高新技术，制造新的武器、爆炸物等。对此上述传统检测手段则无能为力。因此，世界各国都在研制安全检查的新技术、新设备。这些设备包括人体检查、行李检查和大宗货物检查及安全监视系统几个方面。

【相关知识】

一、电子鼻—气味识别系统

每个人都有其独特的气味。人体气味可以像指纹和脱氧核糖核酸测试一样，用于鉴定一个人的特征。同样，各种物体，如毒品、炸药，也有其特有的气味。电子鼻芳香扫描仪，采用一系列高分子聚合物传感器，当从空气中吸入挥发性的分子时，传感器可暂时改变它的电阻，从而使电信号发生变化。对这种变化进行分析，便可以确定它是属于何种气味。这种电子鼻扫描仪不但可以对人进行鉴别和追踪检查，而且还可用于检查毒品和机场行李中的爆炸物等危险品。

二、磁共振成像行李扫描仪

磁共振成像行李扫描仪是在医用上磁共振人体扫描技术的基础上发展而来的。这种新型扫描仪采用一种称为“四磁极共振分析”的变型 MRI，根据被检物品的分子结构来识别各种材料。首先用一台发射机向被检行李上发射低频无线电波，瞬间扰乱物品内部的核子排列。当核子自身重新排列时，它们发射信号，这些信号即刻由系统的计算机进行分析。由于每种类型的材料发射一种独特的信号，没有两种化合物的信号是相同的。因此，使之易于查出爆炸物或违禁毒品。该设备还可以检测液体炸弹、神经毒气及其他化学武器。这种磁共振炸药探测系统和 X 射线安全检查系统结合可以获得最佳探测效果。

三、离子扫描探测器

离子扫描探测器是利用各种物质离子漂移的速率差别来识别物质的。尤其用于炸药和毒品的识别。炸药和毒品大都是粉末状的，特别是当爆炸物的量很小的时候，常规检查手段根本无法有效地检测出来。而离子扫描探测器却能有效地探测出该类危险物品。

如果有人带有炸药的话，那么他的身上就会留下十分微量的残余物，当他走入安检门的时候，探测器就会开始运行，吹向被检测者的气体会将他们衣服上受污染的微粒带到机器上方的采样室里。然后，分子在那里会被电离，进入探测管，接着把它们的行进速度和特征记录下来，并与已知的爆炸物特征进行对比。这套离子探测系统大约需要十几秒的时间，便会得出精确的分析结果。当发现危险爆炸物时，机器就会发出警报。这种探测器的灵敏度非常高，甚至能侦测到毫微克的炸药，也就是能检测到十亿分之一克的爆炸物。这种仪器已在北美、南美、欧洲和亚洲的几十个机场投入使用。

四、中子探测器

这是专门探测炸药，尤其是塑性炸药的新型安全检查设备。由于中子不会受到金属乃至重金属铅的屏蔽，可以穿透一切包裹层。而且所有爆炸品都含有大量高浓度氮。当中子源发射的中子束去撞击被检查的行李箱，遇到爆炸品时，爆炸品中的氮会吸收中子，并立即释放“伽马射线”。通过观测记录伽马射线，就可以探测出炸药、塑性炸药。总之，会令一切爆炸物无所遁形。

五、大型集装箱检测系统

大型集装箱检测系统实际上是高能 X 射线成像装置。该系统将几十吨重的集装箱连车一起送入具有辐射防护能力、自动运行的安全连锁传送通道，由电子加速器产生的高能电子打到重金属靶上产生高能 X 射线。通过测量透过集装箱的 X 射线，可以得到箱中货物的透视图像。经过计算机处理后，组成所需的透视图像。检测一辆长达 20m 的集装箱车，只需 2 分钟，而且可分辨箱中货物千分之一的密度差别。目前，英、法、德三国都能生产这种检测装置。我国清华大学也已成功研制成这种大型集装箱检测系统，使我国成为世界上第四个能生产这种设备的国家。

六、放射性物质检测系统

用于防止恐怖分子利用放射性物质进行恐怖活动和放射性物质非法转移的新型安检系统。可用于机场、海关口岸、车站、码头、体育馆和会议场所等。特点是：灵敏度和准确度高；稳定性高、操作简便；定向检测；可自行设置阈值；检测信息可以通过有线或无线传输实现远程监控。

如图 4－30 所示，CIAE1108B-1 型和 CIAE1108B-2 型用于人员及大型物体的放射性检查，CIAE1108A 型与 X 光机配合用于对行李、手提箱等物品的放射性检查。

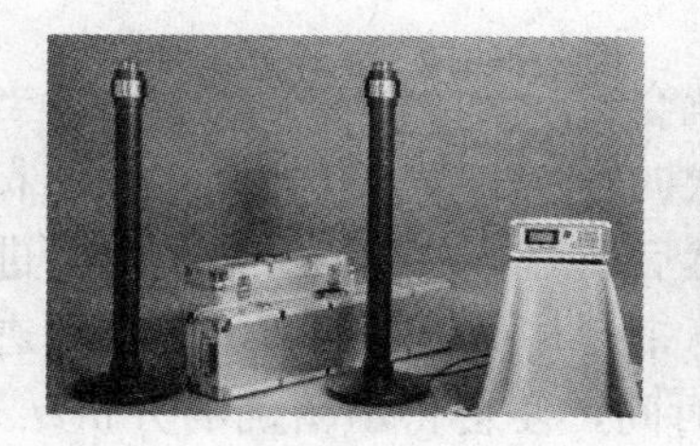

(a)CIAE1108B-1型

(b) CIAE1108B-2型

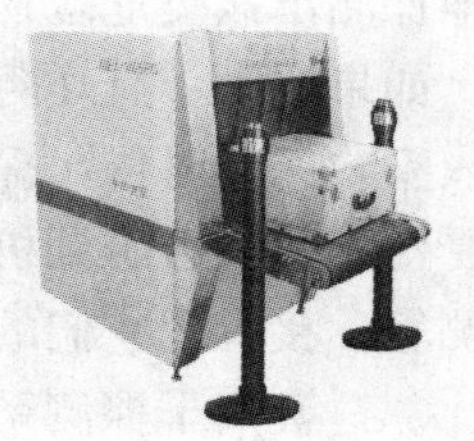

(c) CIAE1108A型

图 4－30　放射性物质检测设备

讨论分析

上网检索最新的除本书列举之外的安全检查手段 2 种，写出具体网址，介绍相关内容。

参考文献

1. 中国就业培训技术指导中心．安全防范设计评估师：基础部分．北京：中国劳动社会保障出版社，2007.

2. 中国安全防范产品行业协会．一级安全防范设计评估师（试用）．2007.

3. 中国安全防范产品行业协会．二级安全防范设计评估师（试用）．2007.

4. 中国就业培训技术指导中心．三级安全防范设计评估师：国家职业资格三级．北京：中国劳动社会保障出版社，2007.

5. 李仲男．安全防范技术原理与工程实践．北京：兵器工业出版社，2007.

6. 张维成．安全防范技术．第2版．北京：中国人民公安大学出版社，2002.

7. 公安部教材编审委员会．安全技术防范．北京：中国人民公安大学出版社，2001.

8. 陈龙等．智能建筑安全防范系统及应用．北京：机械工业出版社，2007.

9. 公安部技术监督委员会办公室．社会公共安全标准汇编（安全防范报警系统部分1）．北京：中国标准出版社，1995.

10. 公安部技术监督委员会办公室．社会公共安全标准汇编（安全防范报警系统部分2）．北京：中国标准出版社，1998.

11. 张言荣等．智能建筑安全防范自动化技术．北京：中国建筑工业出版社，2002.

12. 殷德军，秦兆海．安全防范技术与电视监控系统．北京：电子工业出版社，1998.

13. 傅万钧，张维力．应用电视技术．北京：国防工业出版社，1996.

14. 杨磊，李峰，田艳生．闭路电视监控系统．第2版．北京：机械工业出版社，2003.

15. 王可崇等．建筑设备自动化系统．北京：人民交通出版社，2003.

16. 陈虹．楼宇自动化技术与应用．北京：机械工业出版社，2003.

17. 阳宪惠．现场总线技术及其应用．北京：清华大学出版社，1999.

18. 王再英等．楼宇自动化系统原理与应用．北京：电子工业出版社，2005.

19. 上海市智能建筑试点工作领导小组办公室．智能建筑工程设计与实施．上海：同济大学出版社，2001.

20. 孙震强．电信网与电信系统．北京：人民邮电出版社，1996.

21. 程大章．住宅小区智能化系统设计与工程施工．上海：同济大学出版社，2001.

22. 温伯银．智能建筑设计标准（GB/T50314—2000）．北京：中国计划出版社，2000.

23. 沈晔．楼宇自动化技术与工程．北京：机械工业出版社，2004.

24. 郑文波．控制网络技术．北京：清华大学出版社，2001.

25. 杨绍胤．智能建筑实用技术．北京：机械工业出版社，2002.

26. 黎连业，苏畅，王超成．电视监控系统工程资质教程．北京：中国电力出版社，2006.

27. 杨磊，李峰，田艳生．闭路电视监控设备使用及维修．北京：机械工业出版社，2006.

28. 王汝琳．智能门禁控制系统．北京：电子工业出版社，2004.

29. 陈龙．智能建筑安全防范及保障系统．北京：中国建筑工业出版社，2003.

30. 8065、10080 型 X 射线安全检查设备用户手册．浙江得力集团有限公司．